普通高等教育"十三五"规

园艺植物育种学

YUANYI ZHIWU YUZHONGXUE

张菊平　主编

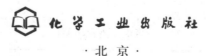

化学工业出版社

·北京·

园艺植物育种学是介绍园艺植物育种原理与技术的一门课程,应用性较强。

《园艺植物育种学》共十章,分别包括绪论、种质资源、引种、选择育种、常规杂交育种、杂种优势育种、诱变育种、倍性育种、生物技术育种、新品种审定保护与推广繁育。内容详实,理论结合实践案例,言简意赅,结合最新的生物技术等科研成果整理编写。

本书适合作为高等农林院校园艺、观赏园艺、园林、农学、林学等专业师生的教材,也可作为成人教育相关专业的学生自学教材以及育种生产一线的技术人员参考用书。

图书在版编目(CIP)数据

园艺植物育种学/张菊平主编.—北京:化学工业出版社,2019.8(2024.4重印)

普通高等教育"十三五"规划教材

ISBN 978-7-122-34773-2

Ⅰ.①园… Ⅱ.①张… Ⅲ.①园艺作物-作物育种-高等学校-教材 Ⅳ.①S603

中国版本图书馆 CIP 数据核字(2019)第 133644 号

责任编辑:尤彩霞 　　　　　　　　　　　　　　装帧设计:韩　飞
责任校对:边　涛

出版发行:化学工业出版社(北京市东城区青年湖南街13号 邮政编码100011)
印　　刷:三河市航远印刷有限公司
装　　订:三河市宇新装订厂
787mm×1092mm　1/16　印张17　字数480千字　2024年4月北京第1版第6次印刷

购书咨询:010-64518888 　　　　　　　　售后服务:010-64518899
网　　址:http://www.cip.com.cn
凡购买本书,如有缺损质量问题,本社销售中心负责调换。

定　价:59.00元

《园艺植物育种学》
编写人员

主　编　张菊平

副主编　陈儒钢　张余洋

编　者　(按姓氏拼音排序)

陈儒钢（西北农林科技大学）

高　文（河南科技大学）

贾芝琪（河南农业大学）

姜立娜（河南科技学院）

刘珂珂（河南农业大学）

王军娥（山西农业大学）

吴正景（河南科技大学）

肖怀娟（河南农业大学）

张菊平（河南科技大学）

张余洋（华中农业大学）

前言

　　园艺植物育种学是介绍园艺植物育种原理与技术的一门课程，应用性较强。为了进一步适应本科教学内容和课程体系改革的需要，编者按照应用型本科人才培养的要求，结合多年园艺专业育种学教学的实践，紧紧围绕学科发展动向，总结和吸纳了园艺植物育种学的基础理论和最新研究成果，强调实用性，灵活运用理论知识，突出共性和个性，减少重复，突出重点，注重传统和现代、理论和实际应用的科学合理结合，本书具有资料新颖、内容丰富、结构严谨、文字流畅通俗等特点，具有广泛的实用性。

　　《园艺植物育种学》内容主要有绪论、种质资源、引种、选择育种、常规杂交育种、杂种优势育种、诱变育种、倍性育种、生物技术育种、新品种审定保护及推广繁育等育种原理和技术，每一个育种途径都增加了园艺植物育种典型案例。各章的编写人员分工如下：第一章由张菊平、吴正景编写，第二章由吴正景、陈儒钢编写，第三章由王军娥、肖怀娟编写，第四章由姜立娜编写，第五章由高文、刘珂珂编写，第六章由陈儒钢、贾芝琪编写，第七章由贾芝琪、吴正景、肖怀娟编写，第八章由刘珂珂、高文编写，第九章由张余洋、王军娥编写，第十章由肖怀娟、张菊平编写。参考文献由肖怀娟、贾芝琪整理编写。全书初稿经张菊平、陈儒钢、张余洋多次讨论、修改后，由张菊平对内容、编排和图表进行统一定稿、绘制。在编写和审改过程中，得到了西北农林科技大学巩振辉教授的指导和帮助，并提出了宝贵的修改意见。谨在此表示衷心的感谢！

　　《园艺植物育种学》用作以培养应用型人才为主的本科院校园艺、观赏园艺、园林及相关专业师生的教材，也可作为成人教育相关专业学生自学教材，还可供育种生产一线的技术人员查阅参考。

　　《园艺植物育种学》内容新、起点高、覆盖面广、知识丰富，但由于知识和经验有限，书中不妥之处在所难免。恳切希望使用本教材的师生和读者不吝赐教，发现问题及时反馈，提出宝贵意见，供再版时修订。

张菊平

2019 年 8 月

目录

● **第一章 绪论** …………………………………………………………… 1
    思考题 …………………………………………………………… 21

● **第二章 种质资源** …………………………………………………… 22
    第一节 种质资源的重要性 ……………………………………… 22
    第二节 作物起源中心学说与中国园艺种质资源 ……………… 25
    第三节 园艺植物种质资源的研究与利用 ……………………… 29
    思考题 …………………………………………………………… 41

● **第三章 引种** ………………………………………………………… 42
    第一节 引种的概念及意义 ……………………………………… 42
    第二节 引种的原理 ……………………………………………… 46
    第三节 引种的原则与方法 ……………………………………… 51
    第四节 园艺植物引种成功案例 ………………………………… 55
    思考题 …………………………………………………………… 58

● **第四章 选择育种** …………………………………………………… 59
    第一节 选择与选择育种 ………………………………………… 59
    第二节 有性繁殖植物的选择育种 ……………………………… 64
    第三节 无性繁殖植物的选择育种 ……………………………… 72
    第四节 园艺植物选择育种成功案例 …………………………… 82
    思考题 …………………………………………………………… 86

● **第五章 常规杂交育种** ……………………………………………… 87
    第一节 常规杂交育种简介 ……………………………………… 87
    第二节 常规杂交育种的杂交方式 ……………………………… 88
    第三节 杂交亲本的选择与选配 ………………………………… 90
    第四节 杂交技术 ………………………………………………… 93
    第五节 杂种后代的培育与选择 ………………………………… 96
    第六节 回交育种 ………………………………………………… 100
    第七节 远缘杂交种 ……………………………………………… 102
    第八节 营养系杂交育种 ………………………………………… 108
    第九节 常规杂交育种的成功案例 ……………………………… 116
    思考题 …………………………………………………………… 119

● 第六章　杂种优势育种 ·· 120
　　第一节　优势育种的概念和应用概况 ························ 120
　　第二节　选育杂交种的一般程序 ···························· 126
　　第三节　杂种一代种子的生产 ······························ 134
　　第四节　雄性不育系的选育和利用 ························ 138
　　第五节　自交不亲和系的选育和利用 ···················· 147
　　第六节　园艺植物杂种优势育种成功案例 ················ 152
　　思考题 ·· 156

● 第七章　诱变育种 ·· 157
　　第一节　诱变育种的特点和类别 ···························· 157
　　第二节　辐射诱变育种 ···································· 158
　　第三节　化学诱变育种 ···································· 167
　　第四节　航天和离子注入诱变育种 ························ 172
　　第五节　园艺植物诱变育种成功案例 ···················· 175
　　思考题 ·· 178

● 第八章　倍性育种 ·· 179
　　第一节　多倍体育种 ······································ 179
　　第二节　单倍体育种 ······································ 192
　　第三节　园艺植物倍性育种成功案例 ···················· 199
　　思考题 ·· 201

● 第九章　生物技术育种 ·· 202
　　第一节　园艺植物细胞工程育种 ···························· 202
　　第二节　园艺植物基因工程育种 ···························· 212
　　第三节　园艺植物分子标记辅助育种 ···················· 229
　　第四节　园艺植物基因编辑育种 ···························· 238
　　第五节　园艺植物生物技术育种成功案例 ················ 239
　　思考题 ·· 241

● 第十章　新品种审定保护与推广繁育 ································ 242
　　第一节　品种审定与登记 ·································· 242
　　第二节　植物新品种保护 ·································· 244
　　第三节　品种的示范推广 ·································· 247
　　第四节　良种繁育 ·· 250
　　第五节　园艺植物新品种推广成功案例 ·················· 260
　　思考题 ·· 262

● 参考文献 ·· 263

第一章
绪　论

园艺植物包括果树、蔬菜、花卉、草坪草、观赏树木、茶叶、药用植物以及芳香植物。园艺业是农业种植业的重要组成部分，发展园艺生产对于丰富人类营养和绿化美化环境、改善生态意义重大。随着生产的发展和人民生活水平的提高以及旅游业的兴盛，人们要求愈来愈多的高产优质果品、蔬菜、花卉新品种，以及由花、木、草坪等组成的园林植物群落来改善生存环境，作为人们休憩、娱乐和欣赏大自然的场所。要提高园艺生产的经济效益，必须依靠两个密切相关的技术途径：一是通过改进园艺植物的遗传特性，使选育出的新品种更符合现代化农业生产的要求，有更强的适应性和竞争力，能产生更大的经济效益；二是改进栽培技术，如改良土壤、加强肥水管理、建造设施、病虫防治等，使品种的遗传潜力得到更充分的发挥。前者解决内因，属于园艺植物育种学的研究领域；后者是外因，属于园艺植物栽培学研究的领域。如果缺少优良品种，即使有很好的栽培技术也难以实现优质、高产、高效；反过来，即使有优良品种，如果不能在适宜的地区采取良好的栽培技术，同样也无法发挥良种的增产增收作用。

一、园艺植物的进化

（一）进化的基本要素

人类赖以生存和发展的基础是生物的多样性。园艺植物的多样性包括自然界现存的数以万计的物种和人类用于栽培的数量更多的形形色色的品种类型，它们都是进化的产物，且又都处于进化的过程中。现有植物都是从其比较原始的类型自然进化而来，而各种果树、蔬菜、花卉等植物丰富多彩的栽培类型都是从相应的野果、野菜、野花、野生草木通过人工进化而产生的。无论是自然进化还是人工进化，都取决于几个共同的基本因素。达尔文曾经把这些因素归结为变异、遗传和选择三个要素，变异是进化的主要动力，是选择的基础；遗传是进化的基础，又是选择的保证；选择决定了进化的方向。

现代达尔文主义丰富了进化论的内容，认为：种群是进化的基本单位；物种是隔离的种群；突变和由杂交实现的重组是进化的基本原料；选择的基础在于差别繁殖，造成种群内基因频率发生改变；隔离促进了新类型的形成。按照现代达尔文主义的观点，进化的基本要素是突变、基因重组、隔离和选择。进化论的基本观点是指导植物育种的重要原理。

（二）自然进化和人工进化

自然进化是指人类之外自然的生物和非生物自然条件造成的变化。如野生的中华猕猴桃依赖自然环境变成栽培食用猕猴桃，野菜变成栽培食用蔬菜等。人工进化是指依靠人工的改良选择，促使野生类型向栽培类型转化的过程，如把单一野生甘蓝演变成皱叶甘蓝、紫叶结球甘蓝等；野生桃经人工选择育成水蜜桃、黄桃、油桃、紫血桃等栽培桃。

自然进化和人工进化的区别，首先在于选择的主体和进化方向不同。自然进化选择的主体是自然条件，选择保存和积累对生物种群的生存和繁衍有利的变异，没有目的和计划可循；人工进化选择的主体是人，是人为地有计划、有目的地选择保存和积累对人类有利的变异，促使野生类型向栽培类型转化。如现有的茶花树大都由野生茶花变为栽培茶花。若光靠自然进化不仅时间要长，而且花色种类有限；若采用人为嫁接、辐射等技术，其花色种类多，育成时间短，商品性好，经济效益高。和野生的原始类型相比，栽培类型在一系列性状的遗传特性上已经和正在发生深刻变化，如利用器官大型化、色泽、形状多样化、食味、香气及外观品质改进，茸毛、刺等防御结构退化或消失；人工繁殖取代自然传种后天然传种机制退化，改变了果实、种子随熟随落及发芽不整齐的习性；株型由高大向矮化转变等。这些在人工选择下发生的变异在野生状态下对生物本身常常是不利的。但也应该看到某些特性在自然选择和人工选择下的一致性，如对各种环境胁迫的适应性，以种子、果实为主要产品的植物繁殖能力的提高等。其次在于进化条件不同。自然进化完全依靠自然条件如雷电、射线、强太阳光以及昆虫传粉等外界因素促使其基因的突变和重组；而人工进化主要依靠人为地通过各种诱变手段促使其基因的变化和重组。第三，进化的周期不同。自然进化完全依赖自然发生的突变和基因重组，进化周期较长，选择一个生产类型新品种要几十年甚至几十万年；而人工进化除了自然突变外，选择一个新品种只需几年或十几年，进化周期较短，可人为诱发其变化。第四，进化的幅度不同。自然进化受条件限制，植物变幅范围较小；而人工进化可通过人为因素乃至生物技术等导入外源基因，变幅范围较大。第五，隔离环境不同。自然进化是没有人为隔离的环境，而人工进化采用时间、空间、屏障（山岳、海洋、湖泊）等创造各种人为隔离环境。第六，类型多样化差异。自然进化往往只能产生有限的适应类型；而人工进化为了满足人们对产品的多层次、多样化的要求而创造了极其丰富的类型。

二、种子、品种和良种

（一）种子

种子是繁衍后代、促进农业生产发展的物质基础。通常指的种子的涵义是植物学上的概念和农业生产上的概念。从植物学上看，种子是植物由胚珠发育而成的繁殖器官，由种皮、胚和胚乳组成。种皮是包围在胚和胚乳外部的保护构造，由于其花纹、色泽、茸毛等差异，用作鉴别不同作物和品种的差异的特征之一；胚是种子最主要的部分，是幼小植物体的雏形，包括胚芽、胚轴、胚根和子叶四个部分，条件适宜时能迅速发芽生长成为正常植株，直至形成新的种子；而胚乳是种子营养物质的贮藏器官。从园艺植物生产上看，凡在生产上可以直接被利用作为播种和繁衍材料的植物体营养器官统称为种子。

园艺植物种子大致归纳为三种类型。①真正的种子：一般是由母株花器中的胚珠发育而成，如花椰菜、白菜、萝卜等种子以及大部分花卉种子。②类似种子的果实：这种类型在植物学上称为果实，往往是内部包含1粒或几粒种子，而外部则被子房壁发育而成的果皮包围着，如瘦果类的向日葵和核果、坚果类的杧果（俗称芒果）、核桃等。③营养器官：一般植物是通过种子繁衍后代，但各种根茎类植物的自然无性繁殖器官可以直接繁衍成后代，如葡萄、茶花的顶芽、草莓、芦荟等都可直接通过扦插、压条、分株、分球等无性繁殖来繁殖后代。

（二）品种

1.品种的概念

自然界的物种千变万化，今天的食用蔬菜、水果是从野菜、野果演变而来的。如桃子是从野生桃选择而来的。品种（Cultivar，简作CV，是 Cultivated Variety 的缩简复合词）是经过人类培育选择的，符合生产和消费要求的，在一定的栽培条件下，依据形态学、细胞学、化学等特异性可以和其他群体相区别，个体间的主要性状相对相似，遗传上相对稳定的一个栽培植物群体。品种是野生植物经过人类长期驯化、栽培和选择而形成的具有一定经济价值能满足人们某些需要的特殊生产资料。如果不符合生产上的要求，没有直接利用价值，不能作为农业生产资料，也就不能称为品种。

品种具有相对稳定的特定遗传性、主要生物学性状和经济性状的相对一致性，在一定的地区和一定的栽培条件下，其产量、品质和适应性等方面符合生产的需要。品种有其在植物分类学上的归属，往往属于植物学上的一个种、亚种、变种乃至变型，但是不同于植物学上的变种、变型。

种和品种是有区别的。种是生物学单位，是自然选择形成的，遗传性不稳定，不具有时空性；而品种是人工选择的，遗传性稳定，具有很强的时空性。

2.品种的特性

品种的属性应包括优良（elite）、适应（adaptability）、整齐（uniformity）、稳定（stability）和特异（distinctness）五个方面，简称优、适、齐、稳、特（英文简写成 EAUSD），即为"具有在特定条件下表现为不妨碍利用的优良、适应、整齐、稳定和特异性的家养动植物群体"。

① 优良性　指园艺植物群体作为品种时，其主要性状或综合经济性状符合市场需求或具有一定的市场应用潜力，有较高的经济效益。如富士苹果，具有晚熟、质优、味美、耐贮等优点。

② 适应性　包含对一定地区气候、土壤、病虫害和不时出现的逆境的适应和对一定的栽培管理和利用方式的适应。如对肥、水充足的适应，对机械化作业方式的适应，对加工及其工艺过程的适应，对干旱胁迫的适应等。

③ 整齐性　也称一致性，包括品种内个体间在株型、生长习性、物候期和产品主要经济性状等方面应是相对整齐一致的。整齐性的要求对不同作物、不同性状有所不同，应区别对待。某些观赏植物常在保持主要特性稳定遗传的基础上要求花色多样化以增进观赏价值。

④ 稳定性　指采用适于该类品种的繁殖方式的情况下，前后代保持遗传的稳定，其相关的特征或特性保持相对不变。如梨、苹果、马铃薯等营养系品种虽然遗传上是杂合的，但在用扦插、嫁接、压条等方法无性繁殖时能保持前后代遗传的稳定连续。在生产中某些蔬菜、花卉利用杂交种品种，世代间的稳定连续限于每年重复生产杂种一代种子。杂种世代不能继续有性繁殖，以间接的方式保持前后代之间的稳定连续性。有时，针对一些特殊情况可在一定程度上放松对稳定性的要求，如美国曾因劳力紧张，对一些制种成本过高的园艺植物如香瓜、番茄、矮牵牛、三色堇的某些杂交种品种允许利用杂种二代，但不能利用以后的世代。再如观赏植物中有不少扇形嵌合体品种，如刚竹、龙头竹、桂竹等种内都有所谓'黄金间碧玉'、'碧玉间黄金'等用于观赏的体细胞突变类型。在利用竹鞭繁殖时，往往黄金或碧玉部分有时扩大，有时缩小，甚至完全消失，只能依靠选择适当部位进行繁殖，通过选择来保持品种的稳定连续。

⑤ 特异性　指作为一个品种，至少有一个以上明显不同于其它品种的可辨认的标志性状。品种在选育或栽培过程中，如发生个别非主要性状的变异，而其它性状基本与原品种相同，这种只是个别性状与原品种不同的群体，习惯上称为该品种的品系。植物新品种的特异性是指该品种至少应当有一个特征明显地区别于申请日前已知的所有其它相同植物品种的特性。如番茄品种'绿宝石'，其颜色为黄绿色，而普通品种果色为粉色、红色或黄色，消费者购买时很容易区分，不会和番茄其它品种混淆。

品种的优良性、适应性显然有一定的地区性和时间性。地区性是指品种的生物学特性适应于一定地区生态环境和农业技术的要求。每个品种都是在一定的生态和栽培条件下形成的，都有一定的适应地区和适宜的栽培条件。利用品种要因地制宜，如果将某一品种引种到不适宜的地区或采用不恰当的栽培技术措施，就不会有好的结果。时间性指一定时期内在产量、品质和适应性等主要经济性状上符合生产和消费市场的需要。一些过时的、不符合当前要求的老品种和不符合当地要求的外地品种不完全具备上述优、适、齐、稳、特的要求，习惯上仍称为品种。随着每个地区的经济、自然和栽培条件的变化，原有的品种便不能适应，必须不断创造符合需要的新品种来更换过时的老品种。它们常常是用于选育新品种的种质资源。

3.品种的类型

园艺植物由于繁殖方式、授粉习性的多样性以及育种方法、商品种子生产方式及利用形式等的不同，可以将植物品种划分为纯系品种（pure line cultivar）、杂交种品种（hybrid cultivar）、群体品种（population cultivar）、无性系品种（clonal cultivar）四种类型。

（1）纯系品种

是指经过连续多代的自交加以选择而育成的个体内基因型同质结合、个体间基因型一致的植物群体。纯系品种主要是自花授粉植物经系谱法育成的品种，可直接用于生产。一般通过自花授粉和单株选择相结合，经1～2代就可以获得纯合稳定的纯系品种。在性状分离的大群体中进行多代单株选择，多中选优、优中选异，方能选出综合性状优良的理想类型。

若2个纯系品种杂交配合力高，可利用杂种优势用于组配杂交种品种。

异花授粉植物经过连续多代强制（套袋）自交和个体株系隔离选择后也可获得纯系品种，一般称为自交系品种。异花授粉植物的自交系品种一般不直接用于生产而只在配制杂交种品种时使用。因此自交系本身在经济性状上没有太严格的要求，但必须要有良好的配合力，与繁育制种有关的性状如花期早晚和长短、花粉多少、交配亲和性、繁殖能力等需要特别注意。

（2）杂交种品种

是指在严格选择亲本和控制授粉的条件下生产的各类杂交组合（自交系间、品种间、自交系与品种间）杂交产生的F_1植株群体。杂交种品种的个体基因型高度杂合，但群体内植株间基因型彼此相同，杂种优势显著，有较高的生产力。早期杂交种品种多限于雌雄异株或同株异花植物如菠菜、四季海棠等以及一个果实内有大量种子的瓜类、茄果类蔬菜等。后来由于雄性不育系及自交不亲和系的育成和应用，使不少单果种子较少的完全花植物如白菜、胡萝卜、洋葱、矮牵牛、三色堇等也相继育成杂交种品种。但杂交种品种F_2发生性状分离，杂合度降低，产量下降，所以生产上只能使用F_1。如西瓜'浙密4号'，大白菜'小杂55'、'小杂56'等。过去主要在异花授粉植物中利用杂交种品种，现在自花授粉作物和常异花授粉作物也可使用杂交种品种。

（3）群体品种

群体品种的基本特点是遗传基础比较复杂，群体内的植株基因型是不一致的。因植物种类和组成方式不同，群体品种包括：

① 异花授粉植物的自由授粉品种。在种植条件下，品种内植株间随机授粉，也经常和相邻种植的异品种授粉，包含杂交、自交和姊妹交产生的后代，个体基因型杂合，群体异质，植株间性状有一定程度的变异，但保持着一些本品种主要特征特性，可以区别于其他品种。例如薏苡、大麻等植物的地方品种都是自由授粉品种。

② 异花授粉植物的综合品种。是由一组选择的自交系采用人工控制授粉和隔离区多代随机授粉组成的遗传平衡群体，遗传基础复杂，个体基因型杂合，性状差异大，但具有1个或多个代表本品种特征的性状。

③ 自花授粉植物的杂交合成群体。是用自花授粉植物2个以上的纯系品种杂交获得的混合群体，在特定的环境条件下，主要靠自然选择促使群体遗传变异，逐渐形成二个较稳定的群体，最后杂交合成群体实际上是一个多种纯合基因型混合的群体。

④ 多系品种。是若干纯系品种的种子混合后繁殖的后代。可以用自花授粉植物的几个近等基因系的种子混合繁殖成为多系品种；也可用几个无亲缘关系的纯系品种，把它们的种子按一定的比例混合繁殖而成。

（4）无性系品种

主要是指由优选的无性繁殖植物单株或其变异器官通过有性杂交和无性繁殖相结合的方式而产生的后代群体，也称为营养系品种。由专性无融合生殖和孤雌生殖、孤雄生殖等产生的种子繁殖的后代，也属无性系品种。无性系品种没有经过有性繁殖过程，基因型没有纯化的机会，因此始终保持高度异质结合，品种的任何个体都是源于原始杂合亲本的营养器官。单株繁殖的后代产生的无性系，各个体内基因型是高度杂合的，但群体内植株间基因型彼此相同。无性繁殖的园艺植物品种都属于无性系品种。如桃的果用品种'上海水蜜桃'、'白芒蟠桃',观赏用品种'撒金碧桃'、'重瓣白花寿星桃'等,苹果砧木品种'M7'、'MM106'、'Bud9'等属于营养系砧木品种。

由于营养系品种的芽变较多,能在变异芽长出的器官和部位表现变异性状,可从中选育出新的芽变品系或品种。如从花色蜜黄的月季品种'黄蜜琳'选出桃红色芽变品种'桃红蜜琳',从月季蔓生品种'藤乐'中选出矮生芽变品种'矮乐'。现有月季品种中由芽变选育的品种多达300多个。芽变育种是营养系品种的选育的一个有效方法,淘汰劣变的芽变类型是繁育保纯营养系品种的重要措施。

(三)良种

1.良种的概念

在一定的自然生态和生产经济条件下,表现出比其他品种有更多、更好的特点,成为某个区域的主栽品种,称为良种。良种又指优良品种的优质种子。良种一般具有产量较高、品质较优、适应性较广、抗病性较强、能耐旱、耐寒、效益较好等优点。种子本身优良,即纯度、净度、发芽率、发芽势、含水量、色泽、千粒重等指标符合国家标准。

'中农寒桃1号'是中国农科院果树研究所从沈阳市桃仙乡农户收集的自然实生单株中筛选出的中早熟抗寒桃新品种。果实近圆形,果皮薄,底色白,阳面鲜红,果肉淡红色,平均单果质量288g,最大质量366g,可食率95%。香气浓,可溶性固形物11.3%,可滴定酸0.56%,维生素C 62.1μg/g。汁液多,出汁率73.5%,果汁玫瑰红色,不易褐变,制汁性状良好。耐贮运性好,早果,丰产,稳产,定植第4年产量37.5t/hm^{2}左右。不抗涝,不耐盐碱,抗寒性强,较抗流胶病和黑星病。

'晋青2号'大白菜是山西省农科院蔬菜研究所采用雄性不育系配制的杂交一代新品种,生育期85～90d,平均株高64.3cm,开展度67.7cm,叶球高55.7cm,叶球直径13.4cm,球形指数4.2,紧实度指数90.4,叶球质量3.3kg,净菜率69.2%,平均净菜产量99340.5kg/hm^2。抗大白菜霜霉病、病毒病和黑腐病。适宜中国东北、华北、西南地区秋季栽培。

当然,良种应是适应于一定的自然条件和生产水平种植的品种,具有一定的区域性和时间性,它会随着生产水平的发展而继续发展。

2.良种的作用

① 增加产量　良种一般都有较大的增产潜力和适应环境胁迫的能力。园艺植物新品种增产效果一般在20%～30%,高的可成倍增加。高产品种在大面积推广过程中能保持连续而均衡增产的潜力,即在推广范围内对不同年份、不同地块的土壤和气候等因素的变化具有较强的适应能力。对多年生果树和花木类植物来说更重要的是品种本身有较高的自我调节能力。园艺植物优良品种是园艺产业增产增收的核心要素,是园艺产业发展的命脉。良种配良法,园艺业才能更快发展。

② 提高品质　对园艺植物来说,提高品质的重要性常远远超过产量的重要性。在市场上大田作物产品的品种间质量差价不超过1倍,而果品、蔬菜、花卉由于外观品质、营养品质、加工品质和贮运品质方面的差异,市场价格能相差几倍到几十倍。如在北方地区,普通有刺黄瓜4元/kg,新推出的水果黄瓜则可卖到10～40元/kg,两者年收益差别很大。目前,园艺植物品质育种已取得重大进展,樱桃番茄、无刺黄瓜、大樱桃、蓝莓等高品质品种已应用于生产,促进了生产发展,提高了农民的收益。

③ 延长产品的供应和利用时期　园艺植物选育不同成熟期的品种可调节播种时期,安排适当的茬口,更主要的是延长供应、利用时期,解决市场均衡供应问题,因为绝大多数园艺产品都是以多汁的新鲜状态供应市场。菊花在原有盆栽秋菊的基础上育成了夏菊、夏秋菊和寒菊新品种,大幅度地延长了它的观赏期及利用方式(切花和露地园林)。提高品种耐贮运性,也是延长、

扩大园艺产品供应时期和范围的重要途径。如苹果晚熟耐贮品种供应期限可以和第二年早熟品种成熟期衔接。

④ 提高抗逆性，减少污染、节约能源　病虫害是发展园艺生产的重要威胁。生产者每年不仅在防治病虫草的农药方面的耗费很大，而且在产品、土壤、大气、水源方面造成严重污染，危害人的健康。抗性强的良种能有效减轻病虫害和各种自然灾害对栽培植物产量的影响，实现稳产、高产。抗病虫品种的育成和利用能减少因农药使用而造成的产品、土壤、大气、水源等的污染，提高了产品品质，降低了生产成本。蔬菜、花卉和果树一般品种在保护地生产中常因光照、温度不足而难以正常开花结果，为满足这方面要求，需采用加温、增光等措施，因而消耗较多的煤、电等能源。育成适应保护地生产的品种，可显著降低设施园艺的能源消耗，既降低了成本，又扩大了栽培范围，同时降低了越冬生产的风险。如新近育成的温室黄瓜品种可适应 10℃ 左右的低夜温，在不加温情况下可正常开花结果；当温度低于 10℃ 而高于 5℃，黄瓜能生长而不至于冻死，一旦温度恢复正常即可马上进行生产。又如象牙红一般品种开花要求白天 28℃、夜间 25℃，新近育成的温室品种在白天 14℃、夜间 12℃ 就能正常开花。

⑤ 有利于机械化、集约化管理及提高劳动生产率　机械化水平提高是社会发展的必然，实现机械化就需要有适合于机械化作业的品种，番茄矮生直立机械化作业品种的育成，大幅节约人工采收的用工量。

园艺生产劳动力高度集约，利用适应集约化生产的良种可大幅度提高劳动生产率。以插花和盆花生产为例，花坛用和盆栽用小花菊、万寿菊、一串红等要求分枝多、株型紧凑。过去用多次摘心的办法促进分枝用工较多，通过选育分枝性强的矮生品种可免除摘心用劳力。自美国伊利诺伊大学育成了'分枝菊'品种系列后，很快传入荷兰、英国、日本等国，除了节减疏蕾、摘芽用工外，随着生育期的缩短，可提高设施利用率，节减管理和包装用工，从而大幅提高劳动效率。选育成的切花用无分枝的紫罗兰和菊花品种，可免除摘心、摘芽作业，达到省工目的。苹果矮化砧和短枝型品种的育成，也能大幅度地节约整形、修剪、采收等的用工量，节约劳力，提高功效。

由此可知，良种是一种不可替代的生产资料，是增产的内在要素。培育良种是造福人类、美化自然的生态工程。因此，人人应关注良种、应用良种、加速推广良种。

三、园艺植物育种学的任务和内容

（一）园艺植物育种学的任务

园艺植物育种学是一门研究选育和繁殖园艺植物新品种的原理和方法的科学。具体讲是果树、蔬菜及观赏植物人工进化的科学，是以遗传学和进化论为主要基础的综合性应用科学。它涉及植物学、植物生理学、植物生态学、植物生物学、植物病理学、农业昆虫学、农业气象学、土壤肥料学、生物统计和田间试验、生物技术、园艺产品贮藏加工学等领域的基本理论和实验手段。其基本任务是根据不同地区原有品种基础和主、客观情况科学地制定先进而切实可行的育种目标；在征集、评价和利用种质资源，研究和掌握性状遗传变异规律及变异多样性的基础上，采用适当的育种途径和方法，选育适合于市场需要的优良品种，乃至新的园艺作物；在繁殖推广的过程中保持及提高其种性，提供数量足够、质量可靠、成本较低的繁殖材料，促进高产、优质、高效园艺业的发展。

园艺植物育种学与园艺植物栽培学有密切的联系，是园艺科学中不可偏缺的主要学科。

（二）园艺植物育种学的主要内容

园艺植物育种学的主要内容有：育种对象的确定；育种目标的制定；种质资源的挖掘、征集、保存、评价研究、利用和创新；选择的原理和方法；人工创造变异的途径、方法和技术；杂种优势的利用途径和方法；育种性状的遗传研究鉴定和选育方法；育种不同阶段的田间及实验室试验技术；新品种审定、保护、推广和繁育技术等。

四、园艺植物的育种目标

园艺植物的育种目标（breeding objective）是指在一定的时间内通过一定的育种手段对计划选育的新品种提出应具备的优良特征，即对所要育成的园艺植物新品种在生物学和经济学性状上的具体要求。育种目标规定着育种的任务和方向，决定着整个育种技术路线和育种战略的安排和实施。确定育种目标是园艺植物育种工作的前提，制定育种目标，首先需要选择育种对象，然后根据育种对象的特点，确定其需要改良的具体目标性状。

（一）园艺植物育种对象

1. 育种对象选择的意义

园艺植物种类多样，包括果树（落叶、常绿的）、蔬菜（根菜类、茎菜类、叶菜类、花菜类、茄果类、瓜类、豆类、薯芋类、水生蔬菜、多年生蔬菜、种子类蔬菜）、花卉（露地花卉、温室花卉）、茶叶、芸香植物、药用植物等。从生态习性上，既有一、二年生植物，又有多年生植物，既有草本植物也有木本植物。园艺植物用途各异，不同人群对它们的要求不尽一致，不同园艺植物的育种特点也不同。对于任何育种单位和个人，只能根据市场的供销情况，结合当地生产的特点，考虑生产者和育种者自身的优势，选择一种或少数几种作为育种对象。

2. 育种对象选择的主要依据

① 育种对象相对集中和稳定　育种单位和个人在选择育种对象时应相对集中和稳定，这样有利于种质资源、育种中间试材和育种经验的积累，有利于提高育种效率、提高质量、多出成果和提高育成品种的竞争能力。荷兰的 CBA（菊花育种协会）、英国的 Cleangro Ltd.、日本的精兴园主要以菊花为育种对象，几代育种者矢志不移地进行菊花育种研究，已成为世界上三大菊花育种公司，其生产的菊花种苗垄断了国际菊花种植业，同时也拥有巨大的菊花种质资源库。

② 育种对象的资源和市场优势　我国园艺植物育种对象的选择首先应该考虑起源于中国、市场需求迫切的重要园艺植物，如梨、桃、荔枝、猕猴桃、枣、大白菜、萝卜、菊花、牡丹等。它们不仅栽培面积和市场所占比重较大，而且在种质资源的蕴藏量、栽培技术的成熟程度、文化内涵的丰富性等方面，远非其它国家所能比拟。把这些植物作为育种对象，只要理顺育种体制，充分发挥资源优势，增加扶持力度，就能在短期内达到国际领先地位。

有些种类虽非中国原产，但引入时间较长，国内有一定的资源基础，在生产和消费上都占有较大比重，在国际市场上也有一定份额，也可作为育种对象进行改良。如苹果、草莓、甘蓝、番茄、西瓜、辣椒、甜瓜、黄瓜、唐菖蒲、热带兰花、凤仙花等，经过努力改良，可以解决国内市场需要，并在国际市场上占有一席之地。

③ 育种对象的地域优势　不同地区育种对象的选择，应本着发挥地区资源、地域自然条件及人力资源的优势来考虑。育种基地应接近主产区或者发展潜力较大的地区，这样可以在露地以简单的栽培方法保存各类种质资源、中间试材，便于安排中间试验，有利于使育种工作紧密结合生产，及时获得有关市场信息。

（二）园艺植物育种的主要目标性状

1. 产量

（1）丰产

丰产是园艺植物育种的基本要求，具有丰产潜力的优良品种是获得高产的物质基础。产量可分为生物产量和经济产量。前者指一定时间内单位面积全部光合产物的总量；后者指其中作为商品利用部分的收获量；两者的比值称为经济系数（coefficient of economics）。在一定情况下，经济系数可作为高产育种的选择指标，不同园艺作物的经济系数变化较大。用于园林装饰的观赏植物，其经济系数可以说是100%，而以生产水果、蔬菜、切花等园艺产品的经济系数则相对较低，而且品种、类型间差异较大。以生物产量高的品种和经济系数高的类型杂交，有可能从杂种中选育增产潜力更大的高产品种。

产量的高低和产量构成因素有关。如葡萄产量构成因素包括单株（或单位面积）总枝数、结果枝比例、结果枝平均果穗数、单穗平均重等。根据产量构成因素进行选择有时比直接根据植株产果量进行的选择更能反映株系间的丰产潜力。园艺植物生产中常采取分批采收的方式，可按采收期分为早期、中期和后期产量。由于早期产品价格和中后期差异悬殊，所以有时早期产量是比总产量更为重要的选择指标。如春番茄育种，前期产量越高，经济效益越好。园艺作物的高产育种，应根据不同地区生产条件对品种的要求，寻求产量因素最大乘积的组合。如黄瓜的产量构成因素为栽植密度、雌花数、坐果率、单果重，当品种具有栽植密度高、雌花数多、坐果率高、单果重最大等特点时，必然获得高产，反之，品种就不具备增产潜力。

（2）稳产

优良品种的稳产性也是育种的重要要求。稳产性是指优良品种在推广的不同地区和不同年份间产量变化幅度较小，在环境多变的条件下能够保持均衡的增产作用。如多年生的果树和花木初花、初果年龄，早年丰产性以及开花结果的大小年问题都是稳产性要考虑的内容。影响稳产性的因素很多，主要可以分为气候、土壤和生物三大因素。如干旱、高温的气候因素，盐碱含量高的土壤因素以及病虫害等生物因素。虽然这些不利的环境因素可采取多种措施加以控制，但最经济有效的途径还是利用园艺植物品种的遗传特性与不利的环境条件相抗衡，即选育抗逆性强的优良品种。稳产性涉及的主要性状是园艺植物品种的各种抗耐性和适应性，它决定着品种推广的面积和使用寿命。

2.品质

品质是现代园艺植物育种的重要的目标性状。品质是指产品能满足一定需要的特征特性的总和，即产品客观属性符合人们主观需要的程度。园艺产品的品质按其用途和利用方式可分为感官品质、营养品质、加工品质和贮运品质等。

（1）感官品质

感官品质是指通过人体的感觉器官能够感觉到的品质指标的总和。主要指植株性状及产品的大小、形状、颜色、光泽等由视觉、触觉所感受的外质和风味、香气、肉质（脆度）等由味觉、嗅觉、口感等感知的内质。果品、蔬菜常以内质为主或外质与内质并重，花卉常以外质为主，表现为花形、花色、叶形、叶色、株形、彩斑、芳香等方面。经过加工、贮运后利用的园艺产品还要鉴定加工、贮运前后（含加工成品）的感官品质。感官品质的评价受制于人们传统习惯的影响，有较多的主观成分。这在观赏植物的外观品质评价中尤为突出。人们对感官品质的评价也会发生某种变化，如月季育种开始时多以花大、色艳为贵，现时多以花形中等大小、花瓣紧凑、色泽柔和为上品。再如近年来随着果业的迅速发展，果品供应量的增加，品质成为更为突出的矛盾，果价一跌再跌，一些地方出现砍树毁园（南方砍柑橘、北方刨苹果）的现象。这种低质量的结构性过剩，主要在于品质差的大路品种产量过剩，而品质优良的高档果品供不应求。人们对观赏植物感官品质的多样化要求远胜于其他植物。如凤仙花育种中鉴于现有品种的花色普遍呈紫、大红、桃红、淡红、青莲、藕荷、五色、杂色等，评价时特别重视黄、绿等罕见色系。随着居住条件的改善，人们对室内观叶植物的需求越来越高，如君子兰观赏品质方面的育种目标是以叶片短、宽、厚，叶色浓绿、叶脉突起明显为上品。在原来缺乏芳香的花卉中培育芳香类型也是花卉育种追求的目标，如日本育成的芳香仙客来品种'Sweet Heart'、美国育成的芳香金鱼草和有麝香味的山茶新品种都具有很强的市场竞争力。

（2）营养品质

营养品质是指产品中含有各种营养素的总和，主要是指人体需要的营养、保健成分含量的提高以及不利、有害成分含量的下降与消除。水果、蔬菜提供人体必需的维生素、碳水化合物、纤维素、矿物质、微量元素等营养成分以及对健康有效的成分如类胡萝卜素、二丙烯化合物、甲基硫化物等。红穗醋栗维生素 C 含量为 $300\sim400mg/kg$，黑穗醋栗维生素 C 含量为 $1000\sim2200mg/kg$，而欧洲茶藨的维生素 C 的含量高达 $6000\sim8000mg/kg$，这说明通过育种手段来提高品质是有极大潜力的。

近几年育种界开始注意果蔬产品的有害成分，并致力于育种中降低乃至消除这些成分。如甘蓝中至少含 10 种以上的硫代葡糖苷，当它们被同时存在的硫代葡糖苷酶水解后会形成异硫氰酸盐和有机腈等味苦而有毒的成分，能诱发甲状腺肿大和损害肝功能。据 C. Chong 等检测甘蓝品种间的异硫氰酸盐含量从 $34\mu g/g$ 至 $1059\mu g/g$，相差数十倍，表明改进它们的营养品质具有巨大潜力。其他有害物质，如菠菜叶片中草酸和硝酸盐的成分，黄瓜、甜瓜中形成苦味的葫芦素等都是如此。

（3）加工品质

加工品质是指产品适合于加工的有关特性。如番茄的茄红素、果色的均匀度等对加工类型特别重要。水蜜桃鲜食品质很好，但不适于加工。北方地区冬季腌制酸菜，大白菜品种对酸菜质量影响很大，不适合腌制的大白菜品种常常没到食用期就会烂掉，或者产生的亚硝酸盐含量偏高。只有适合腌制的大白菜品种才能获得较好的优质酸菜，味道好，产量高。我国的苹果每年产量的10％用于加工果汁出口，但酸度过低，产量远低于欧美国家的产品，主要在于我国用于加工的苹果品种过少。国外用于加工的澳洲青苹品种，汁液多，酸度高达 5g/L，非常适合高酸度果汁的加工。

（4）贮运品质

贮运品质直接影响到园艺产品的使用价值。良好的贮运条件可推迟和延缓园艺产品采后成熟与衰老，延长贮藏寿命。但园艺产品的贮运品质在采收前已经形成，采后的贮藏、保鲜技术只能维持其固有的品质。影响园艺产品贮运的采前因素包括内、外部因素，内部因素主要是园艺产品的遗传和田间生长发育状况，即种类、品种、砧木、植株长势和成熟度等；外部因素主要是生态因子和农业技术措施。认真分析采前因素对获得最佳贮运效果意义重大。

3.成熟期

成熟期早晚对许多园艺植物都是重要的育种目标性状。绝大多数园艺产品都不易贮运，生产上更需要早、中、晚熟品种的配套，加上提前或延后栽培措施，基本上能均衡供应。早熟品种可提前上市调节淡季，售价较高，效益可观，但生育期较短，产量不高。中熟品种生育期短有利于减免后期自然灾害造成的损失。晚熟品种前期产量低，但生长时间长，生长势旺盛，增产潜力大。品种间生育期的差异有利于茬口和劳动力安排，提高复种指数。

早熟和高产存在一定的矛盾。早熟品种会因生育期（或果实发育期）短，往往产量不高、品质较差，从而在经济效益方面带来一些负面影响。因此对早熟性的要求要适当，必须把早熟性和丰产、优质方面的要求结合起来，并按早熟品种的特点采取合理密植等优化栽培措施，克服单株生产力偏低的缺点。

观赏植物花卉的成熟期主要是花期的早、晚和延续时间，如菊花花期的目标性状是在原有10月底到12月中旬开花的秋菊的基础上选育从10月初到10月下旬开花的早菊、12月中旬以后开花的寒菊、6月至10月两次开花的夏菊，特别是不需特殊加光或遮光处理，在"五一"、"七一"、"十一"等节日开花的品种。梅花除要求比自然花期更早或特晚的品种外，更要求每年两次或多次开花的新品种。草坪植物要求能保持绿色时间最长的品种类型等。

4.抗病虫性

病虫害对园艺植物的产量和品质都有严重影响，为减轻使用化学药剂引起的环境污染及残毒危害，抗病虫育种已是不可缺少的重要目标。因此，通过遗传改良，增强园艺植物品种对多种病虫害的抗耐性就成为园艺植物育种的重要目标。病虫害种类很多，抗性育种只能抓住主要矛盾，在危害普遍、严重的区域，选择种内、种间抗耐性差异性显著的种类进行选育。鉴于多数病原都存在生理分化，所以抗病育种还应针对本地区的主要生理小种或病毒株系，选育多抗型品种。如保护地黄瓜发生普遍和严重的病害主要有黄瓜霜霉病、灰霉病、黑星病、细菌性角斑病、枯萎病、白粉病、病毒病等，选育全抗品种是不现实的，也是不可能完成的任务，因此只能选择其中的一部分作为抗病育种的主要对象。我国育种者把结球白菜的霜霉病、软腐病、病毒病、黑斑病、白斑病、黑腐病等六大病害作为抗病育种目标，国外育种者把郁金香、百合、小苍兰、香石竹的抗镰刀菌凋萎病作为抗病育种目标。从经济学和生态学观点出发，品种对病虫害的抗、耐性一般只要求在病菌流行或害虫发生时，能把病原菌数量和虫口密度压缩到经济允许的阈值以下，即要求品种对病虫有相对的抗性，而不要求绝对的抗性；当病虫害发生时，对产量和品质不致于发生显著影响，就基本符合要求了。

5.抗逆性

园艺植物的环境胁迫因素大体上分为温度胁迫、水分胁迫、土壤矿物质胁迫、大气污染胁迫等。温度方面有高温胁迫和低温胁迫，低温胁迫又分为冻害（$\leq 0℃$）和冷害（$> 0℃$）。水分方面有干旱胁迫和湿渍胁迫，干旱又有大气干旱和土壤干旱。土壤矿物质方面有盐碱土和酸性土胁迫，还有矿质营养元素不足造成的饥饿胁迫或某些矿质元素过多构成的毒害胁迫等。园艺植物对上述环境胁迫因素的抗逆性，如耐低温、耐弱光、耐热、耐旱、耐涝、耐盐碱等是品种选育的重要目标性状。作为目标性状的抗逆性常常不是单纯地追求抗逆程度，而是和产量、品质等相结合，要求在某种逆境下保持相对稳定的产量和品质。因此要求选育出抗逆性强、耐贮运、适宜加工的品种且要求适应发展中的生产条件和栽培水平。我国已开展了黄瓜的耐低温、耐弱光育种，并取得了一定进展。美国利用杂交技术用栽培番茄品种与野生番茄杂交获得种子，该种子耐盐性较一般商用番茄的耐盐性高约25％。

随着全球经济发展带来的对环境压力的加大及可耕作土地被不断占用，可耕作土地面积日趋减少，抗逆性园艺植物新品种（系）的育种意义更为深远。对于园艺植物来说，人们可以创造利于其生长发育的环境，如应用温室等保护地设施、改良土壤等，但是当今世界人口不断增长、淡水资源紧缺、耕地面积减少、土地肥力下降及受到荒漠化的威胁，要满足人类对于园艺产品的需求，必须加强培育抗逆性强的高产、优质品种。如地被、草坪植物要求耐阴、耐旱、耐灰尘污染、耐践踏，行道树要求耐重剪，易从不定芽、隐芽发出新枝等特性。

6.对保护地环境的适应性

近年来，保护地栽培的蔬菜、花卉和果树生产发展很快，原来露地生产的品种常难以适应，保护地使生态因子发生了一系列变化，如光照减弱、高温高湿、CO_2供应不足、土壤盐类聚集和酸化等，这就给育种者提出了新的更高要求，主要是对保护地生态条件如弱光照和高温多湿环境的适应性。如黄瓜保护地专用品种要求具备以下性状：在深秋和冬季低温弱光下能形成较高产量；在后期出现32℃以上的高温下能保持较高的净同化率；对保护地易发病如枯萎病、霜霉病、白粉病、黑星病、角斑病、疫病等有较强的抗、耐性；株型紧凑、叶较小、叶量不过大、分枝较少，主侧蔓结瓜，节成性强。百合花的露地栽培品种 'Enchantment' 和 'Connecticut King' 都曾因花形艳丽美观、高产而名噪一时，保护地大量发展后，它们在光照较弱的温室（6000 lx）里，开花率仅有36％。后来育成了新品种 'Pirate' 和 'Uncle Sam' 在同样光照条件下开花率可达96％，从品种上解决了百合切花生产中的重大难题。

节约能源、降低成本已成为北方保护地花卉育种的重要目标。荷兰新育成菊花品种对昼/夜温度要求已从过去的18℃/15℃降为10℃/10℃，一品红从过去28℃/25℃下降到14℃/12℃，有效地节约了能源。

7. 对机械化生产的适应性

农业机械化是降低成本、适应集约化生产与经营的必然要求。园艺植物要适应机械化生产，必须对一些性状进行改良，以适应机械化耕作和采收。对机械化生产适应性的新品种应满足以下性状要求：株高一致，株型紧凑，秆壮不倒，生长整齐，成熟一致，大小均匀，长短一致，果皮韧性强，结实部位适中等。如番茄适应机械化采收的品种，无支架、不分杈、自封顶，植株生长整齐一致，坐果集中、坐果多，果实成熟集中，果实弹性，并且成熟后果实能在植株上保存30d以上而不烂果，有良好的加工性状等。马铃薯的块茎集中等。

（三）园艺植物育种目标的特点

1. 育种目标的多样性

园艺植物利用方式及人们嗜好要求的多样性以及多以活鲜方式供应市场等特点决定了育种目标的多样性。育种目标涉及产量、品质、抗病性、贮藏性等。如葡萄不同成熟期的鲜食、鲜食制干兼用、制干、制罐、制汁、酿造用品种，耐贮运品种的选育，抗寒、抗旱、抗石灰质土壤、抗线虫砧木品种的选育，大果无籽品种的选育，适应于设施园艺生产的品种选育等。菊花，按用途有盆栽、切花和地栽等各种不同育种目标，仅盆栽的大菊系花型育种就有宽瓣型、球型、卷散型、松针型、丝发型、飞舞型等近20种不同花型，花期从6～7月到12月（至翌年1月）不同时期开花以及一年多次开花的四季菊等。花色育种目标除常见的白、黄、橙、红、紫等花色外，还要求育成绿、灰、黑、蓝色等罕见色调。切花育种目标主要要求是花期长、花瓣厚、耐久养和便于包装运输等。

2. 预见品种的高效性

不管是哪一种或哪一类育种目标，其育成的品种必须满足品种使用者和社会获得最大的经济效益、社会效益和生态效益。在园艺植物育种中，品质往往是更为突出的目标性状，是因为在市场上优质蔬菜、水果和花卉品种产品比一般品种产品的价格高出几倍到几十倍，同时在国际市场上也更具有竞争力。在观赏植物中除了球根花卉和切花对产量有一定要求外，多数花卉植物在育种目标上基本以重视优质和特异性为主。案头微型盆景植物如微型月季、侏儒型仙人掌、碗莲等其产量一般很低，但其优异的品质和特色带来了较高的经济效益。

3. 育成品种的配套性

延长供应和利用时期是园艺植物育种目标的重要因素。生产的季节性和需求的经常性是以鲜活状态供应市场的园艺生产中的突出矛盾。解决这一矛盾最主要的途径是选育极早熟品种和晚熟耐贮运的品种，以及随着设施园艺的迅速发展，选育适应于保护地栽培的园艺植物品种。菊花因切花和露地观赏的需要，国际园艺界要求培育对日照长短不敏感、在自然日照下四季均能开花的品种。四川省原子能应用技术研究所用辐射诱变和营养系杂交育种结合的办法育成20多个春夏开花、花期长达半年的菊花新品种，满足了供应市场的季节性。

4. 重视品种的兼用性

园艺植物不仅可食，还可药用、观赏、保护生态环境等。长期以来，人们对观赏园艺植物的育种目标多仅着眼于株型、花色等观赏性状，而对其食用、药用以及其他功能注意不够，更少考虑把这些功能纳入育种目标。同样，对食用园艺植物也很少注意它们的观赏、环境保护方面的功能。因此，在制定育种目标时，须兼顾鲜食与加工、食用与药用、食用与观赏、药用食用观赏兼得等。培育鲜食加工兼用性树莓品种。从西非引入的极具观赏的庭院及行道树种油棕，经过改良育成的薄壳种产油量达4400kg/667m^2，比向日葵高出4倍以上。

当前，在大气、土壤等环境污染日益严重的情况下，应该特别重视在观赏植物育种中提高环境保护方面的功能。首先是选择对特定污染因素抗性强且防护功能好的种类，然后才在适当的种类中选育性能最优的类型。植物对污染因素的吸收功能和抗性并不完全一致，如美青杨吸收 SO_2 功能高达 $369.5mg/(m^2 \cdot h)$，但叶面出现大面积烧伤、抗性较差，而忍冬、臭椿、卫矛、旱柳等既有较大的吸毒力，又有较强的抗性。为提高植物的滞尘能力，应在榆树、朴树、木槿等树种中选育树冠稠密、叶面多毛或粗糙以及分泌油脂或黏液的类型。

（四）制定育种目标的原则

育种目标的正确与否直接关系到育种工作的成败，这是因为它直接涉及原始材料的选择、育种方法的确定以及育种年限的长短，而且与新品种的适应区域和利用前景密切相关。育种目标是动态的，这是因为生态环境的变化、社会经济的发展以及种植制度的改革都要求育种目标与之相适应。同时，育种目标在一定时期内又是相对稳定的，它体现出育种工作在一定时期的方向和任务。因此，制定育种目标要依据一定的原则。

1. 满足生产和市场的需要

制订育种目标应遵循市场导向和国家宏观调控的原则，客观需要主要通过市场需求反映出来。商品市场反映消费利用者的需求，种苗市场反映生产单位或生产者的需求。在市场需求方面除了现实需求外，还有市场的潜在需求。由于育种过程一般少则 3～5 年，多则 7～8 年乃至更长，因此必须进行专项的市场预测和论证。要预见到 5～6 年以后市场对品种的需求。对于一些争取进入国际市场的种类，还必须研究国际市场的需求特点和前景。应该看到现实需求和潜在需求有时并不完全一致。例如 10 多年前，市场上山楂产品异常紧缺，北方各省市大量发展山楂，大果优质山楂品种选育的项目纷纷上马，造成后来大批砍树、育种任务中途夭折的局面。再如日本农民育种家前田看到棉蚜对苹果生产危害极大，制订了抗棉蚜育种的目标，当他实现了这一目标，培育出'八甲'、'岩木'等品种时，由于引入抗棉蚜寄生蜂，棉蚜危害已基本解决，而这些抗棉蚜品种因在果实品质方面缺乏竞争力而难以在生产上推广。主要原因在于对市场，特别对潜在需求缺乏全面、科学的预见性分析，应引以为戒。

2. 有较高的经济效益和社会效益

任何作物的育种目标都应该在经济学上和生物学上都是合理的。按照一定的育种目标育成的品种必须比原有同类品种能为农民或最后使用者提供更高的经济效益。比如说和原品种产品价格相近的情况下产量提高 25%；产量和原品种相近的情况下，由于产品品质优良，或成熟期提前，价格比原品种提高 60%；由于抗病性的提高，可节约防治病害的药剂和人工等生产成本 30% 等。由此可知，优质育种的目标效益高于抗病育种和高产育种。经济效益有时还要考虑到按一定的育种目标育种者为育成一个品种的经济投入和可能以某种方式得到的经济补偿，种苗生产者从繁育新品种可能得到较多的经济效益。育种者权益涉及调动育种者的积极性和整个育种工作的持续发展，应该从整个科学研究体制改革中妥善解决。

成功的育种除了能给生产者和消费者带来经济效益外，也还能产生较大的社会效益和生态效益，如改善污染、治理沙荒等特殊功能。

3. 目标实现的可能性大

一个育种目标能否实现，还要考虑其实现的可能性。这种可能性涉及育种者本身条件、可利用的种质资源、选育当地和推广地区的自然环境和栽培条件、性状指标确定是否适宜等。育种者自身的素质、科技水平、实践经验以及对国内外有关信息的掌握程度等是实现目标的重要条件，育种者拥有实验室及场地的设施、经费等因素是否有实现育种目标的潜力，对实现目标也很重要。如果一个缺少鉴定病毒的仪器、设施而又无法从协作单位取得必要支持的育种者，显然难以完成抗病毒育种的目标。育种者掌握种质资源的多寡，是否拥有目标性状的资源，也是育种成败的关键。在育种历史上，有不少创新的育种目标是由于发现了优异的种质资源而制定的。美国抗板栗疫病育种的成功，是由于从我国获得了抗板栗疫病的资源，才使板栗在美国避免了灭顶之灾。

育种家们应该有丰富的想像力和科学的预见性。根据科学规律进行分析,把客观需要和实现这种需要的可能性结合起来构成一个现实的育种目标。选育当地和推广地区的自然环境和栽培条件,以及性状指标确定是否适宜等,也都是与育种目标密切相关的因素。如苹果抗寒育种要求提高抗寒性,使主栽区北缘的苹果减轻由于周期性寒潮造成的严重冻害,既是客观需要又是可能实现的育种目标;而要求把苹果主栽区扩大到吉林、黑龙江等地则不是客观需要而又是难以实现的目标。因为在现代的交通运输条件下,从辽宁、河北、山东等主产区把苹果运往吉林、黑龙江市场非常经济而便利,没有必要把产区向北扩展到非适宜区,而要育成适应吉林、黑龙江严酷气候,具有和主产区苹果品种竞争力的抗寒品种是难以实现的。

4.近期需要与长远利益兼顾

制订育种目标既要着眼于当前,又要兼顾到未来经济发展的需要。所谓"兼顾"并不是说一个育种目标要面面俱到,而是指解决现实目标时,不要把长远目标弃而不顾。要看到实现近期目标后,可能接着提出的是什么目标。如美国番茄加工品种选育,20世纪初番茄育种主要目标是以鲜食品种的高产、优质、地区适应性和抗病性等为主,随着加工业的发展逐渐加重了加工适应性。现全美番茄总产量的85%用于加工,随后加工用番茄对机械收获的要求非常迫切,育种目标又转向加工用机械收获。这项育种工作是从选育果实硬度好、耐碰撞的性状开始的,最早育成的是'Red Top V-P';以后又通过多次品种间杂交,1963年又育成对机械撞击抗性更好的长果形品种'VFl3L';后来又选育出了无支架无腋芽品系。如西瓜育种,20世纪70年代我国台湾省育成新红宝,由于果型大、耐贮运,深受消费者青睐,但进入21世纪,瓜形小、糖度高的小型西瓜如红肉类'黑美人'、'早春红玉'、'拿比特'等品种以及黄肉类'天黄'、'黄小玉'等品种就受到了人们的欢迎,随着人们生活水平提高,对食物保健作用的认识日趋提高,因此对果类、瓜类、蔬菜的产量、质量要求越来越高。为此育种者要在保健、观赏植物育种上多下功夫。

在一个较长远而复杂的育种目标内,制订出分阶段的育种目标。如需要20年实现的目标计划中,在8~10年内育成若干可能为市场接受的过渡品种等。如日本1950年开始仙客来杂交育种,目标性状涉及花期极早、抗高温、花型及花色的改进、芳香性等,考虑到一次涉及较多目标性状难以实现,采取分阶段育成过渡性品种,逐步实现集大成的策略。

5.育种目标的稳定与调整

园艺植物育种时间长,效益明显,育种目标一旦制订,就要集中人力、物力、财力按目标要求去做,但变异是普遍存在的,在选种过程中一旦发现新的变异材料,也应抓住不放,不能一成不变。如西瓜育种,选育优质、高产、抗病的品种,但实际选育过程中发现商品性好的优质、抗病、耐贮运但产量略低些的品种,那么亦应入选。又如葡萄育种中选育高产、大粒、优质无核的品种,但在具体选育过程中发现一株品质很好、产量高、果粒略小些而且早熟,就应该兼顾入选。所以育种者对制订的育种目标,既要相对稳定又要按实际情况作必要的修改和补充。

根据育种目标设计相应的育种计划,整个育种工作应切实按计划实施。但在实施计划的过程中,有时会遇到一些事先难以预料到的问题,如市场需求的变化、发现更理想的亲本资源、竞争力较强新品种的出现等,从而需要对原有育种目标和计划进行必要的充实和调整,使其更加适应市场竞争的需要。

(五) 制定育种目标应妥善处理的几个关系

1.需要与可能

育种家们应该有丰富的想像力和科学的预见性。根据科学规律进行分析,把客观需要和实现这种需要的可能性结合起来,构成一个现实的育种目标。如苹果抗寒育种,要求提高抗寒性,使主栽区北缘的苹果减轻由于周期性寒潮造成的严重冻害,既是客观需要,而又是可能实现的育种目标;而要求把苹果主栽区扩大到吉林、黑龙江等地则不是客观需要而又是难以实现的目标。育种目标的制订还应和育种单位的技术力量和经费、设施等物质条件相适应。

2. 当前与长远

制订育种目标既要着眼于现实和近期内发展需要,同时也应尽可能兼顾到长远发展的需要。要看到实现近期目标后,可能接着提出的是什么目标。在一个较长远而复杂的育种目标内,制订出分阶段的育种目标。当前,制订育种目标时常限于常规杂交育种中可利用亲本资源的遗传潜力。随着基因工程等高科技在园艺植物育种中的有效应用,就需要适当考虑一些通过基因工程可解决的高难度的育种目标。

3. 目标性状与非目标性状

制定育种目标时应该分析现有品种在生产发展中存在的主要问题,明确亟待改进的目标性状。目标性状集中,则相对选择压较大,育种效率较高。相反,如果目标性状分散,势必会分散精力,延缓育种进度。因此,要把目标性状具体化,抓住主要的目标性状,只要能抓住园艺植物中的影响品质、产量、使用价值等主要性状加以改良和提高,就能出成果。目标性状一般不能超过 2~3 个,而且还要根据性状在育种中的重要性和难度,明确主要目标性状和次要目标性状,做到主次有别、协调改进。如以不同成熟期为主要育种目标的育种,必须适当考虑优选类型在品质、产量方面的表现。因为即使成熟期完全符合要求,但如果没有足以保证经济效益的产量和品质,则新类型也很难在生产上站稳脚跟。如浙江省某地柑橘存在皮厚、味酸且不耐寒,我们就针对这些问题加以改进,而不是提高产量,如果光提高产量,品质差也就没有市场。再如以观赏为主的君子兰,就要突出在叶和花上进行改良,选出人们喜欢的品种。对育种目标中的主要性状一定要明确,主次分明,才能集中力量寻找理想的亲本资源,选配合理的组合,选出理想的品种。

还应该看到性状之间的内在关系。对一个性状的高度追求,有时可能对另一性状产生负面影响,这类相互制约的关系诸如早熟性和品质、产量之间,成熟期与耐贮性之间,品质与抗逆性、抗病性之间的关系等,在各种园艺植物中都有不同程度的表现。如以早熟为主要目标性状,品质为次要目标性状的育种目标,一般在育种过程中总是在提早成熟期的基础上改进品质。而且由于早熟性和高产、优质性有一定程度的负相关,通常应适当降低对品质和产量指标的要求。

4. 育种目标和组成性状的具体指标

育种目标应尽可能简单明确。除了必须突出重点外,一定要把育种目标落实到具体组成性状上。而且应尽可能提出数量化的可以检验的客观指标,这样才能保证育种目标的针对性和明确性,同时也可为育种目标的最后鉴定提供客观的具体标准。如产量性状一般可落实到生物产量和经济系数,利用果实的作物产量可落实到单株、单位结果母枝或单位面积的果实数和单果平均重。品质性状可落实到产品大小、形状、色泽、质地、风味等感官性状及糖、酸、维生素 C 等物质的含量或其它品质特征上。对于抗病性则应落实到抗哪一种病害或哪几种病害。在可能情况下还应落实到生理小种或病毒株系。

五、园艺植物的育种途径

在确定了育种目标之后,就要根据园艺植物育种特点、品种现状和育成品种的目标要求,确定采取什么途径,以获得符合目标要求的新品种。广义的品种选育工作主要包括从现有种质资源及其他变异材料中的直接选择利用,包括种质资源调查、引种、选择育种,以及在现有资源基础上,通过人工创造变异和选择获得新的品种类型的创造变异育种途径。狭义的园艺植物育种是指通过人工创造变异形成新的品种类型的一种比较高级而复杂的方法。创造变异育种途径又包括杂交育种和杂交优势利用、诱变育种、现代生物技术育种等途径。

(一) 植物种质资源调查

植物种质资源 (germplasm resources) (具体详见本书第二章) 是园艺植物育种的物质基础。开展种质资源调查是对现有种质资源直接选择利用的基本途径,通过调查可能发掘长期蕴藏在局部地区而未被重视和很好利用的品种类型。因此，种质资源的调查、搜集、鉴定等工作是育种的基础。我国园艺植物种质资源极其丰富，长期以来形成了许多优良的地方品种和某些变异类型，除符合育种目标的可以直接利用外，许多都可以在进一步育种中间接地利用。某些地方品种的经济性状基本符合要求，对当地自然条件的适应性和抗逆性较强，选择其中更为优良的单株就可直接繁殖推广。从野生园艺植物中可以发掘其抗性、优质资源，在育种上有很大的利用潜力。有一些野生植物还可驯化（domestication）栽培，为园艺植物的生产增加新的种类。

由于种质资源改造技术水平的提高，园艺植物可利用的种质资源范围在一定程度上也越来越广，除了不同来源的育成品种和地方品种外，野生植物、栽培园艺植物的近缘野生种，乃至某些动物和微生物都可成为育种者利用的资源。我国大白菜和萝卜育种中应用的雄性不育系，分别是从大白菜地方品种'万良青帮'和萝卜地方品种'金花薹'中发现的。美国采用基因工程培育的橙色番茄和耐盐番茄已大量上市。1997年，我国成功地将鲑鱼体内的抗寒基因转移到番茄中，育成的新品种能忍耐的低温比普通品种低2～3℃。

（二）引种

引种工作是在本地区资源调查与地方品种整理的基础上进行的。引种（introduction）是从外地或从外国引进新品种或新作物以及各种种质资源的途径。可以根据其他地区的园艺植物品种类型在该地条件下性状的表现，引入到相似条件地区栽培，鉴定它们在当地的适应性和栽培价值。此途径简单易行、快速见效。在引入的品种类型中，有的可直接用于生产；有的需要经过驯化，改变其本身的遗传性以适应新环境；有的可作为杂交育种的亲本加以利用。如果引种得当，对解决当地生产上急需的品种时常能达到高效。

（三）选择育种

选择育种（selection breeding）是利用现有品种或类型在繁殖过程中的变异，通过选优汰劣的手段育成新品种的方法，是一种改良现有品种和创造新品种的简单而有效的育种途径。以现有品种在繁殖过程中产生的自然变异为基础群体，按照育种目标筛选优良基因型材料，经过比较鉴定，以株系或家系的形式最终形成新品种，推广到生产中。在人类进行杂交育种以前，所有栽培作物的品种都是通过选择育种这一途径培育出来的。选择贯穿于所有育种途径中，无论是引种、杂交育种和杂种优势利用、诱变育种，还是现代生物技术育种。

（四）杂交育种与杂种优势利用

杂交育种（cross breeding）分为有性杂交（sexual cross breeding）和现代生物技术育种中的体细胞融合（体细胞杂交）（somatic hybridization）。通常所说的杂交育种主要是指前者，它是根据品种选育目标选配亲本，通过人工杂交的手段，把分散在不同亲本上的优良性状组合到杂种中，对其后代进行培育选择，比较鉴定，获得遗传性相对稳定、有栽培和利用价值的新品种的一种重要育种途径。由于选用的亲本的亲缘关系远近不同，有性杂交育种可分为近缘杂交育种和远缘杂交育种（wide cross）。前者所用的杂交亲本是属于同一物种范围内的类型或品种，而后者则是超出一个物种范围的种间或属间的杂交。远缘杂交一般是利用近缘种或野生种的某一性状的优良基因，通过人工杂交以形成新的种质，作为有性杂交育种或一代杂种优势利用的亲本。

园艺植物与其他许多生物类似，一代杂种在生活力、生长势、繁殖能力、适应性、产量、品质等方面表现出比双亲优越的现象，即杂种优势（heterosis）。园艺植物一代杂种常常表现出植株变高、叶面积增大、生长势增强等优势。利用这种杂种一代优势现象进行新品种选育，就是杂种优势利用，也称杂种优势育种（hybrid breeding）。它是许多园艺植物新品种选育常用的途径。

（五）诱变育种

诱变育种（mutation breeding）是指利用物理、化学等因素诱导生物体遗传性状发生突变，从中筛选出具有优良性状的突变体，进而培育成新品种的育种方法。这种选育途径主要是用于园艺植物自然群体不能发现或不能通过杂交育种和杂种优势利用育种等途径获得目标性状的新品种或新种质的创造上。它以电离辐射和化学诱变为主要手段，以基因突变或染色体结构变异为基础；而以秋水仙碱为主要诱变剂的多倍体育种则是以染色体数量的成倍变异为基础。近年来在航空航天育种和离子注入育种领域所取得的成就，也为诱变育种开辟了新途径。诱变育种可解决多种独特的育种问题，可以作为一种有效的辅助育种手段而应用。

诱变处理可以提高果树变异率，通过对枝条和组培苗等进行诱变处理，可以在短时间内获得突变体植株，为果树育种提供了新途径。据联合国粮农组织（FAO）/国际原子能机构（IAEA）官方网站的数据显示，截至 2016 年 3 月，各国育种家通过诱变技术培育落叶果树新品种 55 个，其中樱桃 21 个，苹果 13 个，梨 8 个，桃 6 个，石榴 2 个，枣 2 个，杏 1 个，李 1 个，葡萄 1 个。

（六）现代生物技术育种

现代生物技术育种（modern biotechnology breeding）包括植物组织培养技术（plant tissue culture）和分子育种（molecule breeding）。组织培养技术是在无菌和人工控制的条件下，对植物的原生质体、细胞、组织和器官进行离体培养，并控制其生长的一门技术，它可为现代作物育种创造的变异体、脱毒原种、繁殖体及从远缘种、属中导入优良基因提供了可能的条件。如原生质体培养可以克服远缘种、属间的有性杂交不亲和性，获得细胞杂种；花药培养是单倍体育种的主要途径；茎尖培养是获得无病毒植株的关键技术等。

分子育种就是借助于分子生物学手段，进行植物新品种的选育或种质资源创造的过程。分子育种技术给园艺植物提供了一条重要的品种改良途径，目前可分为植物基因工程（plant genetic engineering）和分子标记辅助育种（assisted selection breeding by molecular marker）。植物基因工程是把不同生物有机体的 DNA 分离提取出来，在体外进行酶切和连接，构成重组 DNA（recombinant DNA）分子，然后转化到受体细胞（大肠杆菌），使外源基因在受体细胞中复制增殖，再借助生物的或理化的方法将外源基因导入到植物细胞，进行转译或表达，以达到改变生物细胞遗传结构、使之产生有利性状的目的。由于目的基因控制的性状明确，在导入到植物细胞后，可预知赋予植物的性状，因此具有定向改良植物的特点。分子标记是指能够反映生物个体或种群之间特定差异的 DNA 片段，能直接反映 DNA 水平的差异，常用的分子标记有 RAPD（random amplified polymorphic DNA，随机扩增多态性 DNA）、SSR（simple sequence repeat，简单重复序列）、RFLP（restriction fragment length polymorphism，限制性长度片段多态性）、AFLP（amplified fragment length polymorphism，扩增片段长度多态性）、SCAR（sequence characterized amplified region，序列特异性扩增区）、SNP（single nucleotide polymorphism，单核苷酸多态性）、EST（expressed sequence tag，表达序列标签）等。分子标记辅助育种技术的应用弥补了作物传统育种方法中选择效率低、育种年限长的缺点，在后代群体优良基因型的辅助选择中起着重要作用。

现代生物技术育种已经和正在园艺生产上发挥着重要的作用。在美国、日本、德国等，将番茄叶肉细胞与马铃薯块茎细胞融合育成'番茄薯'、'薯番茄'等新品种。华中农业大学的叶志彪采用反义基因技术创建了转基因耐贮藏番茄新种质，并选育出转基因耐贮藏的杂种一代新品种'华番一号'（1998 年审定品种），1997 年通过了国家农业生物基因工程安全委员会可商品化生产的安全性评价，是我国第一个批准可商品化生产的农业转基因产品。利用传统的育种方法与现代分子技术结合，通过标记辅助选择将多个抗病基因聚合而选育了'华番 2 号'、'华番 3 号'、'华番 11'、'华番 12'等新品种。

上述各种育种途径见效速度有快有慢，解决问题有难有易，需要条件有简有繁，在实际工作中应结合园艺育种目标，根据实际的需要和可能的条件，来确定一项方法或综合几项方法，以达到预期的目标，为生产提供高产优质和稳产的优良品种或新种质。

六、园艺植物育种的成就与发展趋势

(一) 园艺植物育种的主要成就

中国园艺植物育种历史悠久、成就辉煌。主要表现在以下几个方面。

1. 普遍地开展了资源调查和地方品种整理工作

1956 年的全国科学规划将作物资源调查、整理和利用列为重点课题后，全国各省陆续开展了园艺植物资源调查和地方品种整理工作。通过资源调查，再一次证明我国园艺植物种质资源极其丰富，品种、类型琳琅满目。发掘出许多园艺植物的珍稀资源，如冬桃、软核山楂和黄桃等，以及新疆的 $300km^2$ 原始苹果林和从长白山至海南岛均有种类繁多的猕猴桃科植物分布等。据 1997 年统计资料，国家种质库拥有的资源已达 35 万份，仅次于美国（41 万份）和俄罗斯（37 万份），其中包括有性繁殖的蔬菜资源 28765 份，无性繁殖的果树、蔬菜资源以资源圃种植保存及低温保存的试管苗库。有关园艺植物的国家级种质资源圃 23 个，包括各类果树资源圃 17 个（11657 份）、含果桑在内的桑树资源圃 1 个（1757 份）、薯类资源圃 2 个（1900 份）、试管苗库 2 个（2350 份）、水生蔬菜资源圃 1 个（无性繁殖资源 1949 份，有性繁殖资源 184 份），以上种植保存和试管苗保存包括部分重复资源近 2 万份，已对作物的主要经济性状进行初步评价鉴定，数据输入 1990 年建立的国家级植物种质资源数据库系统。这对促进我国园艺植物生产的发展起着巨大作用。通过资源调查，初步掌握了我国园艺植物分布概况和各种园艺植物的生产特点，为制订果树、蔬菜、花卉等园艺植物的发展规划及开展科学研究提供了可靠依据。

观赏植物种质资源的种类更加多样、复杂，而资源工作总的来说相对滞后。20 世纪 80 年代由广州华南植物园、昆明园林研究所等单位协作调查，收集我国木兰科植物 11 属，90 种 200 多份资源先后在富阳和建德建立了木兰资源圃。中国梅花研究中心在武汉东湖磨山植物园建立的梅花资源圃收集了梅花品种 180 多个。山东菏泽、河南洛阳建立的牡丹资源圃收集保存牡丹、芍药资源 500 多份。南京和北京建有保存近 3000 个品种的菊花资源圃等，都是进一步发展我国园艺植物育种工作的物质基础。初步建立了园艺植物种质资源工作体系。

2. 广泛地进行了园艺植物引种工作

在资源调查、整理的基础上，广泛进行了国内不同地区间相互引种和国外引种，大大丰富了各地园艺植物的种类和品种，扩大了良种的栽培面积。如四川的榨菜通过引种不仅在长江流域江苏、浙江等省有栽培，而且南至广东、广西，北到山西、辽宁等省也均引种试种成功。分布于南方的白花泡桐（*Paulownia fortunei*）已经成功地引种到陕西、山东，而分布于北方的兰考泡桐（*Paulownia elongata*）也在南方生长良好。引进抗松毛虫能力强、生产快、产脂量高的湿地松和火炬松在我国亚热带低山丘陵地区推广种植，生长良好。杉木跨越秦岭在陕西关中落户。南方的莴笋、蕹菜、丝瓜、苦瓜等优良品种都在北方试种成功，北方的结球白菜、黄瓜也在南方广泛栽培。柑橘北移，苹果南下，毛竹、茶树三"过江"，高山植物到平原落户，平原作物向高处挺进，世界"脊屋"的西藏也成功从内地引种苹果、梨、桃、葡萄、西瓜、甜瓜、番茄、茄子、菜豆、白菜、马铃薯、月季、牡丹、芍药、大丽花、百合、唐菖蒲等良种，结束了长期以来存在的缺果无花和少菜的问题。

从国外引种的园艺植物种类，如果树中的印度杧果，马来西亚红毛丹、面包果、倒捻子、腰果，蔬菜中的西芹、球茎茴香、石刁柏、锦葵菜、四棱豆、莳萝、独行菜、黄秋葵等，观赏植物如从日本引入的龙柏、五针松、樱花、红械，从北美引入的香柏、铅笔柏、墨西哥柏、池杉、加勒比松、湿地松、火炬松、晚松、油棕等，都取得显著成效。从国外优良品种经引种试验有望或已经成为我国园艺生产中的主栽品种的有苹果品种'红富士'、'新乔纳金'，葡萄鲜食品种'巨峰'、'乍娜'、'布朗无核'、'红瑞宝'、'晚红'等，番茄品种'强力米寿'、'弗罗雷德'等，甘蓝品种'黄苗'、'丹京早熟'等，花菜品种'荷兰雪球'、'瑞士雪珠'等。近年又新引进了结球莴苣、青花菜、抗 TMV（烟草花叶病毒）和抗青枯病的番茄、抗 TMV 的辣椒，以及甘蓝、白菜、芥菜的胞质雄性不育品种等。

3. 新品种选育和杂种优势利用研究成效显著

全国各地通过各种育种途径选育的园艺植物新品种数以千计，各种主要果树、蔬菜的品种已更换过 3～4 次，有效地发挥了优良新品种在生产中的作用。如占全国蔬菜上市总量 40% 左右的白菜，针对病毒病、霜霉病等病害经常流行，大流行年份减产 50% 以上，局部地区甚至绝产的现实情况，1983 年国家科委和农业部组织了"白菜抗病新品种选育协作攻关组"，"六五"、"七五"期间育成优良的抗病品种（系）38 个，推广面积 35.27 万公顷，增加效益 9.12 亿～10.12 亿元，筛选出单抗资源 672 份、双抗资源 173 份、三抗资源 39 份；黄瓜抗病育种协作攻关课题组共育成抗 3 种以上病害、优质、丰产品种 20 个，先后通过省、市或全国品种审定，推广到 27 个省市，覆盖了全国露地同类品种种植面积的 60%～70%，保护地推广面积在早熟杂交品种中首屈一指，累计推广 13.33 万公顷，新增经济效益 4.8 亿元，大大减少了农药污染，筛选出从单抗到多抗（5 种病原）的资源 115 份。蔬菜方面培育了一大批优良的甘蓝、白菜、甜椒的雄性不育系及黄瓜的雌性系等，显著促进了杂交种品种的选育和杂种一代种子的大规模商品生产。据不完全统计，全国已有 20 余种蔬菜育成优良杂交种品种 400 多个，推广面积达 20 万公顷以上，多数增产效应在 20%～30% 以上。

在柑橘类中选出的有四川的锦橙优良品系、湖南的浦市无核甜橙和湖北的桃叶橙等优良实生单株；浙江从尾张温州蜜柑中选出了'宁海 73-19'、'象山石浦 73-3'以及本地早熟柑橘罐藏用的优良品系；在苹果的芽变中，除从元帅苹果系选出了浓红型和紧凑型的优良单系外，还从国光苹果系中选出了浓红型芽变，从金冠苹果、青香蕉苹果和印度苹果中也都发现了紧凑型变异。果树杂交育种工作也已取得显著成效，如苹果就选育出了'辽伏'、'胜利'、'秦冠'、'伏帅'、'金红'等；葡萄选育出了'北醇'、'公醇 1 号'、'早红'等；桃选育出了'京玉'、'雨花露'、'云署一号'；梨选育出了'早酥'、'晋酥'、'金水一号'、'黄花'和'香慈梨'等一系列新品种。

上海园林科学研究所（1982）育成早菊杂交品种 14 个，于国庆节前后开花，色艳、型美、植株挺拔。北京植物园通过种间杂交选育成了世界上第一个黄色、重瓣、大花的荷花新品种'友谊牡丹莲'。

4. 育种理论和育种方法研究取得成效

为了提高育种效率，加速育种进程，增加育种工作的科学性和预见性，近年来对园艺植物的一些主要经济性状的遗传规律、多倍体诱变、辐射诱变、克服远缘杂交的障碍等方面开展了研究，对杂交亲本的选择、选配，扩大杂种材料的遗传基础都起到了积极作用。已有 40 种以上蔬菜植物的花粉或花药发育成单倍体植株，主要集中在十字花科（甘蓝白菜、芜菁和萝卜）、茄科（辣椒和马铃薯）和葫芦科（黄瓜）。其中辣椒、甜菜和白菜等的单倍体植物为我国首创。通过花药培养也获得了苹果、柑橘、葡萄等的单倍体。苹果、柑橘、葡萄、桃、马铃薯、大蒜、姜的分生组织培养脱毒；苹果、梨、枣和猕猴桃等的三倍体胚乳细胞已培育成苗；苹果、葡萄、草莓、甘蓝、花椰菜、芥菜、石刁柏、百合、水仙等的离体快繁获得成功；应用原生质体融合技术获得了茄子近缘野生种与栽培种的种间体细胞融合四倍体再生植株、不结球白菜胞质杂种、白菜型油菜与甘蓝体细胞杂交合成种、番茄与类番茄种间杂种、胡萝卜种内胞质杂种、能再生出菌丝体和子实体的平菇种内杂交株，柑橘植物的原生质体培养和体细胞杂交也已获得成功，且获得了柑橘类及其近缘植物的种间和属间各种体细胞杂种。通过体细胞杂交提高了植株的抗逆性。一些野生种中，有许多抗虫、抗病、抗旱、耐盐碱、抗高温等优良性状，将栽培种与野生种作为亲本，经过原生质体融合、选择与再生，从而获得野生种的抗逆特性。

同工酶及多种分子标记技术应用于研究园艺植物的分类、演化、遗传及品种、杂种亲缘及纯度鉴定等。已经构建了番茄、甘蓝、胡萝卜、黄瓜等 20 多种蔬菜作物的图谱，为研究蔬菜育种奠定了良好基础。我国至少已有 35 个科 120 多种植物转基因获得成功。通过转基因技术获得的各种转基因园艺植物，包括苹果、葡萄、柑橘、胡桃、猕猴桃、竹、草莓、番木瓜、番茄、马铃薯、胡萝卜、芹菜、菠菜、生菜、甘蓝、花椰菜、大白菜、黄瓜、西葫芦、豇豆、豌豆、茄子、辣椒、洋葱、石刁柏、花芋等，所转移的基因包括抗病、抗虫、抗除草剂、延熟保鲜、改良品质以及雄性不育等的基因。当前，利用蔬菜作物作为生物反应器，生产植物疫苗、医药成分等方面的研究开始成为基因工程研究的一个热点。所采用的转化方法有农杆菌介导转化法和 DNA 直接转移法，后者又包括 PEG（聚乙二醇）法、电击法、基因枪法、花粉管通道法、显微注射法、脂质体法等，转基因的策略主要有基因添加和基因敲除。

刘录祥等从粒子生物学、物理场生物学和重力生物学等不同角度研究了高能单粒子、混合粒子、零磁空间和微重力等航天环境各因素的生物诱变特性，开创了地面模拟航天环境诱变作物遗传改良的新途径、新方法，并已申报航天育种新技术发明专利 3 项。利用返回式卫星和神舟飞船搭载植物种子，经多年地面种植筛选，先后育成 60 多个农作物优异新种质、新品系并进入省级以上品种区域试验，其中已通过国家或省级审定的新品种或新组合 20 个，包括番茄 2 个、青椒 1 个，并从中获得了一些有可能对产量有突破性影响的罕见突变。

（二）园艺植物育种的发展趋势

伴随着科学技术的不断进步，技术手段多样化，在未来园艺植物育种研究中，更多的生物技术育种技术被开发和利用，加上航空航天事业的快速发展，航空诱变技术不断进步和成熟，未来育种技术必将朝着多样化、国际化方向发展，使得人类培育更加丰富、品质更加优良的资源成为现实，形成以常规育种为基础，多种现代育种技术相结合的育种技术体系。

1.四大育种目标更为突出

育种目标的总趋势是培育高产、优质、多抗、专用型的品种。产量是育种的最基本要求，高产是育种家一直追求的目标。中国诱变育种育成了高产优质多抗的番茄、辣椒新品种，'宇椒1号'青椒产量达 $90t/hm^2$ 以上，比对照增产 $25\%\sim30\%$。在现代育种中，世界各国都十分重视园艺植物的品质育种，注重产品的形、色、香、整齐性、货架寿命等商品品质以及丰富的营养保健价值等营养品质，有些植物产品还要求良好的加工品质、耐贮藏和耐运输的特殊品质要求。如水果蔬菜的延熟保鲜和口味感改善、植物油的保健（含较多不饱和脂肪酸）、食物营养价值的增加等。为了提高产量和品质，不仅要考虑产量、品质的构成性状而且要考虑它们的生理基础。提高品种的光合效率、光合产物的利用率以及理想株型的育种等也引起育种界的重视。生态育种、高光效育种日益迫切。由于生产中病虫草害加剧，导致大量喷施农药，不仅增加了生产成本，而且严重污染生态环境，残毒危害人体健康，因此培育抗病、抗虫品种乃至兼抗、多抗品种成为当务之急。在人口增长、耕地减少、生态环境恶化的情况下，未来多数植物将需要在目前认为不适合的区域进行种植。有些园林植物需要种植到废弃的工地和矿物、废物垃圾场地，因此抗旱、耐寒、耐弱光、耐涝、耐盐渍等逆境抗性育种越来越受到重视，多抗基因聚合育种技术的发展成为必然趋势。另外，市场需求的多样化，促使育种目标的多样化和专用化，蔬菜有温室大棚专用型品种、抗旱耐热品种、加工盐渍品种、水果型品种，马铃薯有鲜薯出口品种及高淀粉、高蛋白、高纤维素优良品种，观赏花卉强调花型、叶色、株型、芳香型等多种花色品种，还有选育适于机械化作业的品种，节省劳动力的品种，针对产品不同的用途和加工方式分别选育专用及兼用品种等。

2.重视种质资源的研究

种质资源是育种事业成就大小的关键，育种的突破在很大程度上将取决于种质资源研究的广度和深度。随着园艺生产的规模化，种质资源多样性正在不断减少。为此，各国都非常重视对种质资源的调查、搜集、档案的建立，资源库的建设，以及对资源进行研究、创新和保护。许多国家都建立了一定规模的种质资源库，对利用价值高的种质资源进行合理的交换、开发和利用将会大大加速育种进程。发达国家已建立起较完善、规范化的资源工作体系，如美国农业部、日本农林水产省、韩国农业振兴厅、中国农业科学院都设置专门机构，负责各类作物种质资源的考察、搜集、保存、评价工作，以及建立管理资料档案、种子种苗检疫、更新繁殖、分发、交换等制度法规，使种质资源工作和育种工作密切联系，充分和及时满足育种的需要。

种质资源的发掘、研究、创新与利用将会达到一个新水平。对已有的种质资源进行全面的包括分子水平的研究，以确定其利用价值；主要园艺植物的全部基因图谱的绘制；利用基因操作、转基因技术创造新的种质（包括种、属、科间以及动物、植物、微生物之间的基因转移）；世界范围内的资源交流更加广泛。

3. 重视育种应用基础及育种技术的研究与革新

要提高育种工作的预见性和育种效率，必须进一步加强和育种关系密切的基础理论的研究，发挥它们对育种的指导作用。只有育种者对所从事育种的植物，特别是对主要目标性状及其组分的遗传变异规律、生理、生态、进化等方面的知识有深刻的了解，并且以这些知识为基础，采取切合实际的育种方法，才能提高育种效率。近年来，主要园艺植物有关产量、品质、抗病性、株型、雄性不育等主要经济性状遗传方面的研究进展对提高育种效率起到了积极的推动作用。对新的育种途径和育种方法的研究，如远缘杂交、倍性育种、辐射诱变育种、航天诱变育种、激光诱变育种、化学诱变育种、小孢子培养、花粉（花药）培养、体细胞融合、胚培养育种、无融合生殖育种、细胞工程育种、染色体工程、分子标记辅助育种、基因编辑育种等都在积极开拓和利用，努力克服局限性。尤其要注意：①验证分子标记在不同条件下的稳定性。对获得的分子标记在不同材料、不同环境下进行验证，判断所获得的标记能否在不同条件下广泛应用，从而进一步筛选出在各种不同背景下均能有效使用的标记；②提高转化效率。进一步探索提高转化效率的方法，降低基因型等因素对转化效率的影响，加强转基因技术在育种中的应用；③挖掘优异性状相关基因和创制新材料。目的基因的获取是进行遗传转化的前提，进一步研究、探索与优异农艺性状相关的基因，提升基因组信息的公布；④建立分子设计育种体系。结合分子标记与转基因技术，建立园艺植物分子设计育种体系，聚合不同来源、不同类型的目标基因，筛选具备优质、高产、抗虫、抗病、抗逆等综合性状的新材料、新品种，使其在育种实践中发挥越来越重要的作用。

生物技术育种是常规育种方法的延伸和补充，两者互补互辅，常规的育种方法与生物技术方法相结合，代表了植物育种科学发展的方向，生物技术将引发 21 世纪植物育种科学领域的技术革命。利用分子遗传标记育种技术，对有重要农艺性状的目标基因直接进行选择，在选择基础上做分子标记连锁图谱，再与遗传图谱、物理图谱结合起来，就能更好、更快、更直接地搞园艺植物遗传育种，实现从传统育种向现代分子育种快速过渡。

4. 实行多学科协作配合的综合育种

随着品种潜力的提高，育种的难度越来越大，要选育出优质、抗病、综合性状好的突破性品种，就必须实行多学科协作配合，从种质资源的评价、筛选，杂种后代的鉴定、选择，到品系、品种的比较鉴定等，以育种工作为中心，根据需要组织育种、遗传、生理、病理、品质、栽培等多学科的科研以及教学、生产部门之间的协作，统一分工、目标一致、协同攻关是提高效率的有效方式。

5. 增加国家对育种事业的扶持力度

以现代化的仪器设备改进鉴定手段，提高育种效率。园艺植物育种是一个周期长、投入多、风险大，但对发展现代化农业举足轻重的事业，也是回报率极高的事业，因此，需要较多的经费投入。许多国家不仅明确规定对品种选育等工作配拨专款予以推动和扶持，而且鼓励工商企业投资农业育种。如日本实行以工业积累扶植农业政策，虽然来自农业的财政收入仅占 1%，但对农业的投入却占总额预算的 10%；通过各种渠道用于农业的投资高达农业总产值的 150%。充实的经费使育种部门拥有先进的仪器设备，可以对大批量的小样品进行快速准确的定性和定量鉴定，对含量极少的成分也能进行微量和超微量分析；对植物的组织、细胞结构的解剖学性状利用扫描和透射电镜观察，利用同工酶技术、分子标记技术等鉴别遗传变异或标记有用性状；利用电子计算机和其他技术的结合自动分析处理大量数据资料，这些都将极大地提高育种的效率和精确度。

 **思考题**

1. 简述人工进化与自然进化的关系。
2. 简述品种的特点及良种的主要作用。
3. 园艺植物育种的主要目标是什么？有哪些特点？
4. 阐述制定园艺植物育种目标应遵循哪些原则和注意事项？
5. 园艺植物育种的任务是什么？
6. 谈谈我国园艺植物育种的历史与发展趋势。

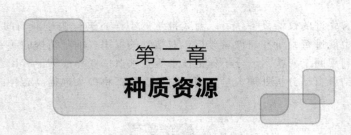

第二章
种质资源

地球上的生态环境和耕作方式千差万别，在各种环境中形成的基因多种多样。某种基因一旦从地球上消灭就难以再生出来。因此，保护、研究和利用植物种质资源是植物品种改良的基础。

第一节　种质资源的重要性

植物种质资源的多样性是人类赖以生存和发展的物质基础，更是实现各种育种途径的原材料。育种成效和种质资源工作息息相关。人类的命运将取决于人类理解和发掘植物种质资源的能力。有效地保护种质资源的多样性，才能实现可持续发展。

一、种质资源的概念及类别

（一）种质资源的概念

种质（germplasm）是决定生物遗传性状，并将丰富的遗传信息从亲代传给子代的遗传物质的总称。植物的种质可以是一个群落、一个植株，也可以是部分器官、组织或细胞，甚至是染色体乃至 DNA 片段。种质资源（germplasm resources），又称品种资源、遗传资源、基因资源，是指所有用于品种改良或具有某种有遗传价值特性的任何原始材料，它蕴藏在植物各类品种、类型、突变体、野生种、近缘植物、人工创制的各种生物类型、无性繁殖器官、单个细胞、单个染色体甚至单个基因中，是改良植物的基因来源。如古老的地方品种、新培育的推广品种、重要的遗传材料以及野生近缘植物，都属于种质资源的范围。种质资源即遗传物质的载体，一切具有一定种质并能繁殖的生物体都可以归入种质资源之内。

在自然界中，自然资源的分布是不均匀的。种质资源与其他资源如矿产资源、林木资源等自然资源的不同点，不在于其蕴藏的数量和质量，而在于其蕴藏的丰度及其遗传的多样性。

（二）种质资源的类别

自然界中，植物种质资源可以按植物种类的自然属性、来源及育种上的利用等不同特点来进行归类。其中按育种利用的特点，可分为以下四种类型。

1. 本地种质资源

本地种质资源包括古老的地方品种（农家品种）和当地长期推广种植的改良品种。

（1）特点

本地种质资源对本地区自然条件具有高度的适应性，经济性状良好。在这一类品种资源中，地方品种在本地栽培历史较长，经过了长期的自然选择和人工选择，对本地区自然条件具有高度的适应性，对当地不利的气候、土壤因素以及病虫害有较高的抵抗能力和忍耐能力，有的还具有一些特殊用途。例如'偃师银条'，是河南省偃师市特有的根茎蔬菜，富含糖类、酚类、维生素C、粗蛋白、氨基酸、有机酸等物质，对降低血脂、改善血液循环具有独特的疗效。另外，在遗传上，本地种质资源群体多是一些混合体，具有遗传多样性。

（2）主要用途

地方品种可作为提供优良基因的载体，在杂交育种中作为一个亲本加以利用；长期推广种植的改良品种，其产量和品质均优于地方品种，优良性状比较多，可作为系统选择和人工诱变的材料，作为杂交育种的亲本。

2. 外地种质资源

外地品种资源是包括国外或外地区引入的品种资源在内的种质资源。

（1）特点

外地种质资源具有与本地品种不同的遗传性状。外地品种资源分别来自不同的农业生态区域，具有不同的遗传性状，其中有不少优良性状都是本地品种资源所欠缺的。例如：生菜原产欧洲地中海沿岸，经野生品种驯化而来，古希腊人、罗马人最早食用。生菜传入我国的历史较悠久，东南沿海地区，特别是两广地区、大城市近郊栽培较多，我国台湾种植生菜最为普遍。再如果桑无籽且果大，是从广东桑自然杂交产生的后代实生苗中选出的果用无籽桑树品种，具有果粒大、产量高、鲜果酸甜可口、汁多无籽等特点，由于其风味独特，深受广大消费者欢迎，属于鲜食、加工兼用型品种。

（2）主要用途

① 观察和试验后可直接用于当地生产。外地品种资源引入本地区之后，经过一系列观察和试验，选择能够适应当地栽培条件的外地品种直接用于生产。

② 作为系统育种的基础材料。可采用系统育种方法，培育新的品种，如引自日本的富士苹果，经我国多年的系统选育，使'红富士'的性状更优良，目前我国栽培的红富士苹果，多是烟富系列（烟台果业部门提纯获得），或者是烟富系列的芽变品种。

③ 作为杂交育种的亲本材料。外地品种与本地品种会在一些性状上具有互补性，利用品种之间的互补性，可将外地品种作为杂交育种的一个亲本加以利用，从而选育具有优良性状的新品种。

④ 作为 R 系。利用地理差异和血缘关系的远近，作为 R 系与当地育成的 A 系配组 F_1 代，产生杂种优势，培育优良品种。

3. 野生种质资源

野生植物资源包括栽培种的近缘野生种及其它野生种。野生种（wild species）是指在自然界中尚处于野生状态，未曾经过人工驯化改良的植物种。近缘野生种（kindred wild species）是指与栽培种在起源与进化等方面有着亲缘关系的野生种。

（1）特点

野生种质资源具有高度的遗传复杂性和较强或者超强抗逆性。野生种是在自然条件下，经过长期自然选择的产物，与一般栽培种相比，野生种具有高度的遗传复杂性。在不同种质之间，具有高度的异质性，并具有一般的栽培种所不具备的一些重要性状，如抗逆性、抗病性、抗虫性、适应性、雄性不育性及其他独特品质。

（2）主要用途

① 作为特异基因的供体。通过远缘杂交、基因工程等技术，可以将某些野生种重要性状的基因导入栽培品种，获得具有优良性状的植株。

② 杂交产生异源多倍体，创造新物种。如萝卜和甘蓝同属十字花科，但它们是不同属的植物。它们的染色体都是 18 条（$2n=18$），但二者染色体之间并没有相应的对应关系。将它们杂交之后，得到杂种 F_1。F_1 在产生配子时，由于萝卜和甘蓝的染色体之间无法配对，不能产生可育配子，因而杂种 F_1 高度不育。但如果是用 F_1 的染色体数目没有减半的配子受精，或者是用秋水仙素，人工诱导 F_1 的染色体数加倍，就可以得到异源四倍体。在异源四倍体中，由于两个种的染色体各具有两套，因而又称之为双二倍体。这种双二倍体既不是甘蓝，也不是萝卜，它是一个新种，叫萝卜甘蓝。遗憾的是，萝卜甘蓝的根像甘蓝，叶像萝卜，目前并未发现经济价值。但

是，这却提供了种间或属间杂交在短期内（只需两代）能够创造新种的方法。通过这种方法，人们可培育出越来越多的异源多倍体新种。

③ 驯化获得新的栽培作物。如药用植物木瓜。

④ 提供作物细胞质雄性不育性及恢复系统。

4．人工创造的种质资源

人工创造的品种资源是指在育种工作中，通过各种方法，如诱变、杂交、基因工程等，可产生的各种突变体、育成品系、基因标记材料、引变的多倍体材料、非整倍体材料、属间或种间杂种等育种材料。由于综合性状不符合要求，或存在某些缺点不能成为商品化栽培的品种，但是其中有些具有明显优于一般品种或类型的特殊性状。

（1）特点

具有特殊的遗传变异。尽管这些人工创造的种质资源还不具备综合的优良性状，在生产上并不存在直接的利用价值，但它们可能携带一些特殊性状，是培育新品种或者进行相关理论研究的宝贵材料。如番茄耐贮运品种的选育。近年来国外发现并保存了多种影响果实成熟的突变体 nr（never ripe）、rin（ripening inhibitor）、nor（non ripening）和 alc（alcobaca），它们的共同特点是果实成熟极慢，常温下可贮藏 2～3 个月不腐烂，但由于其综合的经济性状并不理想，所以只能用作育种材料。陆贵春（1994）用上述材料和一个正常成熟的番茄品种进行半轮配双列杂交，作耐贮性配合力测定。结果表明 nor、alc 是良好的育种材料，alc×nor、alc×ck 是优良组合，其 F_1 在贮藏期间转色良好，转色后表现与正常成熟的品种红熟时果色相似。过去不少育种单位因缺乏长远考虑，在育种过程中常把综合性状不符合育种目标的大量杂种淘汰，其中不乏育种价值较高的类型，实为可惜。

（2）主要用途

① 作为培育新品种的原始材料。

② 用于有关理论研究的材料，如利用突变体进行基因定位等。

二、种质资源的重要性

（一）种质资源是人类赖以生存和发展的基础

正如中央民族大学薛达元教授所说："一个物种、一个品种乃至一个基因能繁荣一个产业、繁荣一个国家"，种质资源对人类文明发展所起到的重要作用不言而喻。人类历史上，利用种质资源解决农业重要问题的例子不胜枚举。19 世纪中叶，在欧洲马铃薯晚疫病盛行，时下并无彻底抵御之策，后来，从墨西哥引入抗病野生种，将抗病野生种与欧洲当地马铃薯杂交育种育成抗病品种，并进行大面积推广，使上百万人不再面临饥饿难题；20 世纪 50 年代中期，美国大豆产区孢囊线虫病大流行，大豆生产几乎全面崩溃，后用从中国引入的'北京小黑豆'培育成一批抗线虫大豆品种，拯救了美国的大豆行业；20 世纪 60 年代，加拿大紧凑型苹果品种'威赛克'、'芭蕾苹果'等的发现和育成，在提升产量的同时又降低了操作成本，促进苹果生产向高度矮密化方向发展等。可以说，人类农业文明取得进步的历史，就是利用新型种质资源解决农业问题的历史。据不完全统计，全球植物有 35 万～40 万种，而现在所用于园艺事业的各种作物，是随着人类社会经济的不断发展、文化水平的不断提高，逐步把野生植物资源进行园艺化，才形成了如今的各种园艺作物。随着生产和科学技术的稳步发展，现在和将来还需不断地从野生植物资源中发现更多有价值的植物，在实验、鉴定和评价之后，将发展出更多的新型园艺植物，以满足人们日益增长的需要。这些具有优良食用、观赏和研究价值的植物，广泛分布于五大洲，跨越全球热带、温带及寒带，遍布高山、湖泊与沼泽，经过长期的自然演化，积累了大量有益基因，为人类创造新品种提供了丰富的基因资源。

国内外都十分重视植物种质资源的收集与保存工作。近 20 年来，我国从 116 个国家引进作物种质资源 38947 份，向 124 个国家提供种质资源 43864 份，在国内提供利用的种质资源份数则更多。事实上，我国从国外引进各种种质资源可以追溯到西汉时期，当时我国就引进了芝麻、黄瓜、蚕豆、苜蓿等，几百年前又引进了马铃薯、向日葵、玉米、烟草等。20 世纪 70 年代，野生型雄性不育系籼稻种质的发现和从国外引入的强恢复性种质资源，使我国在籼稻杂种优势利用方面取得了突破性的进展。再如产于我国海南省的"木瓜"，木瓜是一种果蔬两用植物，它仅仅在海南各家各户房前屋后零星种植，作水果或蔬菜食用，近年来已发展为大面积种植，远销全国各地。新型种质资源的利用极大地促进了中国的农业发展，科研人员对这些种质资源进行品质、产量、抗虫、抗病、耐旱、耐高温、耐寒性等特性界定，把优异的基因资源提取出来，应用于实际生产，从战略上保障了我国未来的农业安全与食品安全。

（二）种质资源是人类培育植物新品种的物质基础

当代植物育种中取得的每一项重大成就及突破性品种的育成，几乎都与种质资源方面的重大发现及开发利用联系在一起的。作物育种成效的大小，很大程度上决定于掌握种质资源数量的多少和对其性状表现及遗传规律的研究深度。番茄抗 TMV 种质'玛纳佩尔'对选育抗 TMV 番茄品种，控制 TMV 的流行发展等起到了决定性作用。品种资源是在长期自然选择和人工选择过程中形成的，它们携带着各种各样的基因，是品种选育和生物学理论研究不可缺少的基本材料来源，是筛选和确定作物育种的原始材料，也是作物育种的基础工作。能否灵活、恰当地选择育种的原始材料，受作物品种资源工作的广度和深度的制约。

实践表明，国内外作物育种工作中，一个特殊种质资源的发现和利用，往往能推动作物育种工作的发展，使新品种培育工作取得举世瞩目的成就。品种培育能否取得突破性进展，往往都在于是否找到了具有关键性基因的种质资源。

（三）种质资源是生物学基础研究的物质基础

除植物起源和进化外，植物分类、生理、生化、代谢、遗传等学科的发展都依赖于对丰富植物种质资源的研究利用。

植物种质资源是人类的宝贵财富。J. R. Harlan（1970）认为，"人类的命运将取决于人类理解和发掘植物种质资源的能力"。有效地保护种质资源的多样性，才能实现可持续发展。植物种质资源的多样性包含生态系统多样性、种间多样性和种内遗传多样性三个不同水平，其中生态系统多样性是种间和种内多样性的前提。

第二节　作物起源中心学说与中国园艺种质资源

一、作物起源中心学说及其发展

一般认为，德坎道尔（De Candoll）最早（1886）研究栽培植物的起源问题。通过对植物学、历史学及语言学等方面的研究，出版了《世界植物地理》（1855）、《栽培植物起源》（1882）两部著作，并指出栽培植物最早被驯化的地方可能是中国、西南亚和埃及、热带亚洲。1920 年瓦维洛夫（N. I. Vavilov）组建了一支庞大的植物采集队，在生态环境各不相同的 60 余个国家和地区考察了 180 多次。对采集到的 25 万余份植物及其近缘种属的标本和种子进行多方面的研究。在 31 年考察分析的基础上，用地理区分法，从地图上观察这些植物种类和变种的分布情况，进而发现了物种变异多样性与分布的不平衡性，提出了作物起源中心学说（theory of origin center of crops）。

（一）作物起源中心学说的中心内容

植物物种在地球上的分布是不均匀的，有些地区拥有大量的栽培植物的变种，有的地区则只有少数变种。所有物种都是由多少不等的遗传类型所组成，它们的起源与一定地区的生态环境和生物基础相适应、相联系。

凡遗传类型具有很大的多样性且比较集中的，其具有特有的地区变种性状和近亲野生类型或栽培类型的地区，即为作物起源中心（origin centers of crops）。根据变异类型特点及近缘野生种情况可把起源中心分为初生中心和次生中心。作物最初始的起源地称为初生起源中心（primary origin center），为当地野生类型驯化的区域。一般有 4 个标志：有野生祖先；有原始植物特有类型；有明显的遗传多样性；有大量的显性基因。当作物由初生起源中心地向外扩散到一定范围时，在边缘地点又会因作物本身的自交和自然隔离而形成新的隐性基因控制的多样化地区，即次生起源中心（secondary origin center）或次生基因中心。同初生中心相比，它也有 4 个特点：即有野生祖先；新的特有的类型；大量的变异；大量的隐性基因。

同源平行变异律（law of parallel variation）就是在一定的生态环境中，在相近的种和属的遗传变异性中存在惊人的平行现象。如地中海地区的禾本科及豆科作物均无例外地表现为植株繁茂、穗大粒多、粒色浅、高产抗病，而我国的禾本科作物则表现为生育期短、穗粒小、后期灌浆快、多为无芒或勾芒。瓦维洛夫在帕米尔山区发现叶片上举适于密植的无叶舌小麦，当时曾预测近缘的大麦属也可能存在这种类型。后来通过诱变获得大麦的无舌突变类型。

遗传类型具有多样化，分布比较集中，具有地区特有性状，出现原始栽培种及近缘野生种的地区，可能是某一作物的起源中心。作物起源中心有两个主要特征，即基因的多样性和显性基因的频率较高，所以又可名为基因中心或变异多样性中心（center of diversity）。现在的作物起源中心概念一般为：野生植物最先被人类栽培利用产生大量栽培变异类型的比较独立的农业地理中心。遗传上显性性状可以看作是起源中心的标志，隐性性状则分布在起源中心的边缘地区。即起源中心的各个变种中常含有大量显性等位基因，而隐性等位基因则分布在中心的边缘和隔离地区。

（二）作物起源中心划分

瓦维洛夫对主要栽培作物的起源进行了比较全面深入的研究和定位，认为主要作物起源于北纬 20°～45°之间。那里集中了大片的山脉如喜马拉雅山、兴都库什山、前亚、巴尔干、亚平宁，通常是沿着主要山脊的方向，旧世界走向沿着纬线，而新世界则是沿着经线。1926 年发表重要论文《栽培植物起源中心》，将世界栽培植物起源划分为 5 大中心：①亚洲西南部；②中国山区；③地中海区域；④埃塞俄比亚和厄立特里亚；⑤墨西哥、哥伦比亚和秘鲁。到 1935 年以 640 种重要栽培植物为实例划分出 8 大起源中心和 3 个亚中心。现将这些古老的作物起源中心和代表性园艺植物列举如下。

1. 中国中心

包括中国的平原和中、西部山区及其毗邻的低地，是世界上最古老、也是最大的栽培作物发源地。白菜、芥菜、山药、萝卜、韭菜、竹笋、莲藕、荸荠、茭白、茼蒿、中国水仙、牡丹、芍药、菊花、草石蚕、百合、桃、杏、梅、山楂、柿、板栗、银杏、枇杷、杨梅、荔枝、龙眼等作物起源于该中心，该中心同时还是豇豆、甜瓜、南瓜、甜橙等的次生起源中心。

2. 印度中心

包括缅甸和印度东部的阿萨姆、马来群岛、菲律宾和印度支那，是世界栽培植物第二大起源中心，主要集中在印度。茄子、黄瓜、苦瓜、葫芦、苋菜、落葵、有棱丝瓜、蛇瓜、芋头、柠檬、蒲桃、阳桃、杧果、甜橙、印度橡皮树、虎尾兰等作物起源于该中心。本中心还是芥菜、黑芥、印度芸薹等蔬菜的次生起源中心。

3. 中亚中心

包括印度西北部的旁遮普、克什米尔、阿富汗、塔吉克斯坦、乌兹别克斯坦及天山的西部，是豌豆、蚕豆、胡萝卜、洋葱、芜菁、芜荽、大蒜、菠菜、向日葵、枣、核桃、葡萄、苹果、扁桃等作物的起源地。该中心还是甜瓜、葫芦、独行菜等蔬菜的次生起源中心。

4. 西部亚洲（近东）中心

包括土耳其、伊朗的西北部，外高加索全部、土库曼斯坦等地。甜瓜、胡萝卜、芜荽、莴苣、马齿苋、无花果、苹果、石榴、沙枣、君迁子、甜樱桃、欧洲葡萄等作物起源于该中心。该中心还是豌豆、芸薹、芥菜、芜菁、甜菜、洋葱、香芹、枣、杏、酸樱桃的次生起源中心。

5. 地中海中心

包括地中海沿岸的南欧和北非地区，与中国中心同为世界重要的蔬菜起源地。起源于该中心的作物有芸薹、甜菜、甘蓝、芜菁、甜菜、芹菜、石刁柏、莴苣、菊苣、茴香、酸模、食用大黄、油橄榄、薰衣草、月桂等，也是洋葱、大蒜的次生起源地。

6. 埃塞俄比亚中心

主要是以埃塞俄比亚高原为中心。起源于该中心的有豇豆、豌豆、西瓜、甜瓜、葫芦、芜荽、胡葱、黄秋葵等。

7. 中美中心

又称墨西哥南部及中美洲起源中心。南瓜、黑籽南瓜、佛手瓜、甘薯、辣椒、竹芋、樱桃番茄、菜豆、刀豆、仙人掌、番木瓜、番石榴、牛心果、人心果、龙舌兰、虎皮兰等作物起源于该中心。

8. 南美中心

包括秘鲁、厄瓜多尔、玻利维亚、智利、巴西、巴拉圭等，是马铃薯、花生、树番茄、笋瓜、草莓、番石榴、光棕枣、西番莲、球根酢浆草等作物的起源中心，该中心还是菜豆的次生起源中心。

初生起源地在地理上有一定的规律，存在着隔离区。瓦维洛夫强调指出8个基本发源地之间被沙漠和山脊隔开。如中国发源地和中亚发源地被中亚的巨大沙漠和半沙漠隔开；地中海发源地从南部和东部被沙漠包围等。这些隔离区促成了植物区系和人群的独立发展，二者之间相互影响又产生了独立的农业文化与农业文明。瓦维洛夫的起源中心论，为现代人们对栽培植物的分类、进化和育种等方面的研究工作奠定了坚实的基础，在全世界范围内得到广大植物学家、育种学家的认可。

（三）作物起源中心学说的发展与补充

1935年瓦维洛夫的8个作物起源中心学说发表了以后，不少学者对他的观点进行了补充和修正，多数学者主张用遗传多样性中心代替起源中心，有人则用扩散中心代替起源中心，其理由是遗传多样性中心不一定就是起源中心，初生中心不一定是多样性最大的基因中心，次生中心有时比初生中心具有更多的特异种质。达林顿（C. D. Darlington）利用细胞学方法从染色体分析栽培植物的起源，提出在瓦维洛夫的8大中心基础上增加了欧洲亚区。荷兰的Zeven（1970）和前苏联的茹考夫斯基（1975）在瓦维洛夫学说的基础上，根据研究结果，将8个起源中心所包括的地区范围扩大，另增加了4个起源中心。这12个起源中心又被称为大基因中心（megagene center），包括：中国—日本中心；东南亚洲中心；澳大利亚中心；印度中心；中亚细亚中心；西亚细亚中心；地中海中心；非洲中心；欧洲—西伯利亚中心；南美中心；中美和墨西哥中心；北美中心。这些中心又称为变异多样化区域。大基因中心或变异多样化区域都包括作物的原始起源地点和次生起源地点。有的中心虽以国家命名，但其范围并非以国界来划分，而是以起源作物多样性类型的分布区域为依据。

哈兰（J. R. Harlan）认为，一部分地区发生的驯化与起源中心模式不符，他根据植物驯化中扩散的特点，把栽培植物分为5类：①土生型。植物在一个地区驯化后，从未扩散到其他地区，如非洲稻、埃塞俄比亚芭蕉等。②半土生型。被驯化的植物只在邻近地区扩散，如西藏光核桃、云南山楂等。③单一中心。在原产地被驯化后迅速传播到广大地区，没有次生中心，如咖啡、橡胶、可可。④有次生中心。植物从一个初生起源中心逐渐向外扩散，在一个或几个地区形成次生起源中心，如莴苣、菜豆、葡萄、桃。⑤无中心。没有明确的起源中心，如香蕉。

（四）瓦维洛夫作物起源中心学说在育种上的意义

近代的作物育种实践表明，瓦维洛夫所提出的作物起源中心学说以及后继者所发展的有关理论对作物育种工作有特别重要的指导作用。

① 指导特异种质资源的收集　起源中心存在着各种基因，且在一定条件下趋于平衡，与复杂的生态环境建立了平衡生态系统，各种基因并存、并进，从而使物种不至于毁灭，因此在起源中心都能找到所需的材料。如19世纪末到20世纪中叶，美国栗疫病、大豆孢囊线虫病先后发生，使栗和大豆受到严重摧残，都是从中国引入抗源'华栗'和'北京小黑豆'，育成了一批抗病品种，从而使病害得到有效控制，恢复了生产。

② 起源中心与抗源中心一致，不育基因与恢复基因并存于起源中心　由于起源中心与抗源中心一致，不育基因与恢复基因并存于起源中心。因此，可在起源中心得到抗性材料与恢复基因。

③ 指导引种，避免毁灭性灾害　19世纪中叶，欧洲晚疫病大流行，几乎毁掉整个欧洲马铃薯种植业，后来利用从墨西哥引入的抗病的野生种杂交育成抗病品种，才使欧洲马铃薯种植业得以挽救。

尽管瓦维洛夫的起源中心论为世界范围内的育种工作提供了巨大的知识基础，但迄今为止，栽培植物的起源中心论问题尚未完全解决，如某些栽培植物的具体起源中心尚不明确，还有一些栽培种的近缘野生种仍不清楚，这些都是还需进一步研究并阐明的问题。

二、Harlan 的有关作物起源的观点

瓦维洛夫的作物起源中心学说发表后，引起了一些争议。疑问大致可归为以下几类：遗传多样性中心不一定就是起源中心，起源中心不一定是多样性的基因中心，次生中心有时比初生中心更具多样性；有些物种的起源中心至今还不能确定，有的作物可能起源于几个地区。Harlan 是这些争议的代表人物，他提出了不同于瓦维洛夫作物起源中心学说的有关作物起源的观点，主要包括中心和非中心体系（center and non-center system）和地理学连续统一体学说（geographical continuum）。

（一）中心和非中心体系

农业分别独立地开始于三个地区，即近东、中国和中美洲，存在着由一个中心和一个非中心组成的一个体系；在一个非中心内，当农业传入后，土生的许多植物物种才被栽培驯化，在非中心栽培驯化的一些主要作物可能在某些情况下传播到它的中心。Harlan 的 3 个中心非中心体系见表 2-1。

表 2-1　Harlan 的中心非中心体系

中心	非中心
A1 近东	A2 非洲
B1 中国	B2 东南亚
C1 中美	C2 南美

Harlan 所说的中心是农业起源中心，不同于瓦维洛夫的作物起源中心，它是从人类文明进程和作物进化进程在时间和空间上的同步和非同步角度上来阐明作物起源的。

（二）地理学连续统一体学说

Harlan 于 1975 年对他的中心非中心体系进行了修正，提出了地理学连续统一体学说。该学说认为任何有过或有着农业的地方，都发生过或正在发生着植物的驯化和进化，每种作物的地理学历史都是独特的，但作物的驯化、进化活动是一个连续的统一体，不是互不相关的中心。其依据是：很难把起源中心说成是相对小的范围或明确的区域，进化的开始阶段似乎就已散布到较大的或很大的地区，作物随着人类的迁移而迁移，并在移动中进化。不存在具有突出进化活力的 8 个或 12 个地区，东西两半球都是发展的一个地理学连续统一体。野生祖先源、驯化地区、进化多样性三者间无必然联系，有的只是两者或三者间的巧合而已。

现有栽培的果树、蔬菜和花卉均起源于相应的野生植物。早期人类从野外采集野生果实、根茎和幼嫩的茎叶时，把种核、根株扔到住处附近的垃圾场，使那里形成有用植物的自然繁殖场地，有人称为"垃圾堆农业"，逐渐演变为原始的驯化栽培。另一种方式是在野外清除无用植物，保留某些有用植物即管理野生，逐渐演变为原始的驯化栽培。根据进化论，各种生物都有共同的起源，现有的多种栽培植物都是由古代的野生种经过人工选育栽培、发生深刻变化而来。园艺植物早期驯化的种类相对较少，而品质和种类的多样化比较重要，因此后期驯化的种类相对较多，如凤梨、草莓、树莓、越橘、猕猴桃等都是 18 世纪以来陆续驯化成栽培植物的。在约 200 年前植物的驯化主要由产品的生产者农民来承担，近代驯化工作逐渐改由植物育种者来承担，驯化过程要快得多。

三、观赏植物的起源

由于观赏植物在生产目标和使用价值等方面具有特殊性，因而也有其自身的栽培起源规律。南京中山植物园张宇和认为观赏植物有三个起源中心。

1. 中国中心

起源于该中心的观赏植物有梅花、牡丹、芍药、菊花、兰花、月季、玫瑰、杜鹃花、山茶花、荷花、桂花、蜡梅、扶桑、海棠花、紫薇、木兰、丁香、萱草等。中国中心经过唐、宋的发展达到鼎盛，从明、清开始，观赏植物的起源中心逐渐向日本、欧洲和美国转移，并形成了日本次中心。

2. 西亚中心

西亚是古巴比伦文明和世界三大宗教的发祥地，起源于此的观赏植物有郁金香、仙客来、风信子、金盏花、水仙、金鱼草、鸢尾、瓜叶菊、紫罗兰等。后来，在此基础上，逐渐形成了欧洲次生中心，是欧洲花卉发展的肇始。美国也是欧洲次生中心的一部分。

3. 中南美中心

多种草本花卉起源于该地中心，如万寿菊、孤挺花、大丽花、百日草等。与上述两个中心不同的是，中南美中心至今没能得到足够发展。

从 19 世纪中叶到 20 世纪 40 年代，中国一直是欧洲、美国等发达国家进行植物采集和开发的重要宝库。后来，随着人们对"新、奇、特"花卉种类和品种的不断追求，世界花卉开发重点逐步转移到澳大利亚和南非，澳大利亚和南非将成为新兴的观赏植物起源中心。

第三节 园艺植物种质资源的研究与利用

种质资源的研究内容包括收集、保存、鉴定、创新和利用，在相当长的时期内我国农作物种质资源研究工作重点是 20 字方针，即"广泛收集、妥善保存、深入研究、积极创新、充分利用"，同样，园艺植物种质资源具有相同的研究工作重点。

一、种质资源的收集和保存

(一) 种质资源的收集

种质资源收集（collection of germplasm resources）是指对种质资源有目的的汇集，包括普查、专类搜集、国内征集、国际交换等。

1. 发掘、收集、保存种质资源的紧迫性

为了更好地保存和利用自然界生物的多样性，丰富和充实育种工作和生物学研究的物质基础，种质资源工作的首要任务和重要环节是广泛发掘和收集种质资源并很好地加以保存。其理由如下：①实现育种目标必须有丰富的种质资源。社会的进步对新品种提出了越来越高的要求，要完成这些日新月异的育种任务，使育种工作有所突破，迫切需要更多、更好的种质资源，提供携带优良性状的植物基因。例如：苹果黑星病是欧美各国苹果生产中的主要病害，而'多花海棠821'因含有苹果抗黑星病的基因，被广泛运用于苹果的抗黑星病育种；果树矮化栽培是当今果树栽培生产中一个重要方式，矮化砧木的筛选越来越受重视。②为满足人类日益增长的美好生活的需求，必须不断地发展新作物。随着世界人口的快速增多，社会经济的发展，人类对粮食和果蔬等栽培作物提出了更高的要求。地球上有记载的植物约有 20 万种，其中陆生植物约 8 万种，然而只有 150 余种被用以大面积栽培。迄今为止，人类可以利用的植物资源仍很少，发掘植物资源、培育优良品种、发展新作物的潜力是很大的。③不少宝贵种质资源大量流失，亟待发掘保护。自地球上出现生命至今，90％以上的物种已经消失。这主要是由自然因素、生物因素和人类活动的参与等因素所共同造成的。人类活动加快了种质资源的流失，其结果是造成了许多种质的迅速消失，大量的生物物种死亡甚至到了濒临灭绝的边缘。目前，物种消失的速度比物种自然灭绝的速度快许多倍。这些种质资源一旦从地球上消灭，就难以再生，必须采取紧急有效的措施来发掘、收集和保存现有的植物种质资源。④避免新品种遗传基础的贫乏，克服遗传脆弱性。遗传多样性的大幅减少和品种单一化程度提高必然增加对病虫害抵抗能力的遗传脆弱性。一旦发生新的病害或寄生物或出现新的生理小种，作物即失去抵抗力。如咖啡的原始种野生在埃塞俄比亚，以后引到阿拉伯。17 世纪，荷兰人把咖啡从阿拉伯引种到印度的南部和斯里兰卡，1706 年，又从斯里兰卡引种 1 株到荷兰的阿姆斯特丹植物园。在这个植物园结果后，再将种子育成幼苗，分种各地，大约于 1730 年引入巴西。1860 年，咖啡叶锈病大流行，毁灭了斯里兰卡的咖啡种植业，使其咖啡生产至今都未能恢复。又如，美国南方玉米种植带，由于大面积扩种雄性不育 T 型细胞质的玉米杂交种，1970～1971 年受到有专化性的玉米小斑病菌 T 小种的侵袭，致使当年全美玉米总产损失 15％。

2. 收集种质资源的工作要点

收集种质资源要遵循以下三个工作要点：正确取样、及时记载、归类整理。

(1) 正确取样

根据收集任务的要求，在收集品种资源时，注意采取正确的取样策略，有针对性、目的性地收集种质资源，切记不可盲目地、不切实际地采集大量无关紧要的资源，在破坏了自然种质资源的同时，也势必会加大了后面的工作量。因此应注意以下四原则：

① 全面性。收集时应由近及远，从本地到外地，以尽可能少的样本获得尽可能丰富的遗传性变异。取样的地点应尽可能得多，使取样地点能够充分代表该作物或野生种分布地区的环境条件。如此，才能收集到该种质资源特性特征的种质材料。例如，通常一份种子收集品要求有 200～2500 粒不等。

② 完整性。收集的种质资源标本要求完整，特别是花和果实。果树或木本观赏植物标本，不能采集完整植株，只采集完整的带花和果实的枝条即可。对于雌雄异株的植物，雌株和雄株要分别采集；先花后叶的植物，要分两次采集。

③ 代表性。收集的标本、种子以及无性繁殖的材料应来自群体植株，尽可能地充分表现其丰富的遗传性变异。如采集的种子或无性繁殖材料，要求正常发育并充分成熟。

④ 无疫性。收集资源时一定要注意检疫，不要让检疫对象随种引入。

（2）及时记载

收集来的材料，要及时、准确地进行记载。记载的主要内容包括资源名称、原产地、收集地点和时间、收集人、原产地的自然特点、生产条件和栽培要点，以及主要的特征特性。

（3）归类整理

对收集来的种质资源进行整理归类，并登记、编号、建档。

3. 收集种质资源的方法

收集种质资源时，常选用的种质材料一般为种子、枝条、苗木，也可以是植株的其他器官或繁殖体，这应根据物种的种类和品种、收集地点、收集时间、材料保存、储运难易度等综合而定。当收集材料为种子时，要求种子成熟度好、粒大、饱满、具有较高的生活力。若收集材料为枝条，要选用优质的枝条，要求枝条长势中等，枝条基部强壮和顶部芽饱满，并且枝条健康不携带病原。收集材料为苗木时，要求具有高度的纯度和良好的种苗品质，以保证收集的成功。种质资源的收集有以下几种方法。

（1）直接考察收集

直接考察收集是指到野外实地考察收集，多用于收集野生近缘种、原始栽培类型与地方品种。直接考察收集是获取种质资源的最基本的途径，常用的方法为有计划地组织国内各地的考察收集。除到作物起源中心和各种作物野生近缘种众多的地区去考察采集外，还可到本国不同生态地区考察收集。直接考察收集根据收集工作的展开情况又可分为当地种质资源的收集、野生种质资源的收集和外地种质资源的收集。

为了尽可能全面地搜集到客观存在的遗传多样性类型，在考察路线的选择上要注意：作物本身表现，如熟期早晚、抗病虫程度等；地理生态环境，如地形、地势和气候、土壤类型等；农业技术条件，如灌溉、施肥、耕作、栽培与收获、脱粒等方面的习惯不同；社会条件，如务农技术和游牧等不同。为了能够充分代表收集地的遗传多样性和变异，收集的资源样本要求有一定的群体（个体数量）。如自交草本植物至少要从 50 株上采集 100 粒种子；而异交的草本植物至少要从 200～300 株上各取几粒种子。收集的样本应包括植株、种子和无性繁殖器官。采集样本时，必须详细记录品种或类型名称、产地的自然环境、耕作、栽培条件、样本的来源（如荒野、农田、农村庭院、乡镇集市等）、主要植物学形态特征、生物学特性和经济性状、群众反映及采集的地点、时间等。

（2）征集

种质资源的征集指通过通讯方式向其他个人或单位索求所需要的种质资源，征集是获取种质资源花费最少、见效最快的途径。征集的重点，不同层次的机构在资源征集的范围、对象和侧重点虽然有所不同，但应相互密切配合，取长补短。如育种单位的资源征集工作除了和国家级、省级机构经常交流资源和信息外，应争取参加和本单位育种任务有关的资源考察征集工作。征集的重点应优先考虑：

① 栽培植物的近缘野生种，特别是起源于中国，而育种工作开展较好的种类；

② 中国特有的作物或某些作物中国的特有类型；

③ 新驯化和开发的植物种质资源。

应该强调的是挽救那些濒危种质资源。对考察地区要求优先考虑栽培植物起源中心及多样性丰富，特别是尚未深入考察征集以及生态环境破坏较快或因品种更替较快，资源流失威胁较大的地区。如中国针对长江三峡工程建成后将淹没四川、湖北两省的大面积地区，于 1986～1997 年多次组织植物种质资源考察队赴库区分组考察，搜集到各种植物种质资源万余份，包括果树 314份、蔬菜 3497 份、花卉 422 份（不完全统计）。园艺植物中的珍稀类型如紫果猕猴桃、腰带柿、无核李、空心杏、无核柚、冬桃、多雌花丝瓜（一个雌花序可结瓜 20 多条）、五爪茄、樱桃辣椒、无筋四季豆、白胡萝卜、香儿菜（芥菜的一种类型）、重瓣萱草、重瓣缫丝花、紫斑牡丹等，野生种如龙眼、梨、山楂、杏、枇杷、木瓜、杨梅、东方草莓、大翼橙、柚、胡萝卜、葱、芋、百合、萱草等。此外还发现大面积的野生群落如多处野腊梅的大面积纯林、珙桐 $100hm^2$ 以上的原始林、数千公顷的野葱群落以及华中山楂、天师栗、鹅掌楸、银鹊树的原始群落。新的种和变种如四川鬼针草、神农美花草、鄂西美花草、神农无柱花，新变型如毛叶腊梅、白花腊梅等。这些资源考察和征集对资源的分类、起源、演化和育种研究特别是防止资源流失有着重要意义（吴伯良，1992；黄亨履，1998）。

（3）交换或购买

育种工作者可通过交换或购买的方法彼此互通各自所需的种质资源。各国植物园、花木公司、花圃等都印有植物名录，可通过信函交换或购买，方便快捷，省力省工，缺点是难以全面了解所需资源情况。

（4）转引

指通过第三方获取所需的种质资源。由于国情不同，各国收集种质资源的途径和着重点有异。资源丰富的国家多注重本国种质资源收集，资源贫乏的国家多注重外国种质资源征集、交换与转引。美国原产的作物种质资源很少，所以从一开始就把国外引种作为主要途径。前苏联则一向重视广泛开展国内作物种质资源的考察采集和引种交换工作。

（5）引种

指把园艺植物种质从分布地区移入到新的地区栽培或作为育种原始材料。从整个园艺发展史来看，现今世界各国栽培的多种园艺植物，大多数是通过相互引种，并不断加以改良、衍生，逐步发展起来的。美国本土原产栽培植物资源很少，由于近百年的从世界各国大量引种，现在拥有的植物种质资源占世界各国之首。通过不断地引入种质资源，可以使本国的园艺植物多样性日趋丰富，为促进本国园艺的发展提供重要物质基础。如 1974 年我国从美国引入番茄品种'Manapal Tm-$2nv$'，经中国农业科学院等单位试种鉴定、转育和配制杂交组合，育成的高抗 TMV 番茄品种和杂种一代达 40～50 个。

4. 收集材料的整理

收集到的种质资源，应及时整理。首先应将样本对照现场记录，进行初步整理、归类，将同种异名者合并，以减少重复；将同名异种者予以订正，分别给以科学的登记和编号。如美国，从国外引进的种子材料，由植物引种办公室负责登记，统一分配 P. I 号（plant introduction）。前苏联的种质资源登记编号由前苏联作物栽培研究所负责，编号 K 字号。中国农业科学院国家种质库对种质资源的编号办法如下：①将作物划分若干大类。Ⅰ代表农作物；Ⅱ代表蔬菜；Ⅲ代表绿肥、牧草；Ⅳ代表园林、花卉。②各大类作物又分成若干类。1 代表谷类作物；2 代表豆类作物；3 代表纤维作物；4 代表油料作物；5 代表烟草作物；6 代表糖料作物。③具体作物编号。④品种编号。例如 1A00001 代表水稻某个品种。此外，还要进行简单的分类，确定每份材料所属的植物分类学地位和生态类型，以便对收集材料的亲缘关系、适应性和基本的生育特性有个概括的认识和了解，为保存和做好进一步研究提供依据。

（二）种质资源的保存

种质保存（germplasm conservation）指利用天然或人工创造的适宜环境保存种质资源。保存种质资源的目的是维持样本的数量与保持各样的生活力及原有的遗传重要性。主要作用在于防止资源流失，便于研究和利用。20 世纪初至 20 世纪中叶，植物种质资源流失的问题十分严重，种质资源的流失，轻者使资源减少，重者意味着一个物种的永远消失。种质资源的多样性由于自然灾害和人为活动受到严重影响，而种质资源作为选育新品种的最基本的原始材料，所以，拥有并妥善保存多种多样的种质资源成为人类十分关注的问题。自 20 世纪 60 年代以来，为防止种质资源加速流失，拯救丢失的种质资源，保护和保存种质资源已达成国际性共识，种质资源的保存和研究工作已经逐渐得到重视和加强。

1. 种质资源保存的特点及要求

种质资源的保存是指利用天然或人工创造的适宜环境保存种质资源。搜集到的种质资源，经整理归类后，必须妥善保存，使之能维持样本的一定数量，保持各样本的纯度、生活力以及原有的遗传变异度，以供研究和长期利用。妥善保存是种质资源工作的关键，如果保存不妥，就会使收集来的品种资源毁于一旦，深入研究和充分利用成为"无米之炊"。

种质资源保存不同于其他资源保存，作物品种资源是有生命的资源，种质资源保存必须保持其继续繁殖所需要的生活力。

2. 种质资源的保存方式

一般来讲，植物种质的保存主要采用自然保存（原生境保存）和种质库相结合的办法。保存方式主要有原生境（*in situ* conservation）和非原生境保存（*ex situ* conservation）。原生境保存是指在原来的生态环境中，就地进行繁殖保存种质，如通过建立自然保护区或自然公园等途径保护野生及近缘植物物种。非原生境保存是指种质保存于该植物原生态生长地以外的地方，如建设低温种质库的种子保存，田间种质库的植株保存，以及试管苗种质库的组织培养物保存等。具体的保存方式有以下几类。

（1）就地保存

指在种质资源植物原来所处的自然生态环境中采取措施，通过保护其生态环境达到保存资源的目的。如各种类型的自然保护区，其中长白山、卧龙山和鼎湖山三处为国际生物圈保护区，是自然种质资源保存的永久性基地。就地保护还包括国内各地历尽沧桑的古老果木和花木，如树龄在千年以上的福建莆田的宋荔、山东无棣的躺枣、河北邢台的宋栗、陕西勉县的汉桂等，采取特殊措施，使其延年益寿，并尽量繁殖保存。就地保存有利于保持种质的稳定和延续，使其在已长期适应的、也是其适宜的自然条件下生存进化，有利于研究其起源、演化和生态条件等，这种方法所用成本较低且保护的个体相对较多。缺点在于种质植物所处环境往往较为偏僻，为管理和研究工作带来不便，且受自然灾害的影响较大，如果遇到火灾、水灾和火山爆发等自然灾害，资源植物易遭毁灭，造成种质流失。

就地保存的主要方法有：①建立各级自然保护区（截止到2010年2月，全国共329个国家级自然保护区）；②人为地圈护栽培资源的珍贵古木和稀有良株。

（2）迁地保存

指将种质资源植物从其原产地或次生地整株迁离，移栽到种质资源圃加以保护并保存。常针对资源植物的原生环境变化很大，难以正常生长及繁殖、更新的情况，选择生态环境相近的地段建立迁地保护区，有效地保存种质资源。各地建立的植物园、花卉园、树木园、药物园、原种场、种质资源圃等都是迁地保存的场所。保护策略包括：

① 选择生态环境相对多样复杂的，如以番龙眼为标志的热带湿性季节性雨林作为迁地保护的生境；

② 以受威胁程度及经济意义的大小确定优先保护的序列；

③ 尽可能保持资源植物遗传的多样性、稳定性，减少变异性，避免人工驯化；种群大小低限为每一生态型乔木类10～20株，灌木类40～50株，草本类100～200株；实际上考虑到从幼苗到成株过程中难以避免的损失，栽培数量有些达千株以上；

④ 种子来源采用多区多点收集法，以期获得尽可能大的多样性；

⑤ 建立完整的记录系统，包括生境条件。

在自然生境中生长发育状况、种群动态、迁地保护时间、地点、成活率、生长量、物候期等。迁地保护区作为资源植物的"避难所"，通常应尽早返回自然生境之中，叫再引种（reintroduction）。建立珍稀濒危植物的数据库可为成功地再引种提供科学依据。

（3）种子保存

种子保存是以种子为繁殖材料的种类最简便、最经济、应用最普遍的资源保存方法。种子容易采集、数量大而体积小，便于贮存、包装、运输、分发。一般种子通过适当降低种子含水量，降低贮存温度可以显著延长其贮存时期，称为正常型（orthodox type）种子；少数种类的种子在干燥、低温条件下反而会迅速丧失生活力，称为顽拗型（recalcitrant type）种子，如山核桃、核桃、栗、榛、柿、枇杷、荔枝、可可、鳄梨、椰子、菠萝蜜、番樱桃、山竹子、油棕、南洋杉、七叶树、杨、柳、枫、栎、樟、油桐、茶、佛手瓜、甘蔗、甜茅、菱、茭白等。顽拗型种子的植物一般不用种子保存资源。一般种子含水量在4%～14%范围内，含水量每下降1%，种子寿命延长1倍；贮存温度在0～30℃范围内，每降低5℃，种子寿命可延长1倍。

用于保存种子的种质库有三种类型：

① 短期库，也称为"工作收集"（working collection），任务是临时贮存应用材料，并分发种子供研究、鉴定、利用。库温10～15℃或稍高，相对湿度50%～60%，种子存于纸袋或布袋，一般可存放5年左右。

② 中期库，又叫"活跃库"，任务是定期繁殖更新，对种质进行描述鉴定、记录存档，向育种家提供种子。库温0～10℃，相对湿度60%以下，种子含水量8%左右，种子存入防潮布袋、装有硅胶的聚乙烯瓶或螺旋口铁罐，要求安全贮存10～20年。

③ 长期库，也称为"基础收集"（base collection），是中期库的后盾，防备中期库种质丢失，一般不分发种子，只进行种质储备；为确保遗传完整性，只有在必要时才进行繁殖更新。库温周年维持在-10℃、-18℃或-20℃，相对湿度50%以下，种子含水量5%～8%，种子存入盒口密封的种子盒内，每5～10年检测种子发芽力，要求能安全贮存种子50～100年。

我国已初步建成了种库保存体系，即国家在中国农业科学院作物所建成的国家长期库和青海复份长期库。此外，还有中国农业科学院专业所的7个特定作物中期库及分布在全国各地的15座地方中期库，加上32个无性繁殖作物、野生作物种质库，初步形成了我国作物种质资源长期保存与分发体系。国家长期库贮存资源已达33万份，其中蔬菜30156份，涉及115个种，西瓜993份，甜瓜962份。

育种单位通常需要保存种子的种类和数量不多，保存的时间也不要求很长，可采取干燥密封，室温保存。一般种子含水量在8%以下，密封在薄铁罐或玻璃容器内放在阴凉室内，多数种子可保持生活力10年左右。

除了保存资源本身外，还应保存每份资源的档案资料，包括编号、名称、来源以及不同年度调查及鉴定评价资料等，可输入计算机，建立资源数据库，以便随时检索、查阅。

（4）资源圃种质保存

一般用于多年生无性繁殖植物、水生植物和种子为顽拗型的种类等，不像一二年生草本植物那样可以随时迁移。因此资源圃的地点选择应慎重考虑。可根据以下几点进行规划：

① 根据资源保护的迫切性及育种需要分批筹建各类园艺植物的资源圃（表2-2）。

② 资源圃地点接近多样性中心（以栽培种的多样性中心为主）和主产区，该类全部或绝大部分资源植物种植保存不需特殊的人工保护措施。

③ 交通比较方便，利于对外交流，有比较宽敞而土壤、地势、小气候比较一致的圃地，便于对各种资源进行比较研究。

④ 采用双圃制，每份资源至少有2个以上的资源圃同时种植保存，防止意外损失；圃间在生态条件方面具有代表性差异，使资源评价方面的信息可以相互比较，相互补充。

⑤ 由于资源圃保存的栽培品种多属营养系品种，每一品种在资源圃中只能种植少数几株；

根据土地及人力，原则上乔木类每份栽植 2～5 株，灌木和藤本每份栽植 5～20 株，草本每份栽植 15～25 株；建议在资源圃中保存的野生资源也栽植营养系，每个野生种栽植若干个有代表性的株系。必要时另外划出实生群体区供群体遗传方面的研究之用。

表 2-2　国家级园艺作物种质资源圃

序号	种质圃名称	面积 /hm²	作物	保存 份数	保存的种、变种 及近缘野生种
1	国家种质武汉水生蔬菜圃	5.0	水生蔬菜	1276	28 个种 3 个变种
2	国家种质杭州茶树圃	4.2	茶树	2924	5 个种 2 个变种
3	国家种质镇江桑树圃	5.8	桑树	2000	13 个种 3 个变种
4	国家果树种质兴城梨、苹果圃	13.1	梨	731	14 个种
		12.0	苹果	703	23 个种
5	国家果树种质郑州葡萄、桃圃	2.0	葡萄	1600	24 个种
		2.7	桃	800	11 个种
6	国家果树种质重庆柑橘圃	16.0	柑橘	1046	22 个种
7	国家果树种质泰安核桃、板栗圃	4.9	核桃	73	10 个种
			板栗	120	5 个种 2 个变种
8	国家果树种质南京桃、草莓圃	4.0	桃	600	4 个种 3 个变种
		1.3	草莓	160	4 个种
9	国家果树种质新疆名特果树及砧木圃	15.3	新疆名特果树及砧木	501	31 个种
10	国家果树种质云南特有果树及砧木圃	8.0	云南特有果树及砧木	800	162 个种
11	国家果树种质眉县柿圃	3.1	柿	790	4 个种
12	国家果树种质太谷枣、葡萄圃	8.4	枣	465	2 个种 3 个变种
		1.4	葡萄	371	4 个种 1 个野生种
13	国家果树种质武昌砂梨圃	3.3	砂梨	548	6 个种
14	国家果树种质公主岭寒地果树圃	7.0	寒地果树	918	68 个种
15	国家果树种质广州荔枝、香蕉圃	5.3	荔枝	130	3 个种
		0.7	香蕉和芭蕉	170	1 个种
16	国家果树种质福州龙眼、枇杷圃	2.1	龙眼	220	3 个种 1 个变种
		1.4	枇杷	220	3 个种 1 个变种
17	国家果树种质北京桃、草莓圃	1.7	桃	285	5 个种 5 个变种
		0.7	草莓	190	6 个种
18	国家果树种质熊岳李、杏圃	10.7	杏	600	9 个种 11 个种
			李	500	
19	国家果树种质沈阳山楂圃	0.7	山楂	240	8 个种 2 个变种
20	中国农科院左家山葡萄圃	0.2	山葡萄	380	1 个种
21	国家种质克山马铃薯试管苗库	100（m²）	马铃薯	1101	2 个种 3 个亚种

（5）离体试管保存

离体试管保存技术最适于保存顽拗型植物、水生植物和无性繁殖植物的种质资源。多年来人们努力探索发展了种质资源离体试管保存的缓慢生长系统和超低温长期保存系统。缓慢生长系统主要是利用离体培养方法使植物缓慢生长，延长植物的生长发育周期。如陈振光（1995）将一批柑橘试管苗培养在20℃、12h光照下，不做继代培养，经过13年，小苗处于生长停止状态，但仍存活。继代培养后可立即恢复生长。

（6）利用保存

种质资源在发现其利用价值后，及时用于育成品种或中间育种材料是一种对种质资源切实有效的保存方式。如国内用山葡萄作亲本育成'北醇'、'公酿2号'；用野菊和家菊杂交育成'毛白（毛华菊）'、'铺地雪（小红菊）'等地被菊品种；美国用野生的醋栗番茄、秘鲁番茄作亲本育成对叶霉病高抗品种Waltham等（Guba，1953），实际上都是把上述野生资源的有利基因保存到栽培品种中，可随时用于育种。

（7）基因文库保存

面对遗传资源大量流失、部分资源濒临灭绝的情况，建立和发展基因文库技术（gene library technology），是抢救种质的一个有效途径。这一技术的要点是从资源植物提取大分子DNA，用限制性内切酶切成许多DNA片段，再通过一系列步骤把其连接在载体上并转移到繁殖速度快的大肠杆菌中，增殖成大量可保存在生物体中的单拷贝基因，这样建立起来的基因文库既可以长期保存该种类的遗传资源，又可以通过反复的培养增殖、筛选各种需要的基因。

种质资源的保存除资源本身外，还应包括由与保存交流有关的各种资料构成的档案，包括：

① 资源的历史信息，名称、编号、系谱、来源、分布范围，原保存单位给予的编号、捐赠人姓名、有关对该资源评价的资料等。

② 资源入库的信息，含入库时给予的编号、入库日期、入库材料（种子、枝条、植株、组培材料等）及数量、保存方式及地点等。

③ 入库后鉴定评价信息，含鉴定评价的方法、结果及评价年度等，档案按永久编号顺序存放便于及时补充新的信息，档案资料及时输入计算机，建立数据库，可随时向育种者和资源研究者、向社会提供需要的资源及信息。

④ 其他相关信息，考察者的相关资料及其所属单位、影像资料等。

（8）超低温保存

在-80℃以下长期保存种质资源。超低温保存种质资源一般采用液态氮，液态氮温度为-196℃。在如此低温下，原生质、细胞、组织、器官或种子代谢过程基本停止并处于"生机暂停"状态，大大减少或停止了代谢，从而为"无限期"保存创造了条件。从20世纪70年代起，该技术已成功应用于蔬菜、果树、观赏植物和药用植物种子、花粉、试管苗、悬浮培养细胞、愈伤组织、生长点、体细胞胚和花粉胚等种质材料的保存。

（9）超干种子的贮藏

对那些能够达到超干（种子含水量降至2%～3%）而无害的种子，采用超干后密封包装，常温保存，可节省能源，大大延长其贮藏寿命。例如，淀粉类种子很难干燥到含水量为5%以下水平，而含油量高的种子（如白菜、萝卜、甘蓝型油菜、向日葵、油菜、松树、花生、芝麻等）易于干燥至含水量为5%以下水平，且种子活力不受影响。

二、种质资源的鉴定与评价

种质资源的鉴定内容包括性状、特性的鉴定与评价及细胞学鉴定等。所谓鉴定就是对育种材料作出客观的科学评价。鉴定是种质资源研究的主要工作，鉴定的内容因作物不同而异。一般包括农艺性状，如生育期、形态特征和产量因素；生理生化特性，抗逆性，抗病性，抗虫性，对某些元素的过量或缺失的抗耐性；产品品质，如营养价值、食用价值及其他实用价值。鉴定方法依性状、鉴定条件和场所分为直接鉴定（direct evaluation，根据目标性状的直接表现进行鉴定）和间接鉴定（indirect evaluation，根据与目标性状高度相关性状的表现来评定该目标性状，如果实的食用品质等），自然鉴定和控制条件鉴定（诱发鉴定），当地鉴定和异地鉴定。为了提高鉴定结果的可靠性，供试材料应来自相同的条件，包括同一时间（或发育阶段）、同一地点和相同的栽培条件，取样要合理准确，尽量减少由环境因子的差异所造成的误差。由于种质资源鉴定内容的范围比较广，涉及的学科多，因此，种质资源鉴定必须十分注意多学科、多单位的分工协作。

能否成功地将具有优异性状的种质材料用于育种，很大程度上取决于对目标性状遗传特点的认识。因此，现代育种工作要求种质资源的研究不能局限于形态，需要对其目标性状的遗传特性进行探讨和确定。

（一）种质资源鉴定评价的任务和要求

调查、收集和保存种质资源，为鉴定、评价和研究提供了方便材料，也是收集和保存种质资源的前期目标。资源评价是种质资源工作的中心环节，离开客观评价就谈不上对种质资源的有效利用。面对种类多样、性状复杂、变异广泛、数量庞大的种质资源，如何开展系统的、规范化的评价成为一个重要而迫切的任务。

资源评价工作在共同的任务和指导思想下，提出下列要求。

① 评价资料能确切反映特定资源的遗传差异，而不是表现型差异，为此在评价内容和项目方面应以农艺性状及经济性状为主，但必须兼顾用于资源分类鉴别的形态解剖学、细胞学方面的项目和主要非遗传因素的调查项目以及用于资源管理方面的记载项目；

② 适应多层次、多学科协作评价的需要，为此必须选用或编制各种主要作物的规范化种质资源评价系统；

③ 贯彻《中华人民共和国标准化法》（1991）关于鼓励采用国际标准等有关规定的精神，应充分理解国际植物遗传资源研究所（简称IPGRI）编制的描述符，资源评价系统的框架和特点（景士西，1993），并在此基础上逐步改进和完善，建立统一标准，而不应各自为政，设置多个标准；

④ 在评价内容、项目方面不同地区、单位间除有共性内容外，还可以结合具体情况有所增减，各具不同特点，如苹果描述符中列出的评价项目：根蘖发生趋势、易繁性、固地性等是评价砧木资源的项目，对于作为接穗品种的资源无法评价，可以略去；抗病性可以用中国普遍发生的褐斑病、轮纹病取代在中国很少发生的颈腐病、火疫病等；

⑤ 在评价方法和标准方面应不断改进，做到数量化、分级编码化、简便化和规范化。现有不少评价项目在评价方法和标准方面比较落后，评价时只凭主观印象，缺乏客观标准，或者有量化的方法和标准但方法过于烦琐，面对数以百计或更多的资源，难以具体实施，应设法加以改进。

（二）资源评价的内容和项目

国际植物遗传资源委员会（简称IBPGR）自1974年成立就致力于植物种质资源评价的描述规范化，组织编制了80余种栽培植物种质资源描述符，其中包括苹果、萝卜、番茄等30多种园艺植物。我国的园艺植物种质资源描述系统尚待建立完善，目前仅有《果树种质资源描述符》供参考使用。

不同种类描述符尽管在具体项目上有所不同，但都有着共同的框架和体系，即前言、术语定义及使用说明、登记卡、初评、再评五部分。

（三）资源描述评价的方法和标准

为了实现资源描述评价的标准化、规范化和编码化，IPGRI编制出版的描述符对多数项目都规定了比较具体的方法和标准，现取其有代表性的项目介绍描述、评价的方法和标准，也包括一些描述符中未明确规定,但行之有效的方法。

1. 植物学性状的描述

种质资源植物的植物学性状包括与经济价值相关(如果实外观与品质)或不直接相关的(如叶片、株高等)的多种性状,但对其进行植物学性状的描述主要目的是分类的需求。在植物学性状描述时,应将与经济价值直接相关的性状作为主要和重点描述的对象。

(1)质量性状的描述评价

由主基因控制的只有两种表型的质量性状,如桃、杏果皮的有毛和无毛,番茄茎色的紫和绿、果皮色的黄色和无色透明等,通常用二型编码法评价,以"－"和"＋"分别表示隐性和显性类型。不完全显性,或其他原因造成显性、隐性间存在中间类型的,如紫茉莉花色在紫花和白花之间有粉红中间型,则用"－"、"M"和"＋"示隐性、中间类型和显性类型。有些质量性状在极端类型之间有若干种不同质态,可划分成不同级次编码,评价时选用最适合的编码。如对葡萄花的性别描述用五行编码法:①雌株;②雄花占优势;③完全花,雌雄蕊均充分发育;④雄蕊直立的雌株;⑤雄蕊反卷的雌株等。

(2)数量性状的描述评价

数量性状指个体间表现的差异很难描述,只能用数量来区别,变异呈连续性的性状。它具有两个主要特征:变异呈连续性,变异易受环境条件影响。

对数量性状的描述评价,方法有:

① 级差评价法。通常用于容易计数和测量的性状,如果重、果径、叶长、节间长、果形指数、叶型指数等,常分成1~9级或0~9级或1、3、5、7、9五级等。

② 参照品种典型评价法。有些连续变异的性状,难以计算或测量或用文字确切描述的,可用示意图,并列出各类常见典型品种以供参照。

③ 选择归类评价法。有些比较复杂的性状难以根据单一因素排成有序级次,可根据资源变异的多样性分成若干个类别,以便评价时选择最接近的类别编码。

④ 状态归类评价法。因构成因素较复杂,可按表现的状态作为归类评价的依据。

⑤ 模糊三级评价法。适用于连续变异而又难以实测的性状,如叶背毛茸的疏、中、密,果实萼洼的浅、中、深以及狭、中、宽等。

2. 生物学特性的评价

含一系列与经济性状和农艺性状有密切关系的生物学特性,通常均采取级差评价法及参照品种典型评价法:

① 级差评价法。用于可制订比较明确的分级标准的性状,如葡萄果实的出汁量、番茄单株结果量等。

② 参照品种典型评价法。用于难以制订明确分级标准的性状。将评价资源和参照品种对比,从而确定其分级编码。

3. 非生物胁迫评价

温度、光照、水分等非生物胁迫,描述符中通常仅介绍在自然情况下或简单人工环境下对种质资源表现敏感性的评价,一般用反应程度分级和参照品种相结合的评价法。

4. 生物胁迫敏感性评价

因植物和病虫害的种类、危害部位等情况,园艺植物对病虫害敏感性的评价方法和标准有很大不同。一般采用以下评价法:

① 定性分级评价法。定性分级评价结果比较稳定可靠,受环境影响不大,但同名器官间感染情况不同,所以要鉴定感染程度最重的部位。

② 百分率调查评价法。调查感染植株或果穗、果实、叶片占调查总数的百分数,以感病率的高低评价资源间的敏感性。此法比较粗放,一般仅适用于植株间或器官间受害程度差别不大或

局部发病对经济价值影响很大的病害，如病毒病害、根部病害及某些果实病害。可用于田间自然发病调查，也适用于人工接种情况下的敏感性评价。

③ 病情指数评价法。这是一种将普遍率和严重度综合成一个指标的评价方法，应用较普遍。

非生物胁迫和生物胁迫敏感性评价这里仅介绍在自然情况或简单人工环境下由资源工作人员承担的比较简单的评价方法，较为深入细致的评价需要安排专门的试验项目，需要和从事气象、土壤、病虫害等学科的科技人员协同开展。其他有关生化标记、分子标记、细胞学性状及基因鉴定等方面的评价研究工作需要和从事生化、分子生物学、细胞遗传学等学科的科技人员协同开展，方法、标准方面应参考专门的试验技术文献，这里难以一一介绍。

5. 经济性状评价

栽培植物的目的主要是提供一定的产品或功能。因此，产量和质量等指标也是植物种质资源的重要评价目标。

① 产量评价　产量是园艺植物种质资源的主要经济性状之一。鉴定的内容包括产量构成因素、早期产量、总产量、稳产性等。

② 品质评价　随着生活水平的提高，人们对园艺产品的消费在产品品质上的要求越来越高。园艺产品的品质包括商品品质、加工品质、风味品质和营养品质等。外观品质包括色泽、大小、性状和整齐度等。质地和风味包括硬度、弹性、致密坚韧性、汁液量、黏稠性、脆嫩度等。营养与有毒物质包括热量、水分、微量元素、氨基酸、蛋白质、脂肪、维生素、纤维素、重金属、毒素等物质。

6. 综合性状评价

种质资源评价系统中除了单一性状评价外，还涉及多项单一性状的综合性状评价。如果品品质评价就包含果实的大小、形状、色泽，果肉的质地、风味、汁液多少等很多单项性状。评价方法常根据不同种类组成性状的相对重要性给以不同的权重，以感官为主进行百分制评定。

三、种质资源的利用和创新

种质资源的调查、收集、保存、鉴定研究和评价工作的进行，最终目的都是为了能够更好地利用这些种质资源，为作物育种和生产提供可利用的种质，并保护种质资源多样性，防止种质资源的流失。因此，对种质资源进行创新和利用，显得尤为重要。

(一) 种质资源的利用

1. 直接利用

从资源考察中收集到的资源，如许多从国外引进的品种或原产的野生植物（刺梨、猕猴桃、沙棘以及许多观赏植物等），从中可筛选出具有优良性状的种质，直接用于生产或观赏。如在神农架及三峡地区考察中收集到的'龙池大板栗'（坚果平均重 31~33g）、'川果 89-1 中华猕猴桃'（可溶性固形物达 18%）以及优质的'来凤杨梅'；荚长 120cm、单荚重 30~35g 的'宣农长豇豆'；雌株率高达 90% 以上的'保康菠菜'；荚纤维极少的优质'无筋菜豆'；瓜长 35~40cm 的'大白苦瓜'；还有比武汉市主栽品种增产极显著的'神农架秋菜豆'、'官斗早菜豆'和'保康大蒜'等。

2. 间接利用

有一些园艺作物，虽然没有直接的栽培和经济价值，但是它们的形态、叶、花、果等具有明显的观赏价值。在对其进行鉴定研究、评价工作之后，筛选出具有优良观赏性状的植株，可用于园林建设、行道树种植和家庭园艺栽培等，既可供人观赏，又可净化空气和美化环境。当然，这些品种所占比重很小，绝大多数资源特别是近缘种、野生种综合性状较差或很差，不能直接用于生产，但在某一性状或某些方面可间接利用。在野生资源中选择优良株系；作为育种原始材料，利用野生资源与栽培品种进行杂交和选择 1~2 代，使野生性状得到明显改善，再用于育种。

3.潜在利用

对于暂时不能利用的资源材料，也不能随便丢弃，应留待进一步研究和利用。

（二）种质资源的创新

收集、保存之后的种质资源，经过鉴定研究、评价工作，发现该种质并不能直接用于生产或观赏，但是其具有某些优良性状或某些具有利用价值的基因，在了解其性状之后，可使其作为杂交育种中的亲本，或作为基因工程中的目的基因加以利用，对其进行创新，从而可以为生产上提供具有优良性状的品种。

种质创新（germplasm enhancement）泛指人们利用各种变异，通过人工选择的方法，根据不同目的而创造成的新作物、新品种、新类型、新材料。种质创新是种质资源有效利用的前提和关键，是作物育种发展的基础和保证。

种质资源创新的主要途径有：

① 从野生资源中筛选符合育种目标的株系。如山葡萄经过严格筛选，获得山葡萄优系'双优'。用'双优'和'玫瑰香'等栽培品种杂交，不仅经济性状明显改进，而且杂种100%开花结果，育种效率显著提高。

② 杂交。通过野生或半野生资源和栽培品种杂交和选择1～2代后使野生性状得到明显改进，育种者利用创新资源可缩短1～2个世代，从而提高育种效率。

③ 利用芽变。芽变是发生在芽的分生组织中的体细胞突变，当芽萌发生长后可能表现出与相邻枝条原有类型不同的性状，这一类变异称为芽变。对于多年生无性繁殖的园艺植物，芽变利用是育种中的一个重要途径。

④ 采用染色体加倍和媒介植物等方法，使某些资源从难以利用转变为便于利用的新种质。如野生的森林草莓具有抗逆、抗病、芳香味浓、维生素C含量高等优良种质，但由于倍性低（$2n=2x=14$）和栽培种凤梨草莓（$2n=8x=56$）很难杂交，提高野生草莓的倍性可显著改进其和栽培草莓的不易交配性和杂种的育性。克服远缘杂交不亲和性或杂种不育，一般利用第三种植物作为媒介植物，通过与媒介植物杂交也是一种资源创新的途径，如石竹品种'Mary'、常夏石竹的品种'Night'都不能和康乃馨杂交，但两者杂交的F$_1$和康乃馨杂交能正常地获得杂种，'Mary'和'Night'的F$_1$就是一种和康乃馨亲和性良好的创新资源。

⑤ 原生质体融合。植物原生质体因为除去了细胞壁，能够像动物细胞一样，在人为的条件下互相融合，从而获得细胞杂种植株。尤其用于远缘不亲和物种间的原生质体融合，可以获得常规有性杂交得不到的杂种植物。现在已经获得原生质体融合成功的有马铃薯＋番茄、马铃薯＋龙葵、马铃薯＋醋栗番茄、马铃薯＋烟草、拟南芥＋白菜型油菜、甘蓝＋大白菜、白菜型油菜＋花椰菜、脐橙＋温州蜜橘、脐橙＋葡萄柚等。

⑥ 其他途径。如辐射等物理诱变、化学诱变、基因转导等，凡是可使原有种质资源育种价值有所改进的方法都可用于种质资源创新。

随着生物技术、农业生产的发展，种质创新工作的内涵和外延越来越专，其拓宽的领域越来越大，其创新量也越来越大。

四、电子计算机在种质资源管理中的应用

种质资源信息的快速增多和计算机技术的迅速发展，促使许多国家、地区和国际农业研究机构开始研究利用计算机建立种质资源管理系统，加强种质资源的规范化管理和鉴定评价，提高种质资源及相关信息的有效性，确保种质资源的安全性。建立和完善种质资源数据库，已成为当前种质资源研究工作中的重点。建立种质资源数据库的目的在于迅速而准确地为育种者、遗传研究者提供有关优质、丰产、抗病、抗逆以及其它特异需求的种质资源信息，为新品种选育与遗传研究服务。因此，设计建立品种资源数据库时应紧紧围绕这一总体目标。建立种质资源数据库一般

要求：适用于不同种类的作物，有广泛的通用性；对品种的描述规范化，要求具有完整性、准确性、稳定性和先进性；具有定量或定性分析的功能；程序功能模块化；使用方便，易于操作。20世纪70年代以来，一些国家如美国、日本、法国、德国等相继实现了品种资源数据库计算机管理系统。

我国于1986年开始国家作物种质资源数据库系统研究工作，2006年建成我国国家作物种质资源数据库系统，拥有的种质资源已逾40万份，使我国作物种质资源信息管理跨入世界先进行列，成为世界上第三大作物种质资源数据库系统。它包括国家种质库数据库管理子系统、国家作物种质特性评价数据库子系统、国内外作物种质交换数据库子系统。目前，世界各个国家都不同程度地建立了作物种质资源的计算机管理系统和网络系统，这为作物种质资源信息的交流和交换提供了良好的共享服务平台。

思考题

1. 什么叫种质资源？简述种质资源的类型和特点。
2. 简述我国园艺植物种质资源的现状。
3. 在我国如何开展种质资源的调查？
4. 收集种质资源的方法有哪些？
5. 种质资源的保存主要有哪些方法？
6. 如何开展种质资源的研究？
7. 简述种质资源利用的方式。
8. 简述种质资源创新的主要途径。
9. 谈谈开展种质资源工作的重要性。

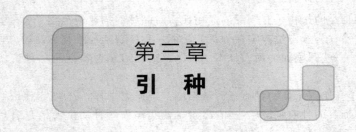

第三章
引 种

本章从引种的概念与意义、引种的原理、引种的原则与方法、园艺植物引种成功案例进行介绍。

第一节　引种的概念及意义

一、引种的概念

园艺植物种和品种在自然界都有一定的分布范围。引种（introduction）是将一种植物从现有的分布区域（野生种）或栽培区域（栽培品种）人为地迁移到其它地区种植的过程。引种的植物材料可以是植株、种子或营养繁殖体等，这种植物材料是从外地引到本地尚未栽培的新植物种类、类型和品种。在这种人为迁移的过程中，根据植物在引种前后是否发生遗传适应性的改变，引种可分为两种类型：简单引种（introduction）和驯化引种（acclimatization）。前者是指由于引种植物本身适应范围较广，或原分布区与引入地区的自然条件差异较小，植物不需要改变遗传特性就能适应新的环境条件进行正常生长发育，又称直接引种；后者是指引种植物的适应范围较窄，或原分布区和引种地区的自然条件差异较大，植物只有通过改变遗传特性才能适应新的环境进行正常生长发育，也称间接引种。两者的不同在于驯化引种要采取一定的措施，使所引种植物由原来对引入地区的不适应到适应的一个过程，在时间上相对简单引种要长一些。

园艺植物的引种既包括简单引种，又包括驯化引种；既包括栽培品种的引种，又包括野生种的驯化。通常在生态适应性方面，以引种植物在新地区能够正常开花结实，并能正常繁殖出下一代作为判断园艺植物引种是否成功的基本标准。

引种是一条快速获得优质植物种类的捷径，一直受到育种学家的重视。引种是植物育种的基本途径之一，现有的栽培植物最初大多数是通过引种得到的，在园艺生产中具有重要意义。

二、引种的意义

植物的引种与人类的生存和发展息息相关。当地栽培的园艺植物，有的是将野生种驯化，有的是从外地直接引种，或是将已经引种驯化的园艺植物再经过杂交、诱变等育种途径培育成新品种。引种的意义主要体现在以下几个方面。

（一）引种是栽培植物起源与演化的基础

人类的生活方式从游牧时代过渡到农耕时代，主要得益于可食的野生植物驯化栽培。园艺植物是人类为了提高生活和生存质量而驯化的，是与整个作物同步起源、演化和发展的。将野生植物变成栽培植物，是驯化；随着人类的迁徙与社会的交往等，这些栽培植物从一地区到另一个地区，是引种；引进新的栽培植物为了适应新的生态环境而发生变异，经过选择使之适应新的环境，成为新品种，也是驯化。这就是栽培植物的演化与发展。随着人类社会的发展，栽培植物品种在不同地区之间的相互交换，引种势必在更大程度上干预栽培植物的演化与发展。

（二）引种是快速丰富植物种类的重要途径

植物在地球上的分布不均衡，通过引种可使一些具有重大价值的植物在全世界范围内种植。如1492年哥伦布发现新大陆后，美洲的玉米、马铃薯等作物先后被引入欧洲，随后欧洲的水稻、小麦、高粱、大豆等又被带到美洲，从而成为当地的重要作物。我国园艺植物资源非常丰富，但也不断从国外引进新品种。据记载，我国在三千年前就开始从国外进行引种工作。据佟大香等（2001）不完全统计，我国的主要栽培作物约600种（粮食、经济作物约100种，果树、蔬菜约250种，牧草、绿肥约70种，花卉、药用作物约180种），其中有近半数或半数都是通过国外引种获得。我国目前生产上大量栽培的苹果品种，绝大部分是由国外引种而来，如'红富士'、'金冠'、'新红星'等。我国现有的200多种栽培蔬菜中，有50多种原产于我国（包括次生起源中心），国外引进的种类占我国栽培蔬菜种类的80%左右，如番茄、甘蓝、青花菜、芦笋等物种都是从国外引种的。近年来，我国不仅从国外引种稀有蔬菜的优良品种，还引进了适合加工用的优良蔬菜品种，极大地丰富了我国的蔬菜市场。在花卉方面，有引入来自欧洲的金鱼草、雏菊、飞燕草、郁金香等；引自于美洲的藿香蓟、波斯菊、一串红、晚香玉；来自亚洲的鸡冠花、曼陀罗、雁来红、除虫菊等；来自非洲的天竺葵、马蹄莲、唐菖蒲、小苍兰等。只有引种才能如此之快地丰富园艺植物的种类，因此，引种在改善和丰富人们的生活中发挥着重要的作用。

（三）引种是快速实现园艺植物良种化的捷径

我国园艺植物种质资源丰富，但缺乏优良的园艺品种。因此，在制定引种计划时优先考虑品质优良的品种，尽量弥补我国现有栽培植物品种的缺陷，达到品种良种化的目的。马尾松在我国是一个较为优良的乡土树种，但因松毛虫的严重危害，生长缓慢，不能实现速生和产脂的栽培目标。近50年来，在亚热带低山丘陵区引种抗松毛虫能力强、生长快、产脂量高的湿地松和火炬松种植，均表现良好的适应性，生长良好，已进行大面积推广。在蔬菜引种方面，自20世纪70年代以来，我国从国外引进蔬菜种质材料2万多份，其中有优良表现的被用于原始育种材料，并育成一大批抗病、高产、优质的蔬菜新品种，如甘蓝培育出超'日本春蕾'、青花菜培育出超'瑞士雪球'和'荷兰雪球'的新品种等，并已经在生产上推广利用。在花卉引种工作上，我国从国外引进了樱花、木槿、丁香、大丽花、八仙花、玉簪等一大批优良品种，它们比原种具有更丰富的花色和花型，开花量大，株型多变，极大地提高了观赏价值，从而快速丰富了城市景观。

（四）引种可为其它育种途径提供丰富的种质资源

通过引种，不仅可以充实我国的园艺植物种质资源，还有利于了解国内外育种的新成果和水平，以便及时调整育种的方向和目标。据有关部门统计，中国农业科学院蔬菜花卉所仅从1991年到1996年就从40多个国家和地区引入蔬菜种质资源11400多份，其中直接用于生产的品种有40余份，而作为种质资源用于育成的新品种有70多份。福建省果树研究所以我国枇杷品种'解放钟'与日本引入的品种'森尾早生'为亲本，通过杂交培育成'早钟6号'新品种，该品种具有早熟、果大、抗逆性强等优点，从而开发了其良好的市场潜力。在番茄育种中，引种日本'强力米寿'在国内生产表现优异，通过一系列试验，最终培育出'强寿'、'中蔬4号'、'中蔬5号'等替代进口的番茄新品种。在观赏植物中，可以把一些具有优良观赏性和特异抗逆性的引种植物当作亲本，与当地的品种进行杂交，再从后代中选择培育出新品种。如杜鹃属的'照山白'具有其它杜鹃花品种缺少的耐盐碱性土壤的能力，是培育耐盐碱杜鹃的优良亲本。北京林业大学用中国原产的野生蔷薇属植物与中国古老月季或现代月季远缘杂交，培育出抗性强的'刺玫月季'新品种群。

三、外来生物入侵问题

外来生物入侵（alien biological invasions）指生物由原来生存地经过自然或人为途径侵入到另一个新环境，对入侵地生物多样性造成影响，从而给农、林、牧、渔业生产带来经济损失及对人类健康造成危害或引起生态灾难的过程。外来入侵种（alien invasive species）则是指那些在自然分布范围及扩散潜力以外，对生态系统环境，对人类健康、生产、生活带来危害的外来种、亚种等分类单元的生物种类。"外来"的概念与国界无关，主要是针对不同的生态系统（ecosystem），如原产于黄河、长江、珠江等各大水系的草鱼引入云南等地的高海拔水系后，因大量吞食当地鱼类赖以栖息、觅食、繁殖的水生生物，使当地多种鱼类及水生生物绝迹，这个就属于典型的外来入侵种。据 M. Williamson（1996）统计，在所有被引入的外来种中，约有 10% 在新的生态系统中可自行繁殖，即归化，在归化的外来种中又大约有 10% 成为构成生态灾难的外来入侵种。这些外来入侵种在入侵的自然或半自然生态系统（指经人类改造但仍保留其本身重要元素的生态系统）中建立种群，改变或威胁本地生物的多样性。由于很多单位和个人对外来入侵种导致的生态破坏缺乏足够的认识，存在急功近利的倾向，在外来物种的引进上存在一定的盲目性，于是造成如今这触目惊心的外来物种入侵灾难。

（一）外来入侵种的生物学特点

外来入侵种在进入新的生态环境后，有些难以形成自然种群，有些虽然可形成自然种群，但多数种群的数量只能维持在较低的水平，不能造成危害。H. G. Baker 和 G. L. Stettins 等（1965）认为易于造成生态灾难的外来入侵种均适应性强，且具有以下特点：

① 发达的休眠机制，其萌发需求在许多环境中均可满足；

② 生长、发育和繁殖成熟均迅速；

③ 表型可塑性较高，常常只要生长条件许可就能不断繁殖；

④ 非特化的传粉机制，包括自花授粉、风媒传粉和非特异性（泛化）的传粉机制；

⑤ 单亲本的繁殖系统，如自交、无融合生殖或克隆生长；

⑥ 非常高的繁殖潜力（种子或营养繁殖体）；

⑦ 具有短距离扩散和长距离扩散的适应机制；

⑧ 在新的生态系统中可逃避原有天敌及其它生态条件的有效制约。

外来入侵种可能具有上述部分或全部特点。如原产中美洲的紫茎泽兰，结实量巨大，每株年产种子约 1 万粒，种子又小又轻，且带冠毛，和在成熟季节与春夏时期人们常见的漫天飞舞的杨柳种子极其相似，可随风传播到较远的地方。另外，紫茎泽兰还可利用根状茎进行营养繁殖。因此，在我国西南各地侵占面积已达 40 万～50 万平方千米，仅在云南省侵占面积就高达 24.7 万 km^2。目前，紫茎泽兰在我国的入侵形式十分严峻，正以每年 30km 的速度向东、向北蔓延，逐渐吞食农田、草场和采伐林地，使自然植被难以恢复（丁建清等，1998）。我国广为分布的外来入侵种凤眼莲，其种子沉浸在水中可存活 5～20 年，种子和匍匐茎均可进行繁殖，每个花穗可产生 300～500 粒种子，繁殖速度相当惊人，造成非常严重的入侵危害。

（二）外来生物入侵的途径

外来生物入侵的主要途径可分为有意引种（intentional introduction）和无意引种（unintentional introduction）两种。

1.有意引种

有意引种包括有史以来引进的各种农作物、观赏植物、药用植物、饲料草类等植物。由于缺乏生态风险评估，有些外来植物引进后逃逸、扩繁，进而成为危险的外来入侵种。如作为观赏植物被我国引入而成为外来入侵种的有：凤眼莲、加拿大一枝黄花、万寿菊、牵牛花、银合欢、金合欢、火炬树、韭莲、马缨丹、熊耳草等。

2. 无意引种

无意引种指外来种利用人类传送媒介扩散到自然分布范围以外的行为。包括随引种植物"搭便车"传入引种地区的大量作物、病、虫、杂草等；黏附在人类交通工具带入的三裂叶豚草、紫茎泽兰等，它们通常沿交通路线进入和蔓延。外来生物从进入新的生态区到入侵一般要经历 4 个阶段。

① 引入和逃逸期：包括人类释放或无意使其逃逸到自然环境中。

② 种群建立期：从外来种适应引入地的生态环境到依靠有性或无性繁殖形成自然种。

③ 停滞期：外来物种拥有一定数量的种群后，通常不马上大面积扩散，而是处于一种停滞状态。停滞时期因物种特性及当时的生态环境而异。

④ 扩散期：外来物种形成了适应新的生态环境的繁殖扩散机制，具备了和本地物种竞争的能力，还因为当地缺乏调控该种群数量的调节机制（如天敌），致使其大肆蔓延传播，导致生态灾难。

（三）外来生物入侵对生物多样性的影响

外来生物入侵对入侵地的生物多样性造成严重的影响。

1. 破坏生态系统

1901 年，凤眼莲作为花卉被引入中国，20 世纪 50～60 年代曾作为猪饲料"水葫芦"被推广，此后大量逸生。1994 年，在昆明滇池，凤眼莲的覆盖面积约达 $10km^2$，不但破坏当地的水生植被，堵塞水上交通，给当地的渔业和旅游业造成巨大的经济损失，还严重损害当地水生生态系统。目前，我国每年因凤眼莲危害带来的经济损失接近 100 亿元。另外，原产热带美洲的小花假泽兰，又名薇甘菊，于 20 世纪 70 年代在香港蔓延，80 年代初传入广东南部，在深圳内伶仃岛该物种像瘟疫般地滋生，攀上树冠，致使大量树木因接受不到光照而枯萎，从而危及岛上 600 多只猕猴的生存。

2. 影响遗传多样性

随着生态片段化，残存的次生植被常被入侵种分割、包围和渗透，使本土生物种群进一步破碎化，还造成一些物种的近亲繁殖和遗传漂变。有些入侵种可与同属近缘种，甚至不同属的种杂交，如加拿大一枝黄花可与假蓍紫菀杂交。入侵种与本地种的基因交流可能导致后者的遗传侵蚀。在植被恢复中将外来种与近缘本地种混植，如在华北和东北国产落叶松类的产地种植日本落叶松，以及在海南国产海桑类的产区栽培从孟加拉国引进的无瓣海桑等，均存在相关问题，因为这些属已有一些种间杂交的报道。

3. 危害物种多样性

入侵种中的一些恶性杂草，如紫茎泽兰、豚草属、反枝苋、小白酒草、飞机草、小花假泽兰等可分泌有化感作用的化合物，抑制其它植物发芽和生长，从而排挤本土植物并阻碍植被的自然恢复。

（四）防止外来生物入侵的方法

目前我国境内造成危害的外来入侵物种共有 283 种，其中陆生植物 170 种，其余为微生物、无脊椎动物、两栖爬行类、哺乳类、鱼类等。其中 54.2% 的入侵种来源于美洲，22% 来自欧洲。这些外来入侵种每年对我国有关行业造成的直接经济损失接近 200 多亿元，其中农林牧渔业损失高达 160 多亿元，人类健康损失 29 多亿元。外来入侵种对我国生态系统、物种和遗传资源造成间接经济损失每年达 1000 多亿元，其中对生态系统造成的经济损失每年高达 999 多亿元。

外来入侵物种是《联合国生物多样性公约》（CBD，1992）防治的热点。为了有效防止外来生物入侵，必须建立生物安全系统：

① 建立健全相关的法律法规，实现依法管理。特别要加强农、林、畜牧业等有意引进外来物种的监督管理。建立外来入侵物种的名录、风险评估、引进许可证等制度，在环境影响评价中增加外来入侵物种风险分析的内容，可参考李振宇等（2002）根据现有入侵种的普遍特点制定的评估体系。

② 建立跨部门协调机制，加强对外来入侵物种的检疫。由环境保护、农林、检疫、海关、交通等部门成立跨部门的外来入侵生物环境安全委员会，负责外来生物的环境影响和生态风险评估工作，从源头控制外来生物入侵，加强检疫封锁，防止有害物种的入侵与扩散，建立早期预警系统和监测报告制度，严防疫情蔓延。

③ 采取有力措施，开展外来入侵物种的治理。采取生物物理防治、生态替代、综合利用等可持续控制技术，对现有外来物种进行有效治理。增强全民防范意识，减少外来入侵种的引入与扩散。减少在旅游、贸易、运输等活动中对外来入侵物种的有意或无意引进。

第二节　引种的原理

近代遗传学对遗传基因和环境条件相互关系的研究，认为植物的性状是由植物基因决定的，而基因的表达要求一定的环境条件，如果满足其环境条件，则植物生长良好。因此，要使园艺植物引种获得成功，必须深入研究相互联系的两个因素：一是植物本身的遗传特性及其适应能力；二是生态环境条件对植物的制约。认真总结前人引种的经验教训，用科学理论指导引种实践。

一、引种的遗传学原理

根据遗传学原理，植物的表现型（phenotype，简称 P）是基因型（genotype，简称 G）与环境（environment，简称 E）相互作用的结果，可用公式 $P = G + E$ 来表示。在引种中，P 指被引种植物的表现，即引种效果。G 指植物适应性的反应规范（reaction norm），即适应性的宽窄（大小）。E 指原产地与引种地生态环境的差异。E 既是一个变数，又是一个定数。地球上没有任何两地的环境条件完全相同，E 肯定是一个变数；但又是一个定数，因为这种环境条件的差异是可以度量的，而且是比较容易度量的。如果 E 作为定数，那么 G 就成为决定引种效果 P 的关键因素。引种的遗传学原理在于植物对环境条件的适应性大小及其遗传。

植物在长期的进化过程中，接受了各种不同生态条件的考验，形成了对各种生态条件的反应规范，这就是通常说的植物的适应性。引种是植物在其基因型适应范围内的迁移，这种适应范围受到基因型的严格制约。不同的植物种类之间，适应性范围广的如杂种香水月季（Hybrid Tea Roses，简称 HT），一些营养系既能在靠近赤道海平面的热带棕榈旁生长，也可在积雪 1m 厚的地区正常生长；适应性范围窄的如榕树，引种到 1 月份平均温度低于 8℃ 的地区就不能正常生长。同一种植物的不同品种间也存在适应性宽窄的较大差异，如桃品种'白凤'具有较广的适应性，在北京、江苏、辽宁等地均表现丰产优质；而安徽肥城'佛桃'适应范围就较窄，引种到江苏的扬州和辽宁的葫芦岛均表现成花少且坐果率低，达不到丰产优质的目标。研究表明：植物与生态条件的相互作用而获得的适应也是可以遗传的，否则就不会有不同植物适应性的差异。但这种适应性是在长期的自然进化或人工进化（品种改良）过程中逐渐获得的，可能是先发生体细胞的变异，逐渐积累为性细胞的可遗传变异，进而传递给后代。在引种过程中，引进种子后代适应性的变异只是已有性状的分离与选择；只有对引进植物在当地经过多代的繁殖，才有可能引起植物适应性积累及其可遗传的变异。

从引种的遗传学原理来看,"简单引种"与"驯化引种"的本质区别在于引进植物适应性的宽窄及其自然环境条件差异大小的反应。如果引进植物品种的适应性较窄,环境条件的变化在植物适应反应规范之内,可以将其称为"简单引种"。反之,如果引进植物的适应性较窄,环境条件的变化超出了植物适应性的反应规范,需要通过栽培措施改变环境条件或改良植物的适应性,植物才能正常生长的就是"驯化引种"。可见,简单引种比驯化引种容易很多。不经过引种试验,并不知道植物的适应性到底有多大,某种植物现在生长的地区也不见得就是最适宜的区域。因此,引种与其说是改良品种的适应性,还不如说是充分发掘并利用植物自身固有的适应性,来为更多的人服务。

二、引种的生态学原理

植物生态学(plant ecology)是研究植物与自然环境、栽培条件相互关系的科学。植物与环境条件的生态关系包括温度、光照、水分、土壤、生物等因子对植物生长发育产生的生态影响,以及植物对变化着的生态环境产生各种不同的反应和适应性。引种的生态学研究,既要注意各种生态因子总是综合地作用于植物,也要看到在一定时间、地点条件下,或植物生长发育的某一阶段,在综合生态因子中总是有某一生态因子起主导的决定性作用。引种时应找出影响引种适应性的主导因子,同时分析需要引入品种类型的历史生态条件,作出适应可能性的判断。因此,引种驯化的生态学原理主要有:气候相似论、主导生态因子和历史生态条件分析。

(一)气候相似论

德国慕尼黑大学林学家 H. M. Mayr 教授在《欧洲外地园林树木》和《自然历史基础上的林木培育》两本专著中,论述了气候相似论的观点:"木本植物引种成功的最大可能性是在于树种原产地和新栽培区气候条件有相似的地方。"所谓的气候相似性是指综合的生态条件,即在此条件下形成的典型植物群落。一般来说,从生态条件相似的地区引种容易获得成功,相反则很困难。因此,引种不同气候带的多年生植物,要特别了解其自然分布区,注意对原产地和引种地生态条件相似程度的比较。如原产澳洲的大叶桉,引种到与原产地气候条件相似的我国沿海地区广东、广西等地生长良好。东北的红松引种到南方地区,因气候条件差异太大而导致引种失败。引种时要慎重选择小气候和土壤条件,尽可能在引入地区为植物提供近似原产地的条件。如杭州植物园引种夏腊梅(*Sinocalycanthus chinensis*)由于其性喜凉爽阴湿的气候环境,所以仅在树丛下才能表现旺盛的长势。

以植物群落为代表的气候相似论,实质上是要求综合生态条件的相似性,是对现有植物分布区的补充与完善,主要采取"顺应自然"的方式来进行引种。该理论未考虑植物的适应性(尤其是在长期进化过程中形成的巨大的、潜在的适应性),因此其改造自然的力度还存在一定的局限性。

(二)主导生态因子

主导生态因子是指对植物生长发育有明显影响的因子。温度、光照、水分、土壤等因素是限制园艺植物引种的主要因子。引种时除对植物原产地生态环境进行综合分析外,还应对影响植物生长发育的主导因子进行分析与确定,对园艺植物引种成败起关键作用。

1.温度

温度是影响园艺植物引种成败的最重要的限制性因子之一。温度条件不合适对引种植物的不良影响可表现为:满足不了植物正常生长发育的基本要求,致使引种植物整体或局部发生致命伤害,严重时死亡;引种植物虽能生存,但影响其产量与品质,从而失去生产价值。

影响园艺植物生长发育的主要温度因子包括:年平均温度(mean annual temperature)、临界温度（critical temperature）、最高和最低温度及其持续时间、有效积温（effective accumulated temperature）、季节交替速度等。

① 在园艺植物引种中，首先应考虑原产地与引种地的年平均温度。年平均温度是树种分布带划分的主要依据。不同气候带之间引种是比较困难的，需要采取相应的措施。不同植物类型对气温变化的适应性也有所不同，有些植物适应性强，可以在不同的气候带生长。有的适应性差的植物，则分布范围较窄。因此，植物可以引种的范围也存在一定的差异。

② 临界温度是植物能忍受的最低和最高温度的极限，超越临界温度会造成植物严重伤害或死亡。冬季绝对低温是南种北引的关键因子，如菠萝，一般品种的临界低温为 −1℃，广州 1951～1970 年期间从未出现过 0℃ 以下的低温，几乎所有的菠萝品种都能适应，而韶关 1960～1970 年期间均有持续 1～8d 的 0℃ 以下低温，其中有 4 年出现 −2.3～−3℃ 的低温，故粤北的韶关成为菠萝北引的分界线。

③ 极端温度成了园艺植物引种的限制因子，尤其是低温和绝对低温。如 1977 年广西南宁的严寒，不仅使胸径超过 30cm 的非洲桃花心木全部冻死，还造成大部分凤凰木（*Delonix regia*）冻死，而木麻黄在绝对低温低于 −30℃ 时遭受冻害。因此，在园艺植物引种过程中，几年甚至几十年的低温也应考虑。低温引起的另一个伤害是霜冻，特别是果树花期霜冻，常造成严重减产，甚至绝收。冬季开花的枇杷，其花器官及幼果易遭受冻害，是北引的主要限制因子。除了考虑低温外，还应该考虑低温持续的时间，如蓝桉可忍受 −7.3℃ 的短暂低温，但不能忍受持续的较低温度。1975 年在云南省陆良县，12 月日平均温度变动在 0.6～4.0℃ 之间，最低温度仅 −5.4℃，持续低温 5d，致使大部分蓝桉遭受严重冻害，15 年以上的大树冻死 69%。

高温是植物南引的主要限制因子。大白菜生长的临界高温为 25℃，超过 25℃ 其生命活动受到影响。北方的红松、水曲柳南引后越夏就成为难题。一、二年生蔬菜和花卉，一般可以通过调整播种期和栽培季节，利用保护地（遮阳）栽培以避开高温炎热。但对于多年生果树和观赏树木来讲，引种时必须考虑高温对植物栽培的限制。一般落叶果树生长季节气温持续在 30～35℃，其生理过程受到严重抑制，气温达 50～55℃ 时则会发生严重的灼伤。尤其是高温碰上高湿条件，常造成某些病害严重发生，严重限制果树、蔬菜和观赏植物的南引。

④ 有效积温也是影响园艺植物引种适应性的重要因素，植物对持续温度的逐日积累达到一定温度总数才能完成其生长发育。在自然条件下，对积温要求高的树种大多分布在纬度较低的地区，对积温要求低的树种则多分布在较高纬度地区。喜温类的园艺植物在 10℃ 以上的有效积温相差在 200～300℃ 以内地区引种，一般对生长、发育和产量影响不明显。不同成熟期的葡萄品种对积温的要求不同，极早熟品种为 2000～2400℃，早熟品种为 2400～2800℃，中熟品种为 2800～3200℃，极晚熟品种为 3500℃ 以上。因此，引种时可根据当地的积温统计资料来选择满足其积温需要的品种。

⑤ 季节交替速度往往也是植物引种的限制因子之一。一般中纬度地区的植物，通常具有较长的冬季休眠，这是对该地区初春气温反复变化的一种特殊适应性，它不会因气温暂时转暖而萌动。而在高纬度地区的植物，因原产地初春没有反复多变的气候，因此不具备对反复气候的适应性。所以，当高纬度地区的植物引种到中纬度地区后，由于初春天气不稳定转暖，经常会引起植物的休眠中断而开始萌动，一旦寒流再度侵袭则造成冻害。如高纬度地区的香杨引种到北京则表现生长不良，主要是由于北京地区初春温度反复变化所导致。

2. 光照

光照对植物生长发育的影响主要是光周期、光照时间和光照强度。光照与纬度有关，不同纬度地区光照时间不同，纬度越高，昼夜长短差距越大。夏季光照时间增长，黑夜时间缩短。因此，高纬度地区夏季昼长夜短，冬季夜长昼短；而低纬度地区，一年四季昼夜长短的时间相差不大。长期生长在不同纬度的植物，形成对昼夜长短的特殊反应，这种反应称为光周期现象（photoperiodism）。不同植物对光周期的要求是不同的。在长日照条件下进行营养生长，到短日照条件下进行花芽分化并开花结实的叫短日照植物（short-day plant），如一品红、菊花等；在短日照条件下进行营养生长，到长日照条件才开花结实的叫长日照植物（long-day plant），如洋葱、胡萝卜、唐菖蒲等；还有一类植物对日照长短反应不敏感，在日照长短不同条件下都能开花结实，如苹果、桃、辣椒、番茄、现代月季等。多数果树对光周期不敏感，如苹果、桃可在纬度差异很大的不同地区正常生长。凡是对光照长短反应敏感的种类和品种，通常以在纬度相近的地区间引种为宜。不同日照长短的植物在引种时的反应不同。当低纬度地区的植物引种到高纬度地区后，如南树北引时，由于受长日照的影响，生长期延长，影响封顶或促进枝条萌生，从而减少养分的积累，妨碍组织的木质化和入冬前保护物质的转化，降低了抗寒性。如江西的香椿种子在山东泰安播种，由于不能适时停止生长，地上部分常被冻死。而植物从高纬度向低纬度引种时，如北树南移，因日照长度缩短，促使枝条提前封顶，过早地封顶缩短了生长期，抑制了正常的生命活动。如北方的银白杨引种到江苏南京地区封顶早，生长缓慢，常遭受严重的病虫感染。

不同园艺植物对光照强度的要求不同。光照强度随纬度增加而减弱，随海拔升高而增强。

根据植物对光照强度的要求不同，有阳性植物（heliophytes）、阴性植物（sciopytes）和中性植物（neutral plant）之分。如桃、李、杏、蒲公英等阳性植物在开花期如果光照减弱，则会引起开花与结实不良。

3. 水分

水分是植物生长发育的重要因子之一，决定植物群落的分布。降水量在我国不同纬度地区相差较大，其规律是自低纬度的东南沿海地区向高纬度的西北内陆地区逐渐减少。降水对植物生长发育的影响因子包括年降水量、降水在一年内的分布和空气湿度。

以多年生木本植物为例，降水量的多少是决定树种分布的重要因素之一。如地处胶东半岛的昆仑山区，年平均气温仅 12.7℃，年平均降水量达 800～1000mm 以上，年平均相对湿度达 70% 以上。从南方引种杉木时，虽气温与南方各省相差很大，但由于降水和大气湿度相差小而获得成功。北京引种的许多耐寒性较差的无花果、楝树、珙桐等树种不成功，根本原因在于早春的干旱而非冬季低温所致。

降水量在一年内的分布也影响植物引种的成功与否。如苹果品种'国光'引入江苏黄河古道地区后，有的年份由于成熟季节遭遇过多的降水，造成大量果实果皮开裂；东北的红瑞木引种至北京地区，由于北京冬季降水量比东北少，冬末春初气温回升，空气湿度和土壤含水量都较低，甚至发生春旱，造成红瑞木生理脱水，因而导致引种失败。

各地的大气相对湿度不同，也是植物引种时应注意的问题。如果植物自然分布区与引种地的相对湿度相差很大，则会限制植物引种成功。如热带雨林中白天的低湿度可保持在80%以上，而荒漠地区白天的低湿度在 10% 以下，相对湿度相差太大，两地植物很难相互引种。

4. 土壤

土壤的理化性质、含盐量、pH 以及地下水位的高低，都会影响园艺植物的生长发育，进而影响引种的结果。其中，含盐量和 pH 是影响某些园艺植物种类和品种分布的限制因子。

在生产中人们可以采用某些措施，对土壤的某些不利因子加以改良，但在大面积情况下这种改良常有一定限度且效果难以持久，所以在引种时仍须注意选择与当地土壤性质相适应的生态型。引种过程中，由于土壤环境的变化，土壤所含矿质元素也与原产地不同。某种元素的缺乏就会影响植物的正常生长。如我国南方引种油橄榄，因缺铜而叶端变黑；澳大利亚引种辐射松，由于土壤中缺锌和磷而生长不良，施加这类元素后生长明显改善。

土壤影响植物引种效果最主要的因素是酸碱度的差异。我国地域辽阔，南北的土壤差异较大。南方多为酸性或微酸性土壤，北方多为碱性或微碱性土壤，在华北平原还有较大的盐碱地。大多数植物能适应从微酸性到微碱性的土壤，但有些植物对土壤 pH 值的要求较为严格。在引种时，如不注意各种植物对土壤酸碱度的要求，常导致引种失败。如在南方酸性土壤中生长的栀子花引种到北方后，由于土壤碱性太大，栽培一两年后叶片渐黄，终至枯死。只有采用专门用硫酸亚铁与麻渣沤制的矾肥水浇灌才能保持土壤酸性，从而保证栀子花的正常生长。对于采用嫁接繁殖的园艺植物，引种时可通过选用适宜的砧木来增强栽培品种对土壤的适应性，如在黄河故道地区栽培苹果，用东北山荆子做砧木时，常因不耐盐碱土而引发黄化病，甚至烂根死树，而采用湖北海棠做砧木则生长发育良好；也可以用杂交改善园艺植物对土壤酸碱度适应性，如美洲白松引入意大利，因不能适应意大利的石灰性土壤而生长不良甚至死亡。通过选用适宜本地土壤的华山松与美洲白松杂交，从而得到适合意大利石灰性土壤的杂交五针松新种。

5. 其它生态因子

在引种时还应该考虑某些特殊的限制性生态因子，主要有难以控制的某些严重病虫害和风害等。如在普遍栽培桧柏类植物的地区引种中国梨的品种时，梨赤星病危害严重；浙江、广东以及某些柑橘产地的溃疡病，限制了甜橙的引种。在风害严重的地区，引种是必须重视品种间抗风力的差异。

在引种时，应注意将植物引种到适宜其生长的有利地带。如北京平原地区冬季风大，植物容易遭受冻害，喜暖湿的植物生长不良，但在北京西山沟谷中，因温暖湿润，椴树、青杨、甚至竹子也能正常生长。

在植物长期的生长、发育和演化过程中，有些已经与周围的生物建立起协调或共生关系，如板栗、金钱松有共生菌根，只引种植物而不引菌根是难以引种成功。

（三）历史生态条件分析

植物的适应性不仅和现在分布区的生态环境有关，还与系统发育中的历史生态条件有关。植物的现代自然分布区只是在一定的地质时期，特别是最近一次冰川时期形成的。植物在历史上经历的生态条件越复杂，其适应潜力和范围可能就越大。如我国特有的水杉，据古生物学的研究，在地质年代中，它不仅在我国大部分地区有分布，而且广泛分布于欧洲西部、美国、日本等地。只是后来随着气候的变化，大多数地区的水杉逐渐灭绝。20 世纪 40 年代在我国川、鄂交界处发现水杉后，欧、美许多国家都进行了引种栽培，均表现生长良好且适应性强。与此相反，华北地区广泛分布的油松，当引种到欧洲各地后却屡遭失败，这可能与该树种过去分布范围窄、历史生态条件简单有关。由此可见，在历史上分布越广泛的植物，其引种潜力越大。

现有植物的分布区并非是其历史上分布区的全部，植物对现有生态环境的适应，也不能代表其适应性的全部。如原产华中、华东，适应高温多湿的南方水蜜桃品种群，引入干燥、低温的华北地区后，也能表现出较好的适应性，有的甚至比原产地的果实品质还好。而原产华北、西北的桃品种群就难以适应南方高温多湿的环境。这是因为桃树主要原产温带地区，南方桃品种群可能是在各种自然条件或人为条件下迁移到南方后，为适应当地的环境条件而形成的。南方品种群经历了比北方品种群更复杂的历史生态环境，因而表现出更广的适应性。所以，历史生态条件分析不仅是对"和现时生态条件相适应"引种原理的必要补充，而且也可以开阔引种工作的思路，更有利于我国正确的选择园艺植物引种种类。

在植物进化过程中，进化程度较高的植物较之原始的植物，由于其系统发育中所经历的生态条件较为复杂，如乔木类型的较灌木类型为原始，木本较草本为原始，针叶树较阔叶树为原始，所以前者均较后者的适应范围狭窄，引种也不如后者易成功。由此可见，凡植物在系统发育中经历的生态条件复杂的，其适应性的潜在能力更大些，引种也可能更易成功。

第三节　引种的原则与方法

一、引种的原则

将一种园艺植物引种到新的地区后，通常植物的生长表现有两种：一是生长正常；二是生长不正常，必须采取人为措施，才能保证其正常生长。前者称为"适地适树"，后者则需"改树适地"或"改地适树"。

（一）适地适树

适地适树，这里的"树"泛指各种园艺植物。适地适树，既指在适宜的地方栽培适宜的植物，又指将适宜的植物栽培在适宜的地方。既要充分发挥园艺植物潜在的适应性，又要广泛利用当地的气候和土壤条件。其实，适地适树就是生产区划的问题，可通过多品种（种源）的多地点试验，为每个园艺植物品种找到最适宜的栽培地方，也为每个地方找到最适宜的园艺植物品种，特别要注意不同品种与栽培地方之间的交互作用。

（二）改树适地

改树适地，指的是改变园艺植物以适应当地的自然环境。如何才能使园艺植物更好地适应新环境，可以采取下列的方法。

1. 改变植物基本属性

如可将乔木改为灌木，多年生改为一年生，有性繁殖改为无性繁殖等，这也是植物自身的一种适应。如无花果、女贞等本为乔木的植物，引种到北方以后多作灌木栽培；番茄、辣椒等多年生植物，均改为一年生栽培；桂花、山茶等不能正常结实的植物，可改为嫁接繁殖来保证其正常的生长。

2. 遗传改良

采取一些育种手段来进行植物遗传改良。通过当地播种育苗、筛选突变体或芽变、与当地近缘种或品种杂交、人工诱变或基因工程等手段来改变或扩大植物本身的适应性，从而提高其对当地生态环境的适应能力。

由此可见，改树适地是一个长期的育种过程。

（三）改地适树

改地适树，指通过农业措施来改变栽培地方的生态条件，为引种的园艺植物生长创造适宜的生态环境。尤其是在设施园艺发展比较快速的现代，没有改变不了的"地"，怎样的生长条件都能创造出来。一般来说，园艺植物在苗期适应性差，但可塑性强，可以通过环境调控、肥水管理等精细农业措施，既能保证幼苗正常生长，又可以改变植物的适应性。设施栽培的关键问题在于投入与产出比，即经济效益，引种时必须考虑这些。否则，会因产出与投入比例失调或破坏正常的生态而导致引种失败。

二、引种的程序与方法

（一）引种的程序

引种工作要在科学的理论研究基础上有计划、有目的地开展，应坚持"既积极又慎重"的原则，并按照一定的步骤进行。引种前，首先要确定引种目标，收集、查阅相关资料，在认真分析和选择引种植物的基础上，进行引种试验，采取少量试引、边引种边试验和中间繁殖到大面积推广的步骤，尽量避免因盲目引种带来的不必要损失。

1. 引种目标确定及其可行性分析

引种首先要确定目标。针对本地区的自然环境条件和现有园艺植物品种存在的问题，需要引种哪些种类、品种，从而明确园艺植物引种目标。一般来说，应首先考虑当前生产上急需解决的园艺植物的种类和品种问题，以当地市场需求的品种为主攻方向。因此，影响引种目标确定的最主要的因素就是市场需求及其经济效益。如在病虫害最严重的地区，应着重引进抗病园艺品种；在干旱贫瘠的地区，应重点引进耐贫瘠和干旱的品种；而在北京地区引种观赏树木时，主要是考虑当地园林景观需要，如冬季的北京缺少绿色，所以引种常绿阔叶树种始终是北京园林绿化的重要课题，目前广玉兰、棕榈、女贞、山茶等常绿树种的引种工作已取得一定的进展。

引种可行性的分析就是根据引种原理，分析和预测某种园艺植物在引种地的生长表现，减少盲目性，增加预见性，更好地产生经济效益和社会效益。引种的可行性一般从以下几个方面进行分析。

① 植物的生活型　不同生活型的植物，适应性大小不同。一般来讲，一年生植物大于多年生植物，草本植物大于木本植物，落叶植物大于常绿植物，藤本大于灌木，灌木大于乔木。

② 植物的分布区　除非子遗植物，一般植物分布区越广泛，植物的适应性越强。

③ 气候相似性　将原产地与引种地的温度、降水、光照等主要气象因子进行分析比较，一般相似性愈大，引种成功的可能性愈大。

④ 主导因子　一般来看，在植物的整个分布区中变化越小的因子，越有可能是主导因子或限制因子。

⑤ 当地农业经济技术条件　外来园艺植物的引种和生产大多需要较大的经济投入和较高的生产技术，所以必须考虑当地的农业发展水平。

2. 引种材料的选择

选择引种材料时应慎重。选择园艺植物引种材料必须遵循以下原则。第一，引种材料的经济性状必须满足引种目标的要求；第二，引种材料对当地环境条件适应的可能性较大。客观分析引种材料的适应可能性应建立在对引种地区的农业气候、土壤情况和引种材料生态条件要求的系统比较研究基础之上。目前，由于关于品种的系统农业生物学研究在园艺植物的许多种类中研究还很薄弱，难以在实际引种工作中采用。因此，在引种材料的选择上除了遵循选择原则以外，还需要根据前人的引种方法和工作经验进行材料的选择。

① 明确影响引种园艺植物适应性的主导生态因子　当引种某一园艺植物的种或品种时，要从当地综合生态因子中找到对植物适应性影响的主导因子，作为分析适应性的主要依据。如北京地区早春的旱风往往是南树北移的限制因子，因此引种时必须着重考虑植物的耐旱性及采取相应的防护措施。

② 调查引种园艺植物的分布范围　研究引种植物的原产地及分布范围，分析引种对象的适应范围和主要农业气象条件，从而估计引种成功的可能性。如原产于中国南方和日本的桃品种耐高温多湿而且适应范围广，而原产于中国华北、西北的桃品种则耐寒抗旱却不耐高温多湿，而且适应范围较窄。

③ 根据中心产区和引种方向之间的关系进行引种　在植物的中心产区以北的不同地方进行相互引种时，向南（向心）引种的适应可能性总是大于向北（离心）的引种。从植物分布区靠近引种区边缘的区域引种，即"边缘引种"，往往较易成功。如中国白梨的分布范围大概在北纬30°～41°附近，其中心产区是北纬36°～39°，进行白梨引种时，在北纬39°线以北地区向南（向心）引种比向北（离心）引种易于成功，相反在北纬36°以南地区向北（向心）引种比向南（离心）引种容易成功。

④ 根据植物亲缘关系进行引种　根据引种植物系统发育中，有关亲本类型的生态习性来估计其本身对生态环境的要求及其对引种地的适应可能性。亲缘关系相近的园艺植物在一起生长时，常常表现出相似的适应性。因此，引进国外或外地园艺植物时，如在原种分布区引种品种时较易成功。

⑤ 从病虫害及灾害发生频繁的地区引种抗性类型　在病虫害和自然灾害因素经常发生的地区，由于长期自然选择和人工选择的影响，往往形成了具有较强抗逆性的品种或类型。如从干旱地区引入抗旱品种。

⑥ 参考适应性相近的种或品种在本地区的表现　根据相近种或品种的表现，对引进植物做出是否适应的判断。如桉树的耐寒性稍弱于樟树和油橄榄，而与柑橘类的栽培要求相近，一般认为柑橘能生长的地区可以栽种桉树。

⑦ 借鉴前人引种的经验教训　参考前人已取得的成果与经验，认真了解过去已引种园艺植物的引种方法和引入后的表现，总结成败原因，减少盲目性，提高引种的成功率。

3. 引种材料的收集与检疫

引种材料可通过实地调查、交换、邮寄等方式收集。实地调查收集，便于查对核实，防止混杂，同时还可以做到从品种特性典型而无慢性病虫害的优株上采集繁殖材料。收集的材料必须详细登记并编号，登记项目包括种类、品种名称（学名、俗名等）、繁殖材料种类（种子、接穗、插条等，嫁接苗要注明砧木名称）、材料来源及数量、收到日期及收到后采取的处理措施（苗木的假植、定植等）。收集的每份材料，只要来源不同或收集时间不同，都要分别编号，并将每份材料的有关资料如植物学性状、经济性状、原产地生态特点等进行记载说明，分别装入相同编号的档案袋内备查。

引种是病虫害和杂草传播的重要途径之一。为避免随引种材料传入病虫害或杂草，从外地区特别是从国外引种的园艺植物时，必须经过严格的检疫。发现有检疫对象的繁殖材料，必须及时加以消毒处理。除进行严格检疫外，还要通过特设的检疫圃隔离种植，在鉴定中如发现有新的病虫害或杂草，应采取根除措施。

4. 引种试验

引种试验是引种工作的中心环节。园艺植物引种到新地区后，由于气候条件、病虫害种类、耕作制度等与原产地都不一样，引入以后可能表现不同。因此，必须通过引种试验，对引进的园艺植物在引进地区的种植条件下进行系统的比较鉴定，以确定其优劣和适应性。试验时应以当地具有代表性的优良品种作对照，试验地的土壤条件和管理措施应力求一致，试验采取完全随机区组，并设置重复。一般园艺植物引种试验包括以下 3 个步骤。

① 观察试验　即少量试引，先对引种的园艺植物种或新品种进行小面积试种观察，用当地主栽品种作对照，初步鉴定其对本地区生态条件的适应性和生产上的利用价值。对于多年生、个体大的果树和观赏树木，每个引入材料可种植 3～5 株，可结合在种植资源圃或生产单位的品种园种植。在少量引种栽植的同时，可采用高接法将引入品种高接在当地代表性种类的成年树树冠上，以促使其提前开花结果，从而加速多年生植物引种观察的进程。对符合要求的、优于对照品种的园艺植物，则选留足够的种子或繁殖材料，以供进一步的比较试验。对个别优异的植物，还可分别选择，以供进一步育种试验用。

② 品种比较试验和区域试验　将通过观察鉴定表现优良的植物种类参加试验区域较大的品种比较试验，严格设置小区重复，以便作出更精确客观的比较鉴定。

再将表现优异的品种进行区域试验，以测定引进植物适应的地区和范围。试验时间可根据植物类型来定。对于多年生的果树和观赏树木，应采取长期试验；灌木类和多年生草本植物采取中期试验；一年生草本植物进行短期试验（2～3 年），以确定引种材料的优劣及其适应范围。

③ 栽培试验与推广　经过品种比较和区域试验后，其中表现适应性好且经济性状优异的引入植物，可进行较大面积的栽培试验，进一步了解其种性，确定最适宜、适宜、不适宜的发展区域。对于经过专家评审鉴定有推广应用价值的引入植物，在遵循良种繁育制度的前提下，制定相应的栽培技术措施，建立示范基地进行推广，使引种试验成果尽快产生经济效益和社会效益。

（二）引种的方法

1. 简单引种法

简单引种法指在相同的气候带（如温带、亚热带、热带）或环境条件差异不大的地区之间进行相互引种，主要包括以下几点：

① 不需经过驯化，但需创造一定的条件。如北京引种牡丹、商陆、洋地黄、玄参等园艺植物，冬季只要经过简单包裹或覆盖就可以安全越冬；而苦楝、泡桐等乔木，引种前两年可置于室内或地窖内假植越冬，在第三、四年就可以露地越冬。

② 通过控制生长发育，使植物适应引种地区的环境条件。如一些南方的木本植物可通过控制生长使之变为矮化型或灌木型，以适应北方寒冷的气候条件。

③ 把南方高山和亚高山地区的园艺植物向北部低海拔地区进行引种，或从北部低海拔地区向南方高山或亚高山地区引种，都可以采用简单引种法。如将云南维西海拔 3000m 的云木香从高海拔地区直接引种到北京 50m 低海拔地区，人参从东北吉林省海拔 300～500m 地区引种到重庆金佛山海拔 1700～2100m 和江西庐山海拔 1300m 的地区，均获得了成功。

④ 亚热带、热带的某些植物向北方温带地区引种，可以将多年生植物变为一年生栽培，也可以用简单引种法。

⑤ 亚热带、热带的某些根茎类植物向北方温带地区引种，采用深种的方法，也可以用简单引种法获得成功。同样，从热带地区向亚热带引种也可采取此法。

⑥ 采用秋季遮蔽植物体的方法，使南方植物提早做好越冬准备，能在北京安全越冬，也属于简单引种法。此外，还有秋季增施磷钾肥，以增强植物抗寒能力的方法等。

简单引种法，植物的遗传型未发生改变，但并不是说表现型不发生任何变异。事实上，在引种工作中，很多园艺植物引种到一个新的地区，所产生的变异不仅表现在生理上，还明显地表现在外部形态上。如砀山酥梨引种到陕西渭北和新疆南部及山西晋中等地栽培，比原产地果实皮更薄、美观、糖分高、风味浓、耐贮藏。

2. 复杂引种法

在气候差异较大的两个地区之间，或在不同气候带之间进行相互引种，称为复杂引种法。如把热带和亚热带地区的萝芙木通过海南、广东北部逐渐驯化移至浙江、福建安家落户，或者把槟榔从热带地区逐渐引种驯化到广东内陆地区栽培等。

① 多代驯化法　在两地条件差别不大或差别稍稍超出植物适应范围的地区，可采用此法。即在引种地区进行连续播种，选出抗寒性强的植株进行引种繁殖，如洋地黄、苦楝等。如上海植物园从浙南引种毛竹，用移植的方法几次均失败，结果用种子播种获得成功。在引种中，杂种实生苗比纯种实生苗容易适应新环境，在杂种实生苗中，亲本亲缘关系远的比亲缘关系近的适应性强。如原产我国西北地区的银白杨引入南京后生长不良，南京林业大学用南京毛白杨与银白杨杂交，获得的杂种生长状况良好，解决了银白杨不能在南方生长的问题。

② 逐步驯化法　将所要引种的植物，根据一定的路线分阶段地逐步移到所要引种的地区，此法需要时间较长，一般较少采用。如桉树，很早就从意大利引种到广州试种，逐渐用种子推广到广东汕头和福建，并引到广西和云南，还先后在广东英德、广西柳州和湖南衡阳设苗圃用种子育苗，使桉树逐步北移，在京广铁路广武段沿线栽植桉树作为行道树，现已在贵州、四川、云南、湖南、浙江等省开展桉树造林，目前桉树北界已扩展到江苏南京、安徽合肥和湖北武汉

等地。

三、引种要结合选择来进行

引种要结合选择进行。引种的品种栽培在不同于原产地的自然条件下，必然会发生变异。这种变异的大小取决于原产地和引种地自然条件的差异程度以及品种本身的遗传性的保守程度。新品种引入后，要防止品种退化，采用混合选择法去杂保纯，或引进该品种的种子进行选择和繁殖，以便推广。在引进的品种群体中还可以挑选优良单株或建立优良单株的无性系，以便于进一步培育新品种。

另外，当引种地区的生态条件不适于外来植物生长时，常通过杂交改变种性，增强对新地区的适应性。我国用本地原产的转子莲与引进的栽培品种杂交，培育出粉皱、紫果等铁线莲新品种。

四、引种成功的标准

目前，普遍认可判断园艺植物引种是否成功的主要标准包括以下四点：

① 引种的园艺植物在引种地与原产地比较，能在不加保护或稍加保护的条件下正常生长。从严格意义上说，目前引入的温室栽培的园艺植物，不能算是引种成功。毕竟这些园艺植物的栽培范围具有局限性，不能进行大面积推广。

② 引种的园艺植物能以原来正常的有性繁殖或无性繁殖方式进行繁殖。引种园艺植物最终要推广应用到生产中，扩大其栽培面积，以便带来经济或生态效益。若无法正常进行繁殖，也就失去了推广应用的可能。

③ 引种的园艺植物原有经济价值和观赏价值没有明显的降低。这是显而易见的，若引入的园艺植物与原产地比较经济价值和观赏价值大幅度降低，引种也就失去了意义。

④ 引种的园艺植物没有明显或致命的病虫害。

第四节　园艺植物引种成功案例

我国是世界园艺植物发源中心之一，园艺植物种质资源极为丰富。现有栽培的园艺植物，有的是从国外引入，有的是原产于国内，或是在不同地区进行引种。随着科技的进步，园艺植物引种工作已取得较好的成就，不仅丰富了园艺植物种质资源，还极大地推动着园艺植物的多样化发展。下面对主要园艺植物引种成功的案例进行简单介绍。

一、果树

（一）苹果

红肉苹果新品种'红色之爱119/06'系由瑞士水果种植家 Markus kobert 培育，于2009年引入我国河北，2013年又被引入山东省莱西市，并在莱西市职业中专科研基地试种，至今已连续结果2年，性状表现稳定。经过3年观察试验，该品种在胶东地区表现出丰产、抗病、优质等优良性状，果实内外红色，口感甜酸，极耐贮藏，10月份采收的塑膜袋果实室内存放两个月不变软、不皱皮；因此，认为'红色之爱119/06'是一个极有发展前景的晚熟、耐贮的红肉苹果新品种（丁玉军，2016）。

'秦阳'是西北农林科技大学研究人员从'皇家嘎拉'苹果自然杂交实生苗中选出的早熟苹果新品种。2009年春，由河南商丘从陕西咸阳综合试验站引入，在商丘市梁园区张阁镇孙集村试栽，综合管理水平较高。经过连续多年观察，该品种果实果面鲜红色，果肉细、脆、多汁，酸甜适口，品质上等。8月上旬成熟，抗病性好，综合性状优。适合在商丘地区推广栽植（曹依静，2017）。

（二）柑橘

'湘柑 1 号'又名'世纪红'，湖北夷陵自 2010 年从湖南省园艺研究所引进该品种，在夷陵区鸦鹊岭镇海云村进行高接换种。该品种与枳壳砧木嫁接亲和性好，高接在早熟温州蜜柑、椪柑等中间砧木上都保持表现较好的生长势，在夷陵具有良好的适应性、抗旱性、耐寒性和抗病虫害的能力，果实丰产且品质好（贺昌蓉，2017）。

'甘平'是杂柑品种，由日本爱媛县果树实验场于 1991 年以'西之香'（清见×特洛维塔甜橙）为母本、椪柑为父本杂交育成，最初暂定名为'爱媛 34 号'，2007 年以'甘平'为品种名进行登记。该品种具有糖度高、果实大、果皮薄等特点，是栽培难度较大的中晚熟杂柑品种。2012 年，中国农业科学院柑橘研究所从韩国济州引进'甘平'至重庆北碚国家柑橘种质资源圃试栽。经过连续 3 年的试验观察，发现'甘平'在重庆北碚表现出本品种固有特征，但成熟期比原产地早了 1 个月，在本地区具有较好的推广价值（江东，2017）。

二、蔬菜

（一）番茄

地理位置是引种成败的关键因素之一，而在地理位置关系中又以纬度对引种的影响较为明显，受纬度影响的主要环境因子是日照长短引起的温度差异。万赛罗（2010）选以色列的两个番茄杂交品种'F-044'和'F-409'为引种对象，在合肥进行引种栽培试验。结果表明：'F-044'和'F-409'在合肥地区适应性良好。虽然合肥地区与以色列在光照、温度等条件上有一定的差异，但是引种的新品种在产量、番茄红素和维生素 C 等主要品质的含量均显著高于当地品种，耐贮藏性能表现尤为突出，其耐贮性明显高于当地主栽品种。因此，引种的以色列番茄新品种'F-044'和'F-409'适合在合肥地区栽培，不仅是优良的番茄资源，还可作为耐贮藏育种的材料。

黑番茄为茄科的一个变种，一年生或二年生蔓性草本植物。其果型美观，营养丰富，是一种高档蔬菜，深受消费者的喜爱。湖南常德职业技术学院史小玲等（2011）从美国引种 3 个黑番茄品种在其产业园进行引种栽培，结果表明：3 个黑番茄品种在湖南常德地区生长良好，抗病性强，商品性好，但抗倒伏能力稍差。每株结果可达 100 个以上，果实外形美观，香味浓郁，市场售价远高于普通番茄，适于在常德地区大面积推广种植。

（二）洋葱

黑龙江省密山市有与俄罗斯毗邻的口岸优势，种植适宜出口的洋葱品种，将成为发展密山市外向型农业的一条新途径。为了筛选出适宜密山市种植且出口的优良洋葱品种，杨玉晶等进行了 2 个日本长日型洋葱品种'北海道桧熊'和'天心'的引种研究。结果表明：引种的洋葱新品种'北海道桧熊'和'天心'各方面表现均优于对照品种，尤其是'天心'，具有产量高、品质佳、营养高、口感好、抗病强、耐贮运等优点，适合在密山市种植和推广。

云南省元谋县全年无霜，年平均气温 21.5℃，降雨量 642mm，被誉为天然大棚，有金沙江畔大菜园和中国冬早蔬菜之乡等美誉。龚亚菊等（2013）为筛选出适合元谋地区种植的耐抽薹出口专用洋葱品种和洋葱素加工型新品种，2010 年冬季引进国外的 14 个洋葱品种（美国金太阳种子公司的'美国 806'；美国 GVSEED 公司的'环球'；美国姐内姆种子公司的'神剑'、'奥尔加'、'卡尔'、'金太阳'、'维克得'、'天堂'、'卡拉'；美国圣尼斯种子公司的'斯娜'和'格林娜'；荷兰安莎种子公司的'骑士'；以色列海泽拉优质种子公司的'HA-9'；澳大利亚 APEXSEED 公司的 JM920）进行引种试验，研究各个洋葱品种的产量、商品性和总黄酮含量等指标，筛选出了 2 个耐抽薹出口专用品种'神剑'和'斯娜'以及 1 个加工型专用品种'金太阳',建议可在元谋地区进行冬早种植和推广。

三、观赏植物

1. 玉兰

灌木玉兰是美国园林工作者选育出来的一类优良灌木类玉兰品种,其节短枝密、生长健壮、花团锦簇、开花次数多、花期长、适应性强,病虫害少,是城市园林及生态风景区绿化的理想树种,具有广阔的开发前景。2011年,山东青州德利农林科技发展有限公司对来自美国的6个二年生灌木玉兰品种('简爱玉兰'、'安妮玉兰'、'金玉兰'、'苏散玉兰'、'软迪玉兰'和'瑞斯克玉兰')进行引种。首先对引种试验地(山东青州)与原栽培地(美国佛罗里达州)的主要生态因子进行对比分析,无论从生态条件还是从花木生产地位,在两地开展引种工作均较为适宜,自美国佛罗里达州引种至山东青州具有较大的可行性。经过引种观察,自美国引进的灌木玉兰基本能够适应山东青州的生态环境。引进的6个品种经过生物学特性(花期、生长情况)、抗逆性(抗病虫性、耐寒性)等指标的观测,初步认为'简爱玉兰'、'安妮玉兰'和'软迪玉兰'能够较好地适应当地的环境,且表现优异(丁世民等,2014)。

红花玉兰是2004年由北京林业大学马履一教授和湖北省林业局王罗荣工程师在湖北省宜昌地区考察木兰科种质资源时发现的,由中国林科院著名树木分类专家洪涛教授鉴定为木兰科木兰属新种,并于2006年正式命名为红花玉兰,其树干挺拔、冠形优美、花色艳丽、花型优美,具有极高的观赏价值,在城市园林绿化和景观建造中发挥着重要作用。首先,以马履一为首的红花玉兰课题组随即将红花玉兰引种北京,然而北京与红花玉兰原产地五峰的气候因子差异很大,北京冬季低温持续时间长是限制红花玉兰越冬的重要因子之一,越冬冻害导致红花玉兰在北京引种不成功。2005年,地处黄海之滨的上海海丰农场从南京市江宁区博林苗木种植中心(湖北引进一批红花玉兰种子,2004年春季育苗,2005年春出圃)引入50株平均高65cm的1级苗进行小规模引种试验。采用7年生(2005~2011年)红花玉兰苗木在不同地方进行生长量比较,发现海丰与五峰生长量接近。从生长量可看出红花玉兰从高山迁徙到平原地区,生长发育情况良好,引种试验取得初步成功。只要种植管理技术措施得当,将实现红花玉兰在黄海之滨繁衍生长(李守亚等,2014)。

2. 郁金香

郁金香属百合科郁金香属多年生草本植物,世界著名球根花卉,花色丰富、花姿优美,具有极高的观赏价值,深受全世界各国人民的喜爱。目前,关于郁金香的引种栽培工作较多,但都集中在长江以北及以南地区。这些地区由于气候及土壤条件不适宜、管理不当等原因,导致郁金香鳞茎退化严重。2005年,沈阳农业大学园艺学院胡新颖等人购买荷兰进口的4个不同郁金香品种'Apricot Beauty'、'Large Copper'、'Toronto'和'Pink Impression'的优质种球,在沈阳地区进行引种观察和比较试验。结果表明:4个品种都可在沈阳地区种植,但生物学性状等有所不同。'Apricot Beauty'、'Large Copper'和'Toronto'植株高度中等,可用作花坛和花境;'Pink Impression'花色纯正艳丽,花形饱满,植株较高,可用作切花;'Large Copper'开花较晚、花期较长;'Toronto'开花较早、花期较短。因此,在园林绿化中,要注意不同品种之间的搭配,这样才能达到较好的观赏效果。

新疆伊犁哈萨克自治州特克斯县属于山区县,海拔900~1200m,是典型的北温带大陆性气候,降水多集中在春末夏初。2013年对从荷兰引进的9个郁金香品种'阿波罗'、'幻影'、'王朝'、'世界之爱'、'红色力量'、'金色牛津'、'小黑人'、'白梦'和'横滨'进行引种观测。结果显示:引种的9个品种均能正常生长和开花;综合对比分析,'白梦'引种较成功,其适应性最强、观赏价值最高,园艺性状最好,是最适合特克斯县种植的品种;在伊犁地区,与特克斯县有相似气候地区也有较大引种郁金香的潜力(聂小霞等,2014)。

思考题

1. 什么是引种的概念？引种有何意义？
2. 简述简单引种和驯化引种的区别。
3. 外来生物入侵的主要途径有哪些？
4. 简述引种的遗传学原理和生态学原理。
5. 影响园艺植物引种的主要生态因子包括哪些？
6. 简述引种的原则和方法。
7. 如何进行引种材料的选择？
8. 简述园艺植物的引种程序。
9. 引种成功的标准是什么？
10. 以某一种园艺植物（果树、蔬菜、花卉）为例，试述其引种的现状及其未来发展趋势。

第四章
选择育种

选择是在自然变异群体中择优汰劣，是贯穿于整个选种过程的方法和手段。园艺植物种类繁多，开花授粉特性不同，遗传基础各异，由此而产生的选择方式、方法也不尽相同。有性繁殖的一、二年生园艺植物多采用两种基本的选择法及其改良法，无性繁殖的园艺植物常采用营养混合选择法、营养系单系选择法和有性后代单株选择法，木本植物的果树主要应用的是实生选种法和芽变选种法。不论何种园艺植物，在选种过程中，均应遵循一定的选种程序。为提高选种效率，熟悉掌握正确的株选方法，针对特定选择材料采取各种有效方法缩短选种程序，才能保证尽快地选出符合育种目标的优良品种。

第一节　选择与选择育种

一、选择育种的概念

利用选择（selection）的手段从现有种类、品种的自然变异群体中选取符合育种目标的类型，经过比较、鉴定从而培育出新品种的方法叫选择育种（selection breeding），简称选种。

选择育种的历史可以追溯至人类农业文明的起始阶段，原始的农业生产活动中，人类就有意或无意地开始了实生选种工作。远在人类开展杂交育种以前，所有作物的品种都是通过选种途径创造出来的。即使是杂交育种普遍开展以后，选择育种仍然为生产提供了大量新的品种。C. Fideghelli 统计了 1990～1992 年世界范围内新育成的 68 个桃品种和 258 个李品种，其中来自杂交育种的分别占 48%和 25%，通过实生选种育成的分别占 22%和 35%，通过芽变选种育成的分别占 6%和 17%。所以，在未来的园艺植物育种事业中，选择育种仍然是不可忽视的重要育种途径。

二、选择的实质与作用基础

育种过程中的选择，是针对性状表现不一的个体类型，保留少数符合育种目标的可以产生后代的个体。如在早春气温多变季节，低温寒潮的侵袭常常会造成一些园艺植物幼苗的死亡，但具较强抗寒性的个体则可以存活，繁衍后代，从而使该后代群体将产生一定的抗寒力。由此可见，选择的实质就是造成有差别的生殖率，或叫差别繁殖，从而定向地改变群体的遗传组成。

选择之所以能改变群体的遗传组成，其原因在于生物本身的遗传变异特性。群体的遗传变异是选择的基础，变异为选择提供了材料，不同单株间或大或小的性状差异，使得人类可以充分发掘其中的有利类型。遗传又是选择的保证，只有通过选择、繁殖，将有利的变异性状遗传下去，选择才具有意义。正因为此，达尔文进化论的中心内容就是遗传、变异及选择。生物在自然界的生育环境中生活力、繁殖力强的个体，必然繁衍和保留了更多的后代；反之则被淘汰。这种保留和淘汰的过程，即为自然选择。而这种过程，受到人类的控制和干预时就是人工选择。

不论是自然选择还是人工选择，都可对群体产生一定的影响，甚至还具有积极的创造作用。G. L. Stebbins（1957）在《植物的变异和进化》中写道：自然选择有创造性作用的主要原因在于遗传学家逐渐认识到：

① 微突变很常见，是亚种和种形成的主要因素。

② 一般意义上的高纯度和纯系学说中假设的"纯系"存在很大的差距。选择可以使很多代向同一方向进行而不至于耗尽群体内的遗传变异。

③ 种间、亚种间的变异是多基因性质。选择则是不由自主地把突变混乱理出秩序的力量。

④ 选择通常不是作用于个别性状而是作用于若干性状构成的性状组合。个体或品系的存亡、取舍也决定于这种综合性状。如对干旱的抗性就包含根系的深度，枝、叶的蒸腾面积，气孔的大小、数目、分布和形态学特性，以及决定原生质能否脱水的各种物理和化学性质。因此，个别突变即使能产生全新性状，它在选择上的重要性也主要看它与其他现有性状的关系而定。人们在讨论选择的作用时，常常只着眼于个别目标基因的效应，只看到它的筛选作用而忽视它对基因组合、遗传背景乃至群体的效应。如多代稳定性选择不仅使目标基因保持亲代、祖代的基因型，还使降低突变率的基因组合得以逐代建立，使古老的常规品种突变率比新育成的品种明显降低。选择甚至对植物进化方向和速率发生重要作用的遗传制度（genetic system）也有不容忽视的影响。

美国著名育种家布尔班克（L. Burbank）讲道："关于在植物改良中任何理想的实现，第一个因素是选择，最后一个因素还是选择。选择是理想本身的一部分，是实现理想的每一步骤的一部分，也是每株理想植物生产过程的一部分。"布尔班克曾记述 W. Wilks 和他自己对虞美人进行的多代定向选择试验。Wilks 在一块开满猩红色花的虞美人地里发现一朵有很窄白边的花，他保留了它的种子，第二年从 200 多株后代中找到了四五个花瓣有白色的植株。在以后若干年中，大部分花增加了白色的成分，个别花色变成很浅的粉红色，最后获得了开纯白花的类型。用同样的选择方法，把花的黑心变成黄色和白色，新育成的品种'Shirley'成为极受欢迎的花卉。此后布尔班克从'Shirley'无数植株中发现1株在白花中似乎有一种若隐若现的蓝色烟雾，经过多代选择后终于获得了开蓝花的珍稀类型。这里的选择可能是作用于花色基因以外多基因修饰系统的改进。

三、选择的基本类型及其效应

1. 稳定性选择

稳定性选择（stabilizing selection）是指选择有利于中等数值的表型时，中等类型的比例逐代增多而极端类型逐代减少，群体的平均值基本保持不变，但方差逐渐缩小，这种情况往往在自然选择中出现的较多。如长江流域以南梅的野生群体，花瓣多为 5 枚，花径 2～2.5cm，果近球形等。对于有性繁殖的蔬菜品种，每代按照品种的标准严格株选也是稳定性选择。稳定性选择可通过不同途径缩小性状的遗传方差，使目标性状基本上保持亲代和祖代的基因型。

2. 正常化选择

稳定性选择主要是对多基因控制的数量性状的选择，正常化选择（normalizing selection）则主要是针对主基因控制的质量性状。在环境条件相对稳定的情况下，种群内发生的突变常使携带有该突变基因的个体适应性有所下降，该突变基因的增长受到阻遏，这种选择称为正常化选择。如显性致死基因的携带者，在正常化选择过程中因不能正常生长和形成配子，突变基因无法复制和传递。隐性致死基因如白化基因，正常可以杂合状态存在和传递，同型化（即基因纯合）成白化苗则无法存活。因此，正常化选择是一种负向选择，它剔除种群中的变异，或阻遏任何降低适应度突变基因频率的增长，使种群在遗传上保持相对的均一性，减少种群的变异。

3. 单向性选择

单向性选择（unidirectional selection）又称定向性选择（directional selection），主要选择有利于分布范围的某一极端类型。如前述梅的野生群体在人工选择的情况下，向单花、瓣数增多和花径增大的方向选择，在严寒地区向抗寒的方向选择，这样就使得大花、重瓣、抗寒的类型在群体中的比例逐代增加，而另一极端的小花、单瓣、抗寒性弱的类型比例逐代减少，群体的平均值逐代向一个方向移动，从而发生定向变化。由定向选择获得的营养系品种，其遗传值中非加性效应值占有较大的比重，这就是营养系品种在有性繁殖情况下经济性状普遍发生退化的根本原因。

4. 分裂性选择

分裂性选择（disruptive selection）又叫歧化选择（diversifying selection），是指在一个群体中的极端变异个体按不同方向选留下来，使中间型减少的选择。它导致极端类型的比例逐代增加而中间型的比例逐代减少，从而使群体的方差加大，变异系数加大，群体分布渐成"双峰型"。如花卉、果树的花期和果实成熟期，人们通常选择花期、成熟期最早的，同时也重视选择花期和成熟期最晚的，从而有效延长花卉的观赏期和果实的食用期。由分裂性选择产生的极端类型其非加性效应也常有正向和反向两个方面，如果实早熟类型的非加性效应解体，后代趋向于延长果实发育期，晚熟类型后代趋向于缩短果实发育期。它们的实生群体的平均水平常有返回某一中间数值的倾向。

5. 平衡性选择

自然界普遍存在基因的多型性和表现的多态现象，如某些花卉和昆虫的颜色、人和动物的血型等。平衡性选择（balancing selection）能使两个或几个不同的质量性状在群体中的比例保持相对的平衡，即保留不同等位基因的选择。

① 有利于杂合体的选择　杂合的 Aa 有优于两种纯合子 AA 和 aa 的选择优势（超显性），但若干代后 AA 和 aa 仍能在群体中按一定的频率达到平衡状态。如红秆月见草只能产生两类有功能的配子，即 Velan 和 Ganden，两类配子中都携带有隐性致死基因，因此，只有 V/G 杂合体才能生存和繁衍。平衡性选择常使许多有害的隐性等位基因长期保存在群体中，这是对达尔文选择学说的一个重要补充。

② 赖频选择　赖频选择（frequency-dependent selection）即基因型的选择优势随它们的频率而变化。如在复杂环境中，当一种基因型比较稀少时就可能有较强的选择优势，但这种基因型充分增殖后它的选择优势便骤然下降，原因是适合它的环境达到了饱和，已难找到进一步发展的余地。

四、选择标准的制定原则

在选择育种工作中，除芽变选种可对变异枝条进行选择外，一般都是对植株进行选择，准确地进行鉴定，并尽早选出基因型优良的植株和淘汰不良的植株，从而提高选择效果，加速选种过程。因此，当育种目标确定之后，还必须选用相应的选择方法，并制定选择标准。制定选择标准应掌握以下 3 个原则。

1. 根据目标性状的主次制定相应选择标准

选种中往往需同时兼顾多项性状，如产量、品质、成熟期、抗性等。作为具体的选种任务，在众多的目标性状之间，必然存在着相对重要性的差别，应在分清目标性状主次的基础上制定各性状的取舍标准。

2. 目标性状及其标准必须明确具体

选择标准应根据作物的种类、用途和选择目标尽可能明确具体。如丰产性的选择，多数作物可用单株产量作为比较标准，但对于多次采收幼果的黄瓜通常以第一个果实达到采收大小时的重量或大小和早期产果数作为丰产性的株选标准。选择性状的具体项目及其标准还必须考虑产品的用途，如菊花盆栽品种要求株型矮壮，而作为切花品种要求株高 80cm 以上。

3. 各性状的当选标准要适当

当选标准定得太高，则入选个体太少，影响对其他性状的选择，致使多数综合性状优良的个体落选；定得太低，则入选个体过多，使后期工作量加重。因此，在选择前，应对供选群体性状的变异情况先作大致了解，然后根据育种目标、株选方法和计划选留的株数来确定各性状的当选标准。如大果型番茄丰产育种时，$667m^2$ 产量应在 $7500 \sim 12000kg$，超过 $12000kg$ 或低于 $7500kg$ 的都不符合要求。采用分期分项淘汰法时，前期选择的标准应适当放宽。

五、选择育种的应用

选择育种是利用现有种类自然发生的变异，所以最适合结合繁殖过程进行。现有很多新品种都是在繁殖过程中逐一选择、分离出来的。园艺植物中有不少种类可兼行有性和扦插、嫁接等无性繁殖法，选择育种时可利用实生繁殖提供较多的变异；利用无性繁殖提高选择强度和保持良好的变异，从而提高育种效率。草坪草品种多数来自选择育种。最早美国康涅狄格州于 1885 年从剪股颖属和高羊茅属植物中选择育种，从数千个个体中筛选出约 500 个株系，为以后的冷季型草坪草的育种打下了坚实的基础。如 Jacklin 种子公司 1993 年选育的兼性无融合生殖品种'Nustar'，返青早，绿期长，种子产量高，抗逆性强，易于形成浓密的墨绿色草坪，无融合生殖率在 85％以上。很多草坪草如狗牙根、结缕草、早熟禾、假俭草、黑麦草等在我国有丰富的野生资源，被国外征集后经过简单的分离选择就以高价大量进入我国市场。近年来，我国各地从野生草坪资源中通过选择育种筛选出一些自己的品种，如内蒙古额木和等（2000）在内蒙古选育出草坪和饲草兼用型品种'大青山'草地早熟禾；20 世纪 80 年代，董令善等从胶州湾地区采集野生结缕草种子，经引种驯化选育成'青岛结缕草'品种；张小艾和张新全（2006）在对长江中上游野生狗牙根资源综合评价的基础上筛选出水土保持、建坪等不同用途的营养系。

选择育种通常适用于主要经济性状大多基本符合要求，只有少数经济性状较差，而且这些表现较差的性状在个体间变异较大的群体。核桃、板栗、丁香、水杉、柳杉等植物，在生产中常兼用无性繁殖或有性繁殖，其实生群体内常存在着较大的变异。从其实生群体中选择优良单株用无性繁殖建成营养系品种，是一种简便易行的育种方式。山西省桃树栽培历史悠久，天然实生变异非常丰富，例如'晋龙一号'优良品种就是通过实生选种，采用无性繁殖方法形成营养系品种而推广的。

花卉植物通过对实生变异进行有效选择，也会收到良好效果。如栽培的福禄考属植物，最初的花瓣是以 5 为基数的，但现在生产上应用的品种从单瓣到重瓣，形成种类繁多的类型，就是长期选择的结果。由此可见，对许多园艺植物来讲，选择育种具有需时较短、简便易行、见效快的特点，易于推广。但选择育种由于不能有目的、有计划地人工创造变异，作为一种独立的选种方法在应用上有一定的局限性。生产上若与其他育种途径结合起来，效果会更大。

六、影响选择效果的因素

选择作用的本质在于使群体中的某一基因型比另一基因型能更多地提供配子和繁殖后代，从而改变下一代群体中的基因型频率和基因频率，改变的程度因质量性状、数量性状、选择方法、选择压力的大小等因素的不同而异。

1. 质量性状

质量性状选择效果较好，因其通常由 1 对或少数几对主基因控制，表型很少受环境因素影响。特别是选择目标性状为隐性类型时，不管原始群体混杂程度如何，只要经过一代选择就可以使下一代群体隐性基因和基因型频率达到 100％。如果目标性状为显性类型时，入选个体可能是同型结合，也可能是异质结合，这时需要对选留单株进行后代鉴定，才可能选出显性纯合类型，否则在群体中总会分离出隐性性状植株。

有些质量性状除了主基因外还受到一些修饰基因的影响，或者从表型上不易鉴别。如由 R 控制的抗病性，在入选感病程度较轻的类型中，既包含了显性杂结合的 Rr，也包含了由于某些原因未感病的 rr 个体，为了提高选择效果，常采取以下方法：①改进选择鉴定的方法，如使群体内培育和发病条件尽可能一致，采取人工接种病原精确分级的鉴定方法；②适当提高选择压力；③多次单株选择法，使 r 及对抗性有负面影响的修饰基因频率迅速下降。

2.数量性状

对数量性状进行选择时，入选群体的平均值（X_s）与原始群体的平均值（X_p）产生一定离差，叫选择差，以 S 表示，则 $S=X_s-X_p$。而选择进展是指选亲本的子代平均表现值（X_o）与原始群体的平均值（X_p）之间的离差，以 R 表示，则 $R=X_o-X_p$。选择进展也叫选择反应、选择效应。选择反应是一个有单位的绝对值，选择反应除以亲本群体的平均值，所得的百分率，称为遗传增益（G），即 $G=(R/X_p)\times100\%$。如果 $R=S$，即子代完全继承亲代的优良性状，但是，事实上每一个性状都是遗传因素和环境因素共同作用的结果，即 $P=G+E$。当该性状完全受环境因素作用时，则该性状的遗传力 $h^2=0$；当该性状完全不受环境因素作用时，则该性状的遗传力 $h^2=1$。一般来讲，性状的遗传力为 $0\leqslant h^2\leqslant1$，所以选择进展不可能等于选择差，这就要对选择差打一个折扣。这个折扣，就是遗传力，即 $R=h^2S$。选择差是有单位的。将选择差除以原始群体的标准差（σ_p），所得的值称为选择强度（i），即 $i=S/\sigma_p$。于是选择进展的计算可以写成 $R=ih^2\sigma_p$。选择强度可以度量入选群体的平均值相当于多少个原始群体标准差。例如，$S=10$，即表示入选群体平均值优于整个原始群体 10 个单位，如标准差等于 5，则 $i=2$，即表示入选群体的平均值为两个群体平均值标准差。

影响选择进展的因素有遗传力、选择差和选择强度（图 4-1）。

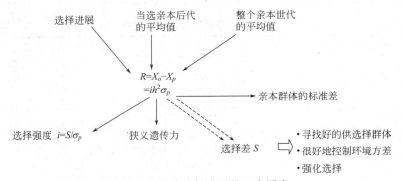

图 4-1　影响选择进展的 3 个因素

当群体性状的表型值分布是正态时，选择强度的大小取决于入选个体占群体总数的百分数（即入选率 p），用公式 $i=z/p$ 可以算出 p 和 i 的对应值（表 4-1），z 为正态分布曲线右尾入选百分数面积在横坐标上截点处的高。

表 4-1　入选率 p 和选择强度 i 的关系

$p/\%$	1	2	3	4	5	6	7	8	9
i	2.67	2.42	2.27	2.15	2.06	1.98	1.92	1.86	1.80
$p/\%$	10	20	30	40	50	60	70	80	90
i	1.75	1.40	1.16	0.97	0.80	0.64	0.50	0.35	0.19

由公式 $R=ih^2\sigma_p$ 可知，选择效果与所选性状的变异幅度、选择强度及遗传力大小成正比。因此，要提高选择效果，应从以下几方面入手。

① 增加群体的性状变异幅度　育种供选择的群体不仅平均水平要高，而且要有丰富的遗传变异。性状在群体内的变异幅度越大，选择潜力越大，选择效果就越明显。对于有性繁殖植物来说，可通过扩大种质资源、配制综合种、聚合育种等多种途径不断丰富群体的遗传变异。对于无

性繁殖植物，要求遗传方差 V_G 变异丰富。

② 减少环境差异，提高性状的遗传力　选择进展与遗传力大小成正比。狭义遗传力是基因加性方差与表型方差的比值。表型方差包括遗传方差和环境方差，如果环境方差小，遗传方差在表型方差中所占的比例增加，遗传力相应增大，则选择效果提高。当遗传力高时，选择少数最佳植株可获得较大进展，但高选择压会导致变异迅速丢失；当遗传力低时应采用低选择压，应提升尽可能多的高潜力基因型。降低表型方差的主要途径是改进试验技术和实施家系选择。通过选择理想的试验地、均匀地力、采用恰当的试验设计、严格控制播种和栽培管理措施等可以改进试验技术。单株选择是以植株为单位，根据入选标准从群体中选择优良个体；而家系选择是以家系为单位，按家系内大量个体的平均值大小进行的选择。家系选择适用于遗传力低的性状。对于家系选择，适当增加重复的次数和增加小区内单株数，均会降低表型方差从而提高选择反应。环境数（年份数、地点数）会影响表型方差，如果选择方案在某环境中实施，则增加环境数是降低表型方差最有效的手段。

③ 降低入选率，加大选择差　对于一个育种项目，需要根据育种年限、群体大小等确定合理的选择强度。长期育种项目要保留遗传变异。为了充分实现基因重组，可降低选择强度，以便获得长期的选择进展。群体大小也影响选择强度，在相同的入选率下，群体越大选择强度越大。当群体大于 20 时，i 与 p 的关系为 $i=1.03+0.73\lg(1/p)$。但从表 4-2 可以看出，为增加 1 个标准差（单位选择强度），群体大小需增加 10 倍以上。所以一味地降低入选率、增加选择强度是没有实际意义的，选择强度必须适当，不是越大越好，一般入选率为 10%。

表 4-2　选择差与株数间的关系

选择差（以标准差为单位表示）	最小的群体大小/株
1.0	4
1.5	13
2.0	42
2.5	159
3.0	739
3.5	4298
4.0	31540
5.0	3588000
6.0	100000000

第二节　有性繁殖植物的选择育种

一、基本选择法及其综合应用

1. 两种基本的选择法

（1）混合选择法

混合选择法（bulk selection）又称表型选择法，是根据植株的表型性状，从原始群体中选取符合选择标准要求的优良单株，混合留种，下一代混合播种于同一块圃地，与对照品种（当地同类优品种）及原始群体小区相邻种植，进行比较鉴定的选择法。

① 一次混合选择法　是对原始群体进行一次混合选择，当选择的群体表现优于原始群体或对照品种时即进入品种预备试验圃（图 4-2）。

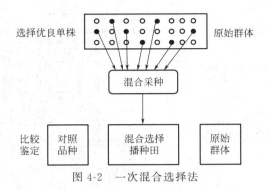

图 4-2　一次混合选择法

② 多次混合选择法　在第一次混合选择的群体中继续进行第二次混合选择，或在以后几代连续进行混合选择，直至产量等比较稳定、性状表现比较一致并优于对照品种为止（图 4-3）。

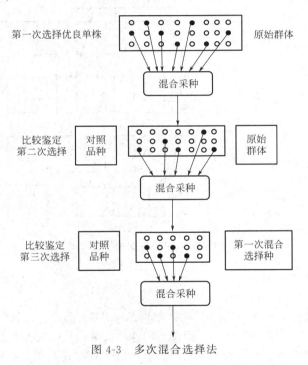

图 4-3　多次混合选择法

（2）单株选择法

单株选择法（individual selection）是个体选择和后代鉴定相结合的选择法，是按照选择标准从原始群体中选取一些优良单株，分别编号，分别留种，下一代单独种植成一单株小区，根据各株系的表现进行鉴定的选择方法。由于一个单株就是一个基因型，入选单株形成了一个谱系，故又称为系谱选择法或基因型选择法。

① 一次单株选择法　单株选择只进行一次，在株系圃内不再进行单株选择，称为一次单株选择法。通常隔一定株系种植一个小区的对照品种，株系圃通常设 2 次重复。根据各株系的表现淘汰不良株系，从当选株系内选择优良植株混合采种，然后参加品种预备试验（图 4-4）。

② 多次单株选择法　在第一次株系圃选留的株系内，继续选择优株，分别编号、采种，播种成第二次株系圃，比较株系的优劣，进行选择和淘汰。如此反复进行。在育种实践中，单株选择的次数取决于株系内株间的一致性程度（图 4-5）。

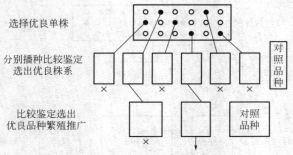

图 4-4　一次单株选择法

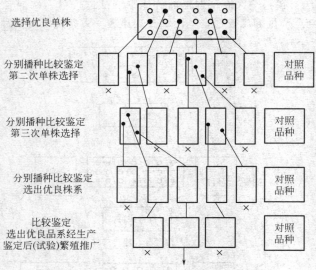

图 4-5　多次单株选择法

（3）两种基本选择法的比较

① 两者的优点

a. 混合选择法的优点：简单易行，不需要很多土地、劳力及设备，就能迅速从混杂的原始群体中分离出优良类型，便于普遍采用；一次就可以选出大量优株，获得大量种子，因此能迅速用于生产，尤其对混杂严重的常规品种，采用混合选择法，可在正常生产的同时逐步提纯原品种；异花授粉植物可以任其自由授粉，不会因自交或近亲繁殖而产生生活力衰退。

b. 单株选择法的优点：可根据当选植株后代（株系）的表现对当选植株进行遗传性优劣鉴定，消除环境饰变引起的误差，提高选择效率；由于株系间设有隔离，可加速性状的纯合与稳定，增强株系后代群体的一致性；多次单株优选可以定向积累变异，从而有可能选出超过原始群体内最优良单株的新品种。

② 两者的不足

a. 混合选择法的不足：混合选择法把当选优株的种子等繁殖材料混合在一起繁殖，不能鉴别每一个体的基因型的优劣，这就使得由于环境条件优越而性状表现突出的单株也可选择，但其基因型并非优良，从而降低了选择效果。

b. 单株选择法的不足：单株选择法比较复杂，费时费工，需设立专门圃地，小区占地多，对异花授粉作物需进行隔离，费用较高。同时对异花授粉植物多代进行近亲交配易引起生活力衰退。另外，单株选择一次可留种量有限，选出优系后难以迅速应用于生产。

2．两种基本选择法的综合应用

混合选择法和单株选择法各有优缺点，在实际育种实践中衍生出不同的选择方法。

（1）单株-混合选择法

先进行一次单株选择法，在株系圃内淘汰那些基因型差的株系，再在选留的株系内淘汰不良单株，然后使选留的单株自由授粉，混合采种，以后再进行一代或多代混合选择。这种方法的优点是先进行一次单株选择，可以较早地淘汰不良单株，以后进行混合选择时不会出现生活力退化问题，从第二代起可以大量产生种子。但其缺点是选优效果不及多次单株选择法。此种改良方法较适用于原始群体性状差异不很明显的品种。

（2）混合-单株选择法

选种程序是先进行几代混合选择后，再进行一次单株选择。这种选择法的优缺点与前一种方法类似，适用于株间有较明显差异的原始群体。

（3）母系选择法

选择程序与自花授粉植物的多次单株选择法相同，只是不进行异花授粉的隔离，故又称为无隔离系谱选择法。优点是不进行隔离，便于选择，生活力不易退化。缺点是选优选纯的速度较慢。

（4）亲系选择法（留种区法）

由多次单株选择法演变而来，主要差别在于：不在株系圃里留种，而在另一留种区内留种，以便较客观、较精确地比较。在每代的每一当选单株（或株系）中种子留为两份：一份播在株系圃中进行比较试验，不设隔离，另一份播在留种区，根据株系圃的鉴定结果，在留种区各相应系统内选株留种，下一年继续这样进行。该法主要是为了解决在同一圃地内，既要进行系统间比较，又要解决隔离留种的困难，从而避免了隔离留种影响试验结果的可靠性的问题。在系统较多时一般都在留种区内进行套袋隔离，在后期系统不多时才采用空间隔离。

（5）剩余种子法（半分法）

由单株选择法演变而来，将每一入选的单株种子分为两份，编号相同，一份播于株系圃内的不同小区，另一份入柜贮藏。在株系圃内，选出的优株并不留种，下一代只播种当选系统的贮藏种子。此法的优点是避免了不良株系杂交对入选优系的影响，省掉了隔离区及其设施，节省了人力物力；缺点是纯化株系缓慢，同时不能起到连续选择对有利变异的积累作用。

（6）集团选择法

这是介于混合选择与单株选择之间的一种方法，根据不同性状（如株高、果形、颜色、成熟期等）把性状相似的优株归并到一起形成几个集团。不同集团收获的种子分别播种于小区内，以便集团间及与对照品种间进行比较鉴定，从而选出优良集团。在选择过程中，集团内可以自由授粉，集团间要防止杂交。集团选择法的优点是简便易行，后代生活力不易衰退，集团内性状一致性提高较混合选择法快；缺点是集团间仍需隔离设施，只能根据表现型来鉴别株间的优劣差异，集团内的纯化比单株选择慢。

3．选择育种中的性状选择方法

（1）单一性状选择

在株选时根据性状的重要性或性状出现的先后次序，每次根据一种性状进行选择，故称单一性状选择。

① 分项累进淘汰法 按性状的相对重要性排序，最重要的性状排在最前，次要性状置后。先按第一重要性状进行选择，随后在选留群体内按第二重要性状进行选择，顺次累进。例如，在蔬菜的抗病育种中，是否感病为第一性状，其他性状靠后。在茄子抗绵腐病选种中，首先在群体内选无病株，做出标记；再在无病株的群体内选丰产性状较好的植株做标记，然后再按果实商品

性状等顺次进行淘汰选择。这种方法按单个性状依次进行，田间对比明确，容易进行株间评比。但要注意排在前面的第一重要性状其入选率要大，选择标准不宜过高，以保证以后的选择群体适宜，否则易使后选性状好的植株落选。

② 分次分期淘汰法　按目标性状出现的自然顺序进行选择的方法。在第一个目标性状显露时进行第一次鉴定选择，选留群体做好标记；至第二个目标性状出现时，在做了标记的群体内淘汰第二性状不合格单株，除去标记，以后依次进行。这种方法对那些重要经济性状陆续出现的园艺植物较为适用。如黄瓜、辣椒、番茄等蔬菜常用此法。但操作过程较长，工作比较麻烦，株选时前期性状的最优者往往由于后期性状较差而被淘汰。

（2）综合性状选择

为克服单一性状选择法存在的问题，可根据综合经济性状进行选择，决定取舍时按经济性状的重要性规定不同评分标准，积分最高的植株为当选株。按此法选择出来的单株较符合生产需要。

① 多次综合评比法　是蔬菜选种中常用的方法，一般分为初选、复选和决选三次鉴定选择。如十字花科的大白菜、甘蓝等，株选可在收获前，先按植株的高低、粗细、球形及结球充实度进行初选，中选株做出标记。初选株数应为计划留株的 1.5～2 倍。在初选株内再按综合性状的较高标准进行复选，淘汰其中一部分植株，去掉标记。初选可分人、分片进行，复选由较少人数全面进行，把复选株收获后进行决选。决选时根据单株质量（重量）、病虫危害程度等，按更高级综合标准进行比较鉴定，确定中选株。

② 加权评分比较法　根据不同性状的相对重要性分别给予不同的加权系数。测定单株各性状的观测值乘以加权系数后累加，即得该植株的总分数，根据总分高低择优录取。对有些不便度量的性状可以根据群体内性状变异幅度划定分级标准，分别给予一定的级值，统计时用级值乘以加权系数。使用此法时要注意，应统一性状观测值的大小与性状优劣的关系，如产量的数值大者为优，早熟性（成熟期）以数值（天数）小者为优，抗病性以级值大者为优。采用加权评分法时必须使各性状的数值与优劣关系相统一。这时的早熟性状可转化为较对照早熟多少天。如果有关性状的遗传力已有测定值，则在计算式中加入遗传力一项就更能提高株选的效果，这样算出的总分数通常称为选择指数。其计算公式如下：

$$Y = \frac{W_1 h_1^2}{M_1} X_1 + \frac{W_2 h_2^2}{M_2} X_2 + \frac{W_3 h_3^2}{M_3} X_3 + \cdots + \frac{W_n h_n^2}{M_n} X_n$$

式中，Y 代表选择指数；M_1、M_2、M_3、$\cdots$、M_n 分别代表第 1 到第 n 个性状的群体平均数；X_1、X_2、X_3、$\cdots$、X_n 分别代表其观察值；W_1、W_2、W_3、$\cdots$、W_n 分别代表其加权系数；h_1^2、h_2^2、h_3^2、$\cdots$、h_n^2 分别代表从 M_1 到 M_n 性状的遗传力。

（3）限值淘汰法

又叫独立标准法，是将需要鉴定的性状分别规定一个最低标准，只要一个性状不够标准，不管其他性状如何均不能入选。实际上就是规定了一系列淘汰性指标，逐项淘汰，只有各项指标均达标时方能入选。这种方法简单易行，但缺点是会把只是某个性状达不到标准，而其他性状都优秀的个体淘汰掉，同时对超过标准的个体不能做进一步评比。因此限值的规定必须符合实际，且实施时要有一定的灵活性，防止顾此失彼。

二、园艺植物的授粉习性与常用选择法

1. 自花授粉植物的选择法

自花授粉植物由于长期自交导致了群体内基因型趋于纯合，遗传性质稳定，自交后一般不发生生活力衰退，亲代与子代间的相似程度大，所以连续多代选择往往效果并不显著，通常只需进行 1～2 次选择即可。一般采用单株选择法，当结合生产进行品种提纯复壮时，为大量获得生产

用种，也可采用混合选择法。蔬菜上主要有豆类、茄果类及莴苣等；花卉中主要有凤仙花、矢车菊、香豌豆、牵牛花、羽扇豆、紫罗兰等。

常自花授粉植物以自花授粉为主，但由于花器构造及传粉方式的关系，有相当高的异交率。蔬菜的代表种有辣椒、蚕豆、黄秋葵等；花卉上代表植物有翠菊、无花果等。这类植物的遗传组成比自花授粉植物复杂，但又比异花授粉植物低。由于是自花授粉为主，故连续自交不会出现生活力衰退。对于常自花授粉植物在选择育种时，常采用单株选择或母系选择法。但单株选择的次数要多一些，在品种纯化时，根据种子繁殖系数的大小和生产对品种需要的缓急情况，可采用多次单株选择法或多次混合选择法。

2. 异花授粉植物的选择法

在异花授粉植物的群体中，同一品种的不同个体间遗传组成是杂合的，同一亲本后代的不同个体间其性状也有差异，后代总会出现性状的分离，群体内变异较大。园艺植物中异花授粉的种类很多，如蔬菜中的菠菜、石刁柏、白菜、萝卜、黄瓜、葱类等；花卉中的万寿菊、石竹、波斯菊、虞美人、矮牵牛、一串红、旱金莲、鸡冠花等。该类植物由于连续多代自交后代生活力易衰退，选种过程需要隔离，隔离方法多样，除采用器械隔离（网箱、网袋、网室等）外，空间隔离距离视植物种类及其传粉方式而异。

对于异花授粉植物和自由授粉植物，在原始群体株间性状差异不大时可采用单株-混合选择法，反之则采用混合-单株选择法。自交衰退明显的种类可采用母系选择法和集团选择法。为防止隔离留种影响试验结果的可靠性，可酌情采用亲系选择法、剩余种子法和集团选择法等。木本植物的有性世代比较长，因此多世代的选择育种法在应用上明显受到限制。

三、有性繁殖植物选择育种的程序

1. 选择育种的一般程序

在整个选择育种过程中，选育出一个新品种要先后经过原材料搜集、优系选择鉴定等一系列工作环节。这种按照一定的先后步骤依次进行的工作环节就叫选种程序。选种程序一般要设置原始材料圃、株系圃或选种圃、品比预备试验圃、品种比较试验圃、生产试验与区域试验等圃地（图4-6）。

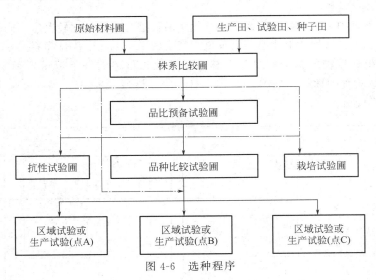

图 4-6 选种程序

（1）原始材料圃

选择几个能代表本地气候条件的圃地，栽培拟进行选种的植物材料并设置对照，这些材料可以是当地的品种类型，或是外地引入的新类型，对此进行初步的选种工作，将收获的种子或繁殖材料供下一选种环节应用。若在当地品种类型中选种，一般可不设原始材料圃而直接从生产圃或种子田进行选择留种。对于一、二年生的种子植物，原始材料圃的设置年限1~2年，但对引入品种数量较多且是陆续引入的材料，则需年年保存在该圃中。对多年生的观赏植物及木本的果树来讲，原始材料圃的使用时间就更长，类似于保存材料的种质资源圃。

（2）选种圃

栽培从原始材料圃中选出的优良单株或优良集团后代，进行系统的比较鉴定和选择，从中选出优良的单系和群体优系供品种比较预备试验或品种比较试验。选种圃内要设置对照区、保护行及2次重复。每株系播种一个小区，各小区可依地块在田间顺序排列（图4-7）。

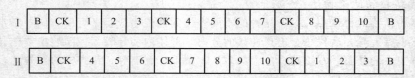

I，II-重复；B-保护行；CK-对照品种；1~10-系统编号

图 4-7 选种圃内小区的排列顺序

选种圃所栽种的材料，要按株系（系统）的来源顺序编号。例如17-1至17-230是在2017年采用一次选择法的单株编号，也就是从第1株到第230株，这个编号固定不变。若进行多次选择在第一年基础上仍采用顺序编号，如在2018年从第17-10单株后代中又选5株，则编号为17-10-1、17-10-2、17-10-3、17-10-4、17-10-5。在栽培管理方面，采用生产上常用的措施，株行距要适当加大，以利植株性状的充分发育。圃地设置的时间长短决定于供选群体（个体）的性状稳定与否。当性状表现稳定一致时即可进行品比预备试验。

（3）品比预备试验圃

栽培从选种圃中选择出的优系或群体优系，进行性状一致性的选择鉴定，淘汰经济性状表现差的株系。对这些当选株系可扩大繁殖，提供品种比较试验圃播种所需的材料。设置时间一般为1年。

（4）品种比较试验圃

对在预备试验圃中表现良好的优系及混合优系后代进行全面的比较鉴定，同时了解其生长发育特点，选出在主要经济性状上比对照品种更为突出的一个或几个优良品系。

种植面积要根据作物的种类和供试新株系或新混选群体的种子数量来确定，通常为$20 \sim 100 \mathrm{m}^2$。每一小区栽种的株数一般在100~500株。小区排列多采用4~6次重复，随机排列，设置保护行（图4-8）。

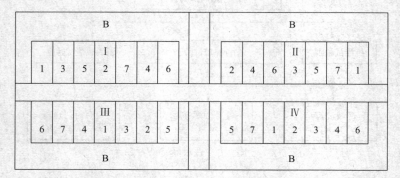

B-保护行；I~IV-重复；1~6-品种编号；7-标准品种

图 4-8 品种比较试验圃的4次重复随机排列

如果供试材料的种子数量少，而且进行多次重复有困难且土壤差异较大，则可采用2次以上重复的对比排列法（图4-9）。

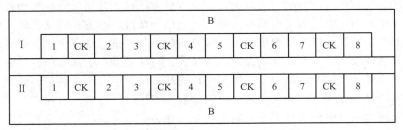

B-保护行；Ⅰ、Ⅱ-重复；1～8-品种编号；CK-标准品种

图4-9 2次重复对比排列

品种比较试验圃设置的年限一般为2～3年，在这2～3年内栽种的试验材料基本相同。在品种比较试验阶段，除了对参加试验品种在产量、品质和抗逆性等性状进行全面的比较鉴定之外，还应根据具体情况进行室内的分析鉴定工作，这样才能比较准确地说明品种的增产效能，提出适合新品种的栽培管理措施，编写出新品种介绍。

（5）品种区域试验及生产试验

区域试验即把选育出的优良品系分送至具有不同生态特点的地区，参加各地区的品种比较试验，以确定新品种未来的适宜推广范围。区域试验应由国家或省级农业主管部门组织进行，设置5个以上试验点，制定统一的试验设计、实施方案、观测项目及管理技术标准。区试期间，主持单位应组织有关专家在适当时期实地考察，进行田间鉴评。区试结果应统一汇总进行统计分析。区试时间为2～3年。

生产试验即在该作物的主产区进行大面积生产栽培试验，以评估它的增产潜力，并起示范推广作用。试验面积不小于$667m^2$，不设重复，以当地生产上主栽品种为对照。在进行生产试验的同时，应进行主要栽培技术的研究，利于今后推广。生产试验可结合区试结果同步进行，时间为2～3年。

2.加速选种进程的措施

选种程序作为品种选育的一种制度，认真执行是非常必要的，这样才能保证选种过程客观、正确、有效。在实际工作中，应本着积极而慎重的态度，在不影响品种选育试验正确性的前提下，争取尽可能缩短选种程序，加速选种进程。

（1）正确、灵活运用选择方法

园艺植物中种类不同，新品种选育所需年限各异，因此，在选种实践中，应根据作物种类特点，对各种选择方法和选种程序加以灵活应用，缩短选种周期。同时，根据园艺植物种类、品种的选种目标和性状表现，确定不同的选择方法。例如，为了解决当前生产上急需用种的问题，就应实行混合选择的方法，为了给生产上提供更优良的品种，也可采用单株选择法。异花授粉植物群体内性状分化较大，如果发现若干性状很相似的单株，则可根据不同性状分成数个集团，而采用集团选择法；若为了加强变异的累积，扩大种子及繁殖个体的数量，也可采用留种区法。

（2）圃地设置的增减

选种程序可以微调，各种圃地的设置可以适当增减，以结合实际情况保证试验精度，要早出品种、快出品种。例如，在株系比较圃中，预选材料的遗传稳定性好、性状表现一致，而每一当选株系种子量又足以进行品种比较试验时，就可以把当选株系直接参加品种比较试验而省去品种预备试验圃。在一些主要蔬菜产区，若发现番茄、茄子等自花授粉的地方品种中有性状相当突出的株系，性状整齐一致，适应性强，可直接从生产田、种子田中进行单株选择，采收种子进入株系比较圃，经过一次比较选择，对其后代综合性状表现优异者，可直接参加预备试验和生产试验。这样就可省去原始材料圃、品比预备试验圃，甚至品种比较试验圃。另外，对一些表现优良的材料在进行品种比较试验的同时，可以进行多点试验与区试，从而缩短了选种程序。

在选种程序中，为了特定地了解某些品种的抗逆性，在进行品种比较试验的同时，可设置抗逆性鉴定圃及栽培试验圃，以了解参加品种比较试验的品种的抗逆性及生长发育特性。抗性鉴定一般是人为给作物造成一些不利的环境条件，如高温、高湿或有利于病原菌侵染的条件，甚至人工接种病原菌等因素或措施，有利于鉴定供试品种或品系的抗性。设置栽培试验圃是为了了解各品种或品系在不同环境条件下的不同表现，以便为新品种推广时提供所需的农业技术措施。如果在品种比较试验圃内同时进行这两方面的鉴定，必然会影响对供试品种或品系的产量和品质等性状的鉴定。

（3）适当缩减圃地设置年限

选种程序中各圃地设置的年限长短取决于供试材料的性状表现，如在株系圃中材料性状分离少，表现一致，其他主要经济性状也表现优良，经过一次选择就可达到预期目标，则株系圃设置1年就行，相反则需延长年限。品种比较试验圃通常需要2～3年，原因是一年的气候条件代表性差，反映不了年间气候的变化。在选种过程中，若一直系统地研究了气候因子与材料变化之间的关系，基本了解材料在各种气候条件下的适应性时，则品种比较试验圃设置可缩短至1～2年。

（4）提前进行生产试验与多点试验

在进行品种比较的同时，可将最有希望的品系的种子分寄到各地参加区域试验或生产试验，提前接受各地生态环境考验以及生产者与消费者的评议。如果所选品系的确优良，则可以更快地推广应用。

（5）利用保护地进行一年多代繁殖

园艺植物中的蔬菜及花卉作物选育期较短，通过设施栽培延长生长季节，可以由1年1代变为1年2～3代，甚至更多代，缩短了生育周期。

（6）易地栽培加速繁殖

我国地域辽阔，各地气候差异较大。一些蔬菜作物通过易地栽培，北种南繁或南种北繁，1年能繁殖2～3代。例如，十字花科的白菜、甘蓝等二年生作物品种选育时，北方秋播收获后，正常情况下贮藏越冬，翌春定植采收种子，1年只能繁殖1代；如秋收后把母株转至广东、云南等温暖地区栽植，约2月末就可采种，种子运至北方，春播育苗，即可增加1代。

（7）加速繁殖和提高种子繁殖系数

在新品种选育过程中，对很有希望的优系可在进行正常育种程序的同时，提早繁殖种子。经过品种比较试验确定为优良单系时，就可以进行大面积推广试种了。对无性繁殖的作物，常采用分株、扦插等方法快速繁殖，还可采用植物组织培养技术，如茎尖培养技术等进行快速繁殖，加快新品种的推广应用。

第三节　无性繁殖植物的选择育种

无性繁殖植物的选择育种主要包括芽变选种（含营养系微突变选种）和实生选种。

一、芽变选种

1.芽变选种的概念、意义与特点

（1）概念与意义

芽变是体细胞突变的一种，突变发生在芽的分生组织细胞中，当芽萌发长成枝条，并在性状上表现出与原类型不同，即为芽变。芽变包括由突变的芽发育成的枝条和繁殖而成的单株变异。

但在果树营养系内，除芽变这一类属于遗传物质的突变外，还普遍存在着非遗传物质的变异，它们是由环境条件，包括砧木、施肥制度、果园覆盖作物、果园的地貌、土壤、各种气象因素，以及其他一系列栽培措施的影响而出现的暂时的变异，这类变异即彷徨变异或饰变。芽变选种的首要问题就是正确区分这两类不同性质的变异，既不能把营养系中的一切变异都认为是饰变，也要防止把营养系内的一切变异误认为是可以遗传的芽变。

芽变是植物产生新变异的无限丰富的源泉，它既可为杂交育种提供新的种质资源，又可直接从中选出优良的新品种，是选育新品种的一种简易而有效的方法。果树芽变选种中最突出的例子是元帅系苹果的芽变选种。'元帅'是在 1880 年发现的，刚发现时分布范围很小，发展缓慢。40 年后果实全面着色的第二代元帅品种'红星'、'雷帅'出现后显著促进了元帅品系的发展，20 世纪 50～60 年代，又从'红星'中选育出第三代短枝型芽变品种'新红星'，由于其栽培性优良，深受市场欢迎，发展很快。20 世纪 70 年代后，又选出了适应低海拔、低纬度地区栽培的'新红冠'、'魁红'、'超红'等第四代元帅系芽变新品种。到了 20 世纪 80 年代，一批着色更早、色泽浓红的第五代短枝型芽变系'俄矮 2 号'、'矮鲜'等又相继问世，使'元帅'品种发展成拥有五六个芽变世代、百余个知名品种（系）。还有'富士'、'津轻'等品种也都选出了系列芽变。据统计，全世界苹果总产量中有一半左右是芽变品种，由此可见芽变选种对苹果选育种的重要意义。牡丹有些综合性状优良，但具有特色的品种，如'昆山夜光'、'银鳞碧珠'等，花梗低矮，花朵常藏于叶丛下；'脂红'、'斗绿'等，花头低垂，理想的途径是通过芽变选种加以改进。Saakov 调查了数以万计的月季品种起源后确认芽变是月季新品种的重要来源。自 1993 年美国育成香石竹品种'William Sim'以来，已从中分离选择出 300 多个芽变品种（系），形成品种群'Sim series'。

芽变选种不仅在历史上起到品种改良的作用，而且特别是近代，在国内外都很受重视。园艺工作者今后仍将持续深入地开展芽变选种工作，不断地选出更多更好的新品种。

（2）芽变的特点

芽变是遗传物质的突变，表现多种多样，既有形态特征的变异，也有生物学特性的变异。因此，要开展芽变选种，提高芽变选种工作的水平，首先必须熟悉芽变的特点。

① 芽变的嵌合性　体细胞突变最初仅发生于个别细胞。就发生突变的个体、器官或组织来说，它只是由突变和未突变细胞组成的嵌合体（chimera）。只有在细胞分裂、发育过程中异型细胞间的竞争和选择的作用下才能转化成突变芽、枝、植株和株系。芽变选种就是促进优良的突变体细胞实现这种转化，从而育成在无性繁殖中能稳定遗传的芽变品种。有些观赏植物常要求某种程度的嵌合状态，如菊花、山茶花、牡丹的"二乔"、"跳枝"类型，黄杨、常春藤、龙舌兰、丝兰的"金边"、"银边"、"金心"类型，刚竹、龙头竹等竹类的'黄金间碧玉'类型等。有时芽变选种很难使突变体达到 100% 同型化，所以不少芽变品种会偶然出现原品种性状而不够稳定，应注意持续选择，提高其同型化程度。

② 芽变表现的多样性

a. 形态特征变异：叶的形态变异，包括大叶与小叶、宽叶与窄叶、正常与缺刻叶、短柄与长柄叶、叶的颜色以及无刺与有刺叶等的变异。果实的形态变异，包括果实大小、形状，果蒂或果顶特征，果皮厚薄，果皮光滑程度以及果皮颜色等的变异。花朵的形态变异，包括花朵大小、花瓣形状、单瓣与重瓣、花朵颜色等的变异。枝条形态变异，包括枝梢长短、粗细，节间长度以及有刺与无刺等的变异。植株的形态变异，包括植株生长势、树冠高矮、冠幅大小、树冠形状等的变异。

b. 生物学特性变异：生长与结果习性的变异，包括枝干生长特点、长枝与短枝比例、分枝角度、四季抽梢能力、果枝形成习性、枝梢萌芽及成花能力、雌雄花比例、坐果能力、连续结果能力等的变异。物候期的变异，包括萌芽期、开花期、果实成熟期以及落叶休眠期等的变异。其中果实成熟期的变异较多，最具利用价值。开花期以及开花次数的变异也很常见，利用价值也较高。果实品质的变异，包括果肉的颜色，果汁的多少，果肉质地的脆或软、疏松或致密，糖酸含量，维生素含量，风味浓淡以及香味有无等变异。抗性的变异，包括抗寒、抗病虫、抗旱以及抗盐碱等的变异。其中，抗寒芽变的发生较常见。育性的变异，包括雄性不育性、雌蕊不育性（胚珠或胚囊退化）、种胚发育中途败育以及单性结实特性等的变异。不育性与单性结实特性相结合就可结出无籽果实。

③ 芽变的重演性　同一品种相同类型的芽变，可以在不同时期、不同地点、不同单株上重复发生，这就是芽变的重演性。它的实质是基因突变的重演性。例如桃的果实由有毛的毛桃变成无毛的油桃（H→v），由白色果肉变成黄色果肉（Y→y）；大白菜雄性可育的变成雄性不育的（Ms→ms）。如自美国在 20 世纪 50 年代从元帅系苹果中选育出短枝型芽变品种'新红星'以来，中国各地不仅从'元帅系'品种，而且从'金冠'、'富士'、'国光'、'白龙'等苹果中陆续选育出系列短枝型新品种（系）。因此，不能把调查中发现的芽变一律当成全新的芽变类型，应该经过分析、比较和鉴定，才能确定其是否为新的芽变类型。芽变的重演性同时也告诉我们：在同一种类植物中，在历史上发现过某种芽变，即可预计通过仔细寻找，就可以在该种内任何品种或类型的群体里再次发现这种芽变，提高对可能发生芽变类型的预见性。

④ 芽变的局限性和多效性　芽变与实生后代发生的变异不同，在同一种类（或品种）、同一时间和同一地点的情况下，芽变一般是少数性状发生变异，而实生后代则是多数性状的变异。因为实生后代是许多基因重组的结果，各种性状发生连续的变化。芽变之所以只有少数性状发生变异，是因为没有发生基因重组，仅仅是原类型遗传物质的突变，这种突变引起的变异性状是有局限的。如'元帅'系苹果果皮的许多红色芽变，主要是皮色的不同；当然有些芽变也包括几方面的变异，如红栗子芽变，除栗子种皮变红以外，还表现为蓬刺、叶片和枝梢带有红色。显然这种相关变异是由于生理上的一因多效的缘故。至于多倍性的芽变，虽然有许多性状发生变异，但大都来源于细胞的巨大性，而许多器官的变异也都局限于一个共同的"巨型"性。

但是，确有少数芽变，它们发生变异的性状有时不是几个而是几十个。例如苹果的短枝型芽变，由于枝条节间短，所以枝条变短变粗，树冠也表现矮化，并且比较早果丰产，这些性状之间可能是一因多效的关系。但另外一些则伴随枝条角度变小，树冠直立或是夹角变大，树冠开张，就不一定是一因多效。对这一现象的解释有两种：一种认为这一芽变是由于染色体缺失造成的；另一种认为可能是几个邻近的基因同时发生了突变。然而即使如此，芽变也只有几个性状或几组性状的变异，与实生后代由于基因重组，使大部分性状都出现变异的情况是有本质上区别的。

⑤ 芽变频率在种类和性状间的不均衡性　所有植物都有可能发生体细胞突变，也就是说都可能发生芽变，但发生频率却大不相同。如苹果、月季等营养繁殖的果树、花木芽变品种比比皆是，而种子繁殖的大田作物和蔬菜几乎看不到芽变品种。同是月季的丰花月季、小花灌丛月季芽变频率较高，而原产于我国的野蔷薇和玫瑰中却很少发生芽变。月季品种'和平'是月季栽培历史上发生芽变最多的品种，1954 年以来已经产生了'Lady Dallas Brooks'、'Julie Anne Ashmore'等 19 个芽变品种，这些芽变品种的花色都带有'Junna Hill'和'Souvenir de Claudius Pernet'谱系特点（Carins，2000）。苹果中'富士'、'元帅'是容易发生芽变的品种。

2. 芽变的细胞学基础

（1）芽变的发生与嵌合体的类别

梢端是指位于茎的顶端，包括生长点及幼叶原基的一个区域，是新梢的生长起始部位。被子植物梢端分生组织都有三层相互区分的细胞层，称为组织发生层，用 L_I、L_{II}、L_{III} 表示。各个组织发生层按不同的方式进行细胞分裂，并且衍生特定的组织。L_I 一般是一层细胞，垂周分裂（细胞在分裂时与生长锥呈直角），分化为表皮；L_{II} 一般也是一层细胞，垂周分裂，分化为皮层的外层及孢原组织；$L_Ⅲ$有多层细胞，垂周分裂或平周和斜向分裂，分化为皮层的中内层、输导组织和髓心组织。各组织发生层在衍生组织时，树种间有一定的差异。例如在形成桃的叶片时，$L_Ⅱ$只衍生中脉，而苹果叶片的大部分内层组织，是由$L_Ⅱ$和$L_Ⅲ$共同衍生的。在形成苹果的果实时，$L_Ⅰ$只衍生果皮，其他果肉部分都是由$L_Ⅱ$和$L_Ⅲ$共同衍生的；而桃的果实，除果皮来自$L_Ⅰ$外，缝合线处有六层或更多的细胞，也是由$L_Ⅰ$而来。

正常情况下，梢端分生组织的三层细胞具有相同的遗传基础，由此形成发育的植物个体称同质体，若三层组织构造的细胞中含有不同的遗传物质，以后发育形成了不同遗传背景的植物组织或器官，叫嵌合体（chimera），而突变往往是发生在某一组织层的单一细胞。此后，变与未变的细胞成为同时分裂、竞争共存的嵌合体。由于突变发生的时期早晚、突变细胞在变异发生时所处的位置及以后在分裂过程中发生的层间取代作用，致使形成的嵌合体有多种结构类型。如果突变发生时间早，梢端正在分裂的细胞数少，突变细胞又位于某一组织的最中心处，则突变部分有可能发育成层间基因型不同的周缘嵌合体（periclinal chimera）。如果突变发生时间较晚，梢端正在分裂的细胞数多，突变细胞又不在组织的中心处，则变异细胞只能占据层内的一部分，使同一层次内兼有变与未变的两类细胞，称为扇形嵌合体（sectorial chimera）。

根据突变细胞所处的层次，周缘嵌合体和扇形嵌合体均包括多种类型结构。若以 original（原始的）第一个字母 o 代表未变的细胞组织，以 mutational（突变的）第一个字母 m 代表突变的细胞组织，按 $L_Ⅰ$-$L_Ⅱ$-$L_Ⅲ$ 的层次排列，则周缘嵌合体的结构有 m-o-o、o-m-o、o-o-m、m-m-o、m-o-m 等类型；扇形嵌合体的结构有 o.m-o-o（o.m 表示未变与突变细胞存在于同层内，写在前面的符号表示在数量上占优势）、o-o-m-o、o-o-o.m、o.m-o-o、o-o.m-o、o-o-o.m、o.m-o.m、m-o.m 等类型（图 4-10）。在一般情况下，只有三层中个别层的个别细胞发生突变，三层同时发生同一突变的可能性，几乎是不存在的。因此，芽变开始发生时总是以嵌合体的形式出现。例如苹果的皮色，有时表现一部分深，另一部分浅。桃的果肉也会出现一部分白色，另一部分黄色；果皮上一部分有毛，另一部分无毛。柑橘叶片上常出现各色各样的花斑。在一个变异枝上，有时会看到有些枝条发生变异，而另一些未变，变与未变的枝条相间着生。例如苹果是 2/5 的叶序，如果扇形面正好包括第 1 芽，则第 6 芽、第 11 芽等也必然会表现变异，其余的芽仍保持原类型。

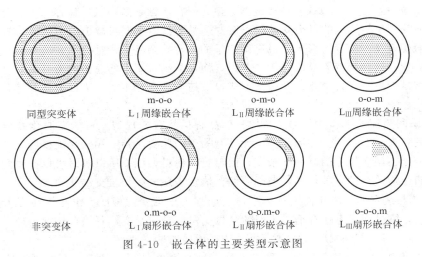

图 4-10　嵌合体的主要类型示意图

此外，对于染色体倍性的芽变，可用 4-2-2、2-2-4、4-4-2、2-4-4 等表示其不同倍性嵌合类别。如有一个'君袖'苹果的嵌合体是 2-2-4 型，另一个'花嫁'苹果的嵌合体是 2-4-4 型。黑莓无刺芽变实际上是一个无刺-有刺-有刺型嵌合体。上述实例表明，芽变常常是嵌合体，如果不了解嵌合体的特点，就不可能有效地进行芽变选种工作。

（2）芽变的转化

一个扇形嵌合体在发生侧枝时，由于芽的部位不同，有些侧枝将成为比较稳定的周缘嵌合体；有些则仍为扇形嵌合体，但是扇形的宽窄与原扇形不一定相同；也还有一些侧枝是非突变体。因此，通过短截控制发枝，可以改变扇形嵌合体的类型。如当剪口芽位于扇形体内时，由此长出的新生枝条，都将是突变体；相反，剪口芽在扇形体以外时，则由此长出的枝条不再是突变体；如果剪口芽恰好在外扇形边缘，则新生枝条仍是扇形嵌合体。

由于先端优势、自然伤口或人为短截等因素，往往可使枝条上不同节位的芽具有不均等的萌发成枝的机会，从而使一个原是扇形嵌合体的枝条出现不同情况的转化。各种周缘嵌合体芽变，也会在继续生长发育过程中出现不同变化。如一个 m-o-o 型周缘嵌合体，可回复到 o-o-o 型而失去变异特征；也可能由一个 m-m-o 型的周缘嵌合体变成 m-m-m 型的同质突变体。这种改变并不是发生了第二次突变，而常常是由于突变部分与未变部分的竞争，一方排挤另一方，最后取而代之。有时外部的原因也会造成这种改变，无论是内因还是外因，这种转化现象叫"层间取代"。三个组织发生层之间，一般 L_I 比较稳定，L_{II}、L_{III} 都比较活跃。在进行辐射育种时，辐射的作用之一是使染色体发生结构重排，或是使基因发生突变，总之是使遗传物质发生突变。另一种作用是并未改变遗传物质，而是通过辐射，把外层细胞杀死，从而由深层组织取代外层，如果深层原来就与外层不同，这时就会出现新的变异类型。

当树体遭受冻害或其他伤害之后，往往容易出现芽变。其原因之一，也是由于正常枝条受到冻害或其他伤害而死亡，不定芽由深层萌发出来，如果该树原来是 L_{II} 或 L_{III} 周缘嵌合体，就可能表现为同质突变体。

（3）芽变的遗传

① 芽变的遗传类别　芽变是遗传物质的改变，包括以下几种。

a. 染色体数目变异：包括多倍性、单倍性及非整倍性，主要是多倍性的突变，共同特点是表现出巨大性。

b. 染色体结构变异：包括易位、倒位、重复及缺失。由于染色体结构发生变异，造成基因线性顺序的变化，从而使有关性状发生变异。这一类突变对无性繁殖的作物有特殊作用，因为这类突变在有性繁殖中，常由于减数分裂而被消除掉，但在无性繁殖中可以保存下来。

c. 基因突变：包括真正的点突变及移码突变。鉴别基因突变与微小的染色体缺失或重复是较困难的，一般确定基因突变可考虑：没有细胞学的异常，杂合子正常分离，突变能够恢复。

d. 核外突变：这种突变不是决定于核基因，而是与细胞质中的遗传物质有关。已知细胞质可控制的属性有雄性不育、性分化、叶绿素形成以及植株高度和生活力方面的差异等，大多通过母本遗传给后代。

② 芽变系间交配的亲和性　芽变品种和原品种虽然在表现型上可能有明显差异，但在基因型上却常常只有微小的不同。来源于一个无性系的不同芽变品种，相互交配以后，其坐果率和种子数都显著低于不同无性系的品种间杂交，而与自花授粉相似。所以有时可以把交配结实率作为鉴定芽变系间亲缘关系的一种依据，但同源四倍体常表现较高的自交结实率。

③ 正突变与逆突变　由显性突变为隐性一般称为正突变，相反，由隐性突变为显性被称为逆突变。例如，桃果面无毛变有毛、果肉的黄色变白色是逆突变，苹果短枝型品种'本迪旭'和'威赛旭'都是'旭'的逆突变，红栗子也是普通板栗的逆突变。

④ 各组织发生层的遗传效应　芽变性状有些能在有性过程中遗传，有些则只能在无性繁殖时保持稳定，这是由于突变发生于不同组织层的缘故。L_I 比较单纯，它主要与表皮相关的性状有关系，如茸毛和针刺的有无。至于果皮的彩色，虽然在果皮细胞中也含有花青苷，但当果实成熟后，果皮细胞中的色素大多消失，而皮层细胞中的色素显现出来，所以果色的突变取决于 L_{II}

是否发生突变。至于叶色突变，也与深层组织中绿色素的多少有关。L_Ⅱ的另一个突出作用是产生孢原组织，因而是决定有性过程的关键。只有当一个突变包含L$_\mathrm{II}$时，在杂交育种上才有应用价值。如苹果'旭'的芽变'本迪旭'和'威赛旭'，在杂交育种中都可把短枝性状传递给后代。当其与'金冠'杂交时，后代中约有50％出现短枝性状。但是'旭'的另一个人工诱变短枝型变异品种，在与"金冠"杂交时，后代却未出现短枝型。主要原因就是前两个芽变包含L$_\mathrm{II}$，而后面一个芽变不包含L$_\mathrm{II}$所致。又如当一个黑莓枝条无刺突变用种子繁殖时，其后代全是有刺类型，这是因为这一无刺突变只发生在L$_\mathrm{I}$，并不包含L$_\mathrm{II}$所致。再如马蹄纹天竺葵中有一种白边叶片的类型，属于平周嵌合体，是由L$_\mathrm{I}$细胞突变产生，这种性状可通过扦插繁殖传递下去，但不能通过种子繁殖。在观赏植物中，如紫茉莉、杜鹃、大丽花、菊花花瓣上的杂色、斑块性状，许多观叶植物（如筒凤梨、豆瓣绿、瑞香）的各种金边，都是如此。L$_\mathrm{III}$是中柱组织发生层，如果把一个2-2-4或2-4-4型嵌合突变，诱导中柱产生不定芽，即可得到4-4-4的同质突变体。这样的实例在苹果'元帅'、'安大略'、'黄魁2-4-4型'和'醇露2-2-4型'芽变上都有成功的记录。根常常是由L$_\mathrm{III}$深层组织中长出的，所以通过根插，也能得到同质突变体。

近年来，植物组织培养技术的发展为利用体细胞突变于育种特别是于观赏植物育种，开辟了广阔的前景。上海园林科研所以菊花品种'金背大红'的花瓣进行组织培养，得到了正面红色、背面黄色（和原始类型一样）的类型，红花类型、黄花类型以及黄底红条类型等各种植株。以'八阵图'品种花瓣进行组培，也得到了白花和紫花两种类型。

3. 芽变选种目标

芽变选种的目标与杂交育种目标不同。芽变选种主要是从原优良品种中进一步选出更优良的变异类型，要求在保持原品种优良性状的基础上，针对其存在的主要缺点，通过选择而得到改善。例如苹果选种，对'元帅'苹果要着重选浓红耐储型和短枝丰产型；对'国光'苹果要着重选抗裂果的浓红型；对'金帅'苹果要着重选抗早期落叶、抗果锈、耐储不皱皮的高桩普通型和短枝丰产型；对'红玉'苹果要着重选抗斑点病的类型；对'青香蕉'苹果要着重选耐旱、耐涝、耐寒和耐瘠薄的类型；对'甜香蕉'苹果要着重选抗虎皮病和苦痘病的类型。对'玫瑰香'葡萄要着重选果穗紧凑、果粒匀整无豆粒类型；对'沙芭珍珠'、'玫瑰露'葡萄都要着重选果粒大而匀整的类型。柑橘要选抗寒、早熟、质优无籽的类型。菠萝要着重选叶缘无刺、植株倾向直立、果圆筒形、果眼浅、果心小的黄肉类型。花卉芽变要着重于花色、重瓣、花朵大小、花的香味和整个植株的构型等。

4. 芽变选种时期

芽变选种原则上应该在整个生长发育过程的各个时期进行细致的观察和选择。但是，为了提高芽变选种效率，除经常性观察选择外，还必须根据选种目标抓住最易发现芽变的有利时机，集中进行选择。

（1）开花期

这主要是针对花卉芽变选种来说的，因为观赏植物的开花期是其商品价值实现的主要时期，也是最容易引起人们注意的时期。这时应有目的地在花圃中留心观察，一旦发现变异，应及时与就近的同品种进行比较分析，作好选种准备。

（2）果实采收期

此时最易发现果实经济性状变异，如果实着色时期、着色状况、成熟期、果形、品质及结果习性和丰产性等。芽变选种具体时间，最好在果实采收前1～2周开始，以便发现早熟变异。当发现晚熟变异果实时，要把表现晚熟变异果实，有计划地留在树上延期采收。

（3）灾害期

在剧烈的自然灾害之后，包括霜冻、严寒、大风、旱涝和病虫害，要抓住时机选择抗自然灾害能力特别强的变异类型。还有一些芽变是在自然灾害之后，由于原有正常枝条受到损害，而使组织深层的潜伏变异表现出来,所以要注意从不定芽和萌蘖长成的枝条上进行选择,以便发现抗性及其他优良芽变。

5. 芽变选种程序

芽变选种分两级进行:第一级是从生产园内选择初选优系,包括枝变、单株变异;第二级是对初选优系的无性繁殖后代进行筛选,包括复选和决选两个阶段。整个选种程序见图 4-11。

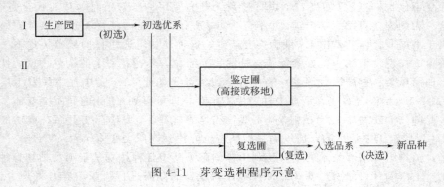

图 4-11 芽变选种程序示意

(1) 初选

① 发掘优良变异 初选工作一般在生产园内进行。为发掘优良变异,要将经常性的专业选种与群众性选种活动结合起来,向群众宣传芽变选种的意义,建立必要的选种组织,普及选种技术,明确选种目标,开展多种形式的选种活动,包括座谈访问、群众举报和专业普查等。初选优系要进行编号并作出明显标志,填写记载表格,采集标准亲本果实 20 个左右。果实应单采单放,在室内进行果实外形品质的记载和分析,并选好生态环境相同的对照树,以便进行比较分析。

② 分析变异 在芽变选种中,当发现一个变异后,首先要区别它是芽变还是饰变。根据分析研究,筛除大部分显而易见的饰变,然后保留一部分可能的芽变进行高接鉴定,就可大大简化鉴定手续,提高效率。一般从以下五个方面进行变异分析研究。

a. 确定变异性状的性质和范围:质量性状一般不会因环境条件的变化而变化,所以只要是典型的质量性状发生改变,如果皮无色与有色、有毛与无毛、果实香味的有无和花粉育性的改变等,一般可断定这些变异为芽变。无性繁殖园艺植物生产过程中发生的变异,就其发生范围来说,可分为枝变、单株变和多株变三种情况。如果是多株变异,立地条件不同,可排除环境的影响;砧木相同,可排除砧木的影响。如果是单株变异,则有三种可能,或为芽变,或为饰变,或为实生变异。对于枝变,要观察它是否为嵌合体,如果变异是一个扇形嵌合体,即可肯定为芽变。

b. 判断变异方向:饰变往往与环境条件的变化相一致,而芽变则常常看不出与环境条件有明显的相关。例如,光照条件好,果实着色就好。因此,如果在树冠下部和内膛荫蔽处发现浓红色的变异类型,则很可能是芽变。既然饰变是由环境因素引起的,那么,随着环境条件的变化,就应当出现程度不同的连续变异。如栽植在一个山坡上的果树,如果土壤未经深翻熟化,植株树冠必然是由上而下越来越大。与此相比,短枝型芽变无论在何种立地条件下,都表现其独特的特征,与普通型界限分明,不存在明显连续不断的中间变异,因此极易区别。

c. 检验变异稳定性:饰变既然是环境因素在表现型上的反映,因而只有当这一环境条件存在时,表现型才能表现这种变异;条件不存在时,变异就会消失。所以通过了解变异性状在历年的表现,结合分析环境因素的变化,就能对变异作出正确的分析判断。

d. 把握变异程度:环境条件造成的饰变,不会是漫无边际的,而应当是在某一基因型的反应范围之内,如果超过这个范围,就不可能是饰变。如'小国光'苹果的果型,在其基因型反应范围内,有时可像'红玉'一样大小;'金帅'苹果的果实虽一般表现为无红晕,然而在其基因型反应范围内，也会表现轻微鲜红色晕。但是，假若'小国光'苹果中出现果型高大如'红星'苹果一样的变异，'金帅'苹果中出现与'红玉'苹果相似的浓红皮色变异，就可断定这些变异不是饰变而是芽变。当然这不能理解成饰变的变异程度总是小于芽变，而是既要从变异程度上进行比较，又要结合环境条件及其他性状全面分析，综合判断得出正确的结论。

e.注意变异性状间的相关性：芽变选种是对有利芽变进行选择。由于芽变遗传学基础是基因突变，一般只有一个或少数几个基因发生变化，这种变化远不如实生选种变异来得广泛，具有明显的局限性。由芽变特点知道，苹果的一些有利芽变，如短果枝变异，同时株型变矮而紧凑，这一变异往往也使果树早熟，且能提高单产；又如在新疆香梨中发现大果型芽变，除果实增大外，同时有部分花序由伞房花序变成总状伞形花序，花瓣形状基部变长，花瓣间隙增大。因此，芽变选种时，可以利用变异性状间的相关关系来对变异体进行间接判断。

芽变鉴定除了上述的形态学观察外，还可应用同工酶分析、染色体数量与结构变异的检测以及DNA分子标记等方法。对于染色体数目变异可利用染色体计数或流式细胞仪分析的方法来鉴定；对于染色体结构变异则可通过观察减数分裂时染色体联会情况来鉴定，或通过分子标记的方法鉴定。导致基因突变的分子机理是碱基插入、缺失或替换和转座元件插入，因为基因突变是DNA分子上的点突变，所以利用DNA分子标记对基因突变进行鉴定更为直接、可靠。

③ 变异体的分离纯化　既然突变往往是以嵌合体形式存在着，所以有的稳定，有的不稳定。通常可采用修剪、组织培养等方法，使变异体达到快速纯化和稳定的目的。

（2）复选

复选包括高接鉴定及选种圃。高接鉴定园的砧木，可利用准备淘汰的品种，但必须力求一致，如果砧木品种不一致，可将需要鉴定的单系分成若干个组，在同组中采用相同砧木，每个单系嫁接两株以上，并在同一株上嫁接对照，高接应注意选用砧木中上部、发育粗壮良好的枝条。高接鉴定一般比选种圃结果期早，特别是对变异体较小的枝变，通过高接可以在较短时期内为鉴定提供一般数量的果品。高接的作用主要是为深入鉴定变异性状和鉴定变异的稳定性提供依据，同时也为扩大繁殖准备接穗材料。在高接鉴定中，如果是用生产品种为中间砧，则既要考虑基础相同还要使中间砧一致，为消除砧木影响，必须把对照高接在同一高接砧上。为提早取得鉴定结果，可用矮化砧。高接的缺点是受中间砧影响，而且不能全面鉴定树体结构的特点，所以高接鉴定之后，一般仍需再经过选种园，然后参加复选。

选种圃的作用是全面精确地对芽变系进行综合鉴定，进一步了解芽变对环境条件和栽培技术是否有不同的反应和要求，在投入生产之前，获得比较全面的鉴定材料，为繁殖推广提供可靠依据。嫁接苗木选种圃地要力求均匀整齐，每圃栽植10～20个株系，每个株系不少于10株，可用单行小区。每行栽5株，株行距根据株型确定，重复2次。授粉树每隔5株供试树垂直排列一行。圃地周围以对照品种为保护行，对照树用同品种原普通型。砧木用当地大面积使用的砧木品种。

在选种圃阶段要求逐步建立田间档案，进行观察记载，开始结果时，按一定表格内容进行果实性状和生长结果习性观察记载。从结果第一年开始，连续3年组织鉴定，并与母树和对照进行比较，根据不少于3年的鉴评结果，由负责选种的单位提出复选报告，确定入选品系。对不同单系进行风土条件适应性的鉴定，要尽快在不同地点进行多点试验。

（3）决选

决选是选种程序的最后阶段，参加决选的优良单系应由选种单位提供下列完整资料和实物。

① 该品系的选种历史、群众评价和发展前途的综合报告。

② 该品系在选种园中连续3年以上的植物学和经济性状鉴定数据。

③ 该品系在不同自然区内生产试验结果和群众鉴定意见。

④ 该品系及对照新鲜果实各25kg。

⑤ 决选由主管部门组织有关领导、群众和科技人员参加的评审委员会，根据上述资料、数据和实物，经会议审定后，各方面确认该品系在生产上有推广应用前途，可由选种单位予以命名，作为新品种推荐，报省品种审定委员会审定，经审定合格后发给育种者"新品种证书"。可在规定范围内推广，在推广时应有该品种的详细说明书。

（4）芽变选种程序的灵活运用

芽变选种是对原优良品种尚存在的个别缺点的修缮，其他性状基本保持原品种的特性。为使已发掘的优良芽变系尽快地推广应用于生产，选种程序可根据各芽变系的具体情况加以灵活运用，从而缩短选种年限。

初选发掘的优良变异，经变异分析筛选除肯定属于环境影响的饰变个体外，其余可分别按下列程序进行。a. 变异不明显或不稳定的应继续观察，如果枝变范围太小，可通过修剪等使变异部分迅速扩大后再进行分析鉴定。b. 变异性状十分优良，但不能肯定是否为芽变，可先进入移植（高接）鉴定圃，再根据表现决定下一程序。c. 肯定是性状十分优良的芽变，但还有些性状尚不够充分了解，可不经移植（高接）鉴定圃，直接进入复选圃。d. 肯定是性状十分优良的芽变，且没有相关的劣变，可不经移植（高接）鉴定圃和复选圃，直接作为复选入选品系参加决选。e. 对于基本保持原优良品种综合经济性状的优良芽变系，可根据具体情况免去品种比较试验和品种适应性试验。

二、营养系微突变选种

营养系微突变选种简称营养系选种（clonal selection），与芽变一样，变异来源于自然发生的体细胞突变，主要不同点在于突变发生于控制数量性状的基因，表型效应较小，不易和环境效应鉴别。实际上营养系微突变是一种不易被发现的芽变，与主基因突变相比，另外两个重要特点是：突变频率较高，一般有害的遗传效应较小。微突变虽然就单个基因效应来说难以觉察，由于基因位点多，加上突变频率较大，长期逐代积累，也会造成品种内株、系间在一系列性状上发生显著变异。1971 年在意大利召开的第一届国际葡萄营养系选种讨论会上一致认为，营养系选种不仅能提高原品种的产量和品质，而且还能有效地控制病毒的蔓延。德、法等国已明确规定，只能从经营养系选种的获得优系证书的营养系上采集枝条、繁殖和建立新的葡萄园。

营养系选种可分为混合选种和单株选择两种方法。前者选择率较高，常达百分之几到百分之十几不等，一般结合在生产和繁殖过程中进行，用于保持品种纯度和提高品种特性，实质上是一种良种繁育措施；后者选择率较低，往往只有万分之几到千分之几，常用于选育新的优良品系。其选种程序与芽变相同，只是在初选、复选、决选的过程中要根据选种对象和目标的特点适当扩大入选的营养系群体，进行更加细致的观察、记载、鉴定。

三、实生选种

实生选种是园艺植物尤其是果树育种途径中历史最为悠久、应用最为广泛的一种育种途径。通过这一途径我们的祖先把许多植物的野生类型驯化为今天的栽培类型。远古时代人类从游牧生活方式发展为定居阶段时，从野生植物中选择果实，把个大可口的种核散布于定居地周围，代复一代地选择和利用果形较大、品质较好、产量较高的类型，这就成为原始果树选种工作的发端。随着时代的进步，人们逐步从无意识的选种阶段过渡到有目的、有意识的选种阶段。如在《齐民要术》的种枣篇中记有"常选好味者，留栽之"，说明了我国古代劳动人民很早就认识到了实生选种的作用。达尔文在《物种起源》一书中写道："我看到一部中国古代的百科全书，清楚地记载着选择原理……中国人曾经运用这些相同的原理于各种植物和果树上。"

1. 实生选种的概念和意义

多年生可正常结实的园艺植物中，有营养繁殖和种子繁殖之分，后者亦称实生繁殖。由营养繁殖产生的后代称为无性系，由实生繁殖产生的后代为实生群体。针对实生繁殖的群体为改进其经济性状、提高品质而进行的选择育种，称为实生选择育种，简称实生选种（seedling selection breeding）。

实生选种的供选群体有两种：一种是在生产中采用实生繁殖的植物，如果树中的核桃、板栗、榛子等；另一种是生产中虽采用的是营养繁殖，但其实生后代中亦可出现优良变异，常称为偶然实生苗，如苹果、梨、葡萄、桃等。

实生选种对具有珠心多胚现象的柑橘类更具特殊的应用价值，因为多胚的柑橘实生后代中既存在着有性系的变异，也存在着珠心胚实生系的变异。此外，珠心胚实生苗还具有生理上的复壮作用。因此，对多胚性的柑橘进行实生选种，有可能获得：①利用有性系变异选育出优良的自然杂种，如'温州蜜柑'、'日本夏橙'等都源于自然杂种；②利用珠心系中发生的变异选育新的优良品种、品系，如四川的'锦橙'、'先锋橙'，华中农业大学的'抗寒本地早16'等都是从珠心苗中选出来的；③利用珠心胚实生苗的生理复壮作用选育出该品种的新品系，如美国从'华盛顿脐橙'、'伏令夏橙'、'柠檬'中选育出的新品系均比老品系表现出树势旺盛、丰产稳产、适应性增强而又保持原品种的优良品质。

2. 园艺植物实生繁殖下的遗传与变异

同无性系群体相比较，实生繁殖的群体变异普遍，变异性状多且变异幅度大。这是由于其遗传上杂合程度高且多属于异花授粉植物的缘故。在实生繁殖情况下常产生复杂的变异。园艺植物实生群体内的个体变异，有以下三方面的原因。

（1）基因重组

基因重组是实生群体中不同个体遗传变异的主要来源。对于异花授粉植物而言，每一次有性繁殖都要伴随基因重组而发生性状的改变。假设一种植物在100个位点上各有两个相对的等位基因，通过自然授粉后由基因重组可能产生的基因型将有3100种，这是一个庞大的天文数字。可以说基因重组是实生后代遗传变异的无穷源泉。在实生后代的性状表现中，有加性效应及非加性效应之分。在无性繁殖时，可以保持和利用两种效应，但实生繁殖时则只可利用亲本的加性效应，非加性效应因基因重组可能解体而不能遗传给子代。

（2）基因突变

基因突变是产生新变异的重要来源。基因突变包括单基因突变（点突变）、染色体结构及数目变异。自然界基因突变频率很低，如林兴桂（1982）从数以万计的野生葡萄群体中选出了具有完全花的单株变异，以此单株与普通山葡萄的雌株杂交，杂种群体中约有半数为完全花类型。

（3）环境饰变

环境饰变是由环境条件引起的非遗传性变异，它可造成个体间的显著差异。蛋白质是生命有机体生理反应的分子基础，环境通过它产生有效的生物学影响。而环境（包括外界环境和自身内部环境）对生物的影响是全程性的（不管是个体发育还是系统发育）。遗传基础相同的生物群体会因环境的不同而引起表型差异，这就是环境饰变。环境饰变是变异的来源之一，它对自然界每个个体都有影响。生物表型变异是以生物的可塑性为基础的，而这种可塑性本质上是在遗传基础相同的前提下，环境对其表达产生的影响，即环境对蛋白质产生影响，蛋白质会对遗传信息RNA的表达进行调控，从而反过来适应环境。这已为生理学和生物化学研究领域的诸多成果充分证明。环境长久的影响，蛋白质对RNA转录的长久调控，必然会作用在DNA上，自然有一定变异（适应变异），有适应性遗传和适应的积累。一般环境饰变主要作用于数量性状，如花色的有色、无色与花色的深浅等，而对质量性状影响较小。

总之，基因重组是实生群体前后代及同代不同个体间的遗传变异的主要来源，但群体的遗传变异还主要受选择的影响，通过重组类型的逐代选择，使群体内的基因型频率和基因频率向着选择的方向变化。

3.实生选种的方法和程序

（1）新建群体的实生选择

园艺植物大多数种类为无性繁殖，其遗传基础杂合性强，一旦通过有性过程，即便是自交，也会出现性状分离。因此，对凡能结籽的无性繁殖园艺植物，可对其有性后代通过单株选择法而获得优系，利用无性繁殖法固定其性状使之成为园艺新品种。

选种的程序是：供选材料开花结籽，播种于选种圃，经过单株选择鉴定其中的优系，收获其中的营养器官分别编号成为一个无性株系，各无性株系间进行比较鉴定，表现优异者成为营养系品种。梅花育种中，陈俊愉利用此法选育出了'珞珈台阁梅'、'华农玉蝶'、'华农朱砂'、'玉台照水'等数个新品种。马铃薯为获得无病毒种薯时也常采用此方法。

（2）原有实生群体的实生选择

在我国各地的核桃、板栗主产区，由于长期沿用实生繁殖，单株间性状差异较大，良莠不齐，但其中不乏综合性状优良的单系。因此，开展群众性的选优、报优活动，结合推广嫁接繁殖法有望形成无性系的优良品种，较快地实现良种化。

① 预选　组织产区农民讨论和明确选种的意义，了解选种方法，明确选种标准。在此基础上，组织农民报优，专业技术人员进行现场检查，剔除不合乎标准的单株后，整理编号，作为预选树。

② 初选　由专业人员对预选树采样、鉴定，经2～3年调查其中性状稳定者即可定为初选株。初选优株要及时嫁接育苗30～50株以上，以作为选种圃和多点生产鉴定的试验树。这样在继续观察母株的同时，观察其营养系后代表现，可消除环境误差，提高鉴定效果。另外，在不影响母株生长结果的前提下，可剪取一些接穗，在附近进行高接换优，使其提早结果并进行鉴定。

预选和初选均在实生圃中进行。

③ 决选　对初选优树的无性系后代，结果后经连续3年的比较鉴定，连同对母株、高接树、多点鉴定树的系统资料，经专业人员及产地有经验农民的鉴评，对初选优树做出客观评价。表现优良的可以向各级品种审定委员会推荐，确定为推广品种，同时要培育能提供大量优质接穗的采穗母树园。

第四节　园艺植物选择育种成功案例

一、浙江大学选育菜用甜豌豆品种'浙豌1号'

1.种质资源的收集

1998年，开始鲜食加工兼用的菜用甜豌豆新品种的选育工作。从国内外收集到在农艺性状、经济性状等方面具有优良特性的菜用甜豌豆品种资源52份。

2.材料观察与比较筛选

1998年，将收集到的52份豌豆品种资源种植到试验地。按照丰产、优质、鲜食加工兼用的选育目标进行种质资源的选择，发现材料GW10表现最佳，荚大、粒大、产量高、口感好、品质佳，且变异幅度比较大，是最符合育种目标的理想材料。同时从GW10群体中选择表现突出的单株，共选留了30个单株的种子。

3.优良株系选育

1999年，将筛选的30份株系进行种植（同时种植GW10作为参照）。主要观察植物学性状和经济性状，记载小区产量和单荚重、百粒鲜重等商品性状，并对商品性状及产量的试验数据采用新复极差法作显著性差异分析。按选育丰产、优质鲜食加工兼用菜用甜豌豆的育种目标进行选择，从中选出 3 个比较符合育种目标要求的株系 GW10-5、GW10-17 和 GW10-2。GW10-5 表现最佳，从中选择了 7 个优良单株，GW10-17 中选择了 5 个优良单株，GW10-2 中选择了 3 个优良单株，在这 3 个株系中共收获 15 个性状优良单株的种子。

2000 年，从 15 个株系中选择性状较好的株系。GW10-5 的后代株系中选择了 GW10-5-3 和 GW10-5-5 两个株系；GW10-2 的后代株系中选择了 GW10-2-1 株系；GW10-17 的后代株系中选择了 GW10-17-4 株系，并从 4 个优良株系中共选留了 20 个单株的种子，从 GW10-5-3 中选择了 10 个优良单株，GW10-5-5 中选择了 4 个优良单株，GW10-2-1 中选择了 3 个优良单株，GW10-17-4 中选择了 3 个优良单株。

2001 年，20 个株系中选出了性状稳定、表现优良的菜用甜豌豆新品系 GW10-5-3-1。该新品系作为新品种暂命名为'浙豌 1 号'。

4. 品种比较试验

参试品种为'浙豌 1 号'、'GW10'、'中豌 6 号'。'GW10'、'中豌 6 号'为对照品种。试验在浙江省农科院蔬菜所试验农场进行。土质为沙壤土，肥力中等。2001 年 11 月 10 日播种。田间管理按一般生产技术要求进行。随机区组排列设计，3 次重复。小区面积 $50m^2$，按照前述操作进行。主要记载物候期及植物学性状，并按照常规方法调查测量小区产量和单荚重、百粒鲜重等商品性状。

结果说明：'浙豌 1 号'是一个丰产、优质、鲜食加工兼用的菜用甜豌豆新品种。

5. 多点生产试验

2002 年和 2003 年在宁波、金华、丽水等地进行'浙豌 1 号'的生产试验。不设重复，采用穴播，株距 15cm，行距 30cm，每穴 3 粒。田间管理按一般生产技术要求进行。主要记载产量和商品性状，取样及计算按照常规调查要求进行。结果表明：'浙豌 1 号'的平均产量均比对照'中豌 6 号'增产 50% 以上，表现为高产、稳产。'浙豌 1 号'在丰产性、商品性等方面明显优于当地主栽品种'中豌 6 号'，具有巨大的推广价值，适宜浙江省各地种植。

6. 新品种认定

在进行一年的品种比较试验之后，进行了两年的生产性试验，并且同时进行生产试推广。在上述试验取得满意结果的基础上，安排新品种认定的现场会，进行新品种的认定工作。2006 年 1 月 22 日，浙江省非主要农作物认定委员会通过了对'浙豌 1 号'的品种认定。

二、原华南热带农业大学（现已并入海南大学）选育香蕉新品系

1. 优良单株的选育

2001 年，在香蕉大田育苗过程中，相同的管理条件和水肥条件下，发现有茎秆较高、粗壮、叶片较多、叶色浓绿、叶型较小的优良单株。5～6 月份从苗圃中选出的单株混合种植，田间管理按一般生产技术要求进行。10～11 月份抽蕾结果，翌年 3～4 月份采收果实，选择果指修长、成熟期早、矮秆、高产、生长势强、无病虫害的优良单株，完成第一次单株选择。通过组织培养繁殖入选的优良单株，按第一次选择的标准在苗圃中种植。

按上述步骤在田中进行第二、三次优良单株选择。经过三次的选择后，优良系统苗期的性状表现较一致，趋于稳定；田间种植过程中，果指修长、成熟期早、高产、生长势强等目标性状表现优良和稳定。

2. 品系比较试验

品系比较试验在海南省东方市进行，对照为'巴西'。2004 年 6 月初种植，2005 年 4 月中下旬采收完毕，进行了植物学性状观察和产量比较。

结果表明：该新品系全生育期（从大田定植算起）为 317d，叶片数为 40 片（从大田定植算起），现蕾至收获 75～90d，全生育期比对照'巴西'短 40～45d。新品系茎围、株高、采收时叶

片数等性状与'巴西'差别不大;叶型比(长/宽)较'巴西'小。另外,叶片性状还表现叶尖急尖、叶柄较短、叶距较小、叶色浓绿等特点。新品系还表现出较强的生长能力。与'巴西'相比,新品系的果梳多、果穗重。新品系平均每梳质量4.0kg左右,第1梳(4.83kg)和第2梳(4.83kg)轻于'巴西',但第3梳以后则重于'巴西'。同一果穗上果梳质量较'巴西'均匀,而'巴西'则是明显的"头重尾轻"。同一果穗上单果质量较'巴西'均匀。平均每梳果指数与'巴西'差别不大,但同一果穗上每梳果指数较'巴西'均匀,'巴西'则是明显的"头多尾少"。新品系第1、2、3梳(20cm左右)果指长度与'巴西'差别不大,但第4梳以后则明显长于'巴西'。同一果穗上果指长度较'巴西'均匀,而'巴西'是明显的"头长尾短"。新品系每穗果指数、果指长度、单果质量、单果直径、弯曲度均与'巴西'无明显差异。

新品系平均单株产量为24.57kg,高于'巴西'(20.32kg),折合667m^{2}产量达4127.76kg,比'巴西'高20.9%,表现出明显的丰产性。

3.新品系生产试验

(1)种苗培育

通过3年的组培快繁实践,建立了新品系种苗快繁技术体系。经过5年的新品系育苗实践,建立了种苗培育技术。该技术培养新品系达到出圃标准(假茎高在15cm以上,6片绿叶),需40~50d,种苗表现生长快、长势旺、粗壮、叶色浓绿、叶片肥厚、植物整齐、病虫害少、大田种植耐旱性较强、恢复快。

(2)生产试验

从2003年选育时就开始在生产上小面积种植推广。对2005年和2006年生产推广点进行了产量、抗逆性及适应性等性状的调查。

在不同生产点种植发现新品系长势都非常好,性状整齐一致,比对照'巴西'增产15%以上,表现为高产、稳产。新品系抗逆性较强,有较好的耐旱性,对日灼也有较好的抗耐性。新品系香蕉价格均较'巴西'要高0.2~0.4元/kg。主要原因一是外观好,表现在果穗圆柱状,果梳大小均匀,果指修长且均匀;采收时,果实色泽黄绿,光泽度好;果实催熟后果色金黄、色泽均匀一致,光泽度好。二是口感细腻、风味浓香甜润。三是果梳大小均匀利于装箱储运。

4.新品系推广及评价

从2003年选育时就开始在生产上推广,至2007年累计推广种苗80万株,推广面积约333hm^2。若按每3800kg/667m^2、蕉价1.6元/kg计,每667m^{2}产值6080元,至2007年已推广333hm^2,种蕉产值达3040万元。按每株种苗0.7元,推广苗数80万株计算,种苗产值达56万元。两项合计3096万元,获得较好的经济效益。

本品系为中秆类型,株高231cm,茎粗70.2cm;果穗圆柱形,果梳均匀,果指修长,可达20cm以上,果指数每穗130条;每穗果梳为6~8梳,平均7梳;单穗重24.4kg;大田种植130d后初现蕾,至270d后始收,全生育期约310d。

三、浙江大学选育无核椪柑'丽椪2号'

1.品种的亲本来源及特性

'丽椪2号'无核椪柑是从丽水及周边地区有核椪柑园中通过大量调查筛选出少核或无核椪柑自然变异优良单株的基础上,采用无性系高接和苗木嫁接加代繁育和比较试验选育而成的椪柑新品种,具有无核性状稳定、无核率高、树势强、生长快、结果早、丰产、商品性好、耐贮藏等优良性状。

2.无核椪柑选育方法及路线

(1)无核椪柑选育方法

无核椪柑选育方法及路线见图4-12。

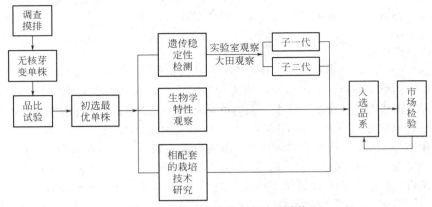

图 4-12　无核椪柑选育方法及路线

（2）选育过程

1997 年秋筛选出少核或无核椪柑自然变异优良单株 12 个株系，建立了 0.33hm² 少核或无核的椪柑选种试验园，高接少核或无核椪柑 150 株。自 2000 年开始挂果投产以来，其株系间，极少单株已表现出明显的差异。因此，对入选单株采取挂牌观察，分别编号为 97011～9712150。根据无核率的高低进行优选和淘汰，无核率达 95％以上的给予优选并作进一步观察试验，对无核率在 95％以下的单株给予淘汰。通过 2000～2009 年的结果性状和果实考种表明：综合性状以 97022 号单株（暂定名'丽椪 2 号'）表现最优。该优选株系无核率高达 99％以上并且优质、丰产、商品性好、抗逆性强、果实耐贮藏。在此期间，对'丽椪 2 号'进行多点多子代（无性系）遗传稳定性和生物学特性及生产技术开展了研究。主要包括：采用无性系繁殖'丽椪 2 号'无核椪柑子一代、子二代开展遗传稳定性研究；对'丽椪 2 号'生物学特性包括物候期、生长结果习性、经济性状、适应性、抗逆性、无核成因及机理、果实耐贮藏性、早果及丰产性等方面开展了研究；与'丽椪 2 号'无核椪柑相配套的关键技术开展了研究。结果表明：'丽椪 2 号'无核椪柑采用无性系繁育的子一代、子二代生物学特性表现一致，遗传性状稳定，无核是因为胚囊高度败育与花粉低育所致，无核性状稳定。

3.品种特性

（1）树体生长特征

树势强，树冠呈长圆形，幼树直立生长性强，分枝角度小，枝梢萌芽、发枝力强，顶端优势明显，每年春、夏、秋抽三次梢，9 月 20 日以后抽生的晚秋梢生长多不充实，易冻害，栽培上需抹除。春梢细、密、较柔软，夏秋梢旺长较粗壮，旺长夏梢叶腋间偶有刺，平均梢长春梢 16cm、夏梢 30cm、秋梢 23cm。叶片披针形，夏叶＞秋叶＞春叶，春梢叶片平均长宽 7.75cm、3.35cm，叶锲不明显，叶色浓绿，油胞稍凸，叶面有蜡质层。

（2）结果习性

花单生，多为有叶单顶花，花蕾椭圆形，花 5 瓣，白色，雄蕊多 16 枚左右，雄蕊明显低于雌蕊，花药黄白色、瘦瘪，自然开裂度低，用手捏破药囊，少有金黄色的花粉。柱头扁圆，柱头多露于雄蕊之上形成露柱花，露柱同普通有核椪柑相比，露柱长度稍长的比例高，柱头同有核椪柑一样在上午 9 时以后会分泌乳白色露珠。结果母枝以春梢和秋梢为主，夏梢不易形成结果母枝，幼树可利用夏梢快速生长促进树冠扩大，青壮年树为提高坐果率必须抹除夏梢或采取措施抑制夏梢生长，有叶结果枝比例高达 55％～70％，能单性结实，着果率 3％～8％，比有核椪柑低。果实发育有二次明显的生理落果期，定果后 70d 才进入果实迅速膨大期，正好避开 7～8 月的干旱季节，很适宜山地种植，一年生基砧苗木定植后的当年或第二年就开花，如不采取人为采摘，有极少植株会挂果，第三年大多挂果投产，第四年可全部投产，最高株产达 10kg。在胡柚、温州蜜柑等大树上高接，当年可恢复树冠，第二年就可挂果恢复产量，且坐果后生长势健旺，不会引起树势早衰。

（3）果实经济性状

果实扁圆，端正，蒂部果皮略凸，放射沟比有核椪柑略为明显，果皮橙红，易剥离，表面油胞略凸比有核椪柑略为明显，果皮与囊瓣紧实，不浮皮（特大果有浮皮现象），果实组织紧密，囊瓣 9~12 瓣，肉质脆嫩，化渣，汁多，果实单果重 100~250g，大果与小果相比，品质较为一致。经疏果平均单果重可达 140g，果实横径 7.23cm、纵径 5.92cm，果皮厚 0.35cm，果皮重 44.72g，可食率 70.46%，无核率 99% 以上，固形物含量 12.5%，总糖 8.38%，还原糖 3.63%，含酸量 0.67%，维生素 C 含量 44.91mg/100mL。在同一地块种植或在同一母株上高接'丽椪 2 号'与有核椪柑比较，固形物含量比有核椪柑高出 1%~2%。果实耐贮藏性与有核椪柑相近，贮至 2 月 10 日~3 月 30 日为风味最佳期，贮至 4 月 15 日，风味不变，贮至 4 月 30 日止，果实腐烂率 2% 以下，部分果实出现异味，首先出现异味的或腐烂果实大多为大果、特大果和最小果，125g 左右的中等果最耐贮藏，风味最佳。

（4）适应性与抗逆性

凡在普通有核椪柑适栽区即绝对温度 −9℃ 以上区域均可种植，耐寒性在温州蜜柑与脐橙之间，抗旱性、耐高温、耐日灼能力比温州蜜柑强，由于果实迅速膨大期在 9 月份以后开始，避开了 7~8 月的干旱，加之树势强，叶片蜡质层比其它柑橘品种厚，因此特别适应山地种植，较抗溃疡病。通过多点试验，'丽椪 2 号'均能适应试验地区的气候条件与立地条件，因此，'丽椪 2 号'适宜种植范围为浙江及全国类似地区的有核椪柑适栽区。

4.综合评价与推广前景预测

'丽椪 2 号'无核椪柑其无核性状给食用和加工糖水罐头等带来了方便，大大提高了椪柑的商品性，对提升椪柑产业和优化柑橘品种结构提供了品种支撑。

椪柑是全国第二大主产的宽皮柑橘品种，目前生产栽培的几乎全是有核类型，这在一定程度上影响了其商品性和市场竞争力。今后，如果能通过推广发展'丽椪 2 号'无核椪柑，逐步取代当前主栽的种子偏多的普通椪柑，这对于提高椪柑的质量档次、促进椪柑产业的提升，使椪柑上升为世界名牌品种具有十分重要的意义。

思考题

1.何为选择和选择育种？

2.比较单株选择法和混合选择法的优缺点，分析不同授粉习性的作物各自适用的选择方法。

3.简述为了提高选择效果，如何考虑群体的变异幅度、入选率、遗传力等因素的影响？

4.如何加速有性繁殖植物的选种进程？

5.如何理解芽变的特点？如何理解芽变的细胞学基础和遗传学基础？

6.芽变选种中应如何分析变异、筛除饰变？

7.芽变选种的程序包括哪些内容？

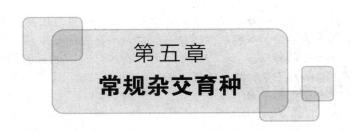

第五章
常规杂交育种

杂交是生物遗传变异的重要来源。基因型不同的生物个体之间的交配，或者雌、雄配子之间的结合产生后代的过程谓之杂交（cross）。杂交的遗传学基础是基因重组，不同材料之间通过杂交途径获得新品种叫杂交育种（cross breeding）。根据作物繁殖习性、育种程序、育成品种的类别不同，可将杂交育种分为常规杂交育种、优势杂交育种和营养系杂交育种。营养系杂交育种（clonal cross breeding）是先通过有性杂交综合亲本的优良性状，再用无性繁殖保持品系的同型杂合，同时利用亲本的加性和非加性效应进一步培育成营养系品种，在育种中表现出与一般品种不同的遗传特点。营养系杂交育种适用于绝大多数果树、花木和球根花卉，以及无性繁殖的蔬菜。

常规杂交育种（conventional cross breeding）是传统的重要的育种方式，通过基因重组产生新性状，经选择培育获得新品种。

第一节　常规杂交育种简介

一、常规杂交育种的概念和意义

常规杂交育种也称组合育种，系通过人工杂交，把分散于不同亲本上的优良性状组合到杂种后代中，再对其后代进行多代选择、培育，获得基因型纯合或者接近纯合的新品种的育种方法。

通过杂交可使不同亲本的优良性状组合到一起，在其后代群体中就可能出现目标性状，因此选择到目标性状的机会就大大增加。同时，利用双亲杂交还可能产生在某性状上超越亲本的新类型、打破不利的连锁关系、改善位点间的互作关系产生新性状等。理论上，常规杂交育种适用于所有有性繁殖的植物，如自花授粉、异花授粉、常异花授粉等植物。在杂交过程中，由于基因的分离和重组，从而使后代表现出不同的性状，因此在不同的育种世代中，育种家可选择出符合育种目标要求的重组类型；再通过系列试验，鉴定、筛选出符合要求的株系或者品系，将其培育成新品种。因此杂交、选择和鉴定成为杂交育种中不可缺少的重要环节。

但是杂交仅仅是使亲本基因组合到一起，即使通过多亲杂交，对存在于非亲本材料中的优良性状也难以利用。为了达到育种的具体目标，发挥其创造性作用，在育种开始以前，必须拟订杂交育种计划，包括育种目标、亲本选配、杂种后代的处理等。通过对亲本的选择选配可使杂种后代的变异性质得到控制，比单纯的选择育种更富创造性和预见性；杂种后代的变异范围很广，为选择提供了丰富的材料来源；杂交能使控制优良性状的基因通过自由组合或连锁交换达到重组目的，产生新的性状，或者是能够把两个或两个以上亲本的优良性状综合到一个品种中；杂交能产生杂种优势的遗传效应，对于无性繁殖的作物能直接利用；有时杂交可打破不利基因间的连锁关系，如番茄抗病基因与黄化基因的连锁。所以，杂交育种是培育新品种或者进行品种改良的重要方法，也是使用最普遍的方法。

二、常规杂交育种的类型

常规杂交育种根据杂交亲本亲缘关系的远近，可分为近缘杂交（intraspecific crossing）和远缘杂交（interspecific crossing）。近缘杂交，也就是常规杂交，一般是指同一物种内不同品种或变种之间的杂交，又称种内杂交，一般杂交成功率较高，不存在杂交障碍。如番茄的品种间杂交。远缘杂交是指分类学中的种（species）以上类型之间的杂交，又称种间杂交，一般亲缘关系较远，基因型间差别较大，存在杂交障碍，杂交成功率较低。如部分栽培番茄种与野生番茄种杂交、番茄与茄子杂交都属于远缘杂交。

第二节　常规杂交育种的杂交方式

杂交方式是指一个杂交组合里用几个亲本以及各亲本间的组配方式，它影响着育种的成败。常规杂交育种有多种方式，每种杂交方式的作用效果不同，获得的杂交后代表现也不同。为了获得符合育种目标要求的重组基因型，在选好杂交亲本的基础上，根据不同的育种目标、亲本特点以及有关条件，灵活选用不同的杂交方式。

一、两亲杂交

两亲杂交是指参加杂交的原始亲本只有两个。如果只杂交一次叫单交（single cross），如果某一个亲本杂交多次称为回交（back cross，记作 BC）。

1. 单交

单交，又叫成对杂交，其中一个亲本提供雄配子，称为父本；另一个提供雌配子，称为母本。A×B 表示 A 为母本、B 为父本。单交有正、反交之分。正、反交是相对而言的，如 A×B 为正交，则 B×A 为反交；若 B×A 为正交，则 A×B 为反交。

单交是一种最常用的杂交方式，只进行一次杂交，后代分离小，稳定快，杂种后代的变异较易控制，在常规杂交育种中普遍采用。但只有两个亲本，遗传基础较窄，选择的可能性受到一定限制。不同的单交组合后代的分离大小及稳定快慢，取决于亲本间差异和亲缘关系远近。如果两个亲本来源较近，性状差异较小，杂种后代分离小，稳定快；反之，分离大，稳定慢。单交的特点是只进行一次杂交，简单易行，后代群体的规模较小，性状分离时间短且稳定较快，杂种后代的变异较易控制。因此，在双亲杂交后代中能选出符合育种目标的材料时，首先考虑用单交方式。若亲本性状是核遗传，正反交后代性状差异不大，此时主要考虑杂交工作的简单方便。如以花粉量大的作父本；以带苗期标记性状（如番茄的薯叶、黄叶、绿茎，甜瓜的裂叶、西瓜的全缘叶等）的材料作母本，便于鉴定真假杂种；若亲本性状属于细胞质遗传，正反交后代性状的差异较大，此时应将有细胞质效应的材料作母本。如以大苹果抗寒材料为母本与小苹果杂交，选出抗寒苹果；反交组合因抗寒性差而被淘汰。

但是，单交只有两个亲本参与杂交，遗传基础较窄，选择的可能性受到一定限制，比如亲本 P_1 具有抗病、晚熟的性状，亲本 P_2 具有感病、早熟的性状，在其杂交后代中，可以选到抗病、早熟的材料，而不可能获得高产的材料，因为高产性状并不存在于双亲材料中。因此，将具有高产性状的材料与具有抗病、早熟性状的材料再次杂交，才可能选到集抗病、早熟、高产等性状于一身的材料。即当两个亲本的杂交后代不满足育种目标时，需考虑复交，以便组合更多亲本的优良性状。

2. 回交

杂交后代及其以后世代如果与某一个亲本多次杂交称为回交。应用回交方法选育新品种的方法叫回交育种。多次参加杂交的亲本叫轮回亲本（recurrent parent），或称受体亲本；只参加一次杂交的亲本称为非轮回亲本（nonrecurrent parent），或称供体亲本。如大花型的麝香石竹与花色丰富的中国石竹杂交，因 F_1 花型不够大，就与麝香石竹进行回交，取得了花型较大且花色丰富的个体。杂种一代（F_1）与亲本回交的后代为回交一代，记作 BC_1 或 BCF_1，BC_1 再与轮回亲本回交，其后代为 BC_2 或 BC_1F_1，BC_1 自交一代叫 BC_1F_2，其它类推，见图5-1。其中 P_1 为轮回亲本，P_2 为非轮回亲本。

多次回交使回交后代的性状与轮回亲本基本一致，这种回交叫饱和回交。从饱和回交后代可培育轮回亲本的近等基因系（near isogenic lines）。如：杂种 F_1 的遗传组成为 $1/2P_1$ 和 $1/2P_2$；回交一代 BC_1 的遗传组成为 $3/4P_1$ 和 $1/4P_2$；回交二代 BC_2 的遗传组成为 $7/8P_1$ 和 $1/8P_2$；回交三代 BC_3 的遗传组成为 $15/16P_1$ 和 $1/16P_2$；依此类推。由此可知，随着回交世代的增加，回交后代逐渐恢复轮回亲本原来的优良性状并保留供体少数优良性状，同时增加杂种后代内具有轮回亲本性状的个体比例。因此，在育种中可利用回交方法使轮回亲本的缺点得到改良，即在轮回亲本原有综合优良性状的基础上，加入了供体亲本的有利性状。

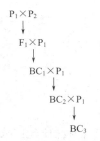

图 5-1　回交模式示意图

回交可以增强杂种后代的轮回亲本性状，以致恢复轮回亲本原来的全部优良性状并保留供体少数优良性状，同时增加杂种后代内具有轮回亲本性状个体的比例。随着回交世代的增加，后代中纯合体的比例与自交一样都按下式增加：

$$[(2^r-1)/2^r]^n$$

式中，r 为回交、自交世代数；n 为杂合基因对数。自交后代中包含不同基因型的纯合体，就某一基因型的纯合体而言，则为：$[(2^r-1)/2^r]^n(1/2)^n$。而回交后代的纯合体是一种与轮回亲本相同的基因型（表5-1）。

表 5-1　F_1 自交与回交后代群体内某种纯合基因型出现的概率

交配方式	杂合基因对数							
	1	2	3	4	5	6	7	n
F_1 自交	1/4	1/16	1/64	1/256	1/1024	1/4096	1/16384	$(1/4)^n$
$F_1\times$ 纯合亲本（回交）	1/2	1/4	1/8	1/16	1/32	1/64	1/128	$(1/2)^n$

二、多亲杂交

多亲杂交（multiple cross）是指参加杂交的亲本有3个或3个以上的杂交，又称复合杂交，或复交、多系杂交。根据亲本参加杂交的次序不同，可分为添加杂交和合成杂交。

1. 添加杂交

多个亲本逐个参与杂交的叫添加杂交。每杂交1次，加入1个亲本的性状。添加的亲本越多，杂种综合优良性状越多，当然也可能综合不良性状，这就需要去选择。但参与杂交的亲本也不宜太多，否则育种年限会延长，工作量加大。一般以3～4个亲本为宜。三交（three way cross）和四交（tetracross）最常用。三交是将3个材料的优良性状组合到1个材料中，即（A×B）×C；四交，4个亲本参与杂交，即 [(A×B)×C]×D，A、B、C、D四个材料杂交3次。如沈阳农业大学育成的早熟、丰产、有限生长、大果的'沈农2号'番茄就是以3个亲本通过添加杂交方式育成的。它综合了'克洛特克斯塔基'的早熟、直立、有限生长特性，'矮红金'的果实发育快、有限生长、果色一致、果形良好性和'比松'的早花、矮生性。布尔班克用英国野生菊、英国栽培雏菊、德国雏菊、日本雏菊经过多次添加杂交，选育出了大花、纯白、高度重瓣的理想型'沙斯塔'雏菊。因为添加杂交方式的图解呈阶梯状，所以也被称为"阶梯杂交"（图5-2）。添加杂交的亲本数愈多，早期参加杂交的亲本在杂种遗传组成中所占的比例愈小。

2. 合成杂交

参加杂交的亲本，先两两配成单交杂种，然后将2个单交杂种杂交。这种多亲杂交方式叫合成杂交（图5-3）。若参与杂交的亲本有3个，其合成杂交方式为：（A×C）×（B×C），若参与杂交的亲本有 4 个，其合成杂交方式为：（A×C）×（B×D）。

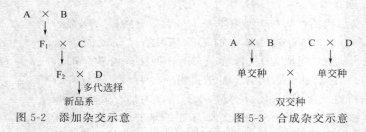

图 5-2 添加杂交示意   图 5-3 合成杂交示意

若目标性状是隐性性状，应把单交杂种自交，从分离的 F_2 中选出综合性状优良且含目标性状的个体进行不同 F_2 之间的杂交。若某一亲本特别优秀，可使其多次参与单交，则这种合成杂交后代中该优秀亲本所占的比例就多。

为了充分利用优秀亲本，可把合成杂交与添加杂交结合使用。实践中可根据育种目标、亲本的优点及其多少，灵活使用。合成杂交可将分散在不同亲本中的优良性状快速聚合到杂种后代中，相对添加杂交，合成杂交的各亲本在后代中所占的比例较高而且均匀，所以有可能选育成综合性状优良、适应性广、用途多的品种。但是，由于多亲本参与合成杂交，其后代的变异幅度大、符合育种目标要求的性状多、选择的范围广，因此要求后代群体较大，或者说在后代群体选择时，尽量少淘汰，以避免丢失目标性状。所以，工作量就会大大增加。

多亲杂交与两亲杂交相比，最大的优点是将分散于多个亲本上的优良性状综合于杂种中，丰富了杂种的遗传基础，增加了变异类型，为选育适应性强、综合经济性状优良的品种提供了更多机会。

3.多父本杂交

多父本杂交（multiple male-parental cross）是指把多个父本材料的花粉混合后授给一个母本，即 A×（B+C+D+E）。可人工授粉，也可将母本种植在若干选定的父本品种之间，去雄后任其天然自由授粉。多父本杂交的后代变异种类丰富，有利于选择，可应用于多种植物。

第三节 杂交亲本的选择与选配

杂交亲本的选择与选配是杂交育种工作成败的关键之一。育种目标确定之后，要根据育种目标从种质资源中挑选最合适的材料作为亲本，并合理搭配父母本，确定合适的杂交组合。

一、亲本的选择

1.亲本选择的意义

根据育种目标选用亲本是杂种后代性状形成的基础，也是获得优良重组基因型的先决条件。如何选用亲本，直接影响到杂交育种的效果。如果亲本选得不好，则降低育种效率，或难以实现预期目标。因此，必须认真选择最符合要求的原始材料作亲本。

2.亲本选择的原则

（1）广泛搜集具有目标性状的种质资源

在育种目标明确的前提下，大量收集具有目标性状的各种材料，包括单株材料、株系、品系、栽培品种、半栽培类型、近缘野生类型、野生类型等。收集的材料种类越多，越容易从中选择好的亲本，也使后面的选配杂交组合、杂交后代的变异是否丰富、判断目标性状的遗传力大小和遗传方式、选择方法的确定等工作相对容易。因此，丰富的种质资源是育种工作的基础。

（2）亲本要具有较多的优良性状

杂交亲本具备的优良性状越多，需要改良完善的性状就越少。如果亲本携带有不良性状，会增加改造的难度，如果是无法改良的性状，必然会增加不必要的资源浪费。如野生资源虽然抗性强，但不良性状也较多，如黄瓜的苦味，引入栽培后很难根除。

（3）明确亲本的目标性状

目标性状要具体，更重要的是要明确目标性状的构成性状，分清主次，突出重点。因为许多经济性状如产量、品质等都可以分解成许多构成性状。构成性状比由它们构成的综合性状的遗传更简单，更具可操作性，选择效果更好。如番茄的单株产量是由单位面积株数、单株花数、坐果率和单果重等性状构成的。在抗病育种中要明确抵抗的具体病害的种类和主次（主抗和兼抗）、生理小种（或株系）、期望达到的抗病水平（病情指数）。当育种目标涉及的性状很多时，要求所有性状均优良的材料是不现实的。在这种情况下必须根据育种目标，突出主要性状。如春甘蓝育种中不易先期抽薹比产量更重要，因此，不易先期抽薹但产量较低的材料比产量较高但易先期抽薹的材料更适合作亲本。

（4）优先考虑用具稀有可贵性状的材料作亲本

在现有的种质资源中，有些性状出现的频率较高，有些珍稀可贵性状出现的频率很低。如黄瓜雌雄同株很普遍，而雌性株极少。抗热且品质优良的夏秋甘蓝少，品质好但不耐热的秋甘蓝材料则较多。凤仙花中单花型、叶腋开花型常见，并蒂双开的对子型和枝端开花型罕见；花色中紫、红、白等色较普遍，而绿色、黄色为珍稀类型。

（5）重视选用地方品种

地方品种是在当地长期自然选择和人工选择的产物，对当地的自然和栽培条件都有良好的适应性，也适合当地的消费习惯。用它们作亲本选育的品种对当地的适应性强，容易在当地推广。因为很多园艺植物产品受欢迎的程度与当地的消费或欣赏习惯有很大关系，如天津地区多喜欢绿帮大白菜，而东北地区多喜欢白帮大白菜。北方人喜欢有刺瘤、长条形黄瓜，华南人偏爱无刺瘤、短棒状的黄瓜等。

（6）用一般配合力高的材料作亲本

一般配合力是指某一亲本品种或品系与其它品种或品系杂交的全部组合的平均表现。它主要决定于可以固定遗传的加性效应。但一般配合力高低目前还不能根据亲本性状的表现估算，只能根据杂种的表现来判断。常规杂交育种中一般配合力高的亲本材料和其它亲本杂交往往能获得较好的效果，所以在实际育种工作中应优先考虑。

（7）优先考虑数量性状

数量性状受多基因控制，它的改良比质量性状困难很多。因此，当数量性状和质量性状都要考虑时，应首先根据数量性状的优劣选择亲本，然后再考虑质量性状。

二、亲本的选配

1.亲本选配的概念和意义

亲本的选配是指从入选的亲本中选用恰当的亲本，配制合理的杂交组合。多亲杂交时，应确定采取添加杂交还是合成杂交。合成杂交时，应确定哪两个亲本先配成单交种，然后再用它们配组杂交。

亲本选配得当，可以大大提高育种效率。一个优良的杂交组合往往能选育出多个优良品种。反之，如果亲本选配不当，即使在杂种后代选育多年也难以出现理想的变异类型，更难选出优良品种。

2.亲本选配的原则

（1）双亲性状优良，且优缺点互补

杂交亲本双方可以有共同的优点，且愈多愈好，但不应有共同的或互相助长的缺点，特别是难以改进的缺点。性状互补即父本或母本的缺点能被另一方的优点弥补，双方"取长补短"。不同性状的互补，如选育早熟、抗病的品种，亲本一方应具有早熟性，另一方具有抗病性。菜用菜豆丰产育种中，'一尺青'（长荚）×'棍儿豆'（厚荚肉）、'一尺青'×'皂角豆'（宽荚）、'丰收1号'（长荚，多荚）×肯特奇异（厚荚肉，多荚）等均优于用长荚品种互交的效果。性状互补还包括同一性状不同单位性状的互补。如进行黄瓜丰产性育种，一个亲本为坐果率高、单瓜重低，另一个亲本应为坐果率低、单瓜重高。再以早熟性为例，有些果菜类品种的早熟性主要是因显蕾开花早，而另一些果菜类的早熟性主要是由于果实生长发育速度快，如果选配具有这两类不同早熟性状的亲本配组杂交，其后代有可能出现早熟性超亲的变异类型。因此，可选用生产力较高、适应性较强、综合性状较好的当地推广品种作为基础亲本，选用能弥补基础亲本的某些缺点、又能适应当地生态条件的品种作为补偿亲本。

亲本性状互补，杂交后代并非完全表现优亲的性状。尤其是数量性状，杂种往往难以超过大值亲本（优亲），甚至连中亲值都达不到。如小果、抗病的番茄与大果、不抗病的番茄杂交，杂种一代的果实重量多接近于双亲的几何平均值 $(P_1 \times P_2)^{1/2}$，而不是算术平均值 $(P_1 + P_2)/2$。因此要选育大果、抗病的品种，必须避免使用小果亲本。

性状互补应着重于主要性状，尤其要根据育种目标抓主要矛盾。当育种目标要求在某个主要性状上有所突破时，则双亲最好在此性状上都表现优良，且有互补。若要提高品种的早熟性，可选用分别在不同发育阶段发育较快的早熟品种做亲本。为培育抗某病害的品种，可选用都表现抗病但对其所抗生理小种又有差别的亲本杂交，则有可能选出兼抗多个生理小种的品种。

（2）用遗传差异大的亲本配组

在一定范围内，亲本间的遗传差异越大，从后代分离出来的变异类型越多，选出理想类型的机会就越大。选用不同生态类型、不同地理起源、不同亲缘关系的亲本配组，因为各自的遗传基础和优缺点不同，其杂交后代的遗传基础更为丰富，势必会出现更多的变异类型，易于选出性状超亲和适应性较强的新品种。不同地区的品种配组时，一般以北方品种做母本较方便。近年来国内甜瓜育种专家利用大陆性气候生态群和东亚生态群的品种间杂交，育成了一批优质、高产、抗病、适应性广的新品种，使厚皮甜瓜的栽培区由传统的大西北东移到华北各地。

（3）以具有较多优良性状的材料作母本

为了使胞质基因控制的有利性状也得到充分利用，一般应以具有较多优良性状的亲本做母本，具有少数特殊优良性状的亲本做父本，杂交后代出现综合优良性状的个体往往较多。在实际育种工作中，用栽培品种与野生类型杂交时，一般用栽培品种做母本；外地品种与本地品种杂交时，通常用本地品种做母本。在品种间着果能力和每果平均健全种子数差异较大时，用着果率高、健全种子数较多的品种做母本较为有利。

（4）用一般配合力高的材料配组

配合力是指亲本与其它亲本结合时产生优良后代的能力。一般配合力是指某一亲本品种与其他若干品种杂交后，杂交后代在某个性状上的平均表现。一般配合力高的性状反映了亲本品种控制该性状的基因加性效应大，不仅其杂种第一代的表现型数值与双亲平均值关系密切，而且随着世代的增加，基因型纯合、增效基因的逐代累加，有可能选出稳定的超亲类型。因此，杂交育种中选配的亲本应具有较高的一般配合力。

一般配合力的高低与品种本身性状的优劣有一定联系。一个优良品种常常是一个好亲本，但并非所有的优良品种都是好的亲本。

（5）对于质量性状，双亲之一要符合育种目标

根据遗传规律，从隐性性状亲本的杂交后代内不可能选出具有显性性状的个体。当目标性状为隐性时，双亲之一至少有一个为杂合体，才有可能选出目标性状。但实际育种中很难判断哪个为杂合体，所以最好是双亲之一要具有符合育种目标的性状。

（6）注意父母本的开花期和雌雄蕊的育性

如果两个亲本的花期不遇，用开花晚的材料做母本，开花早的材料做父本。因为花粉可在低

温干燥的条件下贮藏一段时间，等到晚开花亲本开花后再行授粉，而雌蕊是无法贮藏的。用雌性器官发育正常和结实性好的材料做母本，用雄性器官发育正常和花粉量多的做父本。

第四节 杂交技术

园艺植物的种类繁多，花器结构和授粉习性因植物种类而有很大差异。这里主要介绍共性的杂交技术环节。

一、杂交前的准备工作

1. 制定杂交计划

根据整个育种计划要求，了解育种对象的开花授粉习性，制定详细的杂交工作计划，包括杂交组合数、具体的杂交组合、每个组合杂交的株数和每株杂交的花数等。注意未来育种的工作量和可能出现的意外情况，制定预案，提高效率。

2. 亲本种株的培育及杂交用花的选择

选定亲本后，从中选择具有该亲本典型特征的植株，用适当的栽培条件和栽培管理技术，使性状能充分表现，植株发育健壮，以保证母本植株和杂交用花充足，并能获得充实饱满的杂交种子。如果种株生长瘦弱，既会影响柱头接受花粉的能力以及父本花粉的生活力，也会影响杂交种子的发育，严重时得不到杂交种子。

种株的培育除了要注意肥水管理、防病防虫等外，还应注意亲本花期的调节。防止父母本花期不遇是杂交育种中最值得注意的问题。通常采取的措施有：

① 调节播种期。一年生花卉、蔬菜通过调节播种期来调节开花期是最有效的。通常将母本按正常时期播种，父本提前或延迟或分期播种，保证使其中的某期与母本相遇。

② 植株调整。对开花过早的亲本，可摘除已开放的花朵和花枝，达到调节开花期的目的。对于一些蔬菜，也可通过摘心、整枝等，抑制顶芽生长，促进侧芽萌发，增加花量或延迟开花。

③ 温度、光照处理。很多园艺植物的花芽分化受到温度和光照影响。一般低温促进二年生园艺植物如萝卜、白菜、甘蓝等花芽的形成，短日照促进短日性植物如瓜类、豆类、大花牵牛花、一串红、波斯菊等花芽的形成。形成花芽后的植株置于高温下可促进抽薹开花、低温下则延迟开花。长日照促进长日性植物如蒲包花、翠菊等提前开花。瓜叶菊花芽分化要求短日照，开花则要求长日照。

④ 栽培管理措施。控制氮、磷、钾肥的用量与比例及土壤湿度等均可在一定程度上改变花期。一般氮肥可延迟开花，增加磷钾肥可增加花量或使植株提前开花。断根也可控制开花，一般有提早花期的作用。

⑤ 使用植物生长调节剂处理。如赤霉素（GA_3）、脱落酸（ABA）、萘乙酸（NAA）、邻氯苯氧丙酸（CIPP）等植物生长调节剂可改变植物营养生长与生殖生长的平衡关系，起到调节花期的效果。10mg/L GA_3 可促进二年生作物开花。ABA 可促进草莓、牵牛花等植物开花，但使万寿菊开花延迟。在诱导开花的低温期用 10mg/L CIPP 处理芹菜、甘蓝可使抽薹延迟，但若在花芽形成后处理反而会促进抽薹开花。

⑥ 切枝贮藏、切枝水培。对于父本可通过这一措施延迟或提早开花。对母本一般不采用此法，因为一般情况下切枝水培难以结出饱满的果实和种子。但柳树、榆树、杨树等的切枝水培时杂交可收到种子。

在杂交前还要选择健壮的花枝和花蕾、花朵，以保证杂交种子充实饱满。十字花科和伞形科植物应选主枝和一级侧枝上的花朵杂交。百合科植物以选上、中部的花朵进行杂交为宜。葫芦科植物以第 2～3 朵雌花杂交才能结出充实饱满的果实和种子。番茄以第二花序的第 1～3 朵花较好。茄子应选对茄的花朵进行杂交。豆科植物以下部花序上的花朵进行杂交较好。菊科植物以周围的花朵较适合杂交。

二、隔离和去雄

1. 隔离

隔离（isolation）的目的是防止母本的杂交用花接受非目的花粉而发生非目的性杂交；防止父本的采粉花朵中的花粉被其它近缘植物的花粉污染而发生非目的性杂交。父本和母本都需隔离。隔离可分为空间隔离、时间隔离和器械隔离。空间隔离一般用于种子生产，如大白菜制种时要求隔离距离在 1500m 以上。时间隔离一般应用较少，因为时间隔离与花期相遇是一对矛盾。在育种试验田，一般用硫酸纸袋或纱网或尼龙网进行器械隔离。对于较大的花朵也可用塑料夹将花冠夹住或用细铁丝将花冠束住，也可用废纸做成纸筒（比将要开花的花蕾稍大些）套住第二天将要开放的花蕾。如南瓜制种时多采用纸袋隔离法。花枝太纤细的材料，如苦瓜和凤仙等最好用网室隔离。对辣椒可用棉花将花蕾在开放前 1d 包裹起来。

2. 去雄

去雄（emasculation）是去除母本中的雄性器官，除去隔离范围的花粉来源，包括雄株、雄花和雄蕊。去雄时间因植物种类而不同。对于两性花，除严格的自交不亲和与雄性不育材料外，在花药开裂前必须去雄，包括去除雄蕊或杀死隔离范围内的花粉。除闭花受精植物（如菜豆和豌豆应在开花前 3～5d 去雄）外，一般都在开花前 24～48h 去雄。

去雄方法因植物种类不同而不同，一般用镊子先将花瓣或花冠苞片剥开，然后用镊子将花丝一根一根地夹断去掉，如番茄、梨、苹果等多用此法；也可用专用的剥蕾器去雄，剥蕾器的内径与花蕾直径一样大或稍大（茄科和十字花科植物可采用此法）。菊科植物一般用吸管吸足水后用水流冲去花粉。某些严格自交不亲和的虫媒花植物（如雏菊、熊耳草）可摘去花冠，免除去雄和套袋。对于雌雄同株异花的植物（如黄瓜、西瓜）在开花前将雄花去掉即可。对于菠菜这样的雌雄异株作物，将母本群体内的雄株拔除就可以了。禾本科草坪草花小，且单花内胚珠较少，采取温汤（一般水温 55℃）去雄或化学去雄较好，甚至在亲本选配中用雄性不育作母本。在去雄操作中，不能损伤子房、花柱和柱头，去雄必须及时、彻底，不能弄破花药或有所遗漏。如果连续对 2 个以上材料去雄，在给下一个材料去雄时，所有用具及手都必须用 70%酒精处理，以杀死前一个亲本的附着花粉。花朵小、去雄困难的植物，也可用化学杀雄剂去雄。

三、花粉的采集、保存及生活力检验

通常在授粉前 1d 摘取次日将开放的父本花蕾，带回室内，挑取花药置于培养皿内，在室温和干燥条件下，经过一定时间花药自然开裂。将散出的花粉收集在小瓶中，贴上标签，注明品种，尽快置于盛有氯化钙或变色硅胶的干燥器内，放在 0～5℃ 低温、黑暗和干燥条件下贮藏。但要注意郁金香、君子兰等植物的花粉贮藏的湿度不得低于 40%。也可用蜂棒或海绵头在散粉时收集花粉。番茄、茄子等茄科植物也可使用电力震动采粉器采粉。

不同植物的花粉寿命不同，百合花粉在 0.5℃、相对湿度 35% 的条件下贮藏 194d 后仍有很高的萌发率；苹果、雪松、松、银杏等的花粉在一般冰箱和干燥器中保存 1 年以上仍有较高的发芽率；郁金香花粉在 20℃、相对湿度 90% 下贮藏 10d 后，萌发率由 45% 降至 15%；在自然条件下，萝卜花粉可保持 3d 的生活力，唐菖蒲花粉在室温下 2d 就失去发芽力，黄瓜花粉 4～5h 后便丧失生活力。

经长期贮藏或从外地寄来的花粉，在杂交前应先检验花粉的生活力。检验花粉生活力的方法有形态检验法、染色检验法和培养基发芽检验法等。

① 形态检验法。在显微镜下观察，正常的生活力较强的花粉呈圆形、饱满、淡黄色，而畸

形、皱缩的花粉则无生活力。

② 染色检验法。用过氧化氢、联苯胺和 α-萘酚等化学试剂染色后，花粉呈蓝色、红色或紫红色者表示有生活力，不变色者为无生活力。此外，还可用中性红和氯化三苯基四氮唑（TTC）、碘-碘化钾（I_2-KI）染色检验。

③ 培养基发芽检验法。采用悬滴法将花粉以适当密度撒播在 5%～15% 蔗糖和 1% 琼脂的固体培养基上，悬盖于事先制好的保湿小室玻璃环内，在 20～25℃ 下数小时至 24h（因植物而异）后，便可检查花粉生活力。在培养基中加入 1mg/L 硼酸可促进花粉的萌发。发芽的即为有生活力的花粉，花粉的发芽长度是判断花粉生活力高低的依据。

④ 授粉花柱压片镜检。授粉后 18～24h 取授粉花柱压片，在显微镜下检查，花粉萌发表示花粉有生活力。

四、授粉、标记和登记

1.授粉

授粉是用授粉工具将花粉传播到柱头上的操作过程。父、母本花朵最好是分别在雄、雌蕊生活力最强的时期，这样可提高杂交结实率。大多数植物的雌、雄蕊都是开花当天生活力最强。少量授粉可直接将正在散粉的父本雄蕊碰触母本柱头，也可用镊子挑取花粉直接涂抹到母本柱头上。如果授粉量大或用专门贮备的花粉授粉，则需橡皮头、海绵头、棉签、毛笔、蜂棒或授粉器等授粉工具。对十字花科植物，一个收集足量花粉的蜂棒可授 100 朵花以上。

2.标记

为防止收获杂交种子时发生差错，必须对套袋授粉的花枝、花朵挂牌标记。挂牌一般是在授完粉后立刻挂在母本花的基部位置，标记牌上标明父母本及其株号、授粉花数和授粉日期，果实成熟后连同标牌一起收获，以便考种。由于标牌较小，不宜写字太多，所以杂交组合等内容可用符号代替，并在记录本中标记清楚。为了一目了然，便于找到杂交花朵，可用不同颜色的牌子加以区分。牌子应挂在杂交花枝最下面的一朵花的下面，即表示挂牌部位以上的花都是授过粉的花。

3.登记

除对杂交组合、花数、日期等有关杂交的情况进行挂牌标记外，还应该登记在记录本上，如表 5-2 所示，可供以后分析总结，同时也可防止遗漏。

表 5-2　有性杂交登记表

组合名称：

母本株号	去雄日期	授粉日期	授粉花数	果实成熟期	结果数	结果率/%	有效种子数	果均种子数	备注

五、杂交授粉后的管理

为防止套袋不严、脱落或破损，保证结果准确可靠，杂交后的头几天内应注意检查，以有利于及时采取补救措施。雌蕊受精的有效期过去后，应及时摘袋，加强母本种株的管理，提供良好的肥水条件，及时摘除没有杂交的花果，剪去后生的过多枝叶，防治病虫害、鸟害及鼠害等，保证杂交果实良好发育。对易倒伏的种株，还应在种株旁插竹竿设支架，将种株扎缚在竹竿上。果实达生理成熟时及时采收种子，对杂交种子连同标记牌及时收获，按组合分别脱粒、干燥和保存。

第五节　杂种后代的培育与选择

通过有性杂交所得到的杂种，只是基因重组的育种原始材料，提高了综合性状于同一个体的可能性。优良基因型能否出现和被保留下来，并被纯化为优良品种，还决定于对杂种后代的培育和选择手段以及试验鉴定。要想从杂种后代中选出符合育种目标要求的优良新品种，必须在均匀一致的条件下进行培育，按照杂种世代的特点严格选择、鉴定和评价。

一、杂种的培育

杂种性状的形成受制于选择方向和方法以及杂种后代的培育条件，因为杂种的表现性状是杂种后代选择的依据，性状的表现离不开栽培的环境条件。只有通过一定的培育条件，杂种性状才能充分表现，从而提高选择的可靠性。杂种的培育应遵循以下原则。

1.保证杂种后代能正常发育

根据不同园艺植物的生长发育特点和在不同生长季节的需要，提供杂种生长所需的条件，使杂种后代能够正常地发育，以供选择。例如黄瓜，若摘叶过多过早，前期单株结果过多，花朵质量差，后期养分供应偏少；如果果实膨大期外界环境不适，结果期不能及时供给养分，过多或单一施用氮肥或鸡粪，钾肥、磷肥不足，那么就会形成弯瓜。

2.培育条件相对均匀一致

杂种后代的表现型是基因型、环境及基因与环境互作效应的综合反应。不同的培育条件基因型有不同表现。培育条件相对均匀一致，可将由于环境条件对杂种植株表现性状的影响而产生的差异减少到最小，以便正确选择，提高可靠性。如土壤肥力不均匀，就会出现植株高矮不齐、果实大小不一等差异，选择时会出偏差。苹果因光照不均匀，着色就会有差异，一般见光多的色泽好，背阴地方色泽就差。

3.培育条件应与育种目标相对应

根据育种目标，创造对选择性状能客观、快捷鉴定的条件和手段，使性状选择客观有效。若选育高产优质的品种，就要人为创造培育条件以使目标性状的遗传差异能充分表现，即较好的肥水条件使丰产、优质的性状得以充分表现，提高选择的可靠性。作为杂种后代的培育条件，不一定与生产性栽培的条件完全一致。如抗病育种要有意识地创造发病条件，抗热育种要有意识创造高温条件。

选育抗先期抽薹的春甘蓝品种时，应该比春甘蓝正常播种时间提前 10d 左右播种等。在这种条件下选育出来的品种，便能经受住严峻条件的考验，即使遇到多年难遇的不利于春甘蓝生长和结球的反常条件，也不致于大量抽薹开花。但选择压不能太大，需掌握好"度"。如黄瓜抗病育种，要通过试验找出一个感病对照和抗病对照，创造一个使感病对照感病出现症状而抗病对照不出现明显症状的最适条件。

二、杂种的选择

杂种后代选择常用系谱法（pedigree method）、混合-单株选择法和单子传代法（single seed descent method，简称 SSD 法）。

1.系谱法

系谱法工作程序和内容如图 5-4 所示。

（1）杂种一代（F_1）

分别按杂交组合播种，两边种植母本和父本，每一组合种植几十株，以便鉴别假杂种和鉴定性状的遗传表现。理论上，自花授粉植物品种间杂交，F_1 的植株间没有多大差异，因此，在 F_1

代一般不作严格选择，只是淘汰假杂种和个别显著不良的植株。组合内 F_1 植株间不隔离，但应与其它材料隔离。以组合为单位混收种子。多亲杂交的 F_1 （指最后一个亲本参与杂交所得到的杂种一代）和异花授粉植物品种间杂交 F_1 的处理同自花授粉植物单交种的 F_1，不仅播种的株数要多，而且从 F_1 起在优良组合内就进行单株选择。

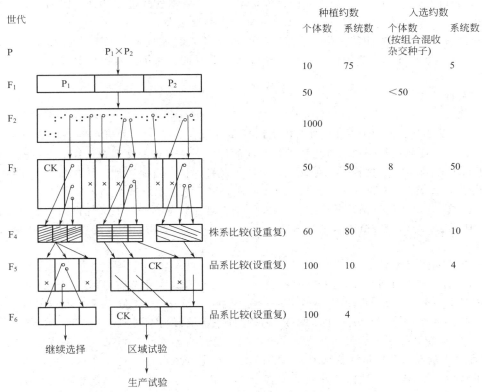

图 5-4 系谱法工作程序示意

（2）杂种二代（F_2）

将从 F_1 单株上收获的种子（即 F_2）分区播种。F_2 是性状剧烈分离的世代，种植的株数要多，才能使每一种基因型都有表现的机会。理论上 F_2 的种植株数可作如下估算：

如果控制目标性状为单基因隐性，且具有相对性状的亲本基因型为纯合时，F_2 出现具有目标性状个体的比例为 1/4；若目标性状为显性，则 F_2 出现具目标性状个体的比例为 3/4。若控制目标性状的隐性基因为 r 对，显性基因为 d 对，而且又无连锁时，则 F_2 出现具有目标性状个体的比例应为：

$$\rho = (1/4)^r \times (3/4)^d$$

当概率为 α 时，出现 1 株具有目标性状个体所需要种植的株数要满足 $(1-\rho)^n < 1-\alpha$，即种植的株数应为：

$$n = \lg(1-\alpha)/\lg(1-\rho)$$

若目标性状为主效显、隐性基因各 3 对所控制，基因不连锁，为保证有 95％ 的机会（$\alpha = 0.95$）出现 1 株，则 F_2 种植的株数应该为：

$$n = \lg(1-\alpha)/\lg(1-\rho)$$
$$= \lg(1-0.95)/\lg[1-(1/4)^3(3/4)^3]$$
$$= 451.39（株）$$

若保证有99％的机会出现1株，至少需种植694.4株。如果育种目标要求的性状较多，或连锁或目标性状是由多基因控制的或为多亲杂交的后代，种植的株数要求更多。在实际育种工作中，F_2一般都要求种植1000株以上。株行距很大的植株如西瓜、冬瓜等园艺植物的F_2群体可适当减少。种植F_2可不设重复。首先进行组合间的比较选择，淘汰综合表现较差的组合。自花授粉植物品种间杂交的F_2是开始分离的世代，重点针对质量性状进行选择，因为数量性状易受环境的影响，必须根据有重复的群体的表现才能较准确地选择。

异花授粉、自由授粉和常自花授粉植物品种间或多亲杂交的F_2，按自花授粉植物品种间杂交F_3的选择标准和内容进行选择。入选植株必须自交留种（异花授粉、自由授粉和常自花授粉植物须隔离自交）。

（3）杂种三代（F_3）

每个株系（一个F_2单株的后代）种一个小区，按顺序排列。每小区种植30～50株，每隔5～10个小区设一个对照小区。F_3的选择仍以质量性状选择为主，并开始对数量性状尤其是遗传力较大的数量性状进行选择。首先比较株系间的优劣。在入选的株系中选择优良单株。如果要淘汰的株系内确实有个别优株，也可入选。入选的优良单株应自交留种（异花和常自花授粉植物必须隔离自交）。F_3入选的系统（株系）应多一些，每个入选系统选留的单株可少一些（每系统入选5～10株），以防优良系统漏选。如果在F_3中发现比较整齐一致而又优良的系统（这种情况很少），则可在系统内混合留种（系统内单株间不必隔离，只须防止本系统外的花粉传粉），下一代升级鉴定。

（4）杂种四代（F_4）

F_3入选株系种一个小区，每小区种植30～100株（因植物种类而异），重复2～3次，随机排列。来自F_3同一系统的不同F_4系统为一个系统群（sib group），同一系统群内不同的系统为姊妹系（sib line）。不同系统群之间的差异一般比同一系统群内不同姊妹系之间的差异大。因此，在F_4应首先比较系统群的优劣，在入选系统群内，选择优良系统，再从入选系统中选择优良单株。F_4是对质量性状和数量性状选择并重的世代。因此，必须有重复（凡对数量性状进行选择都应有重复），而且小区内种植的株数也要多于F_3。F_4可能开始较多出现稳定的系统。对稳定的系统，可系统内自由授粉留种（系统间隔离），下一代升级鉴定。

（5）杂种五代（F_5）及其以后世代

关于以数量性状选择为主的世代，每一个系统种植一个小区，随机排列，每小区种植30～100株（因植物而异），重复3～4次。对数量性状进行统计学上的差异显著性检验，表现一致或很相近的都混合留种，性状不同的系统间仍需隔离。

系谱法的优点是基因型稳定速度较快、容易追溯亲本来源。缺点是手续较复杂、费工多。

2. 混合-单株选择法

混合-单株选择法又叫改良混合选择法，前期进行混合选择，最后实行一次单株选择（图5-5）。

对自花授粉作物杂种分离世代，按组合（或不按组合）混合种植，不加选择，直到估计后代纯合百分率达到80％以上时，才开始选择一次单株，下一代成为系统（株系），然后选择优良系统进行升级鉴定。一种植物的一个育种计划（项目）最好能有5000株以上。株行距较大（30cm以上）的植物也应有3000株左右。在F_4或F_5代以前只针对质量性状和遗传力大的性状进行混合选择，甚至不进行选择。到F_4或F_5进行一次单株选择。入选的株数为200～500株，尽可能包括各种类型。F_5或F_6按株系种植，每小区30～50株，随机区组设计，重复2～3次。对质量性状和数量性状都进行选择。入选少数优良株系（约5％），升级鉴定。

混合-单株选择法的理论依据是：自花授粉植物经过4～5代繁殖后，群体内大多数个体的基因型已接近纯合。在分离世代保持较大的群体，可保证各种重组基因型都有表现的机会。

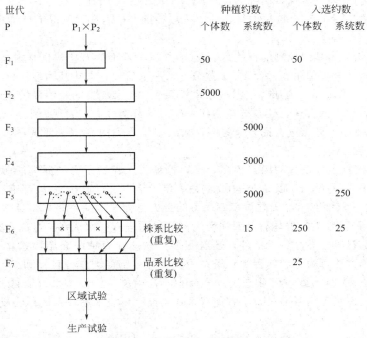

图 5-5　混合-单株选择法示意

混合-单株选择法的优点有：

① 优良基因型被丢失的可能性小；

② 方法简便易行；

③ 用于自花授粉植物的选择效果不亚于系谱法；

④ 可以利用自然选择的作用，使对生物本身有利的性状得到改良；

⑤ 有可能获得育种目标以外的优良类型。

缺点是：

① 与自然选择方向不一致的优良性状难以积累改良；

② 高代群体大，增加了选择工作量，因为许多不良类型均保留到了高世代；

③ 占地比较多；

④ 无法考证入选系统的历史、亲缘关系。

3. 单子传代法

单子传代法常简写成 SSD 法，这是混合选择法的一种衍生形式，适用于自花授粉植物。其选择程序如下：从 F_2 开始，每代都保持同样规模的群体。一般为 $200\sim400$ 株，单株采种。每代从每一单株上收获的种子中选一粒非常健康饱满的种子播种下一代，保证下一代仍有同样的株数。为了保证获得后代种子，一般每株取 3 粒，播种 2 粒，保留 1 粒。各世代均不进行选择。繁殖到遗传性状稳定不再分离的世代为止（一般为 $4\sim5$ 代）。再从每一单株上多收获一些种子，按株系播种，构成 $200\sim400$ 个株系，进行株系间的比较选择。一次选出符合育种目标要求、性状整齐一致的品系，进行品种比较试验、区域试验和生产试验。

SSD 法与混合选择法相比具有以下优点。

① 压缩 F_3 至 F_5 代（$F_2\sim F_4$ 进行单子传代）群体大小，不超过 F_2，且群体不大，可节约土地和人力，适于株行距大的植物和在保护地内加代繁殖选择。

② 在栽培条件和措施都有保障的情况下，可保证每个 F_2 个体都有同样的机会繁殖后代，F_2

有多少单株，F_5 仍有多少单株，而混合选择法则不能办到。因此，近年来多采用 SSD 法。亚洲蔬菜研究发展中心广泛采用 SSD 法进行番茄的抗热和抗青枯病育种取得了显著成果。

SSD 法也有一些缺点。

① 当目标性状为多基因控制的性状，而 F_2 群体又较小时，有些优良基因型可能从已出现的杂合体后代中分离出来，但由于每个 F_2 个体只繁殖一个后代，上述基因型被分离出来的机会少。而系谱法对 F_2 进行了选择，为那些基因型频率较低而性状又优良的个体提供了更多的繁殖机会。混合选择法由于有较大的群体，使杂合体后代有较多的机会分离和表现出来。

② 同混合选择法一样无法考证亲缘关系，缺乏多代表现的系谱考证资料，对株系的取舍难以精确判断。

③ 由于影响植物生长发育的因素很多，难以保证每 1 粒种子播种后都能萌发、正常地生长发育直至结出种子。因此，F_2 以 200～400 粒种子单子传下去，到 F_5 一般都难以保证仍有 200～400 个株系供选择，从而有可能导致优良基因型的丢失。针对上述不足，SSD 法的程序可作适当的改进。可在 F_2 种植较大的群体，针对遗传力高的性状进行一次选择，可以弥补一些不足。

杂种后代的选择除上述 3 种方法外，还有很多。在选择育种中介绍的选择方法几乎都能使用。究竟采用哪种方法可根据植物种类、繁殖习性、种植密度、育种目标和 F_2 的分离情况灵活掌握。当 F_2 分离很大时，最好用系谱法；分离小时，用单子传代法也可取得较好的选育效果。对异花授粉植物，不宜采用系谱法，不宜连续多代自交。可以采用母系选择法或单株选择和混合选择交叉进行。

为了加快育种进程，在杂种后代的选择过程中，可利用已有的分子标记或通过试验找出目标性状的分子标记，在表型尚未充分表现出来的早期世代进行选择。

如果在 F_1 发现了杂种优势很强的组合，也可改变育种方式，采用优势杂交育种。

第六节　回交育种

一、回交育种的主要用途

1. 增强抗性

在长期的自然选择下，园艺植物的近缘野生类型形成了对病害、逆境的高度抗性。如果栽培品种与其杂交，则后代的抗性显著改善，但优良的栽培性状却被削弱。而如果用栽培品种作轮回亲本进行多次回交，则可在保持抗性的基础上使优良性状得以恢复。由于一些抗病性、抗逆性是受主基因控制的，因而在抗性育种中应用回交法易获得成功。

2. 转育雄性不育系

自然发现或人工诱变的雄性不育株往往经济性状不良或配合力低。利用回交转育的方法可将雄性不育性转移到优良品种（系）中，育成优良的雄性不育系。雄性不育性多为一对或少数主效基因控制，因此，雄性不育性的强度易在回交后代中保持，回交转育的效果很好。如郑州市蔬菜研究所在发现'金花薹'萝卜雄性不育株后，通过连续回交选育出优良的'金花薹'萝卜雄性不育系。

3. 创造新种质

远缘杂交是园艺植物种质资源创新的重要途径之一，但远缘杂交的后代往往表现不稳且经济性状变劣，而用回交法可改善远缘杂种的结实性和经济性状，育成新的种质资源。如日本东北大学以白菜和甘蓝为材料，通过远缘杂交育成 'CO'（*campestris* 和 *oleracea* 的首字母组成），再用 'CO' 与白菜回交育成了抗软腐病的 '平塚 1 号'。日本现有的许多抗软腐病的白菜品种都有 '平塚 1 号' 的血缘。

4.改善杂交材料的性状

单交或多系杂交中某一亲本的目标性状表现不理想时，可用具有该目标性状的亲本作轮回亲本进行回交改良，然后用系谱法或其它选择方法育成定型的品种。

二、回交育种的方法

1.亲本的选择和选配

本章第三节的杂交亲本选择选配原则同样适用于回交育种。在回交育种中还需注意以下四点。

① 轮回亲本是回交育种改良的对象和基础，它必须综合性状优良，仅一两个性状需要改良，而缺点较多的品种不宜用做轮回亲本，因为轮回亲本在回交过程中要参加多次交配。若轮回亲本缺点较多，则回交后代也具有较多缺点。因此，轮回亲本最好是在当地适应性强，丰产潜力大，综合性状较好，经数年改良后仍有发展潜力的推广品种。

② 非轮回亲本是目标性状的提供者，它的选择非常重要，它必须具有改进轮回亲本缺点所必需的基因，要求输出的性状经多次回交后，能保持足够的强度，同时其他性状也不能有严重的缺陷。非轮回亲本的目标性状最好不与某一不利性状的基因连锁，否则，要打破这种不利连锁，实现基因重组和转育，要增加回交次数，延长回交世代。例如，要改良对某种病害的抗性，供体亲本必须是高抗，甚至免疫，至于其它经济性状不必过多考虑，因为可以在与轮回亲本的不断回交中得以改善。若供体亲本的输出性状不突出，则会在多次回交中被逐渐削弱，以至消失，不能实现预期的育种目标。

③ 轮回亲本在生产上应具有较长的预期使用寿命。因为回交育成的品种性状基本上与轮回亲本相似，仅有一两个性状不同。若轮回亲本品种在育种期内被更换，则用它回交所育成的品种也不会被生产上所欢迎。

④ 为了保持轮回亲本综合优良性状在回交后代中的强度，防止多代近交导致生活力衰退，可选用同类型的其它品种作为轮回亲本。

2.回交后代的处理

若输出性状是完全显性，则可从 F_1 和每次回交后代中选择具有输出性状的个体，直接与轮回亲本回交，回交的程序如图5-6所示。如果输出性状是隐性时，就要将 F_1 和每次回交的子代分别自交1次，使输出性状表现出来，选择具有该优良性状的个体继续回交，具体步骤如图5-6所示。非轮回亲本的优良性状是隐性时，回交育种所需的时间就延长了1倍。可见，在回交过程中首先必须选择输出性状表现突出的个体，在这些个体内再选择那些具有较高轮回亲本性状水平的个体作为回交亲本。

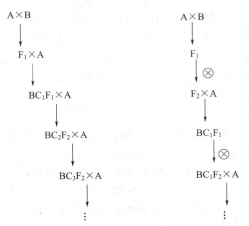

图 5-6　输出性状是完全显性（左）和隐性（右）时的回交程序

3. 回交的次数

当输出性状为不完全显性时，或存在修饰基因，或为少数基因控制的数量性状时，回交次数不宜过多，以免使输出性状受到削弱，或甚至还原为轮回亲本。在这种情况下，有时可在进行少数几次回交后，转而采用自交分离的方法，即"有限回交"。有限回交通常回交 $1\sim3$ 次。转育雄性不育系时需进行"饱和回交"，即连续回交直到出现既具有雄性不育性又具有轮回亲本的全部优良性状的个体。饱和回交的次数通常是 $4\sim6$ 次，即可恢复轮回亲本的大部分优良性状。

4. 回交子代种植的规模

回交子代所需的群体规模主要受轮回亲本优良性状所涉及的基因对数所决定。因为输出性状多由少数主基因控制，在回交子代不大的群体内就能有较多具有这种性状的个体出现。源自轮回亲本的是许多优良性状，而且这些性状大多是数量性状，虽涉及的基因对数很多，但经过多代回交后，群体内类似轮回亲本的纯合体的百分比迅速提高。因此，每代种植 100 株左右，若控制输出性状的基因与不良基因连锁时，种植的株数约增至 200 株。经 $4\sim6$ 代回交就能得到所需类型。这样的规模比自交或系内株间交配产生 F_2 群体小得多。

5. 自交

虽然源自轮回亲本的基因通过回交逐渐趋于纯合，仅源自供体亲本的基因则总是处于杂合状态。因此，当回交停止后应该把具有综合双亲优良性状的个体进行 $1\sim2$ 次自交，使源自供体亲本的优良基因型也能达到纯合。

6. 比较鉴定

通常的回交育种由于选用不同的轮回亲本和供体亲本而产生若干回交系，再经 $1\sim2$ 代自交，就形成了许多株系，这些株系就可以进行以轮回亲本为标准品种的品种比较试验。

第七节　远缘杂交育种

一、远缘杂交的概念和分类

1. 远缘杂交

远缘杂交是指不同种、属，甚至亲缘关系更远的物种之间的杂交，有些把亚种或变种间的杂交也称为远缘杂交。种是生物存在的一个基本单位，同种不同类型的植物间，尽管它们在形态上、生理上以及遗传上彼此有所差别，但一般不存在性隔离机制，个体间一般能够自由交配，基因能够自由交流，因而在同一个种的不同类型之间，性状表现仍然保持着一定的连续性。然而，在种间或种以上的分类单位之间，它们在形态、生理和遗传上存在着较大的差异而致使不同种间的个体之间不能自由交配。由于种间存在着遗传隔离，从而保证了物种在遗传上的稳定性。而某些种或种以上的分类单位间存在着不同程度的亲缘关系，也可能表现出交配的亲和性。在自然界里，也就存在着一些自然发生或人工获得的种属间杂种，如自然远缘杂种"杏梅"、人工远缘杂种"樱李"、'路易丝安娜鸢尾'不同种间的杂交产生的系列杂种后代以及'防城金花茶'与'红装素裹山茶'的远缘杂种"新黄"等。

2. 远缘杂交的分类

远缘杂种分为精卵结合型和非精卵结合型两类。精卵结合的远缘杂种是通过受精过程，接合子继承了精核和卵子的全部遗传信息，是真正的杂种，它具有父母本的整套染色体；非精卵结合的远缘杂种是卵子获得父本部分遗传信息发育成的，这部分遗传信息可能来源于父本配子细胞质内的 DNA 或 mRNA 等。因此，有人认为那些在染色体数目和形态方面与母本不完全一样，而个体有明显父本性状的远缘杂交后代都属于非精卵结合的远缘杂种。另外，还有人认为真正的远缘杂种不一定都有染色体数目或形态方面的变化，这一问题还有待于进一步研究。远缘杂交还包括有性的和无性的两种方式，近年来正在发展的体细胞杂交（原生质体融合）技术为无性远缘杂交开辟了崭新道路。本章节所介绍的内容属于有性远缘杂交。

二、远缘杂交的作用和意义

1. 远缘杂交的作用

（1）提高园艺植物的抗病、抗逆性

在长期自然选择下，野生植物形成了高度抗病性及免疫力和对高温、寒冷、干旱、高湿等恶劣气候条件的抵抗能力，由于野生植物分布广且生境各异，因而具有丰富的遗传多样性。现在的许多栽培品种是经长期的人工选择形成的，在人类长期栽培下，人们片面追求产量或观赏性状，许多植物对不良条件的抗性削弱了，为了大幅度提高现有品种的抗病性、抗逆性，通过与其野生的祖先进行远缘杂交是一个非常有效的途径。如为提高栽培牡丹的抗病性，用野生的黄牡丹进行杂交；为提高现代月季的抗寒性，用东北的野生蔷薇进行杂交。在番茄抗病育种中，各国也广泛利用野生种，美国、荷兰、意大利、保加利亚等国家利用抗疫病的穗状醋栗番茄（$Lycopersicom$ $pimpinellifolium$）、不感褐斑病的多毛番茄（$Lycopersicom$ $hirsutum$）等野生种育成了高度抗病的品种。马铃薯的野生种具有抗某种病毒病、抗晚疫病、抗低温、抗线虫等优良性状，有的野生种没有休眠期。许多国家的马铃薯抗病、抗退化育种大量引用野生种作为杂交亲本，成效显著。

（2）创造植物新类型

通过远缘杂交可以创造现有园艺植物中所没有的特异的新类型。芜菁甘蓝（$Brassica$ $napus$ $ssp. rapifera$，$2n=38$）是芸薹属中 $2n=20$ 的种与芸薹属中 $2n=18$ 的种自然远缘杂交形成的新物种，它具有很强的适应性和生长势。现在人们用这两个种通过人工杂交也合成了与芜菁甘蓝相似的种。米丘林用普通花楸与山楂进行杂交，创造了石榴红花楸。美国著名的育种学家布尔班克用杏与李杂交，创造了十几个远缘杂种。罗德用古氏杜鹃与云锦杜鹃杂交，创造了罗德杜鹃。苹果与梨杂交产生苹果梨。山茶与连蕊茶杂交，创造了具有淡香的山茶。中国南瓜与多年生南瓜杂交获得了多年生南瓜新类型。四季萝卜和甘蓝杂交获得萝卜甘蓝，根部像萝卜、叶球像甘蓝。美国研究者用仙人球属和丽花球属植物杂交育成的仙丽球综合了仙人球健壮花大和丽花球白天开花、花色艳丽等特性，是一种新的花卉种类。

（3）改良品质

植物的野生种往往干物质含量高，某些营养物质的含量显著高于现有的栽培品种。如番茄干物质含量为 4g/mg，含糖 2g/100g，含维生素 C 11mg/100g。用栽培番茄与秘鲁番茄远缘杂交，育成的富含维生素 C 的早熟品种果实中干物质含量达 7～11g/100g，含糖 5～6.8g/100g。

（4）合成新种质

我国现在广泛用作杂种优势的抗花叶病毒的亲本 $Tm\text{-}2nv$ 是美国用栽培番茄与秘鲁番茄杂交的远缘杂种。马丁用栽培番茄与茄属高抗病毒的潘氏茄杂交，得到了抗病毒顶芽卷曲病的后代。

（5）创造雄性不育

利用雄性不育系是简化制种手续的重要手段。但一些园艺植物尚未发现雄性不育类型，有些虽然发现了雄性不育类型，但未找到相应的保持系。现代育种利用远缘杂交手段，导入胞质不育基因或破坏原来的质核协调关系育成了番茄、南瓜等植物的雄性不育系和保持系。沈阳农业大学、黑龙江省园艺研究所等单位用萝卜做母本和大白菜、甘蓝等杂交选育了具有萝卜细胞质的大白菜雄性不育系，并配制出一批经济性状较好的组合。

（6）利用杂种优势

某些园艺植物种间的远缘杂交具有强大的杂种优势。如布尔班克曾用英格兰的野生白雏菊和美国的栽培白雏菊进行杂交，然后又分别用德国、日本的白雏菊杂交，再通过 3 个中国内地来的 4 个类型之间的杂交和选择，终于育成了可以和菊花媲美的具有强大杂种优势的花径为 10.0～

17.5cm的纯白的沙斯塔雏菊，而闻名于全世界。如多球悬铃木和一球悬铃木的杂交种为二球悬铃木，具有冠大荫浓、生长健壮、抗性强、适应性强，在我国北至大连，南至广东、广西，东至上海，西至昆明、成都都有分布，为我国长江流域城市主要的行道树。

2.远缘杂交的意义

通过远缘杂交已经获得了很多新种和类型，为园艺植物生产做出了很大的贡献。通过探讨远缘杂交获得的新种和类型的途径，如远缘杂交获得的新种有时需要经过某些中间杂种阶段，研究这些具有规律性的中间阶段，可以制定控制新种形成过程的方法，这就可能获得具有良好综合性状的杂种。同时，在远缘杂种类型的形成过程中，可能出现一些自然界以前丧失了的种和类型，也可能产生一些以前所没有的新种和新类型，所以远缘杂交是研究系统发育的重要手段。

通过远缘杂交的研究，从不同种、属的交配性，杂种的部分结实性，杂种的细胞学和遗传学特征以及新物种的人工合成等，可以阐明一些种、属之间的亲缘关系和自然界物种形成的途径。此外，用远缘杂交方法，创造出一些不寻常的广泛的新类型，通过有目的地进行回交，可使杂种向着育种希望的方向发展，有可能得到一些能适应新生态条件的类型。

三、远缘杂交的特点

1.远缘杂交的不亲和性

由于亲缘关系较远，各自的进化过程中，形成了各种隔离机制，受精过程很难进行，致使杂交不能结籽或结籽不正常（种子极少或只有秕子）。例如山茶属不同组间、种间杂交，结实率很低。

2.远缘杂种的不育性

远缘杂交获得的一些远缘杂交的种子，常常表现出不育的特点。所谓不育，是指远缘杂交获得的种子不能成活，或虽然成活但不能开花结实，无法延续后代。

3.远缘杂种的不稳性

远缘杂种植株由于生理上的不协调不能形成生殖器官，或虽能开花，但由于形成配子的减数分裂过程中染色体不能正常联会，不能产生正常的配子，不能结实，这种现象叫做远缘杂种的不稳性。

4.返亲现象和剧烈分离

由于远缘杂交亲本间的亲缘关系较远，遗传上存在较大差异，因此，远缘杂种的分离很不规律，有的从第一代即开始分离，有的到第三、第四代才开始分离，并且分离现象远较品种间杂种更具多样性和复杂性，分离后代中有超亲型、亲本型、中间型、偏亲本型或新类型。剧烈分离现象往往延续许多世代，不易稳定。剧烈分离产生近缘杂种所不能产生的新类型，从而为选育特殊的新品种提供了宝贵的原始材料。

5.远缘杂种的杂种优势

远缘杂种常常由于遗传上或生理上的不协调，而表现生活力衰弱。但也有些远缘杂种却表现得生活力特别强，具有生长势强健、抗性强等许多优良特性。

四、远缘杂交不亲和性及其克服

1.远缘杂交不亲和的表现及其原因

远缘杂交亲和性的主要表现有以下几方面。

① 在花粉和柱头识别过程中，柱头分泌物抑制不亲和花粉，致使花粉在异种柱头上不能发芽。

② 即使花粉在柱头上萌发，但连接柱头的传递组织抑制花粉管向柱头生长，使花粉管不能进入柱头；花粉管生长缓慢或花粉管太短，不能到达子房。

③ 花粉管虽能进入子房，到达胚囊，但不能受精。

④ 即使受精，受精后的合子或胚不发育，或发育不正常，或中途停止。

⑤ 远缘杂种的胚、胚乳的组织间缺乏协调性，胚乳不能为杂种胚提供营养，影响杂种胚的发育。

造成胚败育的现象，主要是由于两亲本的遗传物质的差异较大，引起受精过程的不正常和幼胚细胞分裂的高度不规则，因而发育中途停顿而死亡。

远缘杂交不亲和性的原因是极其复杂的，它的遗传机制并未完全揭开，为了进一步弄清这些原因，必须从遗传学、胚胎学、细胞学、生理学和生物化学等方面继续开展深入研究。

2. 远缘杂交不亲和性的克服方法

（1）选择适当的亲本，并注意正反交

选择亲本时，除了根据育种目标，选择具有最多的优良性状的类型作杂交亲本外，还必须考虑到远缘杂交不亲和的特点，选配适当亲本，以提高远缘杂交的成功率。远缘杂交实践证明，某物种的品种、类型，对于接受不同物种的雄配子，或者和它的卵核、极核的融合能力有很大的遗传差异。例如用防城金花茶作母本，不同的山茶作父本，其结实率差异较大。山茶和金花茶远缘杂交还常常看到正反交结果不同的现象。

（2）混合授粉

所谓混合花粉，即在选定的父本花粉内，掺入少量其它品种甚至包括母本在内的花粉，然后授予母本花朵柱头上。这是米丘林克服果树远缘杂交不亲和性常用的一种方法。混合花粉（包括用高剂量射线或高温杀死的母本花粉）之所以能产生良好的效果，是由于不同种类花粉间的相互影响改变了授粉的生理环境，解除了母本柱头上分泌物对异种花粉发芽的影响；同时也使受精选择性得到更大程度的满足。混合花粉成员间的相互影响，有助于花粉发芽和使花粉管迅速且顺利地穿过花柱组织。混合花粉有时还可能使杂种后代获得多父本的优良性状，并表现更为广泛的分离。但应注意避免盲目地增加混合花粉成员的数目和注意控制混合花粉的数量。因为混合的成员过多，以及混合花粉量过多，都会影响主要品种的花粉数量，这不但增加了非目标性状杂交后代的出现频率，而且不同种类花粉间产生相互抑制的可能性也增大。因此，对于混合花粉的组成，最好能预先做发芽试验，以避免因混合后产生不良的后果。具体混合成员数，一般以 3～5 个为宜。

（3）提前或延迟授粉及重复授粉

未成熟和过熟的母本柱头对花粉的识别选择性比较差，因此，在开花前 1～5d 或花后若干天授粉常常可提高远缘杂交结实率。在甘蓝、红三叶草的种间杂交中有过报道。

重复授粉，即在母本花的不同发育时期（蕾期、初花期、盛花期、末花期）进行重复授粉。由于雌蕊发育成熟度不同，它的生理状况有所差异，受精选择性也就有所不同，总有遇到最适于受精的时期，有可能促进受精率的提高。究竟哪一时期授粉效果最好，文献中有不同报道。有的认为以蕾期柱头尚未完全成熟时授粉容易成功，有的则认为在花朵开始凋谢前，柱头处于衰老阶段，授粉结实率最高。这也可能是由于不同种类的生理特点不同而有所差异，或是试验所处的不同年份和不同的条件等产生了不同的效果，尚需进一步研究。

（4）幼龄亲本

选择第一次开花的幼龄杂种实生苗做母本，将有利于克服远缘杂交的不亲和性。如果双亲都是第一次开花的幼龄杂种，则更为有利。

（5）柱头移植或剪短

将父本花粉先授予同种植物的柱头上，在花粉管尚未完全伸长之前，切下柱头，移植到异种的母本花朵的柱头上或先进行异种柱头嫁接，待 1～2d 愈合后，再进行授粉。有的把母本雌蕊的花柱剪短，再进行授粉。例如百合类种间杂交时常因花粉管在花柱内停止伸长生长而不能受精，因此采用子房上部 1cm 处切断花柱，然后授粉而获得成功。有的在柱头上置以父本柱头的碎块，或柱头组织提取液等再进行授粉。但采用这些方法时，操作要求非常仔细，通常在具有较大柱头的植物中使用。

（6）化学药剂的应用

应用赤霉素、萘乙酸、吲哚乙酸等化学药剂处理可克服某些远缘杂交不结实的缺点。例如百合品种间杂交不结实，用 0.1%～1.0% 生长素羊毛脂膏，涂于剥去花瓣的子房基部，结果增加了结实率。在梅花远缘杂交中用 50～100mg/L 的 GA_3 处理柱头，显著提高了杂交结实率 3～10 倍。

（7）其它方法

如花粉预先辐射处理、远缘杂交亲本预先无性接近、媒介法等均可促进远缘杂交的成功。在育种过程中要根据不同物种的形态特征和生理特性灵活运用以上方法，才能获得预期结果。

五、远缘杂种不育性及其克服

1. 远缘杂种不育性的表现及其原因

远缘杂种的不育性表现，包括杂种的成活性和结实性两个方面。所谓成活性，即杂种种子不发芽或虽然发芽生长，但幼苗生长衰弱或早期夭折。所谓结实性，即杂种植株虽能成活，但结实性差，甚至完全不能结实。

造成远缘杂种的成活性差的原因，主要是由于远缘亲本间遗传上的差异大，造成生理上不协调，在胚胎发育过程中，产生了某些重要缺陷，因而影响了杂种的成苗成株。造成远缘杂种植株不结实的主要原因是亲本间染色体的不同源性和基因间的不和谐，在减数分裂时，常出现染色体的不联合以及随之产生的不规则分配，因而不能产生有生活力的配子，或配子虽有生活力，但不能进行正常受精过程，甚至受精后合子因发育不良而中途死亡。更有一些远缘杂种其生殖器官发育不全，完全不能形成雌雄配子。所以一些种属间染色体数虽然是相等的远缘杂种，由于减数分裂不正常，以及基因的不和谐，仍然可能是高度不孕的。

2. 远缘杂种不育性的克服方法

（1）杂种胚的离体培养

将杂交所得的不饱满种子或未成熟种子，或在其发育中期取出幼胚，置于一定的培养基中培养，由于适合的营养和优良的培养条件，其出苗率大大提高。

（2）杂种染色体的加倍

对于亲缘关系较远的二倍体杂种，在种子发芽的初期或苗期，用 0.1%～0.3% 秋水仙碱液处理若干时间（详见本书第八章多倍体育种），使体细胞染色体数加倍获得异源四倍体（即双二倍体），双二倍体在形成配子的减数过程中，每个染色体都有相应的同源染色体可以正常进行配对联合，产生具有二重染色体组的有生活力的配子，从而大大提高结实率。

（3）回交法

在亲本染色体数不同和减数分裂不规则的情况下，杂交种产生的雌配子的染色体数一般是不平衡的，但仍有部分可能接受正常的雄配子而得到并且通过连续的回交，其结实能力逐渐得到加强。

（4）改善营养条件

远缘杂种由于生理机能不协调，当提供优良的生长条件时，可能逐步恢复正常生长。因此，必须加强栽培管理，从幼苗开始的各个生育阶段都应加以精心培育。如进行分株繁殖，扩大营养面积，初期多施氮肥，花期则多施磷、钾肥，还可用根外追肥方法，喷施某些具有高度活性的微量元素——硼、锰等，以促进杂种生理机能的逐渐恢复。

（5）人工辅助授粉

采用混合花粉的人工辅助授粉，将使杂种受精选择性得到更大满足，可以提高结实率。利用蜜蜂进行授粉，比人工强制授粉，将更有利于结实性的提高。

（6）延长培育世代，加强选择

远缘杂种的结实性，往往随生育年龄而增高，也随着有性世代的增加而逐步提高。

六、远缘杂种不稔性及其克服

1. 远缘杂种不稔性的表现及其原因

远缘杂种的不稔性现象有：①杂种营养体虽然生长繁茂，但是不能正常开花；②杂种植株能正常开花，但是其结构、功能却不正常，所以也不能产生正常的有生活力的雌、雄配子；③杂种株的配子有活力，却不能完成正常的受精过程，即使完成受精，但受精后的合子因发育不良而中途死亡，也不能结籽。

造成远缘杂种不稔性的原因，远缘杂交亲本之间由于生理上的不协调而导致不能形成生殖器官，或在减数分裂过程中，由于染色体不能正常联会而产生不正常的配子因而影响结籽。

2. 远缘杂交不稔性的克服方法

（1）染色体加倍法

对于染色体不能正常联会而产生的不稔现象，可用染色体加倍的方法克服。在远缘杂交种萌芽初期或苗期，用 $0.1\%\sim0.3\%$ 的秋水仙碱溶液处理，可使其体细胞染色体数量加倍而形成异源四倍体（即双二倍体），双二倍体在减数分裂中，可进行正常联会配对从而产生具有二倍染色体组的有生活力的配子，所以可提高结实率。

（2）回交法

由花粉败育造成的不稔性，可用回交法解决。远缘杂交种产生的雌配子由于染色体数量不平衡而导致败育，但其中少数雌配子仍然可以接受正常的雄配子而结实，而且通过连续回交能使其结实率提高。

（3）蒙导法

将远缘杂种嫁接到亲本上，有时可克服由于生理不协调而引起的不稔性。

（4）延长培育世代，同时加强选择

随着远缘杂种年龄的增加，其结实性也逐渐提高。因此，在远缘杂种的不同有性世代加强选择（选结实性高的），从而提高远缘杂种的稔性。

（5）改善营养条件

在远缘杂交过程中或者远缘杂种发育过程中，由于营养不良而引起的杂种不稔性，可通过改善营养条件提高其稔性。如前期施氮肥以扩大营养面积，花期施磷钾肥以促进生殖生长，还有整枝、修剪、摘心等措施。

七、远缘杂种的分离、选择和培育

1. 远缘杂种的分离

远缘杂交的后代，比种内杂交的后代具有更为复杂的分离，分离时间也更长。根据目前有关的试验报道，远缘杂种后代的分离主要有综合（中间）性状类型、亲本性状类型、新物种类型、偏亲本类型等。远缘杂种的分离现象极为复杂，目前对分离规律性还很不了解。深入研究远缘杂交的遗传机制，将对控制远缘杂种的分离，以及对远缘杂种的选择、培育等具有重要的实践意义。

2. 远缘杂种的选择和培育

远缘杂交和种内杂交一样，对后代必须进行严格的选择，才能获得适合人类需要的在性状上表现稳定的新类型。

根据远缘杂种的若干特点，选择必须注意掌握如下几个原则。

① 扩大杂种的群体数量。由于亲本的亲缘关系较远，分离更为广泛，杂种中具有优良的新性状组合比例不会很多，而且常伴随一些不利的野生性状。因此，尽可能提供较大的杂种群体，以增加更多的选择机会。

② 增加杂种的繁殖世代。远缘杂种往往分离世代很长，有些杂种一代虽不出现变异，而在以后的世代中，仍然可能出现性状分离，因此，一般不宜过早淘汰。但对那些经过鉴定，证明不是远缘杂种而是无融合生殖的后代，应及时淘汰。

③ 再杂交选择。由于远缘杂种后代分离延续世代较长，因此，对于杂种一代，除了一些比较优良的类型直接利用外，还可以进行杂种单株间的再杂交或回交，并对以后的世代继续进行选择。随着选择世代的增加，优良类型的出现概率也将会提高。特别是在利用野生资源作杂交亲本时，野生亲本往往带来一些不良性状。因此，通常将 F_1 与某一栽培亲本回交，以加强某一性状，并除去野生亲本伴随而来的一些不良性状，达到品种改良的目的。

④ 培育与选择相结合。对于远缘杂种，应该注意培育与选择相结合。提供杂种充足的营养和优越的生育条件，选好适宜的优良砧木，特别是与多倍体、单倍体育种手段相结合，将有助于杂种优良性状的充分表现，加速杂种性状的稳定，缩短杂交种的周期。如诱导花粉具有生活力的远缘杂种产生单倍体，再经人工加倍，便可获得稳定、纯合的二倍体。

第八节 营养系杂交育种

一、营养系杂交育种的概念、原理和意义

营养系杂交育种（clonal cross breeding），通过有性杂交综合亲本的优良性状，对杂种后代进行鉴定、选择、培育，再利用无性繁殖来保持品系的遗传特性而获得新品种的方式。常规杂交育种和优势杂交育种均适用于有性繁殖的植物，而营养系杂交育种则适用于以无性繁殖为主的植物，如绝大多数的果树、花卉、球根类花卉以及部分蔬菜，也适合一些经济作物，如马铃薯、甘薯等。

营养系杂交育种通过双亲杂交，一方面利用了基因的累加效应，可能产生超亲性状。即每一亲本的不同基因所控制的遗传效应是相对独立地传递到下一代的，在后代中它们表现为简单的相加关系。例如：桃的成熟期性状（图 5-7）。

S1S1S2S2s3s3 (晚熟) × s1s1s2s2S3S3 (中熟)

S1_S2_S3_ ⊗

S1S1S2S2S3S3 (比亲本更晚)   s1s1s2s2s3s3 (比亲本更早)

图 5-7 桃成熟期杂交结果示意

在后代中选择比亲本早熟的材料，通过无性繁殖来保持早熟性状。另一方面通过基因重组，利用了基因的互补效应，综合双亲的优良性状。即各个亲本所携带的不同基因所控制的遗传效应表现为性状互补的特点。例如：'富士'苹果就是从'国光'（无香味、晚熟、耐储）与'元帅'（有香味、中熟、不耐储）的杂交后代中，选择优良类型，经扦插、嫁接等无性繁殖技术保存繁殖而来；'玫瑰香'葡萄（果皮紫黑色、有玫瑰香味）是由'黑罕'（果皮紫黑色、无玫瑰香味）与'白玫瑰'（果皮白绿色、有玫瑰香味）杂交后选育出来的。因此，营养系杂交增加了品种选育的预见性。

无性繁殖植物主要是多年生异花授粉植物，遗传上高度杂合，很多有较长的童期，要想实现遗传上的纯合是非常困难的。即使育成纯合体，生产应用也不方便，因为种子播种的实生树进入

结果期比营养系品种至少要晚2~5年。营养系利用无性繁殖可以稳定地保持各种遗传效应，而有性繁殖就没有这样的特点。但是，营养系杂交育种的周期长、占地多、见效慢，所以需要大量的资金、时间投入，更需要持之以恒的敬业精神。

二、营养系品种的遗传变异特点

1.遗传组成上高度杂合，实生后代常常发生剧烈分离

无性繁殖植物多为异花授粉植物，因此它们在遗传上处于高度杂合状态，这样的亲本杂交，其后代性状变异丰富，甚至发生"疯狂"的分离。如两个红色菊花品种的杂种一代出现了紫红、红、粉红、橙、黄、雪青等各种色调的杂种。这在有性繁殖的品种间杂交是很难见到的。复杂的分离给选择提供了更大的空间。

2.有性杂交后代的经济性状平均水平显著下降

营养系品种上的非加性效应占有较大的比重，在有性杂交发生基因重组的过程中，非加性效应解体，经济性状普遍退化，杂种中出现优异类型的机会很小。例如：'凯特'杏与'新世纪'杏杂交，其杂种F_1在大小、重量上发生异常分离，同时颜色变化也常丰富，杂种后代的重量平均值明显低于中亲值。

3.双向选择性状在杂交后代中表现趋中变异

营养系杂交后代的选择方式通常有单项选择和双向选择两种。

（1）单向选择

对产量、品质等多数性状的人工选择中常用单向选择的方式，即在分离的实生群体中单方向地选择高产、优质、大花（花卉）或大果、小核（果树）的株系。这样的株系在有性繁殖时加性效应解体，后代变异趋势是产量下降、品质变差、花径或果实变小、果核变大等。

（2）双向选择

对果实形状、成熟期等性状的人工选择时，既选择果实成熟期早的、也选择成熟期晚的株系。这类性状的非加性效应常有正、负两个方向，如早熟品种非加性效应解体，后代趋向于延长果实发育期，晚熟品种正好相反，后代趋向于缩短果实发育期，它们的实生群体平均水平常有返回某一中数的趋向。

4.质量性状的异常分离

由于群体内个体间存在着不同的修饰基因和复杂的基因互作关系，不仅可以改变相同基因型的显性度和外显率，有时甚至可以改变等位基因的显隐关系，从而导致营养系品种的许多单基因控制的质量性状，在杂交后代分离比例往往偏离3：1或9：3：3：1。例如：桃的黄肉、黏核、不溶质为单基因控制的隐性状性。理论上无论自交还是互交都不应该出现显性后代，但是，实际上杂交后代常有少量白肉株系、相当比例的溶质类型，也出现过离核类型。

5.蕴藏较多的体细胞变异

长期的无性繁殖和体细胞突变的积累使较老的营养系品种变成突变嵌合体，这是发生芽变的源泉。苹果品种'元帅'产生的芽变品种有120多个；月季品种中有780多个来自芽变。

6.常带有较高频率的隐性致死基因

营养系品种中含有的大量致死基因，可能有助于保持染色体片段的杂合性，从而防止由近交引起的退化。例如：在仙人掌类植物中，不能合成叶绿体的基因型，在苗期及时嫁接挽救可从中选育出球体呈白、黄、红等观赏价值很高的彩色类型，实际上它们是一些致死基因的纯合体；桃品种如'上海水蜜'、'深州水蜜'、'晚黄金'都是 $psps$ 控制的花粉不育型，更多的品种是花粉致死基因的携带者。

7.常拥有较多的倍性系列

有性繁殖品种除了少数双二倍体外，同源多倍体很难得到保存和繁殖。但是，多倍体有性繁

殖能力的衰退并不影响在无性繁殖情况下发挥其器官巨大性和复杂的基因互作而增加的经济效益。如苹果、梨有 2x、3x、4x 品种；菊花、山茶有 2x、3x、4x、5x、6x、7x、8x 以上的变异类型；木槿属、鸢尾属等都存在种内复杂的多倍体和非整倍体系列。

三、杂交亲本的选择、选配

1. 正确地选择、选配亲本是育种工作成败的关键

明确育种目标，根据育种目标搜集种质资源，充分认识种质资源的特性（农业生物学；遗传学，包括基因型、遗传率等；开花、授粉、结实生物学，包括开花、授粉与去雄、套袋等）。例如：果树的单性花，有雌雄异株异花，异花授粉的银杏、猕猴桃等；也有雌雄同株异花，异花授粉的板栗、核桃等。果树的两性花，有雌雄同株同花，异花授粉的苹果、梨、甜樱桃、山楂、李、杏等；也有雌雄同株同花、自花授粉的桃、葡萄、中国樱桃及欧洲杏等部分品种。

2. 亲本选配的要求

营养系杂交育种，可采用单交、复交、回交等杂交方式。在亲本选配方面必须密切注意雌、雄性细胞的育性、配子间的亲和性、受精卵发育特点以及遗传变异特点等。

（1）雌、雄性细胞的可育性

营养系品种由于长期无性繁殖，常常导致有性繁殖能力不同程度退化。如营养系品种中的雌蕊退化、雄性不育、无融合生殖以及高度重瓣花卉品种普遍发生性器官退化。例如：无籽葡萄、无核枣、梅花中多数朱砂型品种等的雌蕊败育；上海水蜜桃、白鸡心葡萄、京白梨、黄金梨、酥香梨、脐橙、温州蜜柑等的雄蕊败育；苹果属的无融合生殖种（湖北海棠、三叶海棠、小金海棠）、某些花卉（牡丹、菊花、杜鹃等）的高度重瓣品种等的雌、雄蕊败育；核果类早熟或特早熟品种的胚败育，以这类品种作母本时，应建立胚抢救技术体系。

（2）交配亲和性

无性繁殖植物中有很多自交不亲和的类型，包括属间杂交不亲和，如苹果属与梨属、梨属与李属、葡萄属与蛇葡萄属、草莓属与委陵菜属等；种间杂交不亲和，如樱桃属的中国樱桃与欧洲甜樱桃的杂交；品种间的杂交不亲和，如异交营养系的近亲杂交（姊妹系、芽变系）。

（3）胚的育性

有性繁殖植物，无论是早熟、中熟还是晚熟品种，其种胚和果实都能同步成熟。但是，无性繁殖植物，如果树特别是核果类如桃、甜樱桃、杏的早熟品种往往在果实充分成熟时胚的发育滞后，即种子不能和果实同步成熟，种子不具备发芽能力。所以，在早熟育种时，有两种方案可选：①将早熟品种作为父本，而将种胚育性较好的中熟或早中熟品种作为母本；②若用早熟品种作为母本，可采用离体培养技术进行胚抢救，以获得杂种苗。还存在胚败育的情况，如木奈、纪州无核蜜柑，白核桂圆，绿荷包荔枝、糯米糍荔枝、妃子笑荔枝等。另外，就是珠心胚现象，如柑橘类珠心胚较多，为获得真正的有性杂种，最好是选单胚性种类作为母本，或者选择胚数少的品种作为母本。

（4）嵌合体问题

多年生木本营养系品种中嵌合现象比较普遍，而性细胞仅发源于梢端组织发生层的第二层，所以嵌合体品种的表现型和配子的基因型常常不一致。如黑莓的无刺芽变，是 M-O-O 型嵌合体，在扦插、嫁接等无性繁殖时都能稳定地表现无刺性状，但是，其作为杂交亲本时，无刺性状不能遗传给后代。例如，梨的大果型芽变大南果梨为 2-2-4 型嵌合体，性细胞来源于正常组织，$n=17$；而大鸭梨为 2-4-4 型嵌合体，性细胞来源于突变组织，$n=34$。

（5）基因型和传递率的问题

有性繁殖的品种，在遗传上同质结合的程度较大，不存在传递率的强弱问题。但是，对于杂合的营养系品种来说，在亲本选配时必须注意传递率的问题。如葡萄品种'白香蕉'和'玫瑰

香'对白粉病的抗性程度相近，但'白香蕉'抗病性的传递率明显强于'玫瑰香'。因此，杂交时应将具有抗病性传递率强的'白香蕉'作为母本。

（6）控制非目标性状的分离

营养系品种的杂交后代很容易发生变异，而且变异类型非常丰富，目标性状与非目标性状均发生异常复杂的变化，对目标性状的准确选育造成很大的影响。因此，在亲本选配上，父母本应在非目标性状上相同或相近，以避免出现不符合要求的中间类型。例如，选育植株高大、茎粗壮，适应切花生产的菊花品种，亲本选配方面应使父母本在花型、花色等性状上相同或相近，如父母本均用管瓣型浅色品种，切忌用平瓣或匙瓣型与管瓣型品种杂交，否则，杂交后代变异复杂，严重影响育种效率。

（7）借鉴前人的经验，优先选择理想的亲本和组合

在非常庞大的营养系品种群体中，很难出现遗传上相同的个体，因此理想的亲本和成功的组合可以在育种中反复使用。所以，在亲本选配时，有必要从前人育种实践中选择那些最符合育种目标和最有希望的亲本和组合。例如，前苏联总结了欧亚葡萄生态地理群间杂交，特别是西欧群和其它群杂交优选率较高。所以，欧洲各国相继效仿。

（8）亲本选配时要注意扩大品种的遗传基础

营养系杂交育种中普遍存在遗传基础狭窄问题。用世界范围内广泛用于生产的几个主栽品种反复杂交造成栽培品种遗传基础狭窄，不仅使当前育种中优选率逐渐下降，而且从长远来看，势必降低该种植物对病虫害和逆境的适应能力。为了解决遗传基础狭窄问题，可采用多亲杂交的方式，但对于营养系品种而言，育种年限将大大增加，育种效率也将大大降低。

（9）杂交技术和效率问题

亲本间花期不同时，以花期较早的作为父本较为有利。利用不同地区品种配组时，以北方品种作为母本比较方便。在品种间坐果能力和每果平均健全种子数差异较大时，以坐果率高、健全种子数较多的品种作为母本较为有利。如辽宁熊岳果树研究所进行'元帅'苹果和'鸡冠'杂交时，以'元帅'为母本杂交 100 个花序，得杂交果 17 个，杂交种子 138 粒；反交 70 个花序，得杂交果 117 个，杂交种子 910 粒。

四、营养系品种的杂交技术

无性繁殖的园艺植物种类很多，开花及授粉习性多样复杂，必须对杂交亲本的花器结构及开花习性进行观察研究，在掌握其特点的基础上，采取相应措施，才能得到较理想的结果。

1.诱导开花

部分以营养器官为产品的无性繁殖植物不能正常开花，如甘薯多数品种在北纬 23°以北不能自然开花。解决方式除选择比较容易开花的基因型作为亲本外，也可采取诱导开花的措施：

① 嫁接。把亲本品种嫁接到当地能正常开花的植物上，如把不开花的马铃薯嫁接在龙葵上能促进开花。

② 短日照处理（8～10h）是诱导开花的有效措施。

③ 栽培措施，如土壤干旱和多施磷、钾肥能促进开花，而氮肥则延长开花；环状剥皮可促进开花。

④ 嫁接和短日照处理相结合可使单株开花数提高到百余朵。

⑤ 激素处理，如赤霉素（GA_3、GA_7）、2，4-二氯苯氧乙酸（2，4-D）。

2.杂交花的培育和选择

有些用营养器官繁殖的种类，性器官发生不同程度的退化，甚至丧失了有性生殖能力，杂交时必须密切注意。例如：重瓣类型的花卉，其雌、雄蕊部分或全部瓣化，导致其性器官多严重退化，如牡丹品种'青龙卧墨池'，菊花品种'大红托挂'、'十丈珠帘'，杜鹃品种'套筒重

瓣',凤仙品种'平顶'等通常不能作为杂交亲本。解决方式是通过培育和选择可一定程度上加以调控,如重瓣菊花品种在贫瘠的土壤条件或少氮、多磷钾肥情况下,在初花及晚花期出现可受精结籽的复瓣或单瓣花;凤仙花的重瓣品种'平顶'早期和中期在顶端不断开出雌雄蕊退化不育的重瓣花,但到后期,当植株生长势较弱时,却能在植株中、下部开出可用作杂交的复瓣花。

3.花期调节

植物种间或品种间花期的先后及长短通常不一样,尤其是观花植物,花期相差较悬殊。对花粉不耐贮存的植物就会影响到杂交工作的正常进行。一、二年生草本植物可采用分期播种来调节花期,而对于多年生木本及宿根性植物则较为复杂,可采用长、短日照处理,多施氮肥或提高夜温能延后花期,温室催花,生长素类物质处理,异地杂交等措施有效调节花期。

4.去雄、授粉与管理

根据不同植物的开花、授粉、结籽习性等特点,采取相应的措施。以菊花为例,主要考虑以下特点。

① 全花实际上是包含几百朵小花的头状花序,花托边缘的舌状花为单性雌花或无性花,中央花盘的筒状花为两性花。花托上的小花从边缘向中心逐层成熟开放,全花开放 15～20d。

② 两性花的雄蕊先散粉,以午后 3 时最盛,散粉后 2～3d 雌蕊才成熟,上午九时起开始展羽,授粉期 2～3d,但自交不亲和。适宜授粉时间为上午九时到十二时,菊花的花粉量很少,可随采集随授粉。

③ 优质大菊品种在自然情况下很少结籽,主要原因是花瓣多、大,消耗营养,阻碍传粉,遮挡阳光,滞水霉腐等。

④ 菊花种子寿命较短,5 个月后基本丧失发芽力。

具体操作如下。

① 及时剪除花冠。剪留 1cm 左右,以不伤及柱头为度,促进雌蕊正常发育。

② 简化去雄。在花心部分雄蕊开始散粉时,剪去完全花的花冠,用小型喷水器冲去残留的花粉。

③ 雌蕊展羽,柱头呈 r 形时授粉适期。以小海绵球蘸花粉隔日多次授粉,套袋隔离。

④ 及时摘除套袋。使花头结籽部分充分照射阳光,促进种子发育良好。

⑤ 严寒来临前,带枝剪下花头,扎成小束,先水养半个月,再挂在通风干燥处,使种子完成后熟。

⑥ 及时播种杂交种子。一般采种后 1 个月内播种,事前需作好计划安排。

五、营养系杂种实生苗的童期及其特点

有性繁殖的植物从种子萌发到开花结果,需要经过一定时期的生长发育,才能从幼年到成年。对于无性繁殖植物的这一时期,有一个特殊的名称,就是童期(juvenile phase),也称为营养生长期,即从种子萌发到实生苗植株具有开花潜能的时期。一般实生树划分为童期、转变期和成年期 3 个不同时期,只有进入转变期后,应用环剥或喷施生长抑制剂才能有效地促进开花结果(图 5-8、图 5-9)。

童期是生物界普遍存在的规律,但是植物的童期具有以下特点:

① 局部化。果树等实生树的上部进入成年阶段,开花结果的时候,基部还处于幼年阶段,保持幼年性状的现象。例如:成年实生果树顶部和基部取枝条嫁接长成的果树有显著不同,前者无刺状枝,第二年或第三年普遍开花结果,而取基部枝条嫁接一般明显延迟开花结果,保持幼年的特点。

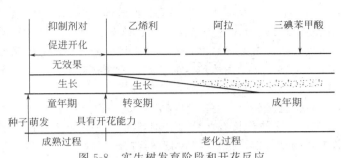

图 5-8　实生树发育阶段和开花反应

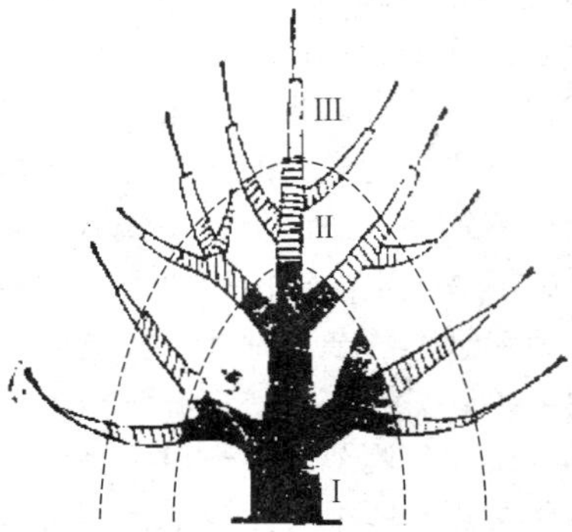

图 5-9　实生树的阶段性分区

Ⅰ：童年区；Ⅱ：转变区；Ⅲ：结果区

② 形态特征。童期的叶片通常比较小，差异大；中上部位芽比较饱满，全部为叶芽；枝条顶端优势明显，生长旺盛，针刺明显。

③ 组织结构特征。叶片小，叶肉组织不发达，叶表皮细胞大，气孔少；枝条木质部大，木质纤维多。

④ 生理生化特征。核酸的含量低，可溶性蛋白质和碳水化合物含量低，赤霉素含量较高。

童期表现为数量性状的遗传特点，但不同树种差异较大，如银杏、杨梅等童期很长，达 12～30 年；苹果、梨等童期较长，约 5～12 年；葡萄、枣、桃、李、杏及樱桃等童期短，为 2～5 年。影响童期长短的因素有遗传和环境、C/N 比、分枝级数等。

童期在形态、解剖和生理、生化等方面所表现出来的与成年期不同的特性叫童性（juvenile trait），而实生苗的最低始果点到根颈的枝干长度叫童程。童期长短与童程高矮呈正相关。童期结束的标志为花芽形成。

大量实践表明，童性与其成年期性状的相关非常密切。

① 童期综合性状和栽培性状的相关。如苹果杂种栽培性状表现为叶背茸毛浓密，叶脉细密，叶缘锯齿浅而钝圆，叶面多皱、无光泽，托叶大，新梢多棱，芽大而芽褥突出等。李表现为枝条粗大，芽突出，叶宽而厚。

② 童期和成年期同名器官相同性状的一致性。叶面积大小、新梢节间长度、萌芽物候期早晚、分枝习性、新梢夹角，抗病、抗逆性等童期个体与成年个体一致性较好。

③ 非同名器官同源性状的相关性。控制桃胡萝卜素生成的基因既影响童期叶片颜色，又影响果肉颜色。甜樱桃叶基体颜色和果实颜色密切相关。

④ 童期营养器官和成年期繁殖器官之间多种不同性状的相关。叶色深浅及栅栏组织厚度是光合能力强弱的标志。梨萌芽开花早者其果实成熟期较晚。马铃薯实生苗匍匐茎发生早晚与早熟性相关。桃落叶快的类型对溃疡病抗性强。实生苗叶片在秋季表现紫色者，大多数果实成熟期早。

六、营养系杂种的选择培育特点

营养系杂交育种，首先通过有性杂交获得杂交种，然后选择目标材料，最后再以无性繁殖的方式培育目标杂种材料。在整个育种过程中，任何一个环节都要有详细的实施方案。

1. 培育特点

（1）提高杂交种子的发芽率和成苗率

有些种类的成熟种子没有休眠期或休眠期很短，如山茶、菊花、香雪兰、唐昌蒲、马铃薯等可以在果实成熟采收后 2～4 个月内播种，短命种子的种类如杨柳在自然状态下只能维持 10～

15d，应随采随播。多数寒冷地区的园艺植物种子具有自然休眠的特点，如苹果、梨、桃、杏、月季、蔷薇、牡丹、丁香等，一般需要在 2～5℃条件下经 60～90d 沙藏层积，打破休眠后才能正常发芽。有试验表明用 100mg/L 赤霉素处理也可以打破苹果、桃的休眠。

有些园艺植物的成熟种子，由于种胚外部存在机械障碍或者有抑制物质难以发芽，除去后就能正常发芽。如沙枣、蔷薇等，可以用酸或酒精处理改变种子的透性；荷花、美人蕉等种子坚硬、不易吸水，播前用锉刀磨破种皮，再用温水浸泡 24h 后可正常发芽。桃、杏、樱桃等以早熟品种为母本的杂交种子、兰花的杂交种子等需采取胚胎离体培养的措施，才能获得正常发育的杂种苗。

通常为使杂交种子出苗快而整齐，常在播前先行 25℃左右催芽，当 50％以上的种子发芽时播种在营养钵中，注意通风透光，防止徒长。当幼苗长有 2 片真叶时，可施少量稀薄的速效肥料。一般在菊花育种中应特别注意生长迟弱的杂种苗，把早壮苗和迟弱苗分畦种植，结果后者优选率 38％，显著超过前者 16％。

营养系杂交育种中应争取在杂种定植到育种圃前完成大部分开花、结果前的淘汰任务。此后应及时将选留的杂种定植到育种圃中。定植前要挖较大的定植穴，施足基肥，带土移栽，尽量减少根系损伤。定植株行距要根据杂种正常开花结果 3～5 年最低限度的营养面积来规划。为便于行间管理，可适当加大行距、缩小株距，如行距 3～4m，株距 0.5～1m。定植后的管理应着重采取能促进杂种提早开花结果的有效农业技术措施。

（2）缩短幼年期，提早开花结果

童期和转变期都可以通过相应的措施从时间上缩短。缩短童期一般采取加速营养生长的方法，而缩短转变期一般是抑制营养生长，促使实生树向生殖生长转变。主要措施有以下几种。

① 选择营养期较短的类型作为杂交亲本，其后代童期较短。

② 选择有利于缩短童期的生态环境。有研究分析认为，结果早晚和生长量大小及生长季长短有关，温度起主导作用。

③ 人为控制环境下提早结果。

④ 嫁接。一般认为快速生长是缩短童期的重要因素。

⑤ 环割、环剥。

⑥ 生长调节剂的应用。

⑦ 其它农业技术措施。如适当放宽株行距、减少移栽次数、矮化砧、加强肥水管理、轻剪缓放、促进枝梢早期生长等（图 5-10）。

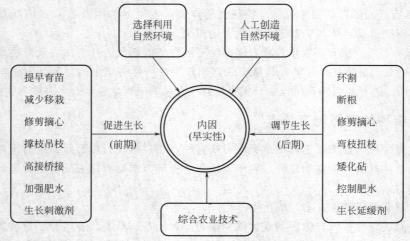

图 5-10　果树杂种实生苗提早结果的途径

2.选择特点

营养系杂种通常都有三个共同特点：

① 由于亲本在遗传上杂合度较大，无论哪一代杂种后代都会产生复杂多样的分离，这就决定了杂交育种一般都采用强度较大的一次单株选择法。

② 幼年期长，从播种到开花结果一般需 3～10 年以上，所以必须分阶段进行选择。

③ 最后的优株以营养系进行后代鉴定。

（1）种子阶段的选择

不同园艺植物种子的形态差别很大，一般选择充实饱满、生活力高的种子。有些种类的种子特征与将来成株性状有一定的相关性，如大丽花瘦小畸形种子长成的植株多开重瓣花；紫罗兰扁平的种子长成的植株较多地开重瓣花，在最初 2～3d 发芽的种子长成后多开重瓣花。

（2）苗期阶段的选择

选择的内容通常包括苗期营养器官生长发育习性、对各种胁迫因素的抗耐性以及和花、果等性状相关的苗期性状等，统称为早期选择。通过早期选择淘汰不良的或者希望较小的类型，减少育种圃中供选的杂种数量，可使育种者把注意力集中到希望更大的类型，提高育种效率。早期选择的效果决定于苗期性状与成株性状的相关程度和育种者的经验和鉴别能力。这类选择必须符合下列两个要求：一是相关程度很高；二是在童龄植株上这种性状极易识别。苗期阶段的选择普遍侧重于抗病性的选择。如桃控制胡萝卜素生成的基因 y 既影响到果肉颜色，又影响叶片颜色，育种者可根据杂种幼苗的叶色进行果肉颜色的预先选择，杂种夏季落叶呈深黄色、秋季落叶呈黄绿色者将来结果为黄色果肉。

（3）成年阶段的选择

鉴定方法应注意简便、明确。应该注意杂种刚进入开花、结果阶段，最初 1～2 年花、果的性状不太稳定，通常需要根据开花结果后 2～3 年连续观察记载的资料比较分析，才能对杂种作出比较客观的综合评价。大致分为以下几种类型。

① 优选类型。综合性状优良，符合育种目标要求，可提前繁殖，优先进入复选及多点试栽。

② 候选类型。基本符合育种目标要求，个别性状不够理想，尚须进一步观察以决定取舍。

③ 留用资源类型。虽然综合性状不完全符合育种目标要求，但具有某些特殊可利用性状，可作为进一步育种的资源。

④ 淘汰类型。综合性状不良，没有特殊利用价值的应予淘汰。

（4）营养系阶段的选择

育种圃中选出的优株通过无性繁殖成若干优系，以熟期相近的优良品种作对照，按品种比较试验的要求作复选试验，同时安排区域试验或者多点试栽。待营养系结果后，将连续 3 年比较试验的结果连同入选母株的多年鉴定调查资料报有关部门审定。如薯类、球茎类植物杂交育种的选择程序和方法，与多年生木本无性繁殖植物基本相同，但不同特点就是实生世代选择期较短而营养系阶段的选择期较长。主要规律有：

① 现蕾期较早，特别是植株较小的是早熟类型，但这一性状较易受环境影响，而与无性世代的熟性表现不完全一致。

② 比较植株中部叶片，第一对小叶大于第二对者多为早熟株。

③ 叶脉较稀疏且叶脉不太明显者为早熟株。

④ 杂交种子在 16h 日照下播种育苗，子叶节发生匍匐茎早者为早熟株。

⑤ 实生苗在 5～6 片真叶期，具有开展性顶叶者多为早熟株。

⑥ 匍匐茎较短而不分枝者多为早熟株。

第九节　常规杂交育种的成功案例

一、菜用大豆新品种'青酥五号'的选育

菜用大豆是我国南方的传统特菜，主栽品种为'台292'和'台75-1'，但长期种植导致品种严重退化，品质和产量明显下降，尤其对大豆花叶病毒病（SMV）和大豆疫病的抗性较差，多个地区已出现大幅减产、甚至绝收的现象。为满足我国南方消费者需求和出口加工市场的需求，需要培育适合我国南方地区春播栽培的中早熟、抗病、优质、鲜食加工兼用型的菜用大豆新品种。

1. 亲本的选择及其特征

母本为'AVR-1'是从亚洲蔬菜研究发展中心引进，其株型收敛，有限结荚，株高约22cm，卵圆叶，白花，茸毛灰白稀疏，荚色黄绿，荚型中小，干籽百粒重33g，种皮淡绿，种脐色淡，对光周期钝感，全生育期约75d，不抗病毒病。父本为'VS-9'系由上海地方品种'上海青'中系选，其株型为半开张，亚有限结荚，株高75cm，紫花，圆叶，荚型大，荚色绿，茸毛褐色较密，种皮绿，种脐黑褐色，干籽百粒重35g，对光周期敏感，生育期约105d，耐热性好，对病毒病抗性强。

2. 有性杂交及其后代的选育过程

1997年春完成亲本'AVR-1'与'VS-9'的杂交，F_1种子于秋季大棚种植，种子混收。1998~1999年于F_2~F_3代进行生育期、株型和抗病性的初选。2000~2002年于F_4~F_6代进行荚型大小、品质性状及抗病性的定向筛选。2003年于F_7~F_8代进行产量性状的定向筛选鉴定，并于2003年秋决选单系'VS23-9-7'。2004年春进行品系鉴定试验，2005年春进行品比鉴定试验，2006~2007年参加上海市菜用大豆区域试验，2008年通过上海市农作物品种审定委员会审定，定名为'青酥五号'。

3. '青酥五号'的特性及栽培技术要点

中早熟品种，全生育期约84d。株高33.7cm，株型直立收敛，有限结荚，主茎8~9节，分枝2~3个，白花，灰毛。单株结荚25.95个，其中2~3粒荚比例达72.16%，鲜荚绿色，标准荚长×荚宽约5.33cm×1.33cm，每500g标准荚数196个，鲜豆百粒重77.65g，荚壳薄，籽粒饱满，易烧煮，吃口糯性，微甜，速冻后不变硬，口感品质佳。干籽种皮淡绿色，种脐淡褐色，耐肥水，抗倒伏，对病毒病抗性强，丰产性好，平均鲜荚产量达9t/hm²以上，高产达12t/hm²，对光周期反应不敏感，栽培适应性广。

大棚早熟覆盖栽培，于2月上中旬播种，可采取育苗移栽或加地膜覆盖直播方式。小拱棚覆盖栽培，于2月下旬至3月上旬播种，采取地膜覆盖直播方式。常规春播露地栽培，于3月底至4月初直播，6月中旬开始采收上市。直播穴距20~25cm，行距30cm，每穴3~4粒，定2株，保苗2.25万~3万株/hm²，需种子112.5kg/hm²。在播前一个月左右施三元复合肥300~450kg/hm²。开花结荚期追施氮肥120~150kg/hm²，同时保障充足的水分供应。

二、优质多抗马铃薯新品种'商马铃薯2号'的选育

马铃薯是全球重要的粮食作物。马铃薯在河南每年可种植两季，尤其是春季收获时，恰逢南北马铃薯缺乏空隙，因此马铃薯在河南具有巨大的发展空间。由于自然灾害频繁，减灾能力弱，使外来品种难以在河南适应，出现了病害严重，单产较低，年际间种植面积、总产量波动较大等问题。所以，选育优质、高产、早熟、综合抗性好的马铃薯新品种是必要的。

1.亲本的选择及其特征

母本'中薯3号',为中国农业科学院蔬菜花卉研究所用'京丰1号'作母本、'BF66A'作父本杂交选育的马铃薯新品种,2005年通过国家审定(国审薯200505)。该品种出苗后60d可收获,具有早熟、丰产、抗病性强、商品性好等特点,块茎休眠期为50d左右,株型直立,茎绿色,叶色浅绿,花白色繁茂,易天然结实,薯块卵圆形,顶部圆形,皮肉浅黄色,芽眼少而浅,表皮光滑,结薯集中,薯块大而整齐。父本为'呼薯4号',由内蒙古自治区呼伦贝尔市农科所于1988年育成的早熟马铃薯品种,生育期75d左右,株型直立,茎粗壮,叶色深绿,花淡紫色,休眠期80d左右,易打破,耐贮藏,块茎椭圆形,黄皮黄肉,芽眼中深,结薯集中,曾获呼盟行政公署科技进步三等奖。

2.有性杂交及其后代的选育过程

2006年春季,以'中薯3号'为母本、'呼薯4号'为父本配制杂交组合,从15个杂交果中通过有性杂交获得2510粒实生种子。2007年春季实生苗培育获得实生薯,秋季进行无性一代选育,选出优良株系;2008~2009年进行无性世代选育,编号为'mlsh-2006';2010年春秋进行品种比较试验;2011~2013年参加河南省区域和生产试验。2014年4月26日经河南省第7届农作物品种审定委员会审定通过,审定编号为豫审马铃薯2014002,定名'商马铃薯2号'。

3.'商马铃薯2号'的主要特征和栽培技术要点

'商马铃薯2号'属早熟品种,生育期64d,平均出苗率98.2%。生长势强,平均株高51.4cm,单株主茎数2.2个。茎绿色,叶深绿,花白色,少花,无结实。薯块扁圆形,浅黄皮浅黄肉,薯皮光滑,芽眼浅,薯块整齐。平均单株薯块数6.3个,单株质量455g,商品薯率80.0%。抗卷叶病毒病、花叶病毒病、晚疫病、早疫病和环腐病。适宜河南省马铃薯二季作区域种植。

栽培技术要点如下。

① 施肥整地:选择前茬非茄科作物、土层深厚的沙壤土地块。深耕30~35cm,每667m² 基施充分腐熟的有机肥3000kg、三元复合肥100kg。

② 适时播种:每667m² 用种量140kg。当气温稳定通过7℃时(河南一般在2月中下旬)即可播种,播种前药剂拌种催芽切块,种薯按1kg切块30~35块。起高垄,垄距90cm,垄顶宽50cm,行距20cm,株距30cm,1垄双行,播种深度10~12cm,将垄面耧平,喷施除草剂后覆地膜。每667m² 播种4000~4500株。

③ 田间管理:出苗时要及时人工辅助破膜,促进苗齐、苗全、苗壮。现蕾时结合浇水每667m² 沟施尿素10kg;结薯期可采用0.5%的尿素与0.3%的磷酸二氢钾混合液或0.8%的硝酸钾进行叶面喷施。生长期间防止植株徒长,收获前10d停浇。

④ 病虫害防治:晚疫病防治要求及时拔除病株,在病害发生前或发生初期喷施72%克露或百菌清等,以后每隔10d施1次药,连续3~4次。蚜虫可选用杀蚜剂喷施。地老虎、金龟子等地下虫用敌百虫晶体与糠麸、豆饼配制成毒饵于田间诱杀。

⑤ 及时收获:视马铃薯成熟情况和市场需求及时收获。适宜收获时间是5月下旬到6月上旬。

三、种间杂交选育的3个优良早实核桃新品系

'漾濞泡'核桃、'三台'核桃是我国西南亚热带山区的两大主栽品种,具有个大、壳薄、仁色浅、食味香纯、品质优良等特点。但存在外观差、结实晚、不耐寒冷霜冻、品种老化等缺点。针对该区域主栽品种的不足,提出了早实、丰产、优质、壳薄且光滑、较耐寒冷霜冻为改良目标的育种方案。

1. 亲本的选择及其特征

母本'漾濞泡'核桃，是我国西南山区的主栽品种之一，具有个大、壳薄、仁色浅、食味香纯、品质优良等特点，但存在外观差、结实晚、不耐寒冷霜冻等不足。父本'云林A$_7$'，是我国北方大面积种植的优良品种，具有种壳美观且光滑、结实早、耐寒冷霜冻等优点。

2. 有性杂交及其后代的选育过程

1978~1996年，云南省林业科学院在国内外首次选用我国南方著名的晚实良种'漾濞泡'核桃与北方新疆早实核桃优株'云林A$_7$'进行种间杂交，经历了亲本选择、杂交、杂种后代培育及杂种优株筛选、杂种优株无性系稳定性测评及区域性栽培试验等阶段，培育筛选出3个早实杂交核桃新品系，即'云新7914'、'云新7926'、'云新8064'。

3. 新品系主要经济性状与亲本比较

在丰产方面，新品系每果枝平均坐果数为1.61~1.82个，介于两亲本之间；'冠影'核桃产仁量0.18~0.19kg/m^2，介于两亲本间而偏向于母本'漾濞泡'核桃。对比坚果品质，在种子三径（坚果大小）、粒重、仁重指标上，'云新7914'高于双亲，'云新7926'与母本'漾濞泡'核桃相当，'云新8064'介于两亲本间；新品系种壳厚度、种壳光滑度均介于两亲本间；新品系仁色与母本'漾濞泡'核桃一致；'云新7914'、'云新7926'出仁率介于两亲本间，'云新8064'与母本'漾濞泡'核桃相当；新品系含油率偏向于母本'漾濞泡'核桃。

新品系（3~11年生）历年产量与同期亲本'漾濞泡'核桃、早实类型核桃国家标准产量对比情况表明：同等栽培条件下，新品系'云新7914'、'云新7926'、'云新8064'较老品种'漾濞泡'核桃提早6年挂果，前11年累计株产分别是29.8kg、30.5kg、29.8kg，分别是'漾濞泡'核桃累计株产8.57kg的3.48倍、3.56倍、3.48倍；前11年累计每667m^{2}的产量分别是892.8kg、914.4kg、892.8kg，分别是'漾濞泡'核桃累计每667m^{2}的产量85.7kg的10.41倍、10.67倍、10.41倍。与早实类型核桃国家标准产量比，3个新品系前11年累计株产平均增产29.45%。

4. 新品系的主要特征

① 早实及早熟：嫁接后2~3年即开花挂果，较'漾濞泡'核桃提前5~6年，果实成熟期比'漾濞泡'核桃提早15~20d。

② 丰产：新品系发枝力强、侧枝结果力强。前11年新品系累计每667m^{2}的产量是'漾濞泡'核桃的10倍左右；前11年累计株产较早实类型国家标准平均增产29.45%。

③ 优质：个大，壳薄易取仁，种壳较光滑，仁饱满色浅白，出仁率、含油率高，食味香纯。

④ 树体矮化：宜早密丰栽培。

⑤ 适应性广：较亲本晚实主栽良种'漾濞泡'核桃耐霜冻气候。

四、'唯美白'矮牵牛花新品种选育

矮牵牛花是园林绿化应用最多的草花之一，被称为"世界花坛花卉之王"。但是，由于其长势弱、花小且少、花期短等缺点而影响绿化效果。因此，培育长势强、花大且多、颜色艳丽、花期长的品种势在必行。

1. 亲本的选择及其特征

母本'XWWH-08'是由英国杂交一代品种于2001~2004年经过连续6代的自交选育而成。株高35cm，冠幅70cm。播种到开花85d，花冠白色，花径10cm，花瓣薄，抗风雨能力一般。父本'ALWH-05'是由美国杂交一代品种于2001~2004年经过连续6代的自交选育而成。株高30cm，冠幅60cm。从播种到开花90d，花冠白色，花径9cm，花瓣厚，抗风雨能力强。

2. 有性杂交及其后代的选育过程

2005年配制杂交组合'XWWH-08'×'ALWH-05'。2006年进行品种比较试验，2007~

2008 年分别在黑龙江省哈尔滨市农业科学院、薛家种苗场、会展中心、南岗园林、利明花圃进行区域试验。结果表明，'唯美白'矮牵牛花平均花径 10.15cm，比对照'龙园红'增加 32.3％，差异显著；平均冠幅 65.7cm，比对照增加 45.7％，差异显著。2009 年进行多点生产试验，5 个试验点同上。'唯美白'平均花径 10.0cm，比对照增加 33.9％；平均冠幅 64.3cm，比对照增加 48.9％。2010 年审定通过，定名'唯美白'。

3.'唯美白'的主要特征及其栽培技术要点

该品种属于大花单瓣型。花白色，花朵大，平均花径 10cm。植株长势旺盛，分枝性强，平均冠幅 65cm，平均株高 35cm，整齐度好。花期长，盛花期达 180d，播种到开花 85d。抗灰霉病。耐热、抗风、抗雨淋，雨后恢复快，耐土壤贫瘠。用途范围广，适宜花坛、花境及盆栽应用。出色的种子质量和观赏效果可与国外优秀的 F_1 良种相媲美。

推荐使用育苗配方基质（草炭：珍珠岩＝3：1）。200 孔穴盘装满基质，打透底水点播种子。种子细小，播后不必覆土。黑龙江省露地种植一般在 2 月初育苗，5 月末带花定植。定植密度 36 株/m²，667m² 施优质复合肥 50kg。

思考题

1. 常规杂交育种的杂交方式有哪些？
2. 试述有性杂交过程中亲本选择和选配的原则。
3. 如何开展有性杂交，并简述提高杂交效率的方法。
4. 根据不同园艺植物的特点，怎样开展杂交后代的选择和培育？
5. 回交育种的作用是什么？
6. 远缘杂交有哪些特点？针对这些特点怎样才能实现远缘杂交，使其为育种服务？
7. 根据育种目标，试提出一种园艺植物的回交育种程序。
8. 根据育种目标，试提出一种园艺植物的远缘杂交育种程序。

第六章
杂种优势育种

　　杂种优势（heterosis）是生物界的一种普遍现象，一般是指两个遗传组成不同的亲本杂交产生的杂种 F_1 代在生长势、生活力、适应性、产量、抗逆性、繁殖力、品质等方面优于其亲本的现象。从应用角度出发，杂种优势仅指杂种一代的数量性状平均值优于亲本或对照种的现象。杂种优势具有以下特点：杂种优势不是某一两个性状单独表现突出，而是许多性状综合表现突出；杂种优势的大小，取决于双亲的遗传差异和互补程度；亲本基因型的纯合程度不同，杂种优势的强弱也不同；杂种优势在 F_1 代表现最明显，F_2 代以后逐渐减弱。杂种优势在性状上表现为不同类型，如营养体发育较旺的营养型、生殖器官发育较旺的生殖型和对外界不良环境适应能力较强的适应型。育种实践上，人们常利用杂种优势获得较好的经济性状。利用生物界普遍存在的杂种优势，选育用于生产的杂交种品种的过程称为杂种优势育种，简称优势育种（heterosis breeding）。园艺作物和其他农作物利用杂种优势所选育的一代杂种的大规模应用是 20 世纪以来作物育种的一项重要突破。由于杂种一代有增产显著、抗逆性强、品种优良和整齐度高等优点，因而使杂种优势育种这一技术在黄瓜、辣椒、番茄、白菜、甘蓝等园艺植物品种选育中具有重要的地位。

第一节　优势育种的概念和应用概况

一、杂种优势与自交衰退

　　杂种优势和自交衰退，就一般品种间及品种内杂交而言，实际上是同一遗传效应的两种相反方向的表现。杂种优势泛指杂种品种即 F_1 杂种表现出的某些性状或综合性状优越于其亲本品种（系）的现象。相反，大多数异花授粉植物在进行连续多代自交后，会出现生理机能的衰退，表现为植株生长势变弱、抗病性和抗逆性差、生活力下降、经济性状退化、产量降低等，这种现象称为自交衰退。异花授粉植物自交后，一般都会发生不同程度的衰退。这可能是由于异花授粉植物长期的异交，不利的隐性基因有很多机会以杂合的形式保存下来，一旦自交，隐性不利基因纯合就会表现出衰退现象。衰退的程度因作物种类不同而有差异，如十字花科的甘蓝、白菜及萝卜等自交衰退较重，而黄瓜、苦瓜等瓜类作物则较轻。在衰退的速度上，通常自交早代衰退较快，中晚代较慢。通过选择，有可能在中晚代选育出衰退缓慢、甚至稳定的自交系。

二、杂种优势的利用概况

　　杂种优势早就为人们所关注。中国是利用杂种优势最早的国家，早在 2000 多年前，我国劳动人民就有利用动物杂种优势的记载，在魏贾思勰著的《齐民要术》中记录了用马和驴杂交而获得体力强大、耐力好的杂种——骡的事实，首创了利用杂种优势的先例。初刊于 1637 的《天工开物》中也记载了蚕的杂交事例。欧洲在产业革命之后才开始植物杂种优势利用的研究。德国学者克尔罗伊特于 1776 年首先描述了在烟草、石竹、紫茉莉、曼陀罗等属的不同种间杂交获得了丰产、早熟和优质的杂种，从而提出利用杂种一代的可能性。1849 年盖特纳在所研究的 80 个属的 700 种植物中同样发现了杂种优势。比尔于 1862 年起研究玉米杂交效应，强调花粉来源对玉米改良的作用，并指出可将品种间杂交种一代用于生产。孟德尔 1866 年发表的《植物杂交试验》论文中提到：用 0.305m 高与 1.830m 高的两种豌豆进行杂交得到的子一代植株无例外地都达到了 1.830～2.2875m 的高度。1876 年达尔文在《植物界异花授粉和自花授粉的效果》一书中总结了 30 个科、52 个属、57 个种及许多变种和品系间的杂交和自交实验观察结果，并得出了"异花受精一般对后代是有益的，而自花受精时常对后代是有害的"论断。此后 20～30 年中许多学者受达尔文这一结论的启发，分别对杂种优势的理论和应用问题开展了广泛研究。1900 年孟德尔定律重新发现后，杂种优势的研究和应用得到了进一步的发展。

肖尔（G. H. Shull）于 1908 年最先报道了玉米自交系间杂种一代的增产效果，提出可先选育最好的自交系以生产杂交种。从 1920 年开始，玉米双交种、单交种、三交种的育种相继直接用于生产，从而广泛推动了其他作物的杂种优势利用。20 世纪 60 年代以后，雌雄同花作物中雄性不育系、保持系和恢复系"三系"配套研究的成功，为杂种优势的利用开辟了广阔前景。自交不亲和性的研究也为配制杂交种带来了方便。现在，高粱、水稻、甜菜、向日葵、番茄、萝卜、甘蓝、大白菜等作物都能大量生产杂交种子供生产利用。利用杂种优势改良果树、林木、药用植物和观赏植物的品种都取得了重要成果。

目前世界各国杂交种品种的使用率越来越高。在日本，番茄、白菜、甘蓝杂交种品种的种植面积占同类作物栽培面积的 90% 以上，黄瓜为 100%。美国的胡萝卜、洋葱、黄瓜杂种一代占 85% 左右，菠菜为 100%。近年来，林木及有性繁殖观赏植物也有利用杂种优势的杂交品种，如金鱼草、三色堇、紫罗兰、樱草类、蒲包花、四季海棠、藿香蓟、耧斗菜、雏菊、锦紫苏、石竹、凤仙花、花烟草、丽春花、天竺葵、矮牵牛花、报春、大岩桐、万寿菊、百日草及羽衣甘蓝等的杂种一代种子也早已用于观赏栽培。中国从 20 世纪 50 年代开始研究园艺作物杂种优势的利用，20 世纪 70 年代以来，甘蓝、白菜、番茄、茄子、辣椒、黄瓜、西瓜、甜瓜等的杂交种品种已大面积应用于生产，杂交种的应用比例呈现逐年上升趋势。

杂交种品种种植面积之所以如此占主导地位，主要有三个原因：一是杂种优势强，生产者愿意种；二是育种者的权益容易得到保护；三是育种周期短，效益好。利用现有的配合力高的亲本组配杂交种品种，育种周期短，投入少，见效快。因此，凡是有条件利用 F_1 的蔬菜、瓜类作物，几乎都在选育和使用杂交种品种。为了简化制种程序，研究者采用无性繁殖法、二倍体无融合生殖法、双二倍体法以及平衡致死法等方法来固定杂种优势。

三、杂种优势的表现

杂种优势是生物界的普遍现象，几乎所有生物都存在杂种优势现象。可以说，凡能进行正常有性繁殖的动植物都可见到这种现象。杂种优势的表现是多方面的，从植物育种学的观点出发，植物的杂种优势表现主要在以下几个方面。

① 生长势和营养体：如杂种表现出苗势旺、成株生长势强、枝叶繁茂、营养体增大、持绿期延长等。

② 抗逆性和适应性：杂种表现出适应性增强，抗病虫性增强，对不良环境条件的抵御力增强。

③ 生理功能方面：杂种表现出光合能力提高、有效光合期延长、光合面积与光合势的增加，呼吸强度的降低，同化产物的分配优化与灌浆过程延长等。

④ 产量方面：杂种表现出结实器官增大，结实性增强，果实与籽粒产量提高等。

⑤ 品质方面：杂种表现出某些有效成分含量提高、熟期一致、产品外观品质和整齐度提高等。

⑥ 生化表现：如番茄杂种的吡哆醇和尼古肼胺的合成能力大于亲本，诸多作物杂种表现出

线粒体互补与叶绿体互补等。

杂种优势的上述各种表现，既有区别，又有联系。在利用杂种优势时，可以偏重某一方面。如一些蔬菜作物，以利用营养体的产量优势为主，而另一些蔬菜则以利用果实产量优势为主，同时兼顾品质和生理功能方面的优势表现。

杂种优势是由双亲基因互作和与环境条件互作的结果，它们的表现不仅是复杂多样化的，而且是有条件的。并不是所有杂种以及杂种的任何性状都比双亲优良，有的杂种不仅无优势反而有劣势，如远缘杂种的可育性就不及双亲。作物的杂种优势的表现因作物种类、亲本纯度、亲缘关系远近、杂交组合、性状和杂交方式以及环境条件不同而表现出复杂多样性。二倍体作物品种间的杂种优势往往大于多倍体作物品种间的杂种优势；亲本纯合度高的自交系之间的杂种优势往往强于纯合度低的自由授粉品种间的杂种优势，在双亲的亲缘关系和性状有一定差异的前提下，基因型的纯度愈高，则杂种优势愈强，因为纯度高的亲本，产生的配子都是同质的，杂种一代是高度一致的杂合基因型，每一个体都能表现较强的杂种优势，而群体又是整齐一致的。如果双亲的纯合度不高，基因型是杂合的，减数分裂时杂合基因势必发生分离，产生多种基因型的配子，其杂种一代必然是多种杂合基因型的混合群体，无论杂种优势和植株整齐度都会降低；亲本亲缘关系远的自交系之间的杂种优势往往强于亲缘关系近的自交系之间的杂种优势，如同一种生态类型的西瓜品种之间的杂种优势不强，而不同生态型的西瓜品种间的杂种表现较强的杂种优势；不同自交系（纯系）组合间的杂种优势，也有很大差异，一般说来，双亲性状之间的互补对杂种优势表现有明显影响。不同的性状杂种优势表现复杂，难以找到一般性规律。一些在综合性状上表现出较强的杂种优势的杂种，往往在一些单一性状上表现出相对较低的杂种优势。杂种一代的品质性状表现更为复杂，不同性状和不同组合都有较大的差异。由于杂种优势是双亲基因互作及与环境条件互作的结果，因此杂种优势的表现会因环境条件不同而表现不同。一般说来，单交种的抗逆性优于纯系品种，但单交种的抗逆性不及群体品种。

四、杂种优势的度量方法

为了便于研究和利用杂种优势，需要对杂种优势的大小进行测定，通常采用下列方法。

1. 超中优势

超中优势（mid-parent heterosis）又称中亲值优势。以杂种一代（F_1）与双亲（P_1 与 P_2）的平均值作比较。

$$超中优势 = [F_1 - (P_1 + P_2)/2]/[(P_1 + P_2)/2] \times 100\%$$

这种衡量方法的实用价值不大，因为如双亲相差较大，F_1 即使超中优势比较强，如未超过大值亲本，也没有推广价值。

2. 超亲优势

超亲优势（over-parent heterosis）是以杂种一代（F_1）与双亲中较好的一个亲本（HP）作比较。

$$超亲优势 = (F_1 - HP)/HP \times 100\%$$

3. 超标优势

超标优势（over-standard heterosis）是以杂种一代（F_1）与标准品种（生产上正在应用的同类优良品种，对照品种，CK）作比较。

$$超标优势 = (F_1 - CK)/CK \times 100\%$$

这种方法更能反映杂种在生产上的推广价值。因为标准品种是当地当时大面积栽培的品种。如果所选育的杂种一代不能超过标准品种就没有推广应用价值。但这种方法不能提供任何与亲本有关的遗传信息。因为即使对同一组合、同一性状来讲，一旦所用的标准品种不同，H值（即超标优势值）也变了，没有固定的可比性。

4. 杂种优势指数

杂种优势指数（index of heterosis）指杂种（F_1）某一数量性状的平均值与双亲同一性状的平均值的比值，度量 F_1 超过双亲平均值的程度。

$$杂种优势指数 = F_1/MP \times 100\%$$

5. 离中优势

离中优势（heterosis from mid-parent）又叫平均显性度。它是以双亲平均数之差的一半作为尺度衡量杂种优势的方法，是以遗传效应来度量杂种优势的。这种方法可以反映杂种优势的遗传本质。

$$离中优势 = [F_1 - (P_1 + P_2)/2]/[(P_1 - P_2)/2] \times 100\%$$

五、杂种优势的遗传机制

虽然植物的杂种优势现象早已被植物遗传育种学家所注意，并已在生产上广泛应用，成为当今获得农作物大面积增产的重要遗传手段之一，但有关杂种优势的遗传成因，并未取得重大进展，迄今尚无一致的说法。被多数学者接受的遗传假说主要有：显性假说（dominance hypothesis）和超显性假说（overdominance hypothesis）。

1. 显性假说

显性假说最先是由 Davenport（1908）提出的，继后经 Brule（1910）及 Jones（1917）的发展而成为显性假说。这一假说的基本论点是，显性基因有利于个体的生长发育，隐性基因对生长发育不利；杂种 F_1 集中了控制双亲有利性状的显性基因，每个基因都能产生完全显性或部分显性效应，由于双亲显性基因的互补作用，从而产生杂种优势。如两个具有不同基因型的亲本自交系杂交 AABBccdd×aabbCCDD，其的 F_1 基因型为 AaBbCcDd，假设纯合的等位基因 A 对某一数量性状的贡献为 12，B 的贡献为 10，C 的贡献为 8，D 的贡献为 6，相应的隐性等位基因的贡献分别为 6、5、4、3，则亲本 AABBccdd 的该性状值为 29，另一亲本 aabbCCDD 的值为 25。根据基因的效应可计算出 F_1 该性状的表现型值。如果没有显性效应，则杂合的等位基因 Aa、Bb、Cc、Dd 的贡献值都等于相应的等位显性基因和隐性基因的平均值，即 F_1 AaBbCcDd＝27，这恰恰是双亲的平均值，没有杂种优势。如果具有部分显性效应，则 F_1 性状的值大于中亲值（即双亲平均值）偏向高值亲本，表现出部分杂种优势，即 AaBbCcDd＞27。如果具有完全显性效应，则 F_1 性状的值大于高值亲本，表现出超亲杂种优势，即 Aa＝AA＝12，Bb＝BB＝10，Cc＝CC＝8，Dd＝DD＝6，因此，杂种 F_1 AaBbCcDd 的值为 36，从而产生优势。根据这个假说，杂合个体进行自交或近交增加了子代纯合个体出现的机会，暴露出隐性基因代表的不利性状，因而造成自交衰退。该假说还认为，具有杂种优势的性状多为数量性状，涉及多个基因，并且不利的隐性基因和有利的显性基因难免会连锁，因此要把多个有利基因全部以显性纯合体状态集中到一个自交后代中的概率是微乎其微的，因而不可能获得一个同杂种优势一样的自交系。显性假说强调显性基因对作物杂种优势的贡献。

2. 超显性假说

超显性假说是由肖尔和伊斯特（F. M. East）于 1908 年提出的。其基本论点是：杂合等位基因的互作胜过纯合等位基因的作用，杂种优势来源于双亲基因型的异质结合所引起的等位基因间的相互作用的结果，等位基因间没有显隐性关系，由于具有不同作用的一对等位基因在生理上的相互刺激，使杂合个体比任何纯合个体在生活力和适应性上都有优势。按照这一假说，杂合等位基因的贡献可能大于纯合显性基因和纯合隐性基因的贡献，即 Aa＞AA 或 aa，Bb＞BB 或 bb，所以称为超显性假说或等位基因异质结合假说（hypothesis of allelic heterozygosity）。这一假说认为杂合等位基因之间以及非等位基因之间是复杂的互作关系，而不是显、隐性关系。由于这种复杂的互作效应，才可能产生超过纯合显性基因型的效应。这种效应可能是由于等位基因各有本身的功能，分别控制不同的酶和不同的代谢过程，产生不同的产物，从而使杂合体能同时产生两种产物或进行两种反应，因而表现超过双亲的功能。如某些作物两个等位基因分别控制对同一种病菌的不同生理小种的抗性，纯合体只能抵抗其中一个生理小种的危害，而杂合体能同时抵抗两个甚至多个生理小种的危害。

近年来一些同功酶谱的分析也表明，杂种 F_1 除具有双亲的谱带之外，还具有新的酶带，这表明不仅是显性基因互补效应，还有杂合性的等位基因间的互作效应。虽然越来越多的试验资料支持超显性假说，但这一假说也有其不足之处，它完全否定了等位基因之间显隐性的差别，排斥了有利显性基因在杂种优势表现中的作用。

六、优势杂交育种与常规杂交育种的比较

杂种优势育种与常规杂交育种的共同点是它们都需大量收集种质资源，选择、选配亲本，通过杂交、自交（或近亲交配）的手段以及后代选择的手段，把分散存在于各个亲本上的优良性状组合于同一个体上，然后进行品种比较试验、区域试验、生产试验和申请品种审定，获得新品种。也就是说杂种优势育种和常规杂交育种所依据的基本原理和所采用的手段完全是相同的。

不同点主要表现在以下几点。

① 理论上　常规杂交育种利用的基因效应主要是能稳定遗传给后代的加性效应和部分上位效应，是可以固定遗传的部分。一旦育成品种，可长期稳定地遗传，其后代自交没有分离的现象。而杂种优势育种所利用的基因效应既包括能稳定遗传的基因效应，还包括不能稳定遗传的基因效应，即加性效应、显性效应和上位效应，后代自交发生分离，杂种优势衰退。

② 育种程序上　常规杂交育种首先进行亲本间杂交，组合亲本的全部基因，然后经过多代自交或近亲交配，使基因分离、重组并不断纯合，最后选出综合双亲优良性状的或具有超亲性状的基因型相对纯合的定型品种用于生产。因此，常规杂交育种程序可简单概括为"先杂后纯"。而杂种优势育种程序则正好相反，即"先纯后杂"，先把亲本自交，使之成为不再分离的纯合稳定的自交系，然后将来源不同的自交系间进行杂交，最后选出综合双亲优良性状的或具有超亲性状的、基因型高度杂合的杂种一代。

③ 种子生产上　常规杂交育种所选育的品种比较简单，繁育良种时，每年从生产田选株留种，也可用原种在种子田大量采种，供下一年生产播种之用，其后代不发生基因分离。方法简单，种子成本低。杂种优势育种选育的杂交种品种不能在生产田直接留种，每年必须专设亲本繁殖区和生产用种（F_1）生产区。杂种一代制种手续繁杂，种子成本高。

七、杂种优势的预测与固定

1. 杂种优势的预测方法

杂种优势利用的核心是选配强优势杂交组合，而亲本的选择和选配是获得强优势组合的关键环节。亲本的选配过程是相当费时费力的，成百上千个新选配的组合中，只有个别组合是育种家翘首以待，能够配制出强优势杂交组合的。可见，预测杂种优势大小，有目标地配制杂交组合，就可减少配制组合数和品种试验的工作量，提高育种效率。

（1）利用地理差异来预测杂种优势

现已证明：双亲遗传组成的适当差异是产生强优势组合的重要条件。一般来自不同地理起源的亲本比来自同一起源的亲本具有较大的遗传差异，因此利用地理差异可预测杂种优势，例如西瓜杂交种'西农 8 号'有一个地理远缘亲本。但是，由于现在植物育种工作的国际趋势和种质资源的广泛交换，亲本遗传差异与地理起源的关系变得不太明显。因此，不能把地理差异作为杂种优势预测的唯一指标，但应适当考虑地理分布。

（2）利用配合力法预测杂种优势

Grffing（1956）将 GCA（一般配合力，general combining ability，简称 GCA）和 SCA（特殊配合力，special combining ability，简称 SCA）的计算方法作了规范后，提出了利用配合力预测杂种优势的线形模型，范志忠（1995）首次将配合力应用杂种优势预测，现在配合力已成为预测杂种优势的方法之一，在亲本选择选配之前都要进行配合力测定。但是，一般配合力是随着群体中新品种的引入而发生改变的，随之特殊配合力也会发生改变。由此得到的结果不能进行比较，这极大地限制了这一理论在实际中的应用。

（3）利用生理生化遗传学的方法来预测杂种优势

① 酵母测定法　酵母法预测作物杂种优势首先是由 Matkzov 和 Mnazyuk（1962）提出的。他们分别用亲本、亲本混合及杂种叶片浸提液培养酵母，结果 76％亲本混合浸提液促进酵母生长的效果与杂种浸提液相仿，而优于单一亲本，据此提出根据杂交亲本浸提液培养酵母的效果预测杂种优势的设想。李继耕等用此法预测玉米的杂种优势，符合率达 82.9％。官春云采用此法预测甘蓝型油菜杂种优势准确率为 66.7％。以上说明，生理活性物质在杂种优势形成中有重要作用，但是杂种优势是整个遗传系统与外界环境条件互作的结果，而单独测定某一物质的绝对含量，无法全面反映整个遗传背景及其与环境互作所表现的结果。

② 线粒体互补法　线粒体在植物生活细胞中，是素有"能量转换器"之称的重要细胞器。利用线粒体互补，在亚细胞水平上预测杂种优势的研究开始于 20 世纪 60 年代，并借此探讨了杂种优势产生的原因。美国学者 Medaniel 和 Sarkissian（1966）首先发现玉米自交系间线粒体混合物的氧化活性有时超过单个亲本，将这种现象称为"线粒体杂种优势"，并且认为可以用于杂交亲本选配。Medaniel（1972）进一步研究表明大麦产量杂种优势与"线粒体杂种优势"有良好相关性。我国学者对玉米、西瓜等试验，也证明了线粒体互补效应。

③ 同工酶分析法　目前，利用同工酶及其酶活性预测杂种优势的报道很多，大多选取了酯酶和过氧化物酶。从双亲和杂种酶带之间差异，可分为 4 种类型。

a．无差异酶谱型：杂种酶谱与亲本酶谱基本相同。

b．单一亲本酶谱型：杂种的酶谱与父本或母本的酶谱相同。

c．杂种酶谱型：杂种的酶谱出现亲本所没有的杂种谱带。

d．互补酶谱型：杂种酶谱与亲本酶谱表现完全互补。

许多单位在不同作物上的研究结果表明：具有杂种酶带、互补酶谱型的组合通常属高竞争优势和有竞争优势；具无差异型酶谱的组合，一般为无优势或弱优势组合；具单一亲本酶谱的组合，不同作物优势表现不同。如果杂种酶带比父、母本谱带宽、深，该杂种亦具有优势。杂种酶的产生丰富了杂种体内的酶系，酶的质变和量变及酶活性的改变提供了杂种的生理优势，进而产生了杂种优势。

④ 分子生物学方法　运用最多的分子生物学技术是 RFLP 和 RAPD，这两项技术分别于 20 世纪 70 年代和 90 年代开始运用于检测 DNA 分子多态性的分子标记。群体遗传学中，利用遗传距离预测作物杂种优势，原理就是亲本的遗传差异与其杂种后代表现相关。RFLP、RADP 等技术则是测定杂交亲本遗传差异的有效手段。也有人应用 mRNA 差异显示法预测作物杂种优势。程宁辉等利用该法分析水稻杂种一代和亲本幼苗基因表达差异，结果表明，亲本和杂种一代基因表达差异明显。这为在分子水平上深入研究和揭示杂种优势形成机理与其预测提供了有价值的途径。然而大量研究显示，基于 DNA 分子标记的亲本遗传距离与杂种优势之间的相关性非常复杂，亲本的遗传差异与杂种优势之间并非直线相关，而应为一种二次曲线型相关，在一定范围内，杂种优势随着亲本间遗传距离的增大而增加，但超过这个范围，随着亲本间遗传距离的增大，杂种优势又呈现降低的趋势，一般说来在同一杂种优势群内的自交系间杂交，杂种优势表现与亲本的遗传距离存在较高的相关性，而在不同的优势群间，遗传距离与杂种优

势不相关，最近的一些研究也得出与其相似的结果。另外，杂种优势涉及大量相关基因间的组合与互作，并且受到遗传背景的影响，因而仅仅简单地根据标记位点的差异来精确预测杂种优势是不够的，利用分子标记遗传距离预测杂种优势随取材不同而异，理论和方法上均未成熟，尚处于探索阶段，离育种实践还有一定差距。杂种优势预测的最终解决将依赖于杂种优势遗传机理的阐明。

2.杂种优势的固定方法

（1）无性繁殖法

利用无性繁殖方法可以把杂种优势固定下来，也可以利用组织培养的方法，以杂种一代的组织器官或体细胞为外植体，大量克隆杂种一代，这样就无须每年生产杂种一代种子。在生产上用无性方式繁殖而性器官又健全能结种子的作物，如马铃薯和甘薯，能利用无性繁殖的方法很方便地固定杂种优势。

（2）二倍体无融合生殖法

由未减数胚囊中的助细胞或反足细胞的无融合生殖，形成二倍体的胚和种子；或由珠心组织在胚囊里形成二倍体的不定胚；通过它们的繁殖，能固定 F_1 杂种优势。柑橘类、葱属、苹果属、树莓属、无花果属以及多种蔬菜和花卉常存在无融合生殖现象。通过无融合生殖诱导后，产生许多似母体的纯合二倍体植株，杂交后代中全部或成批出现与母体相同的假杂种。无融合生殖还可以通过选择、诱变、远缘杂交等方法获得。

（3）双二倍体法

双二倍体是将远缘杂交形成的具有强大杂种优势的 F_1 使其染色体加倍后形成的。其细胞核中含有远缘亲本的各两组同源染色体组，因而遗传上表现纯种繁育。该杂种在减数分裂时，由于"同源配对"关系，使后代不再分离而形成"永久杂种"，从而固定杂种优势。令人惊异的是双二倍体法在自然界已取得了巨大成功，如小麦、燕麦、烟草、甘蓝型油菜、芹菜和许多牧草都是异源多倍体，而人类却难以重复大自然的这一奇迹。目前达到生产上推广价值的异源六倍体和八倍体小黑麦，是几代育种家的心血。

（4）平衡致死法

通过染色体的结构变异，在减数分裂时形成两种基因型不同的配子，在受精过程中，基因同质结合时会致死，即产生所谓的"平衡致死"，只有异质结合形成的杂合体具有生活力，能发育成种子，形成"永久杂合体"，这种杂合体能在有性繁殖后代中一直保持杂种优势。

第二节　选育杂交种的一般程序

杂种优势育种的一般程序，可简单概括为制定育种目标，收集种质资源，选育优良自交系，测定自交系的配合力，确定配组方式，杂交种的升级试验和品种审定等。

一、利用杂种优势的基本条件

作物杂种优势的利用价值是由杂种所产生的经济效益与生产杂种种子成本之间的相对经济效益决定的。如果杂种由早熟、增产、优质等优点而得到的效益还抵不上为了生产杂种而增加的成本，那么这样的杂种一代就没有实用价值。因此，作物杂种优势要在生产上加以利用，必须满足三个基本条件：

第一，有强优势的杂交组合。杂种必须有足够的优势，才有生产利用价值，并且杂种的表现要满足品种的 DUS（差异性、相对一致性、相对稳定性）条件。这里所指的强优势是广义的，既包括产量优势，也包括其它性状的优势，诸如抗性优势，表现抗主要病虫害、抗逆境等；品质优势，表现营养成分高或适口性良好等；适应性优势，表现为适应地区和季节广或适应间套作等；生育期优势，表现早熟性或适应某种茬口种植等；株型优势，表现耐密植等。强优势的杂交组合，除产量优势外，必须具有优良的综合农艺性状，具有较好的稳产性和适应性，凡只是产量方面具有强优势而其它性状不具优势的杂交组合，往往不能稳产高产，风险性较大，不宜推广利用。

第二，要有足够高的异交结实率。异交体系是生产杂种品种种子所必需的，没有高效的异交体系，则无法大批量、低成本地生产杂种品种种子。对自花、常异花授粉作物而言，异交体系是能否利用其杂种优势的最重要因子。建立高效的异交体系，降低种子生产成本，使得杂种品种的种子价格降到种植者可接受的范围，这是决定杂种优势利用的关键，成为杂种优势利用研究的重点课题。

第三，繁殖与制种技术简单易行，种子生产成本低。要有一套简便可行的杂种种子生产及亲本繁殖技术，能为农民所掌握。

在生产上大面积种植杂种品种时，必须建立相应的种子生产体系，包括亲本繁殖和杂种品种种子生产两个方面，以保证每年有足够的亲本种子用来制种，有足够的 F_1 商品种子供生产使用，所以必须做到以下几点。①有简单易行的亲本品种（系）的自交授粉繁殖方法，以保持亲本纯度，提高亲本种子产量。②有简单易行的配制大量杂交种子的方法，保证杂交种子质量，提高制种产量，降低生产成本。③有健全的体系和制度，如亲本繁殖与制种的种子生产体系；与之配套的技术措施与管理制度；杂交种子推广销售网络等。但因作物繁殖方式不同以及用于选育杂种亲本的原始材料有很大差异，因此不同作物杂种优势利用研究的侧重点有差异，自花授粉作物由于长期自交，品种内各株间的性状一致，遗传基础纯合，一个品种就是一个纯系。因此利用杂种优势时异交体系是最重要的，对常异花、异花作物而言，由于其个体杂合，因此培育高配合力的自交系则是关键。

二、自交系的选育

为了发挥杂种的优势，用于制种的亲本在遗传上必须是高度纯合的。双亲的遗传纯合度越高，杂种的一致性越好，优势越大。杂种品种选育包括选择优良亲本和按一定杂交方式组配杂种两个方面。优良亲本是获得强优势杂种品种的基础，对异花授扮作物和常异花授粉作物而言，选育自交系（inbred line）是利用杂种优势的第一步工作。自交系是由一个单株经过连续数代自交和严格选择而产生的性状整齐一致、基因型纯合、遗传性稳定的自交后代系统。

1. 对自交系的基本要求

自交系多不直接用于生产，而只在生产商品杂种种子时使用。对自交系的基本要求如下。

（1）遗传纯合度高

基因型纯合，表现型才能整齐一致，经过多代自交和严格选择，纯合度达到育种要求的纯系或自交系，其系内单株的表型，如株型、叶鞘和叶片色泽、穗形、粒形和色泽等均整齐一致，表现本系的特征特性。并能经过自交、自交系内姊妹交或系内混合授粉把本系的特征、特性稳定地传递给下代。

（2）具有较高的一般配合力

一般配合力高的纯系或自交系，才能组配出强优势的杂种品种。一般配合力受加性遗传效应控制，是可遗传的特性。一般配合力高，表明自交系具有较多的有利基因位点，这是产生强优势杂种的遗传基础。

（3）具有优良的农艺性状

纯系或自交系农艺性状的优劣直接影响杂种的相应性状。优良的农艺性状是指符合育种目标要求的多种性状，包括植株性状，如植株高度、株型、生长势强弱和叶片持绿性等；产量性状如穗子大小、籽粒数和粒重等以及抗病性和抗倒性等。

（4）亲本自身产量高

开花习性符合制种要求。作为杂种的亲本，还要考虑影响制种的一些性状，要求其父本花粉量较大，散粉畅，父母本花期相遇，母本结实性好，产量较高，以便于制种，降低商品杂种种子生产成本。

2. 杂种亲本的选育

杂种亲本的获取因作物繁殖方式不同而有很大的差异，对自花授粉作物而言，无须经过多代自交即可直接从品种（系）中筛选出遗传纯合度高的杂种亲本；对常异花授粉作物而言，只须经过 2～3 代的自交即可直接从品种（系）中筛选出遗传纯合度高的杂种亲本；对异花授粉作物而言，必须经过多代的自交与选择才能获得遗传纯合度高的杂种亲本即自交系。这里重点介绍一下从异质群体中如何选育杂种亲本。

（1）选育自交系的原始材料

选育自交系的原始材料多种多样，主要有地方品种和推广品种、各类杂种品种、综合品种或人工合成群体。地方品种的地区适应性强，且有一些优良的性状，如品质好或对某种病害的抗性，可以从中选育出对当地适应性强和品质好的自交系，但地方品种往往产量不高。推广品种是指经过育种改良的优良品种，常具有较高的生产力和优良的农艺性状，可以从中选育出农艺性状好、一般配合力较高的自交系。从上述品种群体和品种间杂种品种中选育出的自交系，通称为一环系（first cycle line）。此外，还可从自交系间杂种品种中选育自交系。优良的单交种和三交种品种是选育自交系的良好原始材料，因为它们集中了较多的有利基因位点，具有良好的基因型，且遗传基础较简单，故分离出优良自交系的概率较高。双交种品种和多系杂种品种的遗传基础比前二者复杂，自交后的性状分离和变异较大，也可选育出优良的自交系，但概率要低些，工作量也相应大些。从自交系间杂种品种中选育出的自交系，称为二环系（second cycle line）。二环系用的基本材料虽然是杂种品种，但其亲本的遗传基础较简单，且又结合了亲本自交系的优点，所以育成理想自交系的机会比一环系高些。综合品种和人工合成群体是为不同的育种目的而专门组配的，其基本特点是遗传基础复杂和遗传变异广泛，能适应较长时期的育种要求。但利用这类群体筛选自交系，首先要求群体进行多代的自由授粉，打破基因连锁，达到充分重组和遗传平衡；其次要求进行大量的单株选择。因此育种需要较长的时间和较多的工作。

（2）自交系的选育方法

在自交系选育过程中，始终要围绕着农艺性状优良、一般配合力高和遗传纯合度高这三点基本要求进行，自交系选育是一个连续多代自交结合农艺性状选择及配合力测定的过程。即采用系谱法和配合力测交试验相结合的方法，在选育过程中形成系谱，最终育成符合育种目标要求的自交系。

① 人工套袋自交技术　无论异花授粉作物或常自花授粉作物，在选育自交系时，都要进行人工套袋自交。人工套袋自交的基本方法是，在开花散粉之前，用适合花序大小的硫酸钠纸袋（或羊皮纸袋），把当选植株的花序套上，起隔离保护作用，防止异品种（系）花粉干扰。如雌雄异花的作物，应将雌花序与雄花序分别套袋隔离，套袋后的第二或第三天散粉时，收集套袋雄花序的花粉授于同株套袋雌花序的柱头上，再迅速套袋隔离，系上标签，注明区号或品种名称、自交符号与授粉日期，即完成了自交过程。如雌雄同花作物，只要用一个大小适合的硫酸钠纸袋把全花序或主花序套袋隔离，系上标签，注明有关项目，任其在套袋内自花授粉结实。从套袋中收获的种子就是自交种子。

② 自交系农艺性状的选择　在自交系性状发生分离的早代（S1～S2）和中代（S3～S4），要注意对农艺性状进行选择。自交后代种植在自交系选择圃中，把从每一株上收到的自交种子编号，装在一个小纸袋中，再按自交代数（由低世代到高世代）、亲缘关系（同一来源的系归为一类）和自交株序号分类排列。每一单株的自交种子种成一个小区（株行）。在自交系生育全过程

中，分别在苗期、花期、成熟期和收获后，以及某些性状如病害、倒伏等出现时期，对自交系的农艺性状进行鉴定和严格选择，对性状不良的小区和单株要大量淘汰。只在性状优良、符合育种目标要求的小区中选优良的单株继续自交。每个自交世代都按这种方式进行严格的淘汰和选择，直到获得性状优良、表型整齐一致、遗传基础纯合并能稳定遗传的自交系为止。对异花授扮作物如黄瓜，一般需要连续套袋自交6～7代，才能获得遗传基础纯合而稳定的自交系。对常自花授粉作物如辣椒，一般要求连续套袋自交2～3代，并结合严格的选择，即可获得遗传基础纯合而稳定的自交系。在选择优良农艺性状的基础上，还需要对自交系进行配合力测定，根据配合力的高低做进一步选择，最后选出农艺性状优良、配合力高、表型整齐一致、能稳定遗传的优良自交系。自交系在连续自交和选择过程中所形成的后代株系，按系谱法用阿拉伯数字表示自交株号，用"-"表示自交世代的间隔。如用兰州大羊角辣椒与从亚蔬中心引进的细菌性斑点病抗源辣椒品系'A36'杂交后作为选系原始材料，连续经过6代自交选择，选出的自交系，其系谱分别是L2-3-5-1-4-2、L5-1-4-2-3-2和L7-5-6-1-3-2等，按系谱记录，以便利用和组配杂种。已经稳定的优良自交系，即另行定名。

（3）自交系的改良

① 改良的目的　选育出一个优良的、高配合力的自交系是很不容易的，但即使是很优良的自交系，也难免存在个别缺点，如苗期生长势较弱，或对某些病虫害抗性不强，或结实性不好等。这些缺点将严重影响其利用价值。通过遗传改良，可以改变优系存在的个别缺点，使其利用价值得以大幅度提高。因此，改良自交系的目的是：在保留优系全部或大部分优良性状并保持其高配合力特性的前提下，改良它的个别不良性状，提高优系的利用价值。

② 改良的基本方法　自交系改良的基本方法是回交改良法。其育种程序是：

$$[(A \times B) \times A^{1-5}]^{\otimes 2-5} \longrightarrow A'$$

式中，A代表需要改良的优系，B代表具有某些优良性状的供体系。A^{1-5}表示用A系作轮回亲本回交次数，$\otimes 2-5$表示自交2～5次，A'表示A的改良系。

回交改良法的基本原理是精选1个或几个可以提供某些优良性状以弥补优系某些个别缺点的系作为供体系，以优系为轮回亲本与供体系杂交和回交，通过不同的回交次数控制双方在回交世代中所占的遗传成分比例，再进行严格的选择，保存具有供体系某些优良性状和优系全部或大部优良性状的个体，再经过几次自交使基因型纯合稳定，最后选出的系就是原优系的改良系。在回交改良过程中，供体系选择是个关键。供体系必须具备两个基本条件：第一，具备明显的、可以弥补被改良系某些缺点的优良性状，并且这些性状有较高的遗传率。第二，具有较高的配合力，较多的优良性状，没有严重的、难以克服的缺点。否则，即使经过多次回交和严格选择，由于基因的连锁，会在性状改良的同时，降低改良系的配合力并出现新的不良性状而前功尽弃。回交的次数不是固定不变的。主要由改良的目标性状数、需要改良性状的遗传特点以及轮回亲本与供体系间的遗传背景差异等因素决定。

三、配合力及其测定

多年来的杂交试验表明，亲本本身的表现与其后代的表现并不一致，有些亲本本身表现很好，但所产生的杂交后代并不理想；而有些亲本本身并不优越，但能从它们杂交后代分离出很优良的个体或组合。因此，优良品种并不一定是优良的亲本。这样因亲本交配组合不同表现出子代的差异，进而表明不同亲本间有不同的组合能力，这种能力被称为配合力，它是杂交组合中亲本各性状配合能力的一个指标。

配合力高低是选择杂种亲本的重要依据，它直接影响杂种的产量，只有配合力高的亲本，才能配制出高产的杂种。配合力是自交系的一种内在属性，受多种基因效应支配，农艺性状好的自交系配合力不一定就高，只有配合力高的自交系才能产生强优势的杂种，所以可把配合力理解为自交系组配优势杂种的一种潜在能力。它不是由自交系自身的性状表现出来的，而是通过由自交系组配的杂种的产量（或其它数量性状）的平均值估算出来的。测定配合力是自交系选育中一个不可缺少的重要程序，在自交系的选育中，不仅要对自交系的农艺性状进行选择，还必须测定自交系的配合力，只有这样，才能选育出农艺性状优良、配合力又高的自交系。

1. 配合力的概念与种类

配合力又叫组合力（combining ability），指一个亲本与另外的亲本杂交后杂种一代的生产力或其它性状指标的大小。

配合力有一般配合力（general combining ability，简称 GCA）和特殊配合力（special combining ability，简称 SCA）之分。一般配合力是指一个品种或自交系与其它若干品种或自交系杂交后，其杂种一代在某个性状上的平均表现。一般配合力是由基因的加性效应决定的，为可以遗传的部分。因此，一般配合力的高低是由自交系所含的有利基因位点的多少决定的，一个自交系所含的有利基因位点越多，其一般配合力越高，否则，一般配合力就越低。特殊配合力是指两个特定亲本系所组配的杂种的产量水平，又称为某一特定组合 F_1 的实测值与其双亲一般配合力得到的预测值之差。特殊配合力是由基因的非加性效应决定的，即受基因间的显性、超显性和上位性效应所控制，只能在特定的组合中由双亲的等位基因间或非等位基因间的互作而反映出来，是不能遗传的部分。

不同杂交组合的特殊配合力有高低之别，而同一组合不同性状的特殊配合力也有正负之分，同时基因型与环境的互作效应还会影响配合力的高低。一般配合力和特殊配合力之间既相互独立又相辅相成，在杂种后代中发挥着各自的遗传效应。

2. 配合力与育种的关系

一般配合力主要由亲本之间的加性遗传效应决定的，对一个具体的亲本来说，具有加性效应的基因位点数目，在理论上应该是一个定值，不会因杂交组合的不同而变化。也就是说基因的加性效应是可以稳定遗传的。所以，凡一般配合力效应值高的亲本参与的组合，F_1 代大多数在这一性状上表现良好。同时对于主要取决于一般配合力的性状可以通过杂交育种育成定型品种，以免去年年生产杂种一代种子的麻烦。

特殊配合力为基因的非加效性的概括度量，是产生杂种优势的部分。非加性效应包括显性、超显性和上位效应。一个杂交组合的优劣，不仅取决于双亲的一般配合力效应，而且也取决于组合的特殊配合力效应，即 F_1 代的表现应是各个性状加性遗传效应、显性效应、上位效应等综合作用的结果，这些效应只有通过双亲杂交后才能表现出来。因此对于主要取决于特殊配合力，或一般配合力和特殊配合力都有很大影响的性状，应通过杂种优势育种育成杂种一代。

一般说来，早期的配合力效应与其后期的配合力效应有较高的一致性，通过早期的一般配合力，可以预知后期的一般配合力。一般配合力高的性状，亲本对该性状向后代传递能力强，可以从亲本的相应性状的数值来推测杂种后代的表现。一个优良亲本应该在目标性状上本身表现好，配合力又高。另一方面，如果一个品种某个性状并不优良，但其配合力高，也应予以注意。在亲本选配中，既要注意双亲本身的表现，更要考虑其配合力的高低，从这里可以看出，一个亲本在杂交优势或杂交育种中的利用价值，首先和一般配合力效应密切相关，如果性状的反应量是越大越好，则一般配合力大的亲本才有较大的利用价值。其次是特殊配合力效应的变异程度，变异程度越大，说明该亲本在与其他亲本杂交时，可能出现偏离一般配合力效应所估计的较极端的后代，即产生变异后代；反之，变异程度越小，就不会出现特别突出的后代。因此，在利用杂种优势时，只有 2 个亲本的一般配合力效应值和组合特殊配合力效应值均为正向值，并且较高或中等时，组合的总配合力效应值才可能高；相反，只要有一方亲本的一般配合力效应为负或组合特殊配合力较低时，都不会有较高的总配合力效应。通常情况是在选择一般配合力高的亲本的基础上，再选择特殊配合力高的组合。

3. 配合力的测定

（1）测定时期

配合力的测定时期常可分为早代测定、中代测定和晚代测定。

① 早代测定　早代测定主要用于异花作物，在 S1～S2 代进行，仅能测出一般配合力。早代测定的依据是一般配合力受基因加性效应控制，是可遗传的，早代的一般配合力与晚代的一般配合力呈正相关。但自交早代处在分离状态，性状不稳定，早代测定的结果，只能反映该组合的一般配合力趋势，并不能代替晚代测定。一般只在以提高一般配合力为主的、用轮回选择法改良品种群体时采用，选育自交系一般很少采用。

② 中代测定　在自交系选育的中期世代，即 S2～S4 代时测定自交系的配合力。此时为自交系从分离向稳定过渡的世代，系内的特性基本形成，测出的配合力比早代测定可靠些，并且，配合力的测定过程与自交系的稳定过程同步进行，当完成测定时，自交系也已稳定，即可用以繁殖、制种，这对缩短育种时间大有裨益。

③ 晚代测定　在自交系选育的后期，即 S5～S6 代时测定自交系的配合力。此时自交系已稳定，基因型已基本纯合，所测出的配合力是可靠的。但其缺点是一些低配合力的系不能及时淘汰，增加了工作量，并延缓了自交系选育利用的时间。

（2）测验种的选择

测验自交系配合力所进行的杂交叫测交（test-crossing），测交所用的共同亲本称之为测验种（tester），测交所得的后代称为测交种（test cross variety），测交种在产量和其它数量性状上表现出的数值差异，即为这些被测系间的配合力差异。所以，测验种非常重要，选择当否，直接关系到测定结果的准确性与可用性。对异花授粉作物而言，用普通品种、品种间杂交种及综合种作测验种一般仅能测出被测系的一般配合力，因为由显性、上位性和互作效应所致的非加性变量差异不能区分，故只能反映出加性基因效应；如用纯系（自交系）、单交种作测验种，由于基因的纯合性高或遗传基础单一等，则测交种类型单一，因此，较能（易）反映出基因的加性基因效应与非加性效应，因而可同时测出被测系的一般配合力与特殊配合力。另外，测验种本身的配合力以及测验种与被测系间的亲缘关系也影响测交结果的准确性。当测验种本身的配合力低或与被测系的亲缘关系近时，所得到配合力往往偏低，反之，其测定结果往往偏高，二者均难以准确反映自交系的优劣。因此在测定具有两种类型的被测系时，以采用中间型的测验种为好。

（3）测定方法

① 顶交法（top-cross method）　选用一个遗传基础广泛的品种群体作为测验种，与各个被测自交系配组杂交，下一代比较各个测交种的产量（或某种性状值）的高低。测交种产量（或某种性状值）高的组合，其被测自交系的配合力高；反之，其被测自交系的配合力低。过去是用地方品种群体作测验种，现在一般选用综合品种群体作测验种。由于选用的测验种遗传基础广泛，故可以把测验种看成包含着多个单一基因型成分，因而仅可测出一般配合力。具体做法是以 A 群体为共同测验种，1、2、3、4、5、…，n 个自交系为被测系，组配 $1 \times A$，$2 \times A$，$3 \times A$，…，$n \times A$ 等正交组合或相应的 $A \times 1$，$A \times 2$，$A \times 3$，…，$A \times n$ 等反交组合，对测交组合进行产量或其它性状比较，根据结果计算出各被测系的一般配合力。顶交法的优点是需要配制和比较的组合较少，而试验结果便于被测自交系间的相互比较；其缺点是不能测算特殊配合力，此外，所得数据是各被测验种与这一特定测验种的配合力，如果换一个测验种，可能得到不同的结果，即结果代表性较差。因此顶交法适用于早代的配合力测试比较，以及时淘汰一些配合力相对较低的株系。

② 双列杂交（diallel cross method）　双列杂交法也称轮交法，是用一组待测自交系相互轮交，配成可能的杂交组合，继而进行后代测定。Griffin 提出了 4 种组配方式，为了减少试验工作

量，通常采用部分双列杂交法。例如，有 n 个自交系待测，可配成 $n(n-1)$ 个杂交组合（含正交和反交），或配成 $n(n-1)/2$ 个杂交组合（只含正交），下一代把测交组合按随机区组设计进行田间产量比较试验，取得各测交组合产量（或其它数量性状）的平均值后，可按照 Griffin 设计的方法和数学模式计算出一般配合力和特殊配合力。

轮交法的优点是可以了解某种作物某些主要经济性状的配合力究竟主要取决于一般配合力还是特殊配合力，还可以使育种者较为准确地选出优良组合。缺点是当被测系数多时，杂交组合数过多，工作量大，试验不易安排。因此，只适于育种后期阶段，在精选出少数优良自交系和骨干系时采用，以确定最优亲本系和最优杂交组合，或用于遗传研究。

③ 系×测验系法（line×tester method） 此法可测定待测系、测验系的一般配合力和特殊配合力，它实际上包含了多系测交法（multiple line cross method）和共同测验种法（测验种 1～3 个）。多系测交法是用几个优系或骨干系作测验种与一系列被测系测交，例如用 A、B、C、D 四个系作测验种，分别与 100 份待测系测交，可配成 400 个单交组合，下一代按顺序排列、间比法设计进行比较试验，取得各组合的平均产量，也可计算出一般配合力和特殊配合力。系×测验系法是一种测定配合力和选择优良杂种相结合的方法，选出的优良杂种可及时作为商品杂种品种投入生产利用。

四、杂种品种的亲本选配原则

优良的亲本是选配优良杂种的基础，但有了优良的亲本，并不等于就有了优良的杂种。双亲性状的搭配、互补以及性状的显隐性和遗传传递力等都影响杂种目标性状的表现，选配亲本的原则概括起来就是配合力高、差异适当、性状好、制种方便、制种产量高。这些原则对增加选育优势杂种的预见性，降低杂种成本，提高育种效果有重要作用，但依此原则所配制的杂种必须在不同条件下进行多点、多年的比较试验、生产试验和栽培试验等，测定其丰产性和适应性，从而确定其利用价值和适应区域及适宜的栽培方法。

1. 配合力高

根据配合力测定结果，选择配合力高，尤其是一般配合力高的材料作亲本。两个亲本的配合力最好都高，这样容易得到强优势的杂种一代。若受其他性状的限制，至少应有一个亲本是高配合力的。不能用两个配合力低的亲本进行杂交。如采用的是多亲本配制杂交种（如双交），则应将最高配合力者集中表现在最后一次杂交种（双交种）内，而不应表现在亲本杂交种（单交种）内。

2. 亲缘关系较远

两个亲缘关系较远、性状差异较大的亲本进行杂交，常能提高杂种异质结合程度并丰富其遗传基础，表现出强大的优势和较好的适应性。亲缘关系远近有以下表述形式：①地理远缘。国内材料和国外材料，本地材料和外地材料进行组配，由于亲本来自不同的生态区域，可增大杂种内部的基因杂合度，因而优势较大。②血缘较远。由于双亲遗传差异较大，优势表现强大。若亲本血缘近，则异质性不大，优势不明显。③类型和性状差异较大。如玉米硬粒型和马齿型杂交，F_1 具有强大的杂种优势。④遗传距离较大。遗传距离是度量亲本间数量性状遗传差异大小的指标。许多研究证明，在一定范围内，亲本间遗传距离越大，配制出的杂种优势愈强，反之则小。根据遗传距离的大小，可将亲本分为不同类群，在配制杂种组合时，应尽量选用不同类群间的亲本杂交。

3. 性状良好并互补

亲本应具有较好的丰产性状和较广的适应性，通过杂交使优良性状在杂种中得到累加和加强，特别是杂种优势不明显的性状，如成熟期、抗病性以及一些产量因素等。杂种的表现多倾向于中间型，只有亲本性状优良，才能组配出符合育种目标要求的杂种一代。任何品种（系）都会有缺点，但要尽量选优点多、主要性状突出、遗传率高、缺点少且易克服，而且双亲优缺点可以互补的品种（系）作亲本。亲本在遗传上还应是稳定的，亲本种子要纯度高、质量好。利用雄性不育性时，不育系的不育度和恢复系的恢复力都要高。

4. 以具有最多优良性状的亲本为母本

由于母本细胞质对后代的影响，在有些情况下后代性状多倾向于母本。因此用具有较多优良经济性状的亲本作母本，以具有需要改良性状的亲本作父本，杂交后代出现综合优良性状的个体往往较多。

5. 质量性状，双亲之一要符合育种目标

从隐性亲本的杂交后代内不可能分离出有显性性状的个体，因此当目标性状为显性时亲本必须具有这种显性性状。但是既然它是显性的，则后代内获得有关基因的个体都会表现该性状，因而只要双亲之一具有该显性性状就可以，不必双亲都具有。当目标性状为隐性时虽双亲都不表现该性状，但只要有一亲本是杂合性的，后代仍有可能分离出所需的隐性性状，可是这样就需要事先能肯定至少一亲本是杂合性的，这一点并不是经常能办到的。因此，选配亲本时双亲必须都具备该性状。

6. 亲本自身产量高，花期相近

亲本自身产量高可以提高繁殖亲本和杂种制种的产量，有利于降低杂种成本。若不受其它因素限制，应以两亲中产量较高的一个亲本作为母本，两亲花期相近并以偏早的作父本，这样可避免调节花期的麻烦，保证花期相遇。父本植株最好略高于母本以利于授粉。

以上所述是亲本选配的原则，作为一般的指导原则，使杂种优势育种工作避免盲目性，增加预见性。但是作物的性状很多，它们遗传机理很复杂，许多遗传变异规律不在研究探讨之中，亲本选配的原则还有待不断总结丰富。在育种工作中应占有大量的原始材料，研究不同作物遗传变异规律，积累经验，掌握资料，明确品种选育目标，在人力物力许可的条件下根据上述亲本选配原则适当多选配一些组合，增加理想变异类型出现的机会，提高优势杂交育种的效率。

五、配组方式的确定

配组方式是指杂交组合父母本的确定和参与配组的亲本数。经过配合力测定选出优良自交系及其高配合力杂交组合后，下一步工作就是确定各自交系的最优组合方式，以期获得优势最为显著的杂种一代。根据配组杂种一代所有的亲本自交系数目，配组方式可分为单交种、三交种、双交种和综合品种四种类型。园艺植物杂种优势的利用中主要是单交种，国外也利用三交种和双交种的。

1. 单交种

单交种（single cross hybrid）是指利用两个自交系杂交配制而成的杂种一代，例如 A×B。其优点是：①基因型杂合程度最高，株间一致性强；②增产幅度大；③制种程序简单；④双亲是稳定遗传的自交系，每年都可以生产出相同基因型的杂种一代，是当前杂种优势利用的主要类型。但单交种群体的基因型单一，故稳产性差。同时，单交种的亲本是生活力弱、产量低的自交系，因此种子产量低，生产成本高。为解决这一问题，可用近亲姊妹系配制改良单交种，如（A2×A1）×B，既可保持原单交种 A×B 的增产能力和农艺性状，又可相对提高制种产量，降低种子成本。

生产上应尽量利用单交种。应考虑正反交在种子产量上，甚至杂种优势方面的差异。通常在双亲本身生产力差异大时，以繁殖力强的高产者作母本；双亲的经济性状差异大时，以优良性状多者作母本；以花粉量大、花期长的自交系作父本，以便保证母本充分授粉；以具有苗期隐性性状的自交系作母本，以便在苗期间苗时，淘汰假杂种。

2．双交种

双交种（double cross hybrid）是用4个自交系组配而成，先配成两个单交种，再配成双交种，组合方式为（A×B）×（C×D）。利用双交种的主要优点是双交种的亲本是单交种，植株生长健壮，优势强，产量高，因此能降低杂种种子生产成本。同时由于群体遗传基础广泛，适应性强，故产量稳定。但与单变种相比，双交种的杂种优势和群体的整齐性不如单交种。而整齐度对商品化要求较高的园艺作物十分重要。因此，现在已较少采用。

3．三交种

三交种（three way cross hybrid）是用三个自交系组配而成，组合方式为（A×B）×C，三交种增产幅度较大，产量接近或稍低于单交种。但制种产量比单交种高出许多，可显著降低杂种种子生产成本。与双交种一样也存在杂种优势和群体的整齐度不及单交种等缺点。

4．综合品种

综合品种（synthetic hybrid）是将多个配合力高的异花授粉或自由授粉植物亲本在隔离区内任其自由传粉所得到的品种，适应性更强，但整齐度较差。可连续繁殖2～4代，保持杂种优势，由于授粉的随机性，不同年份所获得的种子，其遗传组成不尽相同，因而在生产中表现不太稳定。亲本自交系一般不少于8个，多至10余个不等。组配方式如下。

① 用亲本自交系直接组配　具体方法是从各亲本系中取等量种子混合均匀，种在隔离区内，任其自由授粉，后代继续种在隔离区中自由授粉3～5代，达到形成遗传平衡的群体。

② 先将亲本自交系按部分双列杂交法套袋杂交　组配成 $n(n-1)$ 个单交种，从所有单交种中各取等量种子混合均匀后，种在隔离区中，任其自由授粉，连续3～5代，达到充分重组，形成遗传平衡的群体。

综合杂交种品种是人工合成的、遗传基础广泛的群体，F_2 及其后代的杂种优势衰退不显著，一次制种后可在生产中连续使用多代，不需每年制种，适应性较强，并有一定的生产能力，在我国西南部山区及一些发展中国家，仍种植有较大面积的玉米综合杂交种品种。

第三节　杂种一代种子的生产

杂种一代种子生产的任务：一是按照已经确定的所有组合，生产杂种一代种子，为生产田提供大量高纯度的杂种一代种子；二是繁殖亲本自交系，为杂种一代制种田提供大量高纯度的亲本自交系种子。一般在亲本繁殖和杂种一代种子生产时，会遇到种子产量低、成本高、价格贵、纯度差等问题，这些都会严重影响优良杂交种的利用价值，甚至成为生产中大面积推广使用杂种一代的限制因子。因此，杂交种子生产的关键技术是保证杂种一代种子的纯度，降低种子生产成本，最大限度地发挥杂种优势在园艺植物生产中的作用。本节主要介绍杂种一代种子生产方式，后两节将阐述雄性不育系与自交不亲和系的选育和利用。

一、人工杂交制种法

所谓人工杂交制种法就是采用人工去雄、人工授粉的方法生产杂一代种子。目前，这种方法主要用于瓜类和茄果类蔬菜作物的杂一代制种。

对雌雄异花作物，繁殖系数高的作物，用种量小的作物，如瓜类蔬菜（黄瓜、西瓜、西葫芦）花器很大，且雌雄异花，人工杂交十分方便。此类作物人工杂交后，坐果率高，单瓜结籽量大，一般每瓜结籽100～300粒，每人每天可授粉200～300朵花，即每个劳动日杂交的种子约可供种植 $0.2\sim0.27hm^2$ 的田地，同时，瓜类可育苗移栽减少了用籽量。所以人工杂交制种是瓜类杂一代制种的主要方法。至于亲本自交系既可以在专设的"父本隔离区"、"母本隔离区"内自然授粉繁殖，也可以在杂一代制种区内人工授粉隔离繁殖。

番茄、茄子等作物虽花器小，雌雄同花，人工去雄、授粉较瓜类困难。但人工杂交后，坐果率高，单果结籽量多（单果 $100 \sim 300$ 粒，100 朵/每人每天，可供 $667 \mathrm{m}^2$ 地种子），而育苗移栽用种量少。相对而言，人工杂交制种的成本并不算高。所以番茄、茄子的杂一代制种，目前也主要采用人工杂交制种的方法。在茄果类中值得一提的是甜椒，人工杂交制种的困难远大于番茄（花粉少，坐果率低，单果结籽量少等）。但目前并没有找到更为廉价的、能普及的制种方法，故也不得不采用人工杂交。

十字花科（白菜、甘蓝、萝卜）、豆科（菜豆、豇豆等）、百合科（葱蒜类）等除了花器小，不便于人工杂交外，更重要的是单果结籽量少，白菜每个种荚一般结籽十几粒至二十几粒，菠菜每个蒴果只结 $1 \sim 2$ 粒，而豆类直播用籽量更大、繁殖系数低或极易落花落果等原因，不能用人工杂交制种的方法应用于生产。

二、简易制种法

1. 雌雄异株蔬菜作物杂一代的简易制种法

菠菜、石刁柏等雌雄异株的蔬菜作物，其简易制种法是把杂一代的父母本自交系相邻种植，当雌株和雄株刚刚能够辨认时，开始拔除母本系统内的所有能够产生花粉的植株——雄株和两性株，分几次在雄花开放之前拔除干净，只留下纯雌株，任其自由接受父本系统的花粉。从母本系统上收获的种子就是杂一代种子，从父本系统上收获的种子就是父本系统的纯种。至于母本系统的纯种，则需要另设专门的隔离区自然授粉繁殖。

优缺点：同人工杂交种相比，这种方法简便易行、产种量高。但要及时、彻底、干净地拔除母本系统内的雄性株和两性株。一般需要每隔 $2 \sim 3 \mathrm{d}$ 检查拔除 1 次，从刚能辨认雌雄株开始到雄花开放散粉之前，大约需检查、拔除 $7 \sim 8$ 次。工作量之大是可想而知的。尽管如此，也很难及时把这两类植株拔除干净。其结果必然使从母本田收获的种子中混有假杂种，降低了杂种一代的种子纯度。克服方法是采用雌性系制种。

2. 雌雄同株异花蔬菜作物杂一代简易制种法

瓜类作物是雌雄同株异花作物，其杂一代的简易制种方法是将父本、母本自交系按一定行比（1：3）种植，在雌花开放前，及时摘除母本系统上的雄花的花蕾，任其自由接受父本花粉。从母本所结种瓜中收获的种子，就是杂一代种子。而母本繁殖需另设隔离区留种。

优缺点：相似于上一方法。克服方法是利用雌性系制种。

3. 雌雄同花的异花授粉作物杂一代简易制种法

大白菜、甘蓝、萝卜等十字花科蔬菜以及洋葱、胡萝卜等雌雄同花的异花授粉作物，它们的杂一代简易制种法是把父本、母本自交系按照有利于天然杂交的方式，种植在隔离区，任双亲之间自由授粉即可。

利于父母本天然杂交的方式是：

① 混合播种。将父本、母本自交系的等量种子均匀混合播种，任其天然授粉，混合收获留种，用于生产。实际上所得种子包括其正、反交，父母本自交。因此，此法只适于正、反交差异不大的组合。

② 间行种植。将父本、母本按 1：1 或 1：2 的行比种植，自由授粉，由原母本上收获的种子是正交种子，由原父本系统上收获的种子是反交种子。当正、反交无明显差异时，可采用这种方法。

优缺点：最大优点是简便易行，采种量大，制种成本低。主要缺点是杂一代纯度低，通常假杂种（母本系统内株间异交，自交的种子）比例高达 $30\% \sim 50\%$。严重影响了杂一代的产量及整齐度。克服办法可采用自交不亲和系或雄性不育系生产杂一代。

三、利用苗期标志性状生产杂种

苗期标记性状是指在幼苗期用来区别真假杂种且呈隐性遗传的植物学性状。这类性状应具备的条件：一是隐性质量性状，能稳定遗传；二是在苗期出现，不在间苗、定苗之前出现的或不在定植之前出现的性状不能作为标记性状；三是极易目测辨认；不能一目了然的性状，不能作为苗期标记性状。现已发现符合苗期标记性状要求的园艺植物性状有甜瓜的裂叶、西瓜的浅裂叶、番茄的黄叶、大白菜的有无毛等，这些都是可作标志的隐性性状。

要利用苗期标记性状，母本必须具有苗期隐性性状，父本具有相对应的显性性状。这一对性状的遗传稳定，其性状表现受环境影响小。

具体做法是，选育具有某一隐性标记性状的优良自交系作母本，具有相应显性性状的优良自交系作父本，相邻种植，自花授粉作物，不去雄只人工授粉；异花授粉作物，既不去雄，也不人工授粉，任其天然授粉，从母本上收获的种子有两种类型，即自交种子和杂种种子。在下一年播种出苗后根据标志性状间苗，拔出具有隐性性状的幼苗（即假杂种或母本苗），留下具有显性标志性状的幼苗，即真杂种。

四、化学杀雄生产杂种

化学去雄是选用某种化学药剂，在植物生长发育的一定时期喷洒于母本，直接杀伤或抑制雄性器官发育，造成生理不育，达到去雄的目的。这是克服人工去雄困难的又一途径。化学杀雄利用杂种优势具有育种及制种手续简单等特点。化学杀雄的原理是：雌雄配子对各种化学药剂有不同的反应，雌蕊比雄蕊有较强的抗药性，利用适当的药物浓度和药量可以杀伤雄蕊而对雌蕊无害。受到药物抑制的雄蕊，一般表现花药变小，不能开裂，花粉皱缩空秕，内部缺乏淀粉，没有精核，失去生活能力。

利用化学去雄剂生产杂种一代种子，不用人工去雄，也不用选育雄性不育系或自交不亲和系，只要选育出具有显著优势的杂种一代组合，在母本花期喷洒去雄剂即可达到去雄生产杂种的目的，方法简便。但化学去雄的关键问题是找到合适的化学去雄剂。尽管许多化学物质都可以诱导植物产生雄性不育，但并非凡能诱导雄性不育的化学物质都能用于杂种一代种子的生产。理想的化学去雄剂必须具备以下条件：

① 处理母本后仅能杀伤雄蕊，使花粉不育，但不影响雌蕊的正常发育。
② 处理后不会引起遗传变异。
③ 处理方法简便，药剂便宜，效果稳定。
④ 对人、畜无害，不污染环境。

已经发现的化学杀雄剂有乙烯利、3-二氯异丁酸钠（FW450）、二氯乙酸、三氯丙酸、三磺苯甲酸（TIBA）、顺丁烯二酸联胺（MH）、2，4-D、核酸钠、NAA、矮壮素等。由于目前化学杀雄剂还存在杀雄不彻底和易受环境影响等问题，有的还有一定的副作用，至今很少在生产上应用。

五、利用迟配系制种

同基因型花粉管在花柱中的伸长速度比异基因型花粉管在花柱中的伸长速度慢的系统叫迟配系。以迟配系为母本，或将两个迟配系间行种植在同一隔离区内，任其自然传粉，从迟配系上收获的种子即为杂交种。谭其猛等（1984）对自交亲和的结球白菜自花授粉后0～24h，再用红菜薹花粉授粉，结果杂种率相当高，尤其是自花授粉后的当天进行杂交，杂种率高的可达100%。但多数植物中的迟配性都不稳定，易受环境影响，因此目前应用较少。

六、利用单性株制种

黄瓜的雌雄株与完全花株（纯全株）或雌全株杂交可以从后代中分离出纯雌株。从雌花节率高的品种中通过自交或杂交，在其后代中通过选择，有时也可获得纯雌株。通过进一步选择可获得只有雌株的雌性系，用作母本可免去去雄。制种时，按 1：（2～3）的行比种植父母本，即栽 2～3 行雌性系作母本，栽 1 行父本系，使之自然授粉，种瓜成熟后，从母本行中收得的种子即为杂种。由于雌性系不是绝对地无雄花，因此在雌性系开花前（6～7 片真叶）拔除弱雌性植株。强雌株上如果出现雄花也应摘除。在 F_1 制种隔离区内（1500～2000m 内不应有同种作物的其他品种）任其自由授粉。在母本株上收获的种子即为杂种一代种子，在父本株上收获的种子下一代继续作父本种子播种，另设母本繁殖区。繁殖母本时由于雌性系几乎没有雄花，因此，必须人工诱导产生雄花，以保持雌花。在雌性系群体中有三分之一植株长出 4～5 片叶，能辨清株型时，将出现雄花的植株拔除。对纯雌株喷 0.1％GA_3 溶液，隔 5d 再喷 1 次，喷药后，植株中部会产生雄花。在隔离区内任其自由授粉即可得到母本种子。

在菠菜中，通过选择有可能获得雌株系（一般全为纯雌株，有时有少数雌二性株即既有雌花也有两性花），用作母本可免去拔雄株。制种时，雌株系（母本）与父本按 4：1 或 8：1 的行比种植在 F_1 代制种隔区内（1500～2000m 内不应有同种作物的其他品种）。开花前须认真鉴别和去除雌株系中个别发生的两性花，任其自由授粉。在雌株系上收获的种子即为 F_1 种子。在父本上收获的种子下一年继续作父本种子。另设母本繁殖区。在雌株系选育初期会出现个别雌二性株。用雌二性株给纯雌株授粉，下一代便可得到 100％的纯雌株，雌二性株自交后代仍是雌二性株。因此在母本繁殖区内，按（2～3）：1 的行比种植雌株系和来源于同一系统的雌二性株，任其自由授粉。在雌株系上收的种子即用作下一年制种用。在雌二性株上收获的种子下一年继续作雌株系繁殖的花粉提供者。

芦笋为典型的雌雄异株植物，雄株的性染色体为 XY 型，雌株的为 XX 型。雄株的产量高于雌株。正常情况下，群体中雌雄株各占 50％。如果雄株的性染色体为 YY 型，则为超雄株。用它与 XX 型的雌株杂交得到的 F_1 则全部为 XY 型的雄株。通过花药或花粉培养有可能获得 Y 型的单倍体植株，将它加倍则成为 YY 型的超雄株。

在制种区按 1：（2～3）的行比种植超雄株和雌株，在雌株上收获的种子作生产用种，然后将超雄株用无性繁殖法固定下来。

七、利用雄性不育系制种

利用雄性不育性制种，是克服雌雄同花作物人工去雄困难的最有效途径。因为雄性不育特性是可以遗传的，可以从根本上免除去雄的手续。雄性不育的类型主要有质核互作雄性不育和核基因雄性不育。

1.利用质核互作雄性不育系生产杂种一代种子

以果实或种子为产品的作物，利用这种雄性不育系生产杂种一代种子必须三系配套，即不育系、保持系和恢复系（或父本系）。以果实或种子为收获产品的作物的 F_1 的父本必须是恢复系。以营养器官为收获产品的蔬菜和观叶植物的 F_1，父本不必是恢复系。

所谓"雄性不育系"，是指利用雄性不育的植株，经过一定的选育程序而育成的雄性不育性稳定的系统；所谓"保持系"，则指农艺性状与不育系基本一致，自身能育，但与不育系交配后能使其子代仍然保持不育性的系统；而"恢复系"则指与不育系交配后，能使杂交一代的育性恢复正常的能育系统。

制种方法为：设立两个隔离区，一个为雄性不育系和保持系繁殖区。在这个区内按 1：（3～4）的行比种植保持系和不育系，隔离区内任其自由授粉或人工辅助授粉（自花授粉作物宜采取人工辅助授粉措施）。在不育系上收的种子大部分用作下一年 F_1 种子的生产，少部分用作不育系的繁殖，在保持系上收的种子仍作保持系用。另一个隔离区为 F_1 制种区。在这个区内，仍按 1：（3～4）的行比栽植父本（或恢复系）和雄性不育系。隔离区内任其自由授粉或人工辅助授粉（自花授粉作物)。在不育系上收获的种子即为 F_1 种子,下一年用于生产。在父本行或恢复系上收获的种子,下一年继续作父本用于 F_1 制种。实际情况是这类不育系的不育株率很难达到100%,故父本系和保持系的繁殖须另设隔离区。

2. 利用核基因雄性不育系生产杂种一代种子

需设3～5个隔离区。一个为甲型两用系繁殖区。在这个区内只种植甲型两用系;开花时,标记好不育株和可育株,只从不育株上收种子,可育株在花谢后便可拔掉(不需留种)。从不育株上收获的种子一部分下一年继续繁殖甲型两用系,一部分下一年用于生产雄性不育系。第二个隔离区为雄性不育系生产区。在这个区内按1:(3～4)的行比种植乙型两用系中的可育株(系)和甲型两用系,而且甲型两用系的株距比正常栽培的小一半。快开花时,根据花蕾特征(不育株的花蕾黄而小),去掉甲型两用系中的可育株。然后任其授粉。在甲型两用系的不育株上收获的种子为雄性不育系种子,下一年用于 F_1 种子生产。在乙型两用系的可育株上收获的种子,下一年继续用于生产雄性不育系种子(实际上往往需要另设隔离区即第三隔离区繁殖临时保持系)。第四个隔离区为 F_1 制种区。区内按1:(3～4)的行比种植 F_1 的父本和雄性不育系。任其自由授粉。在不育系上收获的种子为 F_1 种子,在父本植株上收获的种子,下一年继续作父本种子用于生产 F_1 种子。实际上父本系往往需要另设繁殖隔离区。

八、利用自交不亲和系制种

雌、雄蕊均正常,但自交或系内交均不结实或结实很少的特性叫自交不亲和性。这种特性是在长期进化过程中形成的,自交不亲和性广泛存在于十字花科、禾本科、豆科、茄科等植物中,十字花科中尤为普遍。

利用遗传性稳定的自交不亲和系作亲本(母本或双亲),在隔离区内任父本、母本自由授粉而配制一代杂种的方法即利用自交不亲和系制种。此法不用人工去雄,经济简便,只需将父本、母本系在隔离区内隔行种植任其自由授粉即可获得一代杂种种子,在存在自交不亲和性的十字花科作物如结球甘蓝、大白菜、油菜等中广泛地采用。为了降低杂种种子生产成本,最好选用正反交杂种优势都强的组合。这样的组合,正反交种子都能利用。如果正反交都有较强的杂种优势,并且双亲的亲和指数、种子产量相近时,则按1:1的行比在制种区内定植父母本。如果正反交优势一样,但两亲本植株上杂种种子产量不一样,则按(1:2)～(1:3)的行比种植低产亲本和高产亲本。如果一个亲本的植株比另一个亲本植株高很多以至于按1:1的行比栽植时,高亲本会遮盖矮亲本时,则按2:2或1:2的行比种植高亲本和矮亲本,以免影响昆虫的传粉。如果正反交杂种的经济性状完全一样,则正反交种子可以混收,否则分开收获。

第四节　雄性不育系的选育和利用

植物雄性不育(male sterility)一般是指种子植物在有性繁殖过程中,由于遗传或代谢影响导致雄性器官发育不良,失去生殖功能,雌性器官发育正常,能接受外来花粉而结实的现象。雄性不育可分为能遗传的和不能遗传的雄性不育,前者由遗传背景决定,后者是环境因子造成的。人们研究发现由遗传因素导致的雄性不育性状能够由亲本遗传给子代,结合适当的育种方法可以育成不育性稳定的雄性不育系,而高温、缺水等环境因素引起的雄性不育性不能遗传给子代。可遗传的雄性不育性在植物界普遍存在,已经在43科162属617个物种及种间杂种中发现了雄性不育,涉及禾本科、十字花科、锦葵科、百合科、菊科、茄科、豆科等植物,如番茄、辣椒、大白菜、玉米、水稻、小麦、高粱、油菜、棉花等作物都发现了可遗传的雄性不育类型。由于雄性不育可作为重要工具用于各种作物,特别是自花授粉作物和常异花授粉作物的杂种优势利用和杂交育种,经济效益显著,倍受重视。

一、利用雄性不育系制种的意义

在近代的育种工作中，杂种优势的利用已经成为获取新品种的主要手段。但是有些杂种优势极为显著的作物，如十字花科、百合科、伞形科、菊科等，它们的花器小，如果人工去雄，费时费力，且每杂交一朵花能得到的种子数量少，种子生产应用成本很高，故难以在生产上应用；同时利用天然杂交制种又由于杂交率不高，影响一代杂种的整齐度和增产效果。利用雄性不育系生产一代杂种，对于异花授粉作物和自花授粉作物都能省去人工去雄的大量人力和时间，简化制种手续，降低杂种种子生产成本，还可以避免人工去雄时由于操作创伤而降低结实率和由于去雄不及时、不彻底或天然杂交率不高而混有部分假杂种的弊病，因而大大提高杂种种子产量和质量。

二、植物雄性不育的表现形式

雄性不育性的表现相当复杂，有的整个植株上的所有花朵，朵朵不育，从始花到终花的整个生育期时时不育，在不同地区、不同的栽培条件下，处处不育；有的同一植株上不同时期开放的花朵育性不同，同一株系在不同地区或露地和温室栽培的育性表现也不一样；有的同一株的不同花枝花序，同一花枝花序的不同，甚至同一花里的不同花药其育性也不同等。根据雄性器官的形态特征及功能表现，可分为四种类型。

① 雄蕊不育：雄蕊畸形或退化，如花药瘦小、干瘪、萎缩、不外露，甚至花药缺失。

② 无花粉或花粉不育：雄蕊虽接近正常，但花药瘦小干缩，为白色、褐色等非正常色泽；花药不产生花粉，或花粉极少，或花粉无活力。

③ 功能不育：雄蕊和花粉基本正常或花粉极少，但由于花药不能自然开裂散粉，或迟熟、迟裂，因而阻碍了自花授粉。

④ 部位不育：属功能不育的一种表现，雄蕊、花粉都正常，但因雌雄蕊异长（如柱头高、雄蕊低）而不能自花授粉。

三、植物雄性不育的类型

1. 细胞质雄性不育

细胞质雄性不育（cytoplasmic male sterility）的性状是由特定的不育细胞质（S）所控制。其育性并不受核基因型的调控，完全由细胞质控制，因而这种类型的不育是属于母系遗传。其特征是所有可育品系给不育系授粉，均能保持不育株的不育性，也就是说找不到相应的能使其育性恢复的恢复源。Ogura 萝卜细胞质不育系及用其转育的不育系即属于这种遗传类型。也有观点认为这种类型的细胞质雄性不育属于质核互作雄性不育的一种特殊例子，植物界并不存在完全绝对理想化的细胞质雄性不育，而细胞核基因是决定雄性不育的关键所在。

2. 核不育

核不育（genic male sterility，简称 GMS）的不育性是由细胞核基因控制，与细胞质基因无关的雄性不育，因控制雄性不育基因的性质不同，核不育又可分为隐性核不育和显性核不育，一般隐性核不育较多，显性核不育相对较少。

（1）隐性核不育

隐性核不育由细胞核内 1 对隐性等位基因控制。群体内兄妹交后代育性出现不育：可育接近 1:1 分离，由于该系统兼任不育系和保持系，又可称为雄性不育两用系或雄性不育 AB 系。细胞核雄性不育遗传方式遵循孟德尔分离规律，雄性不育性状隐性纯合，而可育性状为显性。用高世代自交系给 AB 系中雄性不育株授粉，子一代全可育，自交 F_2 代育性出现不育：可育接近 1:3 分离。隐性核不育的特点是，雄性不育类型只要接受可育植株花粉结实，其后代将表现雄性可育，即能使不育性的育性恢复的品种很多，但找不到给不育材料授粉、能使后代保持雄性不育的品种，即没有直接保持品种，也就是说雄性不育类型的繁殖很困难。因此，只有通过细胞学手段才能建立特殊的雄性不育材料的繁殖体系，实现三系配套。但由于细胞核雄性不育 AB 系育性易恢复，恢复系种质资源广泛，生产上多采用雄性不育 AB 系进行杂种一代制种。例如在南京白菜优良地方品种'矮脚黄'中发现原始不育株（曹寿椿，1980），经不同品种、品系及系内兄妹株间成对测交，选育获得两用系 'AB 矮 3' 和 'AB 矮 8'，并培育成杂种一代'矮杂 1 号'。吴德芳等（2005）在油菜'中双 1 号'中发现不育株，经多代姊妹交育成双低优质油菜雄性不育两用系 313AB，培育成油菜杂种一代'德油 9 号'。在辣椒细胞核雄性不育研究方面，先后从克山尖椒（杨世周，1978）、英格拜尔甜椒（范妍芹等，1999）中发现雄性不育株，通过成对兄妹交育成 AB91 等多个两用系。

（2）显性核不育

显性核不育的不育性多为一对显性基因控制。用带隐性基因的可育材料与它杂交，杂种为杂合基因型，全部植株都是雄性不育的，继续用可育株与它杂交，杂种是 1∶1 分离，这个分离群体内，从不育株上所收种子种成群体，可育株与不育株各占一半，单基因控制的显性核不育可以作为自花授粉作物进行轮回选择的异交工具，以及以营养器官为产品的植物。自从在马铃薯中首先发现植物显性细胞核雄性不育以来，迄今已在 11 种作物中发现多个显性核不育材料。但由于显性细胞核雄性不育很难找到恢复系，因此在生产上应用很少。一般不用于以种子或果实为产品的植物的杂种优势利用，因为它所配置的杂种一代总有一半不育。

3. 核质互作雄性不育

核质互作雄性不育（cytoplasmic-genic male sterility，简称 CMS）是指由细胞核、细胞质基因共同决定的雄性不育性。核、质各有两类基因，细胞核内有可育基因 Ms 和不育基因 ms，而细胞质有不育基因 S 和可育基因 F。细胞核的基因都是成对的，所以，可产生 3 种基因型，即 2 种纯合型（$MsMs$）、（$msms$）和 1 种杂合型（$Msms$），则由细胞核的 3 种基因型与细胞质的 2 种基因可组合成 6 种类型，即 4 种纯合体 S（$msms$）、F（$msms$）、S（$MsMs$）、F（$MsMs$）和 2 种杂合体 F（$Msms$）、S（$Msms$），其中 S（$msms$）表现雄性不育，表现雄性不育的品系为雄性不育系，简称为不育系（sterile line）或 A 系。其他 5 种基因型均表现雄性可育，用雄性可育纯合体的花粉给不育类型授粉，将产生以下 2 种结果：

① 用 F（$msms$）基因型材料的花粉给不育材料 S（$msms$）授粉，下一代全部表现不育。说明基因型 F（$msms$）具有保持雄性不育类型在世代中稳定遗传的能力，可以用来繁殖雄性不育类型。然而，在生产实践中，繁殖出的雄性不育材料不仅要保持雄性不育特点，而且其他性状也要保持原雄性不育类型的特征不变，这就要求用于繁殖雄性不育类型的花粉供体除具有 F（$msms$）基因型外，其他性状均要与雄性不育类型相同。用来给雄性不育系授粉，以繁殖不育系的品系或自交系称雄性不育保持系，简称保持系（maintainer line）或 B 系。保持系具有 F（$msms$）基因型，而其他性状与雄性不育系均相同。

② 用 F（$MsMs$）或 S（$MsMs$）基因型的花粉给不育类型 S（$msms$）授粉，F_1 全部正常能育。说明基因型 F（$MsMs$）或 S（$MsMs$）都能使杂种后代的雄性由不育恢复成可育，因此，这 2 种基因型可用作杂交种的父本。在生产实践中，杂交种不仅要雄性可育，而且要有杂种优势，所以，作为杂交种的父本，不仅要有纯合的雄性恢复基因，还要在其他性状上与雄性不育系存在较大差异。

用来给雄性不育系授粉，以产生雄性可育杂交种的品系称雄性不育恢复系，简称恢复系（restorer line）或 R 系。恢复系具有基因型 F（$MsMs$）或 S（$MsMs$），其他性状也应与雄性不育系不同。

如果将雄性不育类型 S（$msms$）培育成纯系，再将可育的显性纯合体 F（$MsMs$）或 S（$MsMs$）

与隐性纯合体 F（*msms*）分别培育成纯系，就培育出了雄性不育系，雄性不育保持系和雄性不育恢复系，这就是质-核互作型雄性不育性在杂种优势利用中应用的"三系配套"。

四、雄性不育系的选育

选育雄性不育系的工作可大致分为原始雄性不育材料的获得、临时保存和雄性不育系的选育等程序。

1. 原始雄性不育材料的获得和临时保存

（1）利用自然变异

自然变异在生产田或野生植物中可以找到。由于宇宙射线或其它因子的诱变作用，自然群体中时常发生一定数量的雄性不育基因突变。出现频率较高的群体约占 0.2%。大多数自然突变的不育性属于隐性核基因遗传，也有不少为细胞质雄性不育遗传，显性核基因遗传报道较少。Dickson 早在 1970 年报道了在甘蓝类作物中发现了由隐性基因控制的不育材料。最早的 CMS 是由傅廷栋 1972 年从甘蓝型油菜品种 Polilma 群体中发现的不育株选育得到的。萝卜细胞质（Ogu CMS）不育源最早是小仓于 1968 年在日本鹿儿岛一个萝卜品种育种田中发现的雄性不育个体。雄性不育株 79-399-3 是在甘蓝原始材料 79-399 的自然群体中获得的，控制该材料不育性的主效基因为一对显性核基因。张书芳等（1990）从大白菜品种'万泉青帮'中发现了显性核基因不育材料，并获得了 100% 的不育群体。何启伟等（1993）在中国萝卜的多个地方品种的采种群体中发现了雄性不育源，并育成 77-01A 等多个雄性不育系，该雄性不育性属于核隐性基因和不育胞质共同控制。Martin 和 Grawford（1951）首先发现了甜椒雄性不育，在大田和温室条件下找到了品种 Clemson Cayenne No.69a 和 4558 的天然花粉不育植株。Shifriss 和 Frankel（1969）在品种 Akk Big 找到了自然突变的单因子细胞核遗传的雄性不育株。国内也已从克山尖椒、线椒、英格拜尔甜椒中发现天然雄性不育源。

（2）远缘杂交

远缘杂种内经常会出现雄性不育株。据 Kaul（1988）统计，在已发现的雄性不育材料中，其中约 10% 的核基因不育材料和 70% 以上的细胞质雄性不育材料是种间或属间杂交而获得的。金海霞等（2006）用大白菜细胞质雄性不育系 CMS$_{22}$ 与叶用芥菜可育品系 X$_{09-1}$ 和 X$_{12-1}$ 杂交，并以叶用芥菜为轮回亲本连续 7 代回交，获得了 2 份不育性稳定的叶用芥菜细胞质雄性不育系，该不育系的不育株率和不育度均为 100%，植株形态与轮回亲本相近，有正常结籽能力。Shiga 等（1973）在日本甘蓝型油菜品种'千英油菜 S'与'北陆 23 号'杂交的 F$_4$ 代中发现不育株，经选育得到 Nap CMS。Pearson（1972）用黑芥为母本与青花菜杂交，再用青花菜作轮回父本回交，在回交 3 代改用结球甘蓝为父本杂交，经选育获得含黑芥细胞质和甘蓝细胞核的不育系。黑芥×青花菜→选得黑芥细胞质甘蓝细胞核的雄性不育系。柯桂兰等（1992）以大白菜雄性不育系为供体不育源，结合饱和回交转育成菜薹雄性不育系。巩振辉等（2008）利用辣椒 *Capsicum an-nuum*、*Capsicum chinense* 与 *Capsicum peruvianum* 进行种间杂交结合化学诱变技术，在后代群体中发现并鉴定出 5 种不同类型雄性不育种质资源，并先后将其转育成为多个质核互作雄性不育系和辣椒细胞核雄性不育两用系。

（3）人工诱变

利用离子辐射、中子照射、烷化剂等处理植株并对其后代果穗系进行系谱法选择鉴定，通常会发生核基因突变或细胞质基因突变，最终导致植物雄性不育。此外，在生产中还常用杀雄剂能够引起小麦和油菜等作物的雄性不育，例如利用甲基砷酸锌作为杀雄剂处理甘蓝型油菜处于单核期的花粉母细胞，能够取得较好的杀雄效果。利用辐射处理甘蓝型油菜与聚生角果油菜，其后代中出现雄性不育突变株（蒋梁材等，2002）。利用 EMS（甲基磺酸乙酯）处理拟南芥种子，其 M$_2$ 植株中筛选鉴定出 855 个与育性有关的突变体。在辣椒雄性不育突变体人工诱变方面，

Daskaloff（1968）使用 X 射线照射处理保加利亚辣椒品种风干种子，在 M_2 代群体中获得雄性不育突变体，该突变属于简单隐性遗传，并已育成不育系。

（4）自交和品种间杂交

异花授粉植物基因型杂合，自交可以分离出隐性的不育株。品种间、品种内杂交使隐性基因纯合出来。张涛（2007）以抗草甘膦油菜'Quest'和双低雄性不育系'G851A'、保持系'G851B'为亲本材料，经 5 个轮回世代的回交、自交和测交，育成了抗除草剂油菜雄性不育系'K851A'，该系株型紧凑，不育性彻底，双低品质稳定，且具有除草剂抗性。李殿荣（1986）在甘蓝型油菜品种间杂交后代中发现雄性不育株，并育成陕 2A 雄性不育系。

（5）引种和转育

有许多作物已经获得雄性不育材料，有的已经育成了雄性不育系或雄性不育两用系，因此，引入外地不育系直接利用或通过转育育成符合育种目标所需要的不育系，是最方便的途径。如通过远缘杂交结合回交，甘蓝型油菜 Pol CMS 已转育到结球白菜上，湘油 A 不育性已转育到菜心上，王兆红萝卜不育胞质已转育到结球白菜上。

（6）基因工程创制雄性不育

利用基因工程技术既可以高效快捷、定向选择获得稳定的雄性不育植株，还可通过多种途径获得雄性不育保持材料和恢复材料。从目前已报道的实例来看，主要是通过调节 $pTA29\text{-}Barnase$ 在花药绒毡层表达来完成的。例如在烟草花药绒毡层中克隆获得组织特异性表达 TA29 基因的启动子，将其与除草剂抗性选择基因分别构建了 $RNaseT1$ 及 $Barnase$ 真核表达载体，在烟草和油菜的转基因后代中获得了雌蕊柱头功能正常的雄性不育植株。将花药 MDAS 盒基因与花椰菜花叶病毒 35S 启动子构建真核表达载体并转化矮牵牛花，在花药中阻碍了类黄酮合成并导致花粉败育。人们研究玉米 T-CMS 基因 $urfl3$ 发现，将该基因与花椰菜花叶病毒 35S 启动子、烟草三磷酸腺苷合成酶亚基靶序列构建融合表达载体并转化烟草，后代有约 1/5 转化株中表现稳定遗传的胞质雄性不育。目前在白菜、莴苣、番茄等蔬菜作物及油菜、棉花和玉米等农作物已成功利用基因工程构建雄性不育系并实现"三系配套"。

（7）体细胞无性系变异产生雄性不育

植物愈伤组织在长期离体培养条件下可以产生广泛的变异，从其再生的试管苗群体中可以将这些包括雄性不育在内的变异性状发现鉴别出来。例如在水稻花药离体培养中，单倍体胚性愈伤组织再生植株获得隐性日照敏感的雄性不育突变株。在水稻幼穗、幼胚培养试管苗中也获得核不育或细胞质雄性不育变异无性系。

在获得原始不育株后，必须采取临时繁殖保存方法保存不育株供筛选保持系或转育之用。在不育株的临时保存过程中，要通过连续选择，以不断提高后代的不育株率、不育程度和不育株的综合优良性状。可供选择的临时保存方法有：无性繁殖，适用于能扦插、分株等方法无性繁殖的园艺植物；人工自交，适用于雄蕊异常、花药不能自然开裂和部分不育的类型；隔离区内自由授粉，适用于异花授粉植物；两亲回交法，适用于远缘杂交获得的原始不育株。

2. CMS 的选育与利用

（1）"三系"概念

① 不育系　雌性器官正常，雄性器官败育，能接受外来花粉而结实且性状表现一致的纯系。其育性基因型为 S($msms$)。

② 保持系　雌性、雄性器官均正常，用其花粉给不育系授粉，能保持不育系的不育习性的纯系。其育性基因型为 F($msms$)。

③ 恢复系　雌性、雄性器官均正常，用其花粉给不育系授粉，能恢复不育系的育性的纯系。育性基因型为 S($MsMs$) 或 F($MsMs$)。

从遗传上讲，保持系与不育系的同核异质的关系，不育系不育性和保持系的保持能力必须在大群体下通过鉴定，有四点基本要求：即不育性稳定彻底，自交不结实，不育度和不育株率达100％；不育性能够稳定遗传，不因环境变化和多代回交而改变；群体的农艺性状整齐一致，与其保持系相似；雌性器官发育正常，能接受可育花粉而正常结实。具有应用价值的优良不育系，除上述4点基本要求外，还应具有：较多的优良性状，好的配合力，可恢复性好，开花习性好，异交率高；品质、抗性好，细胞质没有严重缺陷。

恢复系必备条件为：恢复系是一个群体整齐、性状一致、结实正常的纯系；它能使不育系的不育性完全恢复正常；其恢复能力不因世代的增加或环境的改变而改变。优良的恢复系除了上述基本要求外，还必须具备恢复力强，所配的杂种开花散粉正常，结实率达到或超过常规推广种，配合力好，优良性状多，遗传背景与不育系保持较大的差异，株高稍高于不育系，花时长，花粉量大，以利于制种；品质好，抗性好以利于组配高商品价值的杂种品种。

不育系的选育和保持系的选育是同步进行的。没有遗传稳定的保持系，就没有遗传稳定的不育系，选育保持系常用的方法有测交筛选保持系和人工合成保持系两种。

（2）测交选育保持系

测交筛选保持系的程序是在获得原始雄性不育株的品种群体或其他品种群体中，选择若干经济性状良好的植株，分别做两种交配。一是测交，即以每一可育株作父本，分别与原始不育株上的一个花序作母本杂交，测定各个父本株对雄性不育性的保持能力；二是各个父本自交，繁殖后代，并使其控制主要经济性状趋于纯合。种子成熟后在不育株上按组合收获 F_1 种子，父本株上按株收获 S_1 种子。来年仔细鉴定群体中各个植株的育性，再按图 6-1 所示的三种情况分别处理。

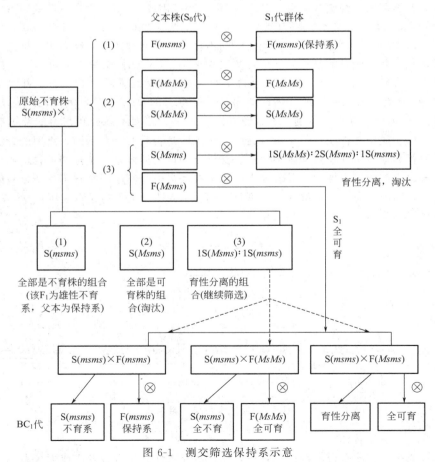

图 6-1　测交筛选保持系示意

第一种情况，出现了全部是不育株的 F_1 组合。在所有测交组合中，如果某个组合的 F_1 植株全部是不育株，则可断定该组合的父本植株必定是 F($msms$) 基因型植株。那么该组合的 F_1 就是雄性不育系，该组合的父本株的 S_1 群体就是保持系。对于自花授粉作物来说，选育 A 系和 B 系工作至此已完成。但对异花授粉作物，保持系仅仅经过一代自交，经济性状尚在分离之中，此时仅获得了雄性不育的异型保持系。为获其同型保持系，应从保持系中选优株自交，再由自交后代中选优株与不育系回交。如此进行几代，直至主要经济性状稳定。

第二种情况，仅出现全部是可育株的组合。在所有的测交组合中，如果某些组合的 F_1 植株全部是可育株，则说明这些组合的父本株基因型为 F($MsMs$) 或 S($MsMs$)。它们是分离不出保持系 F($msms$) 的，应淘汰。重新选择优株进行再筛选。

第三种情况，仅出现育性分离的组合。在所有的组合中，没有一个组合的 F_1 全部是不育株，即第一种情况。但有育性分离的组合，该 F_1 群体中，可育株与不育株＝1：1，则可以肯定这个组合的父本株基因型是 F($Msms$) 或 S($Msms$) 的植株。若父本株是 S($Msms$)，则 S_1 内必然出现不育株，淘汰这个 S_1 株系。若父本株是 F($Msms$)，则 S_1 株系全部为可育株。入选这个 S_1 株系，继续从这个 S_1 株系中把 F($msms$) 植株筛选出来，即由这个入选的 S_1 株系中选优株 11～16 株，分别作父本与不育株回交。同时各个父本株自交。在 BC_1 代的 11～16 个组合中，有 95％～99％ 的把握至少有一个组合的后代全部是雄性不育株，这就是不育系。该组合的父本株自交后代就是保持系。此时，视保持系的经济性状是否稳定、纯合来决定是否继续自交、回交。

（3）人工合成保持系

核质各有两类基因，细胞核有可育基因 Ms，不育基因 ms；细胞质有不育基因 S，可育基因 F。人工合成保持系就是把不育的核基因导入可育的细胞质里以制成具有 F($msms$) 基因型的保持系。利用大田发现的不育株或人工诱变获得的不育株，可通过杂交、反回交、自交、测交进行人工合成保持系，杂交的目的是把显性可育基因 Ms 引入不育株使杂种恢复可育，反回交的目的是把杂种隐性不育基因 ms 引入可育胞质，自交的目的是保留细胞质中 F 基因，并将杂合体中隐性不育基因 ms 分离出来成隐性纯合体，从而合成为可育的 F($msms$)，测交的目的是使可育的 F($msms$) 从其他可育表现型中鉴别出来（图 6-2）。人工合成保持系成功与否的关键有两点：一是不育株是否属于质核互作型，二是可育品种的细胞质是否具有可育基因，辨别的方法是在人工合成保持系进行到第三步即反回交杂种通过自交后所种植的群体是不是全部可育，还是有部分不育株出现，若出现部分不育株则预示着人工合成保持系失败，其原因是核不育杂合基因的分离或是不育胞质杂合基因分离所致；群体全部可育，则表示人工合成保持系取得了成功，进一步进行核置换可以育成稳定整齐的不育系和保持系。

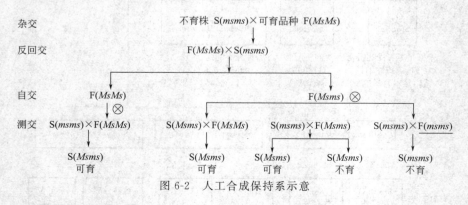

图 6-2　人工合成保持系示意

（4）雄性不育系的转育

通过选育或引进方法获得的雄性不育系，如其他经济性状不符合要求或配合力不高时，就需要把雄性不育系的不育系转育给配合力高的优良品种，育成一个新的雄性不育系，这一工作叫雄性不育系的转育。通常的转育方法有直接转育法和间接转育法。

直接转育法是先从经济性状优良、配合力高的品种内选择植株作父本与不育系分别配对测交，测定各个父本株对不育性的保持能力，从中筛选出异型保持系，再通过饱和回交，使异型保持系变为同型保持系。

间接转育法是用乙品种作轮回亲本与甲品种保持系反复回交，不断增加乙品种的遗传物质，使甲品种保持系变成乙品种保持系。与此同时，也和甲不育系回交，使之变成乙不育系。

（5）恢复系选育

① 恢复基因的来源　核质互作雄性不育的育性恢复是由恢复基因控制的。恢复基因是与不育基因等位的显性可育基因。恢复基因的来源有三：从提供不育细胞质的母本品种中获得，细胞质里存在着不育基因的品种，其细胞核中一定存在着可育基因，因为只有这样才能保证该品种自身的正常繁殖，但用这一品种作母本利用其不育细胞质育成不育系后，也可通过杂交等方法从其细胞核中将可育基因转育成恢复系；从提供不育细胞质的近缘种中筛选，恢复基因的存在和不育胞质的分布频率有关，在不育胞质分布频率较高的类似品种中进行测交筛选，就可能发现较多的恢复基因；恢复基因通过遗传重组传递给后代，因此凡用恢复品种做亲本衍生出的后代，都有可能成为恢复基因的新供体。

雄性不育的恢复是以杂种一代的花粉育性和结实率为衡量依据的，有恢复谱和恢复力的差异，恢复谱体现在广谱性和专一性方面，即有些恢复系能恢复多种不同类型的不育系，但有些恢复系只能恢复某一种不育系，根据杂种结实的程度可以判断出恢复系的恢复力有强弱之分，如果杂种结实率很高且各种条件下很稳定，说明其恢复力强；如果杂种结实率很低或不稳定，则表明其恢复力弱。

② 恢复系选育的方法　恢复系选育一般采用测交筛选、杂交选育法和回交转育等方法。

a. 测交筛选。测交筛选就是利用现有常规品种与不育系进行测交，从中筛选出恢复能力强、农艺性状好、杂种优势强的品种成为恢复系，这是一种最简单且效果很好的方法，因为它直接利用了常规育种的新成果，各种作物都有许多恢复系是这样测筛出来的。测交筛选分初测和复测两步，初测是将不同品种选单株与不育系成对杂交，观察其杂种育性表现和结实情况，凡杂种育性正常、结实良好的，其父本就是初测通过的恢复品种，初测的对数宜多，但每对的群体可少。复测是在初测合格的基础上，进一步鉴定恢复品种的恢复力、优势和纯合程度。复测是在每个恢复品种的小区内，随机选取数个单株分别与不育系成对测交，并将各种杂种种在一起，以便比较各对杂种的结实率、杂种优势等，经过复测达到育种目标要求的即为恢复系。

b. 杂交选育法。杂交选育法是目前恢复系选育的主要方法，它可以按照人们的要求通过基因重组，将优良性状和恢复基因结合在一起，形成更优秀的新恢复系。杂交选育法的基本要点是，按照一般杂交育种的程序，选择适宜的亲本进行杂交，从杂种一代起就根据育种目标和恢复性进行多代单株选择，在主要性状基本稳定时就用不育系进行边测边选，选出恢复力强、配合力高和性状优良的新恢复系。

c. 回交转育法。又称定向转育法，用回交转育法育成的恢复系为同型恢复系（恢复基因相同的系）。对一些非常优秀的品种，能配出高产优质的杂种，但由于它的恢复性不好而不能作为恢复系利用，这样可通过回交转育法将其育成一个理想的恢复系，具体方法是：选一个强恢复系与该品种杂交，以后用该品种作为轮回亲本进行连续回交，但在回交过程中要边测边选，即选那些既具恢复基因又具有轮回亲本优良性状的单株再回交，待入选单株完全与该品种同型后，可自交二代，让其纯合，就育成了遗传背景与该品种一样的新恢复系。

d. 人工诱变法。用物理或化学诱变的方法也可以选育出新恢复系，用于诱变的材料有两类：一类是没有恢复基因的优良品种进行诱变，然后在后代中筛选出具有恢复基因的个体；另一类是现有恢复系通过诱变改良其个别缺点。

（6）CMS系的利用

核质互作雄性不育是通过"三系"法来利用杂种优势的，这是目前各种作物利用杂种优势的主要途径，核质互作雄性不育杂种品种又称为"三系"杂交种，其选育包括两个阶段，第一阶段是三系选育，即选育不育系、保持系和恢复系。第二阶段是杂交种的选配，选用不育系和恢复系作亲本配制成杂种进行观察比较，根据生产需要确定最佳杂种品种及其亲本组合。其利用方式如图6-3所示，包括不育系和保持系繁殖区、杂种一代制种区两个隔离区。

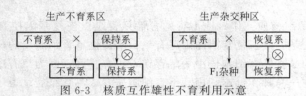

图6-3　核质互作雄性不育利用示意

不育系和保持系繁殖区：区内栽植不育系和保持系，从不育系上所收获的种子除大量供播种下一年制种用外，少量供播种下一年不育系繁殖用，从保持系行上收获的种子仍为保持系，可供播种下一年保持系之用。

杂种一代制种区：区内栽植不育系和父本系。在保证不育株充分授粉的前提下，尽量减少父本系，不育系和父本系的栽植行一般为1:（2～4）行。从不育系上收获的种子为杂种一代，从父本系行上收获的种子仍为父本系，可供播种下一年制种区内父本行之用。父本系的选用：以果实或种子为产品的父本系必须是恢复系，以营养器官为产品的不必是恢复系。

3.GMS的选育与利用

显性核不育研究利用较少，现重点介绍隐性核不育的利用。隐性核不育在杂种优势利用上优点是恢复品种很多，优势组合较易获得，所存在的核心问题是没有直接保持品种。

（1）GMS系的选育

核雄性不育系有隐性核基因、显性核基因控制，现以隐性核不育示为例作一介绍。隐性核不育系的基因型为$msms$，两用系的选育就是把同一品种中的不育株$msms$和杂合可育株$Msms$筛选出来，再进行多代兄妹交即可。其筛选方法是在获得的原始不育株的品种群体中选择性状优良的植株若干，与原始不育株上不同花序配对测交，各测交组合分别留种，下一代按组合种植，开花后仔细鉴别各植株的育性，并按图6-4所示处理。

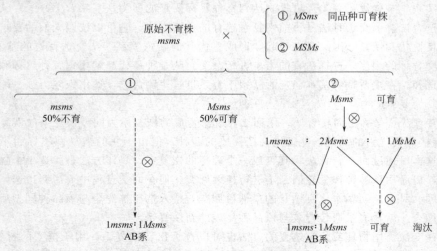

图6-4　核雄性不育系选育示意

（2）GMS系的转育

如果所育成的雄性不育两用系配合力或个别经济性状不符合育种目标，需要进行不育性的转育，即将不育性转育到经济性状优良、配合力高的品种或自交系上，育成新的雄性不育两用系。两用系的转育主要利用回交、自交交替法。

利用现有的甲品种两用系的不育株作母本，用综合农艺性状优良、配合力高的乙品种作父本，进行杂交，后代表现全可育，再进行自交，分离出的不育株与乙品种回交，经过4～6代饱和回交，就可获得乙品种两用系。其选育过程如图6-5所示。

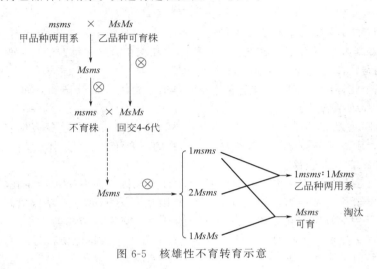

图 6-5　核雄性不育转育示意

（3）GMS系的利用

利用两用系配制杂种一代，每年需三个隔离区，即杂种一代制种区、两用系繁殖区和父本系繁殖区。

杂种一代制种区：两用系与父本按（4～5）∶1行比种植。两用系栽植密度应大一倍，因两用系中要拔除50%的可育株。从不育株上收获杂种一代种子。父本盛花后拔除，以防种子机械混杂。

两用系繁殖区：系统内 $msms$∶$Msms$＝1∶1，从不育株上收获两用系种子。$Msms$ 植株盛花后拔除（因为可能有自交现象而出现 $MsMs$）。

父本繁殖区：采用隔离区自然授粉法进行。

第五节　自交不亲和系的选育和利用

一、自交不亲和系的概念和意义

自交不亲和性（self incompatibility，简称 SI）是指两性花植物，雌雄性器官正常，能产生正常花粉，在不同基因型的株间授粉能正常结籽，但在花期自交不能正常结实或结实率极低的特性。通过连续多代的自交选择，可育成具有自交不亲和性特点，且能稳定遗传的系统或品系称为自交不亲和系。自交不亲和性在植物中普遍存在，种子植物中约有3000个物种存在自交不亲和性。在显花植物中，约有一半物种有自交不亲和性。植物中的71个科、250个属中存在自交不亲和性；在十字花科中，有80个物种具有自交不亲和性。

在杂种优势育种中所利用的自交不亲和性，不仅指同一植株内雌雄配子自交不亲和，还包括基因型相同的同一系统内植株间相互交配的不亲和。利用自交不亲和性进行不同基因型间杂交制种与利用雄性不育系制种一样，可以省去人工去雄的麻烦，且正反交的种子都能用，杂种一代种子产量高，大大降低了杂交种子生产的成本，又保证了杂交种子的质量。

二、自交不亲和性的遗传和生理机制

自交不亲和性可以遗传，可能受单一位点或多位点的自交不亲和基因控制。East 等（1925）提出的"对立因子学说"认为，当雌雄性器官具有相同的 S 基因时，交配不亲和，而雌雄双方的 S 基因不同时，交配能亲和。由 S 基因控制的自交不亲和性可分为配子体型自交不亲和和孢子体型自交不亲和。

1. 配子体型自交不亲和性

交配的亲和性取决于雌、雄配子具有的 S 基因。凡和雌配子体具有相同 S 基因的花粉，为不亲和花粉；凡和雌配子具有不同 S 基因的花粉为亲和花粉。这一类型的遗传表现有三个特点：

① 纯合体和杂合体自交皆不亲和，如 $S_1S_1 \times S_1S_1$ 或 $S_1S_2 \times S_1S_2$ 等，自交完全不亲和；

② 双亲有一个相同的 S 基因且以杂合体作父本时，交配为部分亲和。如 $S_1S_1 \times S_1S_2$，S_2 花粉亲和，S_1 花粉不亲和；

③ 双亲无相同基因交配完全亲和；如 $S_1S_1 \times S_2S_2$，$S_1S_1 \times S_2S_3$ 等表现完全亲和。

豆科、茄科、禾本科、蔷薇科、玄参科等科植物的不亲和属于配子体型。

2. 孢子体型自交不亲和性

孢子体型自交亲和与否不取决于花粉本身所带的 S 基因，而取决于产生花粉的父本营养体是否具有与母本不亲和的基因型。当雌雄孢子体基因型中无相同的 S 基因时，交配是亲和的；有一个相同的 S 基因而该基因在雌雄双方或一方隐性时，交配是亲和的；相同的 S 基因在雌雄双方都起作用时，交配是不亲和的。甘蓝、白菜、萝卜等十字花科植物和菊科、旋花科植物的自交不亲和属于这种孢子体型。孢子体不亲和的杂合 S 基因间，在雌雄之间存在着独立遗传与显隐性的两种相互作用关系。独立遗传是指两个不同等位基因分别呈独立、互不干扰作用；显隐性是两个不同等位基因，仅一个起作用，而另一个基因则表现完全或部分无活性。据此，治田辰夫（1958）将孢子体型不亲和遗传分为Ⅰ、Ⅱ、Ⅲ、Ⅳ四种遗传型（图6-6）。事实上，孢子体型不亲和的遗传相当复杂，S 复等位基因间除了存在独立遗传、显隐性外，还有竞争减弱和显性颠倒等关系。竞争减弱是指两基因的作用相互干扰，促使不亲和性减弱或甚至变为亲和；显性颠倒是指同一基因对雌雄蕊的显隐性效应是颠倒的。竞争减弱和显性颠倒效应能使自交亲和或弱不亲和的后代，分离出部分亲和与亲代相似的个体以及自交不亲和系统。

孢子体型不亲和性遗传表现主要特点有：

① 在交配时，正交和反交亲和性常有差异；

② 子代可能与亲代的双亲或亲代的一方不亲和；

③ 在一个自交亲和或弱不亲和株的子代可能出现自交不亲和株；

④ 一株自交不亲和株的后代可能出现自交亲和株；

⑤ 在一个自交不亲和群体内，可能有两种不同基因型的个体。

3. 自交不亲和性的生理机制

关于自交不亲和性的生理机制已做了大量研究，形成了多种假说，被多数人所接受的主要有认可反应假说和糖蛋白假说。

（1）认可反应假说（乳突隔离假说）

该假说是 Tatebe（1939）提出的。以萝卜花为试材，切去雌蕊柱头后授粉，使自交不亲和株自交结实。据此认为自交不亲和性是由柱头乳突细胞和花粉或花粉管间的相互作用造成的。亲和花粉管可以穿过乳突细胞外面盖有的角质层；不亲和花粉尽管有时萌发，但不能穿过角质层，即角质层是自交不亲和植株自花授粉后阻止花粉管长入的障碍。花粉管刺入乳突细胞角质层的现象，在不亲和组合中看不到，将这种现象称作认可反应。花粉和柱头的认可反应是依靠花粉和柱头各自产生的不同物质来相互配认。花柱或柱头特异多肽的作用在于活化一组花粉管生长所必需的基因，花粉特异多肽的作用在于使柱头特异多肽失活而阻止花粉管生长。

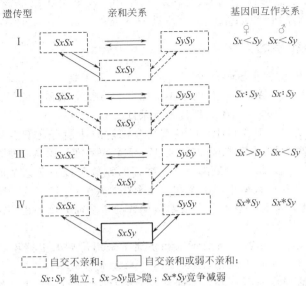

图 6-6　源自同一自交不亲和株的后代三种基因型间的交配亲和关系（治田辰夫，1958）

Ockendon（1972、1978）用扫描电镜观察甘蓝自花授粉情况，发现自花授粉恰好落在两个乳突细胞之间，1h 之内都没有任何变化，此后有些花粉粒萌发，但花粉管不能侵入乳突细胞。而不同基因型的花粉落在柱头上半小时后，乳突细胞就发生萎缩水解，花粉管迅速侵入乳突细胞。在此过程中，在酶的作用下，花粉外壁打破乳突细胞蜡层的疏水性能，同时还能破坏角质的抗水性。幼嫩的花蕾（开花前 3～4d）的柱头上乳突细胞的蜡层覆盖尚不完全，所以不亲和株蕾期授粉能结实。

该假说的不足之处是未能说明 S 基因的花粉和柱头也产生不同多肽，如何与不同 S 基因所产生的不同多肽相识别。后续研究表明：胼胝质的多少是亲和与否的标志。不亲和时，乳突细胞沉积大量胼胝质；亲和时，没有胼胝质的沉积或很少。

（2）糖蛋白假说（免疫学说）

这是由 East（1929）提出来的，它类似于动物中的免疫反应。植物表现不亲和时，从花粉管分泌出"抗原"刺激花柱组织形成抗体（有机体在抗原激发下所合成的一种具有特异性免疫功能的球蛋白），从而阻止花粉管的伸长，柱头和花粉具有相同的基因型，才能产生这种抗原-抗体系统。Nasrallan 等（1967）用 3 个自交不亲和基因型的甘蓝及其 F_1 和 F_2 材料，用免疫扩散法及圆盘电泳法分别测定柱头是否存在不亲和蛋白质，发现 S 等位基因支配蛋白质的合成，有相同 S 基因的柱头提取液产生相同的抗原。在 F_1 和 F_2 蛋白质的种类和根据表现型测定的 S 等位基因是完全相符的，含有 S_1S_1 基因的柱头提取液只产生 S_1 抗原，具有 S_1S_2 基因的柱头提取液含有 S_1 和 S_2 两种抗原。凡基因型相同的植株相互授粉亲和指数都较低，而基因型不同的植株相互授粉亲和指数都较高。对其柱头中的蛋白质组成进一步分析，发现 S 基因总是和一种特殊糖蛋白相偶联，只有在带有 S 基因的成熟花柱组织或柱头中才具有这种特殊糖蛋白，正是这种蛋白质抑制了花粉的萌发和花粉管的伸长。通过组织化学分析和电镜观察，发现绒毡层细胞产生含油层，这种含油层中含有蛋白质，并在花药裂前 60～70h，从绒毡层转移至花粉壁。把含油层涂到柱头乳突细胞上，若含油层取自不亲和花粉，则乳突细胞上产生胼胝质；若取自亲和花粉，就不产生胚胀质。有人认为，诱导胚胀质的物质就是这种含油层中的糖蛋白。因此，可以说绒毡层细胞所产生的含油层在自交不亲和花粉-柱头认可反应中起重要作用。最近用转基因技术直接证明了 S 蛋白参与调控孢子体型雌蕊-花粉相互作用。S 蛋白属核糖核酸酶（RNase），至于 RNase 活性是否与抑制花粉管的生长有关尚待进一步研究。

三、选育自交不亲和系的方法

1. 优良自交不亲和系应具备的条件

自交不亲和系是作为配制杂种一代的亲本。因此，自交不亲和系除了满足优良亲本自交系所具备的"三高二抗一好"条件外，还应具备以下条件。

① 高度稳定的花期自交不亲和性　以具有高度稳定的花期自交不亲和性的自交不亲和系作母本，可有效降低假杂种的比例，提高种子纯度。不亲和程度是用亲和指数表示的。亲和指数也称结实指数，用 K 表示，是指一杂交花朵自交结籽的粒数与授粉花朵数的比值。即：$K=$ 结籽总粒数/授粉花朵数。亲和指数愈小，不亲和程度愈高，$K \leqslant 1$。稳定的自交不亲和系是指自交不亲和性能代代稳定遗传，亲和指数不因自交繁殖代数的增多而升高，也不随环境条件、株龄和花龄的变化而升高。

② 较高的蕾期自交亲和指数　自交不亲和系通常采用蕾期人工授粉的方法进行繁殖，蕾期自交亲和指数高，$K \geqslant 5$，有利于提高亲本产种量，降低制种成本。

③ 自交多代后生活力衰退不显著　要选育自交多代后完全不衰退的自交系较困难，但选育自交衰退缓慢或基本不衰退的自交系，在实践上是可行的。

④ 配合力高　配合力高的自交不亲和系才能配组出优势强的杂交组合。

2. 自交不亲和系的选育方法

白菜类、甘蓝类作物自交不亲和性是普遍存在的，因此，除直接从外地引进已育成的自交不亲和系外，从现有品种内选育也是可行的。其选育方法和自交系的选育一样，也是通过连续多代自交分离而获得的。不同之处主要有两点：第一，对入选的 S_0 代作两种自交，一是花期自交，测定亲和指数，选择自交不亲和植株；二是蕾期自交留种，确保每个入选的自交不亲和株都有自交后代。自交不亲和株的亲和指数入选标准，可根据育种实践确定。如结球甘蓝亲和指数小于 1，大白菜亲和指数小于 2，萝卜亲和指数小于 0.5 可作为自交不亲和株入选的标准。第二，对于入选的 S_0 代自交不亲和株，其自交后代的自交不亲和性及其它经济性状尚未稳定，需继续自交分离，选择综合农艺性状好、配合力高的株系。经过 4~5 代自交和选择后，凡入选的株系，就经济性状而言，已稳定纯合，而系内株间的亲和性仍有差异。经过测定可将系内株间不亲和的系统（即 S 基因型纯合体）筛选出来。常用的测定方法有 3 种：

① 混合授粉法。是将同一系内全部抽样单株（通常为 10 株）的花粉等量混合后，分别对每一单株进行花期隔离条件下人工授粉，结实后统计亲和指数。此法工作量较少，测验一个不亲和系，只要配制 10 个组合，而在理论上包括了与轮配法相同的全部株间正反交组合和自交共 100 个自交组合。缺点是试验结果的稳定性较差；在系内若发现有结实指数超标的组合时，不易判断哪一个或哪几个父本有问题；也不能用于不亲和基因型分析和淘汰选择。另外有可能由于花粉混合不均匀而影响试验的准确性。

② 隔离区自然授粉法。将待测不亲和性的各个系统，分别种植在各个隔离区内，花期任其自然传粉，最后根据结实情况，统计亲和指数。此法省工省事，并且测验条件与实际制种条件相似。缺点是要同时测验几个株系需要几个隔离区，而网罩或温室隔离往往使亲和指数偏低。此外，同混合授粉一样，根据其结果难以判断株间基因型

③ 轮配法。在各个待测自交不亲和株的自交后代株系内，随机抽 10 株进行全部株间正反交，然后统计每一组合的亲和指数。此法结果可靠，并且在发现亲和交配时能分离出不同基因型

供配制单交种、三交种或双交种之用。但需配制的组合数多，工作量大。

四、利用自交不亲和系制种的方法

利用自交不亲和系制种，通常的亲本配组方式有以下三种。

① 单交种：不亲和系×亲和系（或不亲和系）；

② 三交种：（不亲和系×不亲和系）×亲和系（或不亲和系）；

③ 双交种：（不亲和系×不亲和系）×（不亲和系×不亲和系）。

三交种和双交种的优点是可以降低生产成本。但需用3～4种基因型不同的自交不亲和系，选育过程较复杂，且一代杂种整齐度较单交种差。因此，国内广泛应用的配组方式是单交种。两种单交方式相比，不亲和系×亲和系的优点是仅需用一种自交不亲和系，父本系的选择范围较广，易于选出配合力高的组合，其缺点是由亲和系植株上收获的种子杂种率较低，常常不能用于生产。不亲和系×不亲和系需要同时选育两种不同基因型的自交不亲和系，这样对经济性状的选择和配合力的组配将受到很大限制。因而其选育较为费事，但制种所得正反交种子的杂种率都较高，如果正反交后代的经济性状相似，则可采取1∶1或2∶2行比种植，全部种子都可用于生产。

利用不亲和系×亲和系配组方式生产一代杂种，每年至少需设制种区和父本系繁殖区两个隔离区。在制种区生产一代杂种种子和繁殖自交不亲和系；在父本繁殖区繁殖父本系。其主要操作技术如下：在制种区，父母本可按1∶（2～4）行比种植，最好能形成梅花形，以增加授粉的机会；若父母本花期不相同，应按父母本的生产期进行播期调整，使双亲的盛花期相遇；为了提高产种量，可在晴天上午9～11时进行人工辅助授粉。在自交不亲和系内采混合花粉，在开花前2～4d进行蕾期人工自交并套袋隔离，以繁殖自交不亲和系供下年制种田使用；收获种子时，应先收获母本行上蕾期授粉的自交种子，再收获母本行杂种一代种子，种子要按蕾期自交、花期杂交单收、单晒、单藏，严防混杂。在父本系繁殖区，根据下年制种田所需父本系种子量确定播种面积，并在苗期、抽薹期、初花期分期去杂去劣，并于盛花期选择一定数量典型性状一致的单株进行套袋兄妹交，收获前再检查鉴定一次，脱粒保存，供作下年繁殖父本用种。其余植株在成熟时再进行去杂去劣，混合脱籽保存，供下年制种田父本用。

利用不亲和系×不亲和系配组方式生产一代杂种，在隔离区的设置上有三种方法可供选择。

① 采用一隔离区，即在母本自交不亲和系植株上分别采收蕾期人工自交种和正交一代杂种，在父本自交不亲和系植株上分别采收蕾期人工自交种和反交一代杂种。

② 采用制种区和父本繁殖区两个隔离区。在制种区，从母本自交不亲和系植株上分别采收蕾期人工自交种和正交一代杂种，在父本自交不亲和系植株上只采收反交一代杂种，其父本自交不亲和系的繁殖在父本繁殖区进行。

③ 采用制种区和父本、母本繁殖区三个隔离区。在制种区，从母本上收获正交一代杂种，从父本上收获反交一代杂种；在父本、母本繁殖区分别繁殖父本和母本自交不亲和系。

利用以上三种方法生产一代杂种的其它技术可参照利用自交不亲和系×亲和系配组方式生产一代杂种的技术进行。

五、自交不亲和系的繁殖与保存

用自交不亲和系配制一代杂种，每年需大量扩繁作为亲本的自交不亲和系。自交不亲和系繁殖的关键问题是如何克服自交不亲和性。

1. 蕾期人工授粉

这是目前在大白菜、小白菜、结球甘蓝、花椰菜、青花菜、萝卜等自交不亲和系繁殖中应用最普遍的方法。方法是将开花前2～4d的花蕾用镊子剥开，授以本株或同一自交不亲和系其它植株的花粉，种子成熟后即可获得大量自交不亲和种子供来年用于一代杂种生产，该法的主要缺点是蕾期人工授粉麻烦，且连续自交易造成亲本生活力衰退。但通过增加自交不亲和系留种株数，改本株授粉为系内株间授粉和选育自交衰退缓慢的株系等措施，可恢复和提高自交不亲和系的生活力。

2. 隔离区自然授粉

让自交不亲和系的植株在隔离区内自然授粉，所收获的种子即为自交不亲和系种子。假定育成的自交不亲和系的花期系内株间自然授粉的亲和指数是 0.5，蕾期授粉的亲和指数是 4，那么自然授粉 8 朵花就可得到人工蕾期授粉 1 朵花的种子数。而且在一植株上自然授粉能利用的花蕾数远远多于人工蕾期授粉的花蕾数，所以实际每一植株收获的种子比人工蕾期授粉多。该法省去了人工蕾期授粉，还能减轻和延缓自交衰退。但连续多代花期自然授粉会使花期自交亲和性逐渐提高，应每隔 2～3 代测定一次亲和指数，选花期亲和指数低的株系供亲本繁殖用。

3. 钢刷授粉

钢刷是由直径 0.1mm、长 4mm 的细钢丝制成，授粉时用钢刷先在成熟的花药上擦取花粉，然后在柱头上摩擦，轻微擦伤柱头，可克服自交不亲和性，促进自交结实。钢刷法比较省工，也不像蕾期授粉那样只能利用未开放的花蕾，当天开放的花也可利用。这样，有利于提高单株结籽数。

4. 电助授粉

电助授粉器电源由 20 节 9V 层积方块电池并联而成，可变电压为 45V、90V、138V、180V，外接两根导线，一线顶端为一细针，一线连接一个细铜丝刷（由 20 余根直径 0.2mm 的细铜丝组成）。操作时，将电助授粉器主体装入衣袋中，将细针插入种株茎部或叶柄上，然后手拿铜丝刷蘸取花粉进行花期株系内授粉。该法按照单位授粉时间内结籽数计算比人工蕾期授粉工作效率大大提高。

5. 控制环境 CO_2 浓度

利用温室、大棚等繁殖自交不亲和系时，在花期用 5％～6％的 CO_2 浓度处理 2～6h，处理后进行人工辅助授粉或放蜂授粉，均可提高自交不亲和系的产籽量。但不同种类、品种、花期适宜的 CO_2 浓度和处理时间不同，效果也有差异。因此，在处理前，最好通过试验确定适宜的处理条件。

6. 花粉或柱头处理

许多试验结果表明，用 1％～5％NaCl 水溶液于花期喷洒，对克服大白菜、结球甘蓝、萝卜等的自交不亲和性有明显效果，此法已在部分甘蓝亲本种子生产中应用。在采用此技术前，应对 NaCl 溶液的适宜浓度、喷洒时间和喷洒次数进行必要的试验，以免给生产造成损失。

此外，松原幸子（1985）用 0.050～100g/L 激动素、500mg/L 精氨酸、1000mg/L 丝氨酸和天冬氨酸、200～1000mg/L 叶酸；胡繁荣（1988）用 100mg/L 吲哚丁酸（IBA）花期喷洒可有效克服大白菜、萝卜自交不亲和性，提高自交亲和指数；Tatabe（1939）等用花粉提取液或 10％KOH 涂在开放花的柱头上，用蛋白质合成干扰剂放线菌素酮、放线菌素 D 处理花粉，或用 1％～5％的丙酮清洗花粉，或用 α 射线或 γ 射线处理花粉，或用切除柱头和切短花柱后授粉等措施，都有克服自交不亲和性的效果。

第六节　园艺植物杂种优势育种成功案例

鉴于许多园艺植物具有显著的杂种优势，优良的 F_1 表现丰产、抗病、适应性广、主要经济性状整齐一致等特点，目前杂种优势育种已成为园艺植物育种的主要方法和途径。

一、番茄杂种优势育种

番茄是世界上重要的蔬菜作物之一，在各国的蔬菜栽培中均占有相当的比例。番茄的适应性强、产量高、营养（尤其是维生素和糖分）丰富且用途广泛（生食、菜用和加工），在生理生化、遗传及分子生物学等方面得到了广泛、深入、系统的研究。番茄的杂种优势表现十分明显，其品种"杂优化"已成为当代番茄育种的主要潮流。

尽管已在番茄上发现多个自交不亲和基因，但由于自交不亲和系繁殖保存困难而未能在育种中应用。因此，雄性不育系是番茄杂种优势利用的主要途径。番茄的天然雄性不育类型很多，如结构不育、功能不育及小孢子发生不育等，可以通过物理化学诱变、对天然突变体的筛选及回交转育获得雄性不育系。其中研究最深入的是由一对隐性核基因控制的小孢子发生不育，即核雄性不育。不育系为 AB 两用系，由一半可育株和一半不育株组成。在早期，不育株与可育株在形态上难以区分，只有在开花期辨认育性，在授粉前拔除可育株，用不育株作母本，才能制备杂交种子。可见，带有早期标记性状的不育系是利用 AB 两用系的核心。然而，通过传统的方法得到集不育性与标记性状于一体的自交系相当困难，而且也存在人工拔除可育株的烦琐，用于大面积制种是不可行的。化学杀雄剂在小麦等作物的杂交制种中得到了广泛应用，曾有学者应用化学杀雄剂对番茄制种，结果杂交率为 8%，未能达到 98% 商业纯度的要求。一般化学杀雄剂不仅去雄不彻底，而且对雌蕊的影响也很大，其使用效果还受气候影响而表现不稳定，加之番茄的连续开花习性而使用困难，故未能用于番茄的制种生产实践。截至目前，国内外利用番茄杂种优势的途径仍为人工去雄、授粉。

番茄是易进行基因工程操作的重要蔬菜作物，1994 年世界上第一例商业化的转基因植物品种就是番茄。基因工程番茄育种已显示出其优越性，这将是常规育种方法不可替代的。植物花药花粉发育的分子生物学及雄性不育机理的深入研究，使雄性不育基因工程成为现实。1990 年 Miarani 等人用特异性启动子与 RNAase 构成融合基因，转化植物后，获得了雄性不育但雌性可育的工程植株，并且于 1992 年创造了雄性不育性的恢复基因，使不育株的育性得以恢复。这为植物杂种优势利用开辟了一条新途径。

利用基因工程雄性不育系进行杂交制种时，不育系内自交并在苗期喷施除草剂或对种子筛选来保持不育系。任何一个优良自交系与不育系组合后能形成高配合力，在生产中便可作为父本生产杂交种子。对于保护地番茄品种或加工番茄品种，由于单性结实性强，同时生产中使用植物生长调节剂保花保果，因此无需恢复系。其技术特点是：不用蕾期去雄，可节约劳动力，省工省时；在花自然开放的当天授粉，可明显提高结籽数，从而增加制种产量；母本带有除草剂基因，可作为标记基因进行杂交种纯度的早期鉴定，从而可省去田间纯度检验；可降低生产成本，确保杂种的纯度。

二、结球甘蓝杂种优势育种

结球甘蓝（*Brassica oleracea* L. var. *capitata*）为十字花科芸薹属蔬菜，原产于地中海沿岸，16 世纪传入我国，现在世界各地广泛栽培。结球甘蓝营养丰富，适应性广，抗逆性强，易栽培，耐贮藏。甘蓝杂种优势非常明显，F_1 代具有丰产、抗病、适应性强、性状整齐度好等特点，世界上许多国家把甘蓝杂优利用作为提高甘蓝生产水平的重要措施。

1. 亲本选择

来源不同的结球类型亲本组合产量优势更为明显，如圆球×牛心、圆球×扁球等，但这类组合的双亲花期常常不一致。球形相似但叶色深浅、蜡粉多少等性状有一定差异的组合，如叶色绿×深绿、灰绿×深绿、灰绿×黄绿等，也可获得很好的产量优势。且这类组合双亲花期往往较一致，杂种一代整齐度更高。即使是同品种，其不同自交系的产量配合力有时相差很大，在种间配合力测定的基础上，分离和选配配合力强的自交系尤为重要。用丰产性好、自交退化慢的系作亲本配成杂交组合，一般具有较高的产量配合力。

2. 自交不亲和系的利用

美国 H. Pearson 在 1932 年首先提出利用自交不亲和系配制甘蓝杂种一代。20 世纪 40 年代美国康奈尔大学就开始了对甘蓝自交不亲和性和雄性不育性的杂优利用研究，其中对自交不亲和系的研究与应用成果显著。法国、荷兰等国在20世纪50年代就已经大规模利用自交不亲和系生产杂交一代甘蓝种子。20世纪50年代我国开始了结球甘蓝杂优利用研究。江苏省农业科学院等单位先后报道结球甘蓝品种间杂种一代在产量、抗逆性等方面具有明显的杂种优势。上海市农业科学院在20世纪60年代初从'黑叶小平头'中获得了103和105两个自交不亲和系材料，1973年中国农业科学院蔬菜研究所和北京市农业科学院合作育成了我国第一个甘蓝一代杂种——'京丰1号'，并迅速在生产上大面积推广应用。20世纪70年代末，我国甘蓝杂优利用研究得到迅猛发展，上海、北京、江苏等15个省、市、自治区的科研和教学单位先后育出100多个自交不亲和系材料，配制育成了一大批优良的早、中、晚熟配套的F_1组合，如'报春'、'庆丰'、'夏光甘蓝'、'秦菜1号'、'秦菜2号'等，这些F_1代整齐度好，较普通地方品种增产20%～30%，逐渐取代了生产上使用的地方品种。刘彩虹等（2011）以国外甘蓝品种'珍奇'、'百惠'等为材料，开展了耐贮运甘蓝种质资源的创新研究，筛选出5份经济性状稳定、自交不亲和性良好的株系。2011～2015年，利用自交不亲和系配制的杂种一代并通过国家审定或鉴定的甘蓝新品种有'春早'（余小林等，2012）、'博春'（李建斌等，2011）、'苏甘20'（王神云等，2012）、'皖甘8号'（汪承刚等，2012）、'惠丰7号'（王翠仙等，2011）、'惠甘68'（刘彩虹等，2013）、'惠丰6号'（武永慧等，2012）、'惠丰8号'（侯岗等，2014）等，这些新品种在叶球品质、抗病性、抗逆性等方面显著提高。

早熟小球型的甘蓝自交后代都容易纯化，一般自交3～4代，株系内部即整齐一致，连续自交退化不明显。晚熟平头类型的甘蓝，与早熟小球型相反，自交3～4代后，株系内仍不一致，整齐度较差，自交后代很难纯化，而自交退化却十分明显。中熟类型品种介于上述两类之间，自交3～4代后，株系内仍存在一定差异，自交后代稍有退化，性状也能稳定。因此，选育一个优良甘蓝自交系一般要在5年以上，为了缩短育种年限，一般采取经济性状选择与纯化、品质鉴定、抗病性鉴定、抗逆性鉴定、自交不亲和系选育和配合力测定等工作同时进行的育种程序。注意选择蕾期自交结实指数高的自交不亲和系，在开花期每隔1～2d用5%食盐水加0.3%硼砂水溶液往柱头上喷1次，尽量喷到柱头上，这样能引起乳头细胞失水收缩，对乳头细胞合成胼胝质具有抑制作用，导致自交亲和，从而节省蕾期授粉的人工，提高甘蓝自交不亲和系的结实指数及种子生活力，降低杂种一代种子的制种生产成本。

3. 雄性不育系的利用

（1）细胞核雄性不育的利用

中国农业科学院蔬菜花卉研究所1979年春季在甘蓝材料79-399的自然群体中发现雄性不育株DGMS 79-399-3（79-399-3Ms），叶色及开花结实性正常，配合力很好。甘蓝显性核基因雄性不育材料DGMS 79-399-3的不育性除受主效基因的DGMS 399-3控制外，还受修饰基因的影响。因此，部分雄性不育株存在环境敏感性，在一定环境条件下，有些不育株可出现微量有生活力的花粉。在微量花粉不育株自交后代中，可分离出显性不育基因纯合的雄性不育株，用纯合显性不育株作母本与一般可育自交系杂交，即可获得不育株率达100%的显性雄性不育系。国内一些育种单位一直进行甘蓝雄性不育系的选育，20世纪90年代取得重要进展，已获得了多份雄性不育系，配制出甘蓝新品种并通过国家鉴定。显性核基因雄性不育系DGMS 01-216（01-216Ms）的选育见图6-7，主要利用连续回交转育的方法，具体步骤为：

① 在显性雄性不育原始材料的分离群体中，选经济性状优良、不育性敏感的不育株作母本，以经济性状优良、稳定、配合力好的自交亲和系作父本进行杂交；

② 在杂交后代中继续以不育株为母本与原父本连续回交；

③ 回交4～5代后，扩大回交后代群体植株数量，并在开花期寻找有微量花粉的敏感不育株在蕾期自交；

④ 以敏感株自交后代中出现的所有不育性稳定的雄性不育株为母本，与原父本测交；

⑤ 田间鉴定这些测交后代的经济性状和雄性不育性表现，如果某个测交后代不育株率达 100%，则该测交组合的母本不育株为纯合显性雄性不育株。对纯合显性雄性不育株的测交后代进行鉴定，选择不育性稳定、经济性状优良、配合力好的系统作为配制杂交组合的显性雄性不育系。回交父本即为保持系。

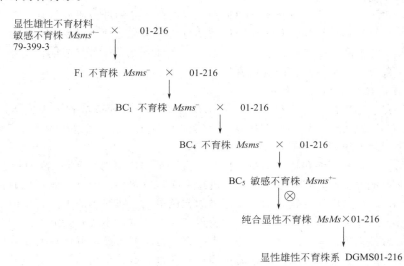

$MsMs$：显性纯合不育基因型，$Msms^-$：显性杂合不育基因型，$Msms^{+-}$：显性杂合不育基因型敏感株
BC：回交，⊗：自交

图 6-7　显性雄性不育系 DGMS 01-216（01-216Ms）的选育过程

（2）胞质雄性不育的利用

在十字花科中有 4 种胞质雄性不育源：黑芥不育源、欧洲油菜不育源、结球甘蓝不育源、萝卜不育源，其中以萝卜不育源不育性最稳定，又称为 Ogura 不育源。

1998 年中国农业科学院蔬菜花卉研究所方智远等从美国引进了 $CMSR_3625$、$CMSR_3629$ 等 6 份新改良的萝卜胞质甘蓝不育材料，与 30 余份甘蓝自交系和 20 余份青花菜自交系进行回交转育，2011 年得到了回交 2～3 代，从 $CMSR_3625$、$CMSR_3629$ 转育来的回交后代，表现不育性稳定、低温下叶片不黄化、结实良好而且具有良好的配合力。由改良胞质不育材料与自交系 7014 为父本进行连续多代回交转育得到 3 个较好的胞质雄性不育系 $CMSR_17014$、$CMSR_27014$、$CMSR_37014$。用 $CMSR_37014$ 与自交系 8180 配制的新品种 '中甘 22'，在秋季种植时表现早熟、优质、抗病、丰产，比生产上推广的早熟秋甘蓝 '中甘 8 号' 早熟 8d，增产 19.8%。

三、观赏植物杂种优势利用

杂交育种是培育观赏植物新品种最行之有效的方法之一，通过杂交繁育能够综合父母本的优良性状，克服亲本的缺点，从而获得杂种优势的新品种。观赏植物杂交繁育包括品种间杂交、种间杂交、甚至属间或科间杂交，但以品种间杂交为主。观赏植物杂种优势利用研究始于 20 世纪 30 年代，美国育成了开花整齐的一串红、紫罗兰、金鱼草、万寿菊等 F_1 代杂种；近年来日本通过花药培养、杂交选育等传统与现代的育种方法，选育出草原龙胆中型花、复色品种，还育成用种子繁殖的百合新品种；随着新品种的繁育推广应用得到越来越多的认可，国内也开始了针对新品种的杂交繁育工作，除了培育出 100 多个菊花新品种，还先后培育出了新型的切花、盆栽月季新品种，为新品种的研究奠定了坚实的基础。

1. 自交不亲和性在观赏植物育种中的应用

自交不亲和性是指两性花植物的雌雄性器官发育正常，不同基因型的株间能够授粉结籽，但花期自交不能结籽或结籽率极低的现象。是植物预防近亲繁殖、阻止自体受精和保持遗传变异的重要机制。利用植物自交不亲和这一特性培育杂种一代是观赏植物杂种优势育种的主要方法之一。将受温度、环境影响较大的、稳定性差的不亲和系淘汰，用所得到自交不亲和系配制杂种一代。认真观察，并从中选取具备自交不亲和特性的观赏植物品种进行研究是杂种优势利用的基础工作。通过羽衣甘蓝的新品系的开花结实特性及其自交不亲和性的研究发现，各品系间自交亲和性有明显差异，从几个品系中各筛选出多个花期自交亲和指数小于1、蕾期自交亲和指数大于5的单株，将作为自交不亲和系选育的优良材料。

2. 雄性不育系在观赏植物育种中的应用

植物雄性不育广泛存在于开花植物中，利用雄性不育系制种可节省人力成本、提高制种纯度。20世纪60年代雄性不育技术在F_1代制种中得到了广泛应用。通过雄性不育系培育F_1代大花百日草的方法达到了顶峰。矮型百日草'芳菲1号'的一个F_1代百日草新品种，经过试种，表现出了非常明显的杂种优势和良好的观赏性状，具备了雄性不育育种的经济价值与实际应用。以万寿菊雄性不育系为母本，孔雀草为父本，进行杂交，也选育出了下一代不育的且具有远缘杂种优势的稳定组合。崔文山等为解决细叶美女樱的花色单调、花序小的不足，采用常规杂交方法和回交方法进行了细叶美女樱新品种选育，并获得了一系列雄性不育系，这些细叶美女樱杂交品种除了观赏价值高、花色丰富外，还具有无病虫危害、适应能力强、群体功能强等优点，并广泛用于绿化、美化环境中。目前，矮牵牛花的雄性不育性也已研究得相当深入，历经不断选育，发展成为当今的园艺品种群。

 思考题

1. 名词解释

杂种优势 自交衰退 杂种 特殊配合力 一般配合力 测交种 测验种 雄性不育性 保持系 恢复系 自交不亲和性 配子体自交不亲和 孢子体自交不亲和

2. 杂种优势的早期预测及固定的方法有哪些？

3. 试写出度量作物杂种优势的方法。

4. 试述杂种品种的亲本选配原则及理由。

5. 利用作物杂种优势的基本条件是什么？

6. 作物杂种品种都有那些类别？

7. 作物杂种优势表现特点有哪些？

8. 杂种优势育种与杂交育种的异同点有哪些？

9. 对作物杂种优势的遗传成因都有哪些解释？你对这些解释有什么看法？

10. 测定配合力有哪些方法？这些方法各有什么特点？

11. 杂种一代种子生产的方法有哪些？

12. 何为核质互作雄性不育？

13. 配子体型和孢子体型不亲和性的遗传特点有哪些？

14. 不育系选育有哪些方法？

15. 恢复系选育有哪些方法？

16. 自交不亲和系选育与自交系选育的主要异同点是什么？

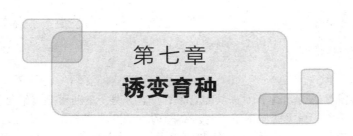

第七章 诱变育种

诱变育种是人为利用物理或（和）化学的方法诱发植物体遗传物质发生改变，形成有利用价值的突变体，并对突变体进行选择培育，以育成新品种的方法。诱变育种突破了原有基因库的限制，通过人工方法大幅度提高突变频率，创造出一些通过自然突变不易获得的全新类型的变异，在园艺植物新品种培育中显示出广阔的应用前景。

第一节 诱变育种的特点和类别

一、诱变育种的特点

1. 提高突变频率

植物在自然界中无时无刻不在发生着自然变异，这类自然变异经过人工选择和自然选择形成了现有的栽培品种，但自然变异在不同的物种和群体间差异较大，有些物种在正常栽培条件下极少发生变异，而人工诱变可大幅度提高突变频率，比自发突变率提高几百倍甚至上千倍。

2. 改良个别性状

人工诱变虽然可以大幅度提高突变频率，但却很难用于提高品种的综合性状，因此诱变育种通常用于提高植物的个别性状，也就是所谓的"品种修缮"或"优中选优"。因此用于诱变的材料应该是只有个别性状需要改进而综合性状比较优良的基因型。

3. 变异方向不可控制

虽然人工诱变能够用于改良品种，诱导突变的频率也大幅度高于自然突变，但必须知道的是，诱变产生的方向是不能控制的，大部分产生的变异都是没有利用价值的突变，有利突变的频率非常低。所以变异是没有方向的，选择是有方向的，只有通过选择才能筛选出有利的基因型。因此诱变处理的后代必须具有相当大的群体，用于筛选符合育种目标的性状，这也意味着需要较大的试验地、较多的人力和资金。

4. 方法简单，可缩短营养系品种育种年限

园艺植物中的果树和观赏树木等营养系品种，通过有性杂交的方法育成一个新品种需要的周期很长，如苹果，一般需要15～20年，而法国的Decourtye用辐射诱变育成的苹果新品种'Lys-golden'仅用了8年时间。诱变获得的优良突变性状，经过鉴定、分离和繁殖，可以快速将突变固定下来，由于用于诱变的材料本身就是综合性状较为优良的品系，因而更容易成为一个优良品种。

5. 改变植物的育性和亲和性

辐射诱变能克服远缘杂交的不亲和性和提高自交不亲和植物的亲和性。山川邦夫（1971）报道用γ射线辐射花柱或花粉，能有效提高栽培番茄与野生番茄的杂交结实率。自交不亲和的果树如甜樱桃、苹果、桃等可通过诱变使其成为自交亲和的类型。另外，辐射处理过的花粉虽然丧失了受精能力，授粉后不能与卵细胞结合，但能刺激卵细胞发育成单倍体的胚。该方法已经在多种园艺植物上取得成功，不同物种适宜的花粉辐射剂量不同。法国INRA农业试验站已经将该技术应用到多种蔬菜的育种研究中。

二、诱变因素的类别

1. 物理诱变

物理诱变包括辐射诱变、离子注入和太空诱变。辐射诱变是利用电离辐射诱发遗传物质发生畸变和突变，从而从中选择突变体用于培育新品种的方法。电离辐射是穿透力很强的高能辐射，常用的有 X 射线、紫外线、β 射线、γ 射线和快中子等。另外，激光是 20 世纪 60 年代开始应用的一种新型辐射源。20 世纪 80 年代中国科学院等离子体物理研究所的余增亮最早将离子注入方法应用于作物的诱变育种。离子束作用于植物表现出较小的生理损伤，所以存活率较高，易于获得更多突变体。

随着空间技术的发展，太空诱变成为诱变育种中的新型常用手段，取得了很多育种成果。太空诱变是利用返回式近地卫星搭载生物体材料，在太空环境的真空、微重力、地球磁场和高能带电离子辐射等因素影响下，使生物体遗传物质发生改变，经过选择培育新品种的方法。

2. 化学诱变

化学诱变是利用特定的化学诱变剂诱发植物的遗传物质发生基因突变或染色体畸变。这类化学诱变剂主要有烷化剂、核酸碱基类似物、诱发移码突变的诱变剂、叠氮化物类、秋水仙素等，它们通过参与生物化学的反应导致突变的发生。

第二节　辐射诱变育种

一、辐射源和辐射剂量

1. 辐射源

（1）X 射线

射线源是 X 光机。X 射线是一种电磁辐射，又叫阴极射线，是一种中性射线，不带电荷。X 射线按波长可分为波长为 0.1～1nm 的软 X 射线和波长为 0.001～0.01nm 的硬 X 射线，前者穿透能力较弱，后者穿透能力较强。

（2）γ 射线

辐射源是 ^{60}Co 和 ^{137}Cs 及核反应堆。γ 射线也是一种不带电荷的中性射线，波长 0.001～0.0001nm，它的波长比 X 射线更短，能量更高，穿透力更强。γ 射线是目前辐射诱变中最常用的射线之一。用于植物诱变用的辐射源通常需要按照要求建造防护设施，以免对人及其他生物造成伤害。

（3）β 射线

辐射源为放射性同位素 ^{32}P 和 ^{35}S，也可以由加速器产生。β 射线是电子流，每一个电子带一个负电荷。与 X 射线和 γ 射线相比，β 射线穿透能力弱，所以经常配置成相应浓度的溶液，对植物进行内照射。

（4）中子

辐射源是核反应堆、加速器和中子发生器。中子是一种不带电荷的粒子，根据其能量的大小分为能量在 21MeV（百万电子伏）以上的超快中子；能量为 1～20MeV 的快中子；能量为 0.1～1MeV 的中能中子；能量为 0.1keV（千电子伏）～0.1MeV 的慢中子和能量小于 0.1eV（电子伏）的热中子。中子的诱变能力比较强，因此在育种中的应用日益增多。

（5）激光

激光是由激光器产生的高亮度、高方向性、高单色性和高相干性的光。常用的激光器有二氧化碳激光器、红宝石激光器、氮分子激光器、氦氖激光器等，光波长从 $10.6\mu m$ 的远红外线到 $0.377\mu m$ 的紫外线不等。激光通过光效应、热效应、压力效应和电磁场效应等作用直接或间接作用于植物体。

（6）紫外线

紫外线是一种波长为 $136\sim390nm$ 的低能电磁辐射，可由紫外灯产生。紫外线能量较低，穿透能力弱，但与 DNA 的吸收光谱（260nm）相一致，因此容易被吸收并引发变异，多用于处理孢子、花粉粒和微生物的诱变处理。

（7）离子束

离子束是离子经过高能加速器加速后获得的放射线，能够在物质中引起高密度的电离和激发，使 DNA 双链断裂，产生生物损伤。由于离子束可以在电场、磁场的作用下被加速或减速以获得不同的能量，所以可精确控制其入射深度和部位，也可获得更高的突变率和更广的突变谱。

（8）空间辐射

自 1987 年以来，中国曾多次利用返回式卫星、神舟飞船和高空气球开展农作物、微生物、昆虫等空间育种研究，结合多年的常规选育，培育出一批作物新品种。航空航天育种利用空间射线、微重力、高真空和弱地磁场的作用，对生物的遗传物质造成损伤。与其他诱变方法相比，空间诱变对处理材料损伤轻，变异小，能产生比其他理化诱变出现较少的变异类型。

2. 辐射剂量的单位和剂量率

辐射的剂量是对辐射能的度量，指在单位质量的被照射物质中所吸收的能量值。

（1）照射量和照射量率

照射量符号为 x，只适用于 X 射线和 γ 射线。照射量是指 X 射线和 γ 射线在空气中任意一点处产生电离本领大小的物理量。照射量的国际单位是 C/kg（库伦/千克），与它暂时并用的单位是 R（伦琴）。二者的换算关系是 $1R=2.58\times10^{-4}C/kg$。

照射量率是指单位时间内的照射量，其单位是 C/（kg·s）［库伦/（千克·秒）］，或 R/h（伦琴/时）、R/min（伦琴/分）、R/s（伦琴/秒）等。

（2）吸收剂量和吸收剂量率

① 吸收剂量 吸收剂量符号为 D，是指受照射物体某一点上单位质量中所吸收辐射的能量值。适用于任何类型的电离辐射。吸收剂量的国际单位是 Gy，其定义为 1kg 任何物质吸收电离辐射的能量为 1J（焦耳）时称为 1Gy。即 1Gy=1J/kg。暂时并用的单位是 rad（拉德），rad 与 Gy 的换算关系是 $1rad=10^{-2}J/kg=10^{-2}Gy$，即 1Gy=100rad。

吸收剂量不仅与射线类型有关，而且与被照射的植物所含的元素成分有关。育种实践中要根据照射剂量计算出吸收剂量，换算公式为 $D=fx$（D 为吸收剂量，f 为转换系数，x 为照射剂量）。转换系数可查中国原子能农学会《农用钴源吸收量暂行规定转换系数表》。

例：用 ^{60}Co 照射月季枝条，照射剂量为 5000R，已知月季枝条的 f 值为 0.97，求月季枝条的吸收剂量是多少？

$$D=fx=0.97\times5000=4850rad=48.5Gy$$

② 吸收剂量率 是指单位时间内的吸收剂量，其单位有 Gy/h、Gy/min、Gy/s，或 rad/h、rad/min、rad/s。吸收剂量率在辐射育种中非常重要，如果用同样的剂量处理同一个品种的种子，由于处理时间不同，剂量率不同，辐射效果也不相同。

3. 放射性强度

放射性强度单位与剂量单位的概念不同，放射性强度是以放射性物质在单位时间内发生的核衰变数目来表示，即放射性物质在单位时间内发生的核衰变数目愈多，其放射强度就愈大。在辐射育种中当采用将放射性同位素引入植物体内进行内照射时，通常就以引入体内的放射性同位素的强度来表示剂量的大小。放射性强度的国际单位是 Bq（贝克），其定义是放射性核衰变每秒衰变 1 次为 1Bq。

4. 适宜剂量和剂量率的选择

在辐射育种中选用适宜剂量和剂量率是提高诱变效率的重要因子。在一定范围内增加剂量可提高突变率和突变谱，但当超过一定范围之后再增加剂量，就会降低成活率和增加不利突变率。照射剂量相同而剂量率不同时，其诱变效果也不一样。选用适宜诱变剂量是一个比较复杂的问题，可根据"活、变、优"三原则灵活选用。"活"指后代有一定的成活率；"变"指在成活个体中有较大的变异效应；"优"指产生的变异中有较多的有利突变。

一般认为照射种子或枝条最好的剂量应选择在临界剂量附近，即被照射材料的存活率为对照的 40% 的剂量值，或半致死剂量（LD50），即辐照后存活率为对照的 50% 的剂量值。也有人提出照射种子时以采用 VD50（活力指数下降 50% 的剂量值）做测定指标较适宜，认为其优点是可以不需要等生长结束，而是在生长期内可随时进行比较测定。若辐照的材料为整株苗木，亦有提出辐射剂量可选择半致矮剂量（GD50），即辐射后生长量减少至对照的 50% 左右。也有研究指出高剂量不仅造成大量死亡，导致选择概率降低，而且造成染色体的较大损伤，从而导致较大比例的有害突变。对果树休眠枝用较高剂量照射，嫁接成活后常会出现一部分盲枝，数年内无生长量而无法进行选择。剂量越大，盲枝率越高。大量研究指出，采用 LD25～40，即存活率 60%～75% 的中等剂量照射果树接穗，成活的接穗中盲枝率低，能获得较多的有利突变。

植物因不同种类、品种的遗传特性差异，以及组织器官、发育阶段和生理状态不同，对辐射的敏感性存在很大差异。对同一种或品种来说，根部比枝干敏感，枝条比种子敏感，性细胞比体细胞敏感，生长中的绿枝比休眠枝敏感，幼龄植株比老龄植株敏感等。所以，应在参考前人试验的基础上进行预备试验。以果树为例，方法是设计从低剂量到高剂量（如 1～10kR），辐照一定数量的枝条，每枝 7～8 个芽，并设对照。辐照 1d 后将枝条分别插于盛有营养液的玻璃瓶内，于 20℃温室中经 3～4 周后，统计各处理枝条水平面以上部位的萌芽率。本法统计的芽萌发率与田间嫁接成活率十分接近，可用以预测所需成活率的相应适宜剂量。表 7-1 列出各种园艺植物常用剂量，可作为预备试验的参考。

表 7-1 常见园艺植物辐射诱变的材料和剂量

作物种类	处理材料	辐射种类	剂量范围	参考文献
苹果	组培苗	^{60}Co γ 射线	24Gy	于丽艳,2005
	枝条	^{60}Co γ 射线	40～80Gy	张玉娇,2012
	休眠枝	^{60}Co γ 射线	39.42Gy	张敏,1991
	种子	^{60}Co γ 射线	250Gy	冯永利,1993
梨	休眠枝	^{60}Co γ 射线	20～80Gy	李志英,1988
	种子	^{60}Co γ 射线		孟玉平,2007
	试管苗	^{60}Co γ 射线	10～30Gy	孙清荣,2009
葡萄	种子	^{137}Cs γ 射线	20～40Gy	陶巧静,2015
	种子	^{60}Co γ 射线	20Gy	王忠华,2012
辣椒	种子	^{60}Co γ 射线	30Gy 和 HNO$_2$	琚淑明,2003
番茄	种子	快中子	15Gy	Menda N,2004
黄瓜	种子	^{60}Co γ 射线	23.22C/kg	李加旺,1997
甜瓜	种子	^{60}Co γ 射线	50Gy	吴明珠,2005

二、辐射诱变的机理

1. 辐射诱变作用机制

（1）直接效应与间接效应

直接效应是指射线直接击中生物大分子，使其产生电离或激发所引起的原发反应。间接效应是射线不是取决于生物大分子直接受损伤，而是有机体的水被电离和解离，进一步作用产生自由基、过氧化氢、过氧基，再作用于生物大分子，从而导致突变的发生。生物有机体在含水量高的情况下对辐射的敏感性大，就是间接效应的证据。

（2）辐射作用的过程

电离辐射作用可分成四个阶段：

① 物理阶段，主要特征是辐射的高能量使生物体内分子发生电离和激发；

② 物理化学阶段，主要特征是通过电离的分子重排和水分子的解离，产生许多化学性质很活泼的自由基；

③ 生物化学阶段，是自由基相互作用并与周围的物质，主要是核酸和蛋白质等生物大分子发生反应，引起分子结构的变化；

④ 生物学阶段，细胞内生物化学过程发生改变，从而导致各种细胞器的结构及其组成发生变化，包括染色体畸变和基因突变，产生遗传效应。

2. 辐射对细胞的作用

辐射在细胞水平的作用，首先表现为细胞分裂活动受抑制或在分裂早期死亡，导致辐射后的有机体生长缓慢。辐射能引起细胞膜的损伤，会使细胞质结构成分发生物理、化学性质的变化，使细胞所需的一些酶"失活"，从而引起细胞功能的紊乱和丧失。辐射后细胞核显著增大，染色体出现成团，核仁和染色质的空泡化，核质分解为染色质块，正在分裂的细胞中会出现染色体黏合、断裂和其他结构变异以及染色体桥、断片等，使正常的有丝分裂过程遭到破坏。

3. 辐射对染色体和 DNA 的作用

辐射引起染色体畸变和基因突变。辐射后在电镜下可看到的染色体畸变有断裂、缺失、倒位、易位、重复等，辐射也可引起染色体数目的改变而出现非整倍体。细胞学研究证明：电离密度与染色体结构的改变有关，能量小而电离密度大的辐射在引起染色体结构变异方面较有效。总之，各种电离辐射引起的染色体变化在有丝分裂中自我复制，并在以后的细胞分裂中保持下来。

DNA 是重要的遗传物质，电离辐射的遗传效应，从分子水平来说是引起基因突变，即 DNA 分子在辐射作用下发生了变化，包括氢键的断裂、糖与磷酸基之间断裂以及各种交联现象等。例如紫外线引起的损伤一般是在一条 DNA 链上相邻的胸腺嘧啶碱基之间形成新键而构成二聚体。上述 DNA 结构上的变化、紊乱，使遗传信息复制、转录、翻译和修复系统发生错误，最后导致有机体的突变。

4. 植物对辐射损伤的修复

能够对辐射诱变造成的 DNA 损伤进行自我修复，在生物界具有普遍性。通常 DNA 结构损伤后，并不立即表现突变，而是引起一系列修复过程。只有当修复无效或出现修复误差时，才出现突变或死亡。因此，生物本身对辐射损伤的修复，可大大降低突变的频率，在正常的生命活动中非常重要。目前研究者们了解的修复机制主要有光修复、切补修复和重组修复。光修复是由光复活酶利用光作为能源，准确地把受损伤的 DNA 修复正常。切补修复是通过一系列的酶促过程把 DNA 中的损伤部位切除，通过重新合成恢复到正常状态。切补修复与照射剂量有关，剂量越高损伤越多，则修复越难。重组修复也称后复制修复，即 DNA 受损伤后并不切除受损伤部分，而是通过复制重组把异常的 DNA 比例减少到无碍正常生理活动的程度。虽然修复系统对生物体正常的生命活动非常重要，但在诱变育种实践中，抑制植物体内的修复体系，对提高突变率有较大作用。研究证明乙二胺四乙酸（EDTA）、咖啡因、5-溴去氧尿核苷（BUdR）等能抑制损伤的修复而提高突变率。例如，山口用经辐射的大麦种子为材料研究了抑制剂的效应，结果表明用 EDTA 处理过后 M_1 代叶绿素突变率大于咖啡因处理，而 BUdR 效果不显著，但在 M_2 代 EDTA 和 BUdR 均增加了矮秆突变率。

三、辐射诱变的方法

1. 外照射

外照射是指应用某种辐射源发出的射线，对植物材料进行体外照射。外照射处理后的植物材料本身不含放射源，对环境无污染，是比较安全的诱变方法，在诱变育种中应用最广泛。

根据照射时间的长短和次数不同又分为快照射、慢照射和重复照射。快照射是指总诱变照射剂量一定的情况下，短时间照射完毕，通常在照射室进行，如 ^{60}Co 照射室，该方法适用于各种植物材料的照射。慢照射所需的时间较长，辐射剂量率较低，通常在照射圃场内进行，如 ^{60}Co γ 圃场，更适用于在整个生育期内对整棵植株的照射。在总剂量相同的情况下，快照射与慢照射之间由于照射时间长短不同，因此辐射剂量率高低有差异。许多研究表明，采用快照射或慢照射，其生物效应和突变率都存在一定程度的差异，并且由于射线种类不同、照射量不同、材料不同和观察研究的性状不同等原因，研究结果也不尽一致。Sparrow 研究对比了产生同样生物效应的快照射与慢照射的照射量，结果表明快照射所需剂量低于慢照射。Donini（1976）以樱桃、苹果、葡萄和桃为材料的试验均证明快照射的体细胞突变率高于慢照射。但中国山西农业科学院以小麦种子为材料，在照射剂量相同的情况下，慢照射对出苗率、幼苗生长速度、植株成活率和个体发育等都比快照射有更大程度的抑制作用，总照射量越大这种关系越密切。

重复照射是指在植物诱导出突变体后的世代（包括有性或无性繁殖世代）进行连续照射。重复照射对积累和扩大突变效应具有一定的作用。Decourtye 等报道对苹果 VM_1 休眠枝进行重复照射，比只照射一次的突变率高。也有研究表明重复照射有增高不利突变率的倾向，Lapin 认为营养系在重复照射的情况下，应尽量采用低照射量，才不会降低有益突变的频率。

外照射按处理的植物器官部位不同，可分为以下几种。

① 种子照射。种子是有性繁殖植物辐射育种使用最普遍的照射材料，可采用干种子、湿种子和萌动种子。射线处理种子具有处理量大、便于运输、操作简便等优点。辐射处理会引起种子生长点细胞的突变，但由于种胚是多细胞结构，辐射后容易形成嵌合体。由于萌动种子处于细胞分裂的旺盛时期，所以能提高诱变效率。在条件允许的情况下，种子处理多使用萌动的种子为处理对象。无性繁殖的园艺植物，辐射处理种子实际上是将诱变育种与实生选种、杂交育种相结合，由于其基因型的高度杂合性，后代变异率高。但对于多年生的木本观花植物和果树来说，处理种子的最大缺点是播种后有较长的童期，到达开花结果的时间长和处理营养器官相比，大大延长了育种年限。因此，种子作为辐射材料通常应用于有性繁殖植物。经辐射处理的种子应及时播种，否则易产生贮存效应。用干燥种子照射后贮存在干燥有氧条件下，可使损伤加剧。

② 营养器官照射。用枝条、块茎、鳞茎、球茎等营养器官进行照射处理，是无性繁殖园艺植物辐射育种常用的方法。多年生的果树常用枝条进行射线处理，比照射花粉和种子具有结果早、鉴定快等特点。选用的枝条应组织充实、生长健壮、芽眼饱满，照射后嫁接易于成活。照射后作扦插用的枝条，照射时应用铅板防护基部（生根部位），减少其对射线的吸收，以利扦插后生根成活。此外，解剖学研究表明，受处理的芽原基所包含的细胞数越少，照射后可减少嵌合体的发生。据报道，照射苹果刚刚开始萌动的芽比深休眠的芽效果好，突变率更高。

③ 花粉照射。辐射花粉的处理方法有两种：一种是先将花粉收集于容器中进行照射，或采集带花序的枝条或待开花的花蕾进行照射，照射过后立即授粉，本法适用于花粉生活力强、寿命长的园艺植物；另一种方法是直接照射植株上的花粉，可将开花期的植株移至照射室或照射圃进

行照射，属于整株照射的范畴。花粉的最大优点是很少产生嵌合体，经辐射的花粉一旦产生突变，与卵细胞结合所产生的种子即是携带杂合的突变基因。照射花粉的剂量一般较低，有人用 γ 射线对樱桃进行试验，确定发芽种子、休眠枝条、花粉的适宜剂量分别为 1.0～1.5C/kg、0.7～1.0C/kg、0.2～1.6C/kg。另有研究电离辐射对柑橘不同试材诱变效应，发现照射花粉、种子、枝条后诱发的突变率分别为 29%～43%、23%～27%、6%～8%。

④ 子房照射。照射子房也具有不易产生嵌合体的优点。辐射处理子房不仅有可能诱发卵细胞突变，而且可能影响受精作用，诱发孤雌生殖。对自花授粉植物进行子房照射时，应先进行人工去雄，辐射后用正常花粉授粉。高度自交不亲和或雄性不育材料辐射子房时可不必去雄。因卵细胞对辐射较为敏感，宜采用较低的剂量。

⑤ 整株照射。占地面积较小的生长植株可在 ^{60}Co γ 射线照射室进行整株或局部急性照射，例如对试管苗可同时进行较大群体的辐射处理。大规模的植株照射一般在 ^{60}Co 圃场进行，可在一定发育阶段或整个生长期进行慢照射。受照射植株可按照所需剂量的大小，计算出离钴源的合适距离，然后按这个距离呈辐射状同心圆进行种植。这种方法的优点是可以进行大规模的材料处理，但由于照射圃内辐射极高，所以必须有严格的安全防护设备和措施。四川省农科院生物技术核技术研究所建有我国唯一的半开放式钴场。

⑥ 其他。由于离体培养技术的发展，采用愈伤组织、单细胞、原生质体以及单倍体等材料进行辐射处理，已日益受到重视，可以避免和减少嵌合体的形成。花药和小孢子也可作为辐射诱变的材料，处理后的再生植株隐性性状可以在当代表现出来，如果选到合适的突变体，经加倍便可获得二倍体纯系，从而缩短育种年限。

2. 内照射

内照射是把某种放射性同位素引入被处理的植物体内进行内部照射。内照射具有剂量低、持续时间长、多数植物可在生育阶段进行处理等优点。但内照射的缺点是需要一定的防护条件，经处理的材料和用过的废弃溶液都带有放射性，应妥善处理，否则易造成污染。另外，引入植物体内的放射性元素，除本身的放射性效应外，还具有由衰变产生的新元素的"蜕变效应"。例如：用 ^{32}P 作内照射时，由于磷是 DNA 的重要组成部分，通过代谢磷可参加到 DNA 的分子结构之中，当 ^{32}P 作 β 衰变时，在 DNA 主键上会产生核置换（磷衰变为硫），因而使 DNA 上的磷酸核糖酯键发生破坏。常用作内照射的放射性同位素，放射 β 射线的有 ^{32}P、^{35}S、^{45}Ca。放射 γ 射线的有 ^{65}Zn、^{60}Co、^{59}Fe 等。内照射的处理方法有以下 3 种。

（1）浸泡法

将放射性同位素配制成溶液，浸泡种子或枝条，使放射性元素渗入材料内部。处理种子时浸种前先进行种子吸水量试验，以确定放射性溶液用量，使种子吸胀时能将溶液吸干。

（2）注射或涂抹法

用放射性同位素溶液注射入枝、干、芽、花序内，或涂抹于枝、芽、叶片表面及枝、干刻伤处，由吸收而进入体内。

（3）饲喂法（施肥法）

将放射性同位素如 ^{32}P 磷肥施入土壤中（或试管苗的培养基中），利用根系的吸收作用从而进入体内。或用 $^{14}CO_2$ 借助光合作用形成产物，进行体内照射。

3. 间接照射

间接照射是指除外照射和内照射这两种基本照射方式以外的一种类型的处理方法。该方法先用射线照射用于细胞和组织培养的培养液或培养基，然后将外植体放入其中进行处理，或者先照射处理的材料在低温下提取其浸出液，再以此浸出液浸渍未处理的种子或植物材料，诱发遗传物质发生畸变。

四、辐射育种程序

1. 辐射处理材料的选择

植物的不同种类和不同品种、不同的组织器官、不同的发育阶段和生理状态，对辐射的敏感程度都不相同。因此为了提高辐射育种的效果，就要正确地选择辐射处理的亲本材料。应选择综合性状优良、适应性好、只存在一个或少数性状不符合生产要求的品种作为亲本材料，这是由诱变育种的特点决定的。当地生产上推广的主栽品种、优良品系或具有杂种优势的 F_1 代都可以作为诱变材料。

为增加辐射育种成功的机会，选用的处理材料应避免单一化，因为不同的品种或类型，其内在的遗传基础存在着差异，对辐射的敏感性也不同，因而诱变产生的突变频率及突变类型、优良变异的出现机会和优良程度也有很大差别，所以在条件许可下，应适当多选几个亲本材料为好。每个亲本材料所需的种子量总的原则应是保证获得足够数量的成活变异植株，以便为进一步筛选有益变异提供适当的选择群体。如果有用突变率预期为 0.1%，用半致死剂量处理种子，则估计需处理 5000～10000 粒，才能期望有 95%～99% 的概率在处理群体内有 1 株带有用突变的个体。

适当选用花药和小孢子等作诱变材料，处理后再生单倍体植株，发生突变后易于识别和选择。突变一经选出，将染色体加倍后即可使突变纯化，可显著缩短育种年限。但是单倍体生活力较弱，诱变中死亡率较高，加倍较困难，繁殖系数较小，所以采用的剂量不宜过高，并应对诱变材料提供适宜的营养和环境条件。此外，也可用单细胞或原生质体作诱变材料，与细胞培养相结合，以避免出现嵌合体，从而提高突变育种的效果。

2. 处理群体的大小

（1）突变世代的划分

有性繁殖植物的种子未经辐射之前称为 M_0，经诱变处理后长出的植株，称为 M_1（突变一代）植株。M_1 植株的突变体经过配子受精过程形成的种子即为 M_2（突变二代），M_2 入选的突变体繁殖的后代为 M_3，以此类推。

无性繁殖植物突变世代的划分，一般以营养繁殖的次数作为突变世代数。无性繁殖植物的亲本世代（未经突变处理前）、突变一代、突变二代、突变三代，分别以 VM_0（或 M_0）、VM_1（M_1）、VM_2（M_2）、VM_3（M_3）等符号表示，也可简写为 V_0、V_1、V_2、V_3 等。

（2）分离世代群体数量的估计

各世代群体的大小是关系到能否选择到所需突变体的重要问题。究竟多大的群体才合适，要根据具体作物种类及所需获得的突变类型、突变频率、突变体数目等因素决定。因此，在进行诱变育种前，对各世代群体进行一些估计是必要的。

对于单基因突变，假定其突变率为 u，至少要发生一个突变的概率水平为 p_1，则被鉴定的处理细胞数目 n，可从下列公式算出：

$$n = \lg(1-p_1)/\lg(1-u)$$

突变可在被辐射细胞后代中发现，而二倍体植物存在的隐性突变在 M_2 代才能表现出来。如果辐射材料具有 50% 的致死效应，则 $2n$ 代表提供 M_2 株系所需的 M_1 植株数。每个 M_2 株系的植株数（m），是由分离比例（α）及至少能产生一个纯合突变体的概率（p_2）来决定的。用下面的公式可以计算出 M_2 代群体应有植株数（m）：

$$m = \lg(1-p_2)/\lg(1-\alpha)$$

把上述两个公式合并起来可计算出群体的应有大小。但从实用观点看，很少能正确预测突变率，应用该公式计算的仅仅是一个粗略预测。特别是对于鉴别有实用价值的数量性状变异所需群体数目的计算是比较困难的，因为既不能确定所包括基因数目，也不能确定在 M_2 中加以鉴别的最低效果的数量。

3. 突变体鉴定和选择

（1）植物损伤的鉴定

① 存活率的测定　诱变材料无论是种子还是营养器官都会在辐射后有较为严重的生理损伤，种子会降低发芽率和出苗数，枝条会降低发芽数，还可以用存活率来表示。一般在种子处理播种和接穗嫁接4～6周后进行统计。

② 生长量的测定　在播种发芽后或嫁接扦插发芽长叶后进行生长量的测定。测定幼苗的高度和枝梢第一次停止生长的长度，然后与对照比较处理后生长量受抑制的程度，是评价诱变处理效应最简单有效的方法。

（2）形态学观察

这是最常用的方法，即将所获得的突变体与原品种一起种植于田间，对其植物学性状和生物学性状进行观察鉴定。植物学性状包括茎、叶、花、果实和种子的形状、大小、颜色、绒毛的有无等，生物学性状包括物候期、熟性、产量、品质和抗逆性等，可通过这种方法从形态上直接或间接识别。由于气候、土壤、肥料、种植密度等都会引起性状的差异，给突变体鉴定带来一定困难，所以筛选到的突变体要经过多代鉴定才能确定突变性状的稳定性。

（3）实验室生理鉴定

生理特性和品质突变体要在实验室条件下进行鉴定，如蛋白质、氨基酸、糖等的含量。这种鉴定工作量往往很大，可借助相应的自动化仪器来完成。

（4）遗传学鉴定

为了鉴定观察到的植物学性状和生物学性状的遗传特性及其在育种上的利用价值，可将突变体与原品种和其他亲本杂交、回交，确定控制突变性状的显隐性及基因数目、该性状的遗传规律和遗传力。

（5）生物化学鉴定

蛋白质标记是较早使用的生化鉴定方法之一，分为酶蛋白标记和非酶蛋白标记。许多研究者利用的蛋白质分析结果，发现了突变体的重要遗传信息。王翠亭等（2002）用高分子量麦谷蛋白亚基等电聚焦电泳（IEF）分析了普通小麦耐盐突变体，发现了与耐盐关系密切的差异条带。

（6）抗性突变体的离体筛选鉴定

可利用诱变方法和生物离体培养技术筛选鉴定抗病、抗逆突变体。其要点是先对培养材料进行诱变处理，然后培养在加有一定浓度的病原物、病毒菌产生的致病毒素或其他胁迫因子的培养基中。正常情况下，大多数细胞由于生长受到抑制而逐渐消失，只有少数发生突变的细胞才能在这种不利环境中正常生长分化，通过连续培养后长成植株。这种方法处理群体大，有利于多种诱变剂的应用，能使突变体基因在细胞水平上表达，便于进行单细胞选择和突变体的早期筛选鉴定，可显著提高诱变育种效率。

4. 辐射诱变后代的选择

（1）以种子为辐射处理材料的选育

① M_1 植株的种植和选择　将适当剂量辐射处理的种子播种，即为 M_1 代植株，M_1 代多表现为活力降低、幼苗生长迟缓、成苗率低等。因此，对 M_1 代的培育，必须加强管理，促进 M_1 植株的正常生长发育。由于大多数突变为隐性突变，因此，在 M_1 代通常不进行选择。但对于无性繁殖植物的实生种子或单倍体植株群体等进行辐照处理时，M_1 代即出现分离，可以进行选择。

M_1 植株应隔离，使其自花授粉，以免有利突变因杂交而混杂。M_1 代可根据育种目标和各方面情况选择混合采种、单株采种或单果（穗）采种。混合采种分为两种情况，若 M_1 代植株数量不多、单株种子量不大的情况下，可选择全部混合采种；若 M_1 代植株数量较多，且种子量较多的情况下，为了节省土地和劳动量，可在每棵 M_1 代植株上取几粒种子，混合采种，种植成

M_2 代植株群体。通常情况下 M_1 代进行单株采种，为了避免 M_1 代有可能发生嵌合现象，可对 M_1 代种子进行分果或分穗采收。

② M_2 代的播种及鉴定　M_2 代是突变性状出现与分离的世代，需要根据目标性状在特定的时期进行鉴定和选择，因此 M_2 的工作量是辐射育种中最大的一代。为了获得有利突变，通常 M_2 要种植几万棵植株，每个 M_1 代个体的后代（M_2 家系）种植 20～50 株。若为避免嵌合体的影响，M_1 代最好能分果或分穗时分别采收种子，然后 M_2 代每果（穗）分别播种成一个小区，称为"穗系区"，以利于以后计算变异频率并易于发现各种不同的变异。由此可见，因为隐性突变经一代自交至 M_2 代便可显现出来，故对每一个植株都要仔细观察鉴定，并且标出全部不正常的植株，对于发生了变异的单株，从其中选出有经济或研究价值的突变株留种。

③ M_3 代的播种及鉴定　将 M_2 代中各个变异植株分株采种，分别播种一个小区，称为"株系区"，以进一步分离和鉴定突变。一般在 M_3 代已可确定是否真正发生了突变，并可确定分离的数目和比例。因为在 M_2 代中入选的植株不会很多，所以 M_3 代的工作量较小。在突变体目标性状稳定的前提下，在 M_3 代中鉴定淘汰不良的"株系"，在优良的"株系"中再选出最优良的单株。

④ M_4 代的播种及试验　将优良 M_3 代株系中的优良单株分株播种成为 M_4 代，进一步选择优良的"株系"，如果该"株系"内各植株的性状表现相当一致，便可将该系的优良单株混合播种为一个小区，与对照品种进行品种比较试验，最后选出优良品种。

（2）以花粉为辐射材料的选育

由于花粉是一个细胞，所以当辐射处理后，如果花粉产生突变，就是整个细胞发生了变异，用它授粉所得的后代不会出现嵌合体。其后代的种子，同辐射种子的 M_1 代，程序可参照种子为材料的后代的选育过程，但不必分穗（果）播种，只要以植株为单位分别播种为株系区即可，每一 M_2 系种植 10～16 株，其他程序相同。另外，花粉诱变可结合单倍体培养，利用诱变后进行花药或小孢子培养，筛选符合育种目标的单倍体，然后进行染色体加倍获得纯系，可作为新品种培育的育种材料，缩短育种周期。

（3）以营养器官（接穗、插条、薯块等）为辐射材料的选育

无性繁殖材料基因组高度杂合，因此，辐射处理后发生的变异在当代就可表现出来，所以选择可从 M_1 代进行。同一营养器官（如枝条）的不同芽，对辐射的敏感性及反应不同，可能产生不同的变异，故辐射后同一枝条上的芽要分别编号，分别繁殖，以后分别观察其变异的情况，如果发现了有利突变，便可用无性繁殖法使之固定成为新品种，所以无性繁殖植物辐射育种的程序较为简单。但是，由于营养器官发生的突变通常为嵌合体，因而筛选鉴定需要较长的时间，应采取一些人工措施，给发生变异的体细胞创造良好的生长发育条件。无性繁殖植物突变体的分离主要有以下一些方法。

① 分离繁殖法　对诱变处理芽长成的初生枝，取突变频率较高的节位上的芽，通过重复繁殖分离出突变体。不同节位上芽的突变频率是不同的，如 Donini 在樱桃上发现第 5～6 芽突变率高达 8.41%，而第 1～2 芽和第 11～12 芽仅获得 5.09% 和 5.83% 的突变率。

② 短截修剪法　短截修剪可使剪口下的芽处于萌发的优势位置，使原基部难以萌发的突变芽有机会生长成枝。对于扇形嵌合体，短截修剪和选择，可使处于扇面内的芽萌发转化为周缘嵌合体，即芽位转换。

③ 不定芽技术　不定芽由某层组织的一个或几个细胞发生分化，如果这些位置的细胞发生突变，就容易得到同型突变体，在诱变育种中采用射线照射块茎、叶片、去芽枝条或小植株等，均可诱发不定芽。

④ 组织培养法　可为各种变异的细胞提供生长和发育的机会，显著提高诱变效率。事实上，组织培养技术已经与诱变育种相结合，形成了广泛应用的离体诱变技术。在诱变材料、诱变处理和突变体的分离等诱变育种的各个阶段，组织培养都可起到事半功倍的效果。

第三节 化学诱变育种

化学诱变育种是指人工利用化学诱变剂诱发植物遗传物质的突变，进而引起特征、特性的变异，然后根据育种目标，对这些变异进行鉴定、培育和选择，最后育成新品种的育种途径。化学诱变剂（chemical mutagens）是指那些能与生物体的遗传物质发生作用，改变其结构，使后代产生变异的化学物质。

一、化学诱变育种的特点

1.方法简便易行，但对材料有要求

辐射诱变需要的辐射源需要专业的研究单位、专业人员和专门设备，化学诱变处理只需要少量的药剂和简易的设备即可开展工作，使用方便，成本低廉，普通的实验室即可完成。

辐射诱变的高能射线通常具有较强的穿透能力，可深入材料内部组织击中靶分子，不受材料的组织类型和解剖结构的限制，而化学诱变通过诱变剂溶液吸收深入组织器官才能起作用。因为穿透性比较差，对于有鳞片和绒毛包裹严密的芽，效果往往不理想。用于处理种子时，若种皮革质或坚硬较厚，应剥去种皮再进行处理。

2.诱变效果多为点突变，变异频率高

辐射诱变是通过高能射线的作用，因此处理后多表现为染色体结构的变异，而化学诱变剂是依赖诱变剂与遗传物质发生一系列的生化反应造成的，因此能诱发更多的点突变。因此化学诱变突变温和，致死突变少，变异频率较辐射诱变高。曾有报道称，以种子为诱变材料，化学诱变的诱变频率高于辐射诱变3～5倍，且能产生较多的有益突变。

3.有一定的专一性

已经发现不同药剂对不同植物、组织或细胞甚至染色体节段或基因的诱变作用有一定的专一性，如马来酰肼（MH）对蚕豆第Ⅲ染色体的第14段特别起作用。资料表明，在某种化学诱变剂的作用下，可优先获得一定位点的突变。如盐酸肼处理番茄较盐酸胲能获得更多的矮生突变。不过在实际应用上尚未完全明确其机理，但这是解决定向突变的一条可能的途径。

二、化学诱变剂的种类及其作用机制

1.烷化剂

烷化剂是诱发植物突变的最重要的一类诱变剂，都带有一个或多个活泼的烷基，这些烷基能转移到其他电子密度较高的分子（亲和中心）中去，通过烷基置换，取代其他分子的氢原子，称为"烷化作用"，所以这类物质称为烷化剂。它们借助于磷酸基、嘌呤基、嘧啶基的烷化而与DNA或RNA起作用，进而导致"遗传密码"的改变。

（1）烷基磺酸盐和烷基硫酸盐类

这是一类具有很强诱导变性能力的烷基化合物。如甲基磺酸乙酯（EMS）、乙基磺酸乙酯（EES）、甲基磺酸甲酯（MMS）、丙基磺酸丙酯（PPS）、甲基磺酸丙酯（PMS）、甲基磺酸丁酯（BMS）、甲基磺酸异丙酯（iSO-PMS）等。与这类烷基磺酸盐类作用相似的另有一类磺基硫酸类化合物，主要有：硫酸二乙酯（DES）、硫酸二甲酯（DMS）、硫酸甲乙酯（MES）等。

这类烷化剂的作用机理主要是它们的活性功能与"遗传物质"起烷化作用，进而造成DNA复制时的紊乱，或DNA链断裂或染色体交联等。甲基磺酸乙酯可使鸟嘌呤发生烷化，形成7-烷基鸟嘌呤，然后7-烷基鸟嘌呤从DNA链上移去，使碱基间发生配对错误，或者由于磷酸基的烷化引起DNA链的断裂，而导致遗传物质结构改变。

（2）亚硝基烷基化合物

这类化学药剂较其他诱变素有更大的诱变效应，被称为"超诱变剂"。属于这类化合物的药剂有：亚硝基甲基脲（NMU）、亚硝基乙基脲（NEH）、N-亚硝基-N-乙基尿烷（NEU）等。它们对 DNA 上的鸟嘌呤起烷化作用，造成 DNA 链的缺损和复制紊乱。

（3）次乙亚胺和环氧乙烷类

这类化合物主要有次乙亚胺（乙烯亚胺）、乙酰乙烯亚胺、环氧乙烷、环氧丙烷等，诱变作用很强。研究认为，这些药剂可使 DNA 磷酸基起烷化作用，其反应生成物是极不稳定的，迅速水解成磷酸酯和脱氧核糖，造成 DNA 链断裂。也可与嘌呤和嘧啶起烷化作用，造成脱氧核糖和碱基之间的链断裂。失去碱基的 DNA 不稳定，又可造成脱氧核糖和磷酸链的断裂，进而引起 DNA 链的断裂。

（4）芥子气类

芥子气类的化学药品主要有氮芥类和硫芥类。它们都有一个、两个或三个活性基（活跃的烷基）。据认为其诱变机制是它能引起染色体畸变。如硫芥的产物能在 DNA 双螺旋的两条链之间形成交联，而阻止 DNA 两条链的解离，妨碍复制的进行，而造成遗传变异。

2. 核酸碱基类似物

这一类化学物质具有与 DNA 碱基类似的结构，常用的有 5-溴尿嘧啶（BU）、5-溴去氧尿核苷（BUdR），它们是胸腺嘧啶（T）的类似物；2-氨基嘌呤（AP），是腺嘌呤（A）的类似物；MH 是尿嘧啶（U）的异构体。碱基类似物的作用机制与烷化剂不同，它们可以在不妨碍 DNA 复制的情况下，作为组成 DNA 的成分而渗入到 DNA 分子中去，使 DNA 复制时发生配对上的错误，从而引起有机体的变异。

3. 无机化合物

这一类药剂较多，如氯化锰（$MnCl_2$）、硫酸铜（$CuSO_4$）、双氧水（H_2O_2）、氯化锂（LiCl）和亚硝酸（HNO_2）等。HNO_2 是一种有效的诱变剂，被认为是自然诱变的主要原因之一，它在 pH＝5 以下的缓冲溶液中，能使 DNA 分子的嘌呤和嘧啶基脱去氨基，使核酸碱基发生结构和性质改变，造成 DNA 复制紊乱。例如，A（腺嘌呤）和 C（胞嘧啶）脱氨后分别生成 H（次黄嘌呤）和 U（尿嘧啶），这些生成物不再具有 A 和 C 的性质，复制时不能相应与 T 和 G 正常配对，遗传密码因此发生改变，性状也随之突变。

4. 抗生素

抗生素类诱变剂具有高度选择性，能抑制细胞的生长，且大多数能够对 DNA 的特殊位点起作用。常用的有重氮丝氨酸、链霉黑素和平阳霉素（PYM）等。其中，平阳霉素是一种新的诱变剂，是博莱霉素的 A5 组分，具有安全、高效、诱变频率高、诱变谱广等优点。

5. 其他诱变剂

羟胺（NH_2OH）、吖啶（氮蒽）、秋水仙素和叠氮化钠（NaN_3）等物质，均能引起染色体畸变和基因突变。叠氮化物在一定条件下可获得较高的突变频率，它是一种呼吸抑制剂，可使复制中的 DNA 碱基发生替换，从而导致突变体的发生。吖啶属于诱发移码突变的诱变剂。表 7-2 比较了几种常用化学诱变剂的特点和诱变机制。

表 7-2　常用化学诱变剂的诱变机制及特点

化学试剂	试剂类型	诱变机制	诱变特性
EMS	烷化剂	在 DNA 的鸟嘌呤 N-7 位置上烷基取代 H	效率高、频率高、范围广
NaN_3	点突变剂	以碱基替换方式影响 DNA 复制合成	高效、无毒、便宜、安全
MH	碱基类似物	复制时渗入 DNA，取代尿嘧啶	高效、诱变频率高

续表

化学试剂	试剂类型	诱变机制	诱变特性
HNO₂	无机化合物	交联 A、G、C 的脱氨基作用	造成碱基替换和缺失
PYM	抗生素	诱发移码突变，有高度选择性，能抑制细胞生长	安全高效，频率高，范围大
秋水仙素	生物碱	破坏纺锤丝的形成，使细胞停留在分裂中期	剧毒，易溶于冷水和酒精

三、化学诱变的处理方法

1. 药剂配制

通常情况下，诱变处理时先将药剂配制成一定浓度的溶液。有些药剂在水中不溶解，如硫酸二乙酯溶于 70% 的酒精，可先用少量酒精溶解后，再加水配成所需浓度。有些药剂如烷化剂类在水中很不稳定，能与水起"水合作用"，产生不具诱变作用的有毒化合物，因此配制的药剂不能贮存，诱变时必须使用新鲜配制的溶液。另外，最好将它们加入到一定酸碱度的磷酸缓冲液中使用，几种诱变剂所需 0.01mol/L 磷酸缓冲液的 pH 分别为：EMS 和 DES 为 7，NEH 为 8。亚硝酸也不稳定，常采取在临用前将亚硝酸钠加入到 pH=4.5 的醋酸缓冲液中生成亚硝酸的方法。氮芥在使用时，先配制成一定浓度的氮芥盐水溶液和碳酸氢钠水溶液，然后将二者混合置于密闭瓶中，二者即发生反应而放出芥子气。

2. 材料预处理

在化学诱变剂处理前，将干种子用水预先浸泡。浸泡后种子内细胞代谢活跃，提高种子对诱变剂的敏感性，浸泡还可提高细胞膜的透性，加快对诱变剂的吸收速度。研究表明，当细胞处于 DNA 合成阶段时，对诱变剂最敏感。所以浸泡时间的长短，可通过采用同一种诱变剂处理经不同时间浸泡的种子来确定。浸泡时温度不宜过高，通常用低温把种子浸入流动的无离子水或蒸馏水中。对一些需经层积处理以打破休眠的种子，药剂处理前用正常层积处理代替用水浸泡。

3. 药剂处理

可根据诱变材料（种子、接穗、插条、完整植株、块茎、块根、鳞茎、花序、花粉等）的特点和药剂的性质，灵活采用多种方法。

（1）浸渍法

将药剂配制成一定浓度的溶液，然后把欲处理的材料如种子、接穗、插条、块茎、块根等浸渍于其中。此外，也可在作物开花前将花枝剪下插入诱变剂溶液中，使其吸收一定量的诱变剂，开花时收集花粉。对完整植株也可用劈茎法，将植株的茎劈成两半，将其中一半茎插入含诱变剂的溶液中，通过植株对水分的吸收把药剂引入体内，或用诱变剂直接浸根。

（2）注入法

用注射器注入药液，或用吸有诱变剂溶液的棉团包缚人工刻伤的切口，通过切口将药剂吸收入植株或其他组织和器官。

（3）涂抹法和滴液法

将适量的药剂溶液涂抹在植株、枝条或块茎等处理材料的生长点或芽眼上，或用药液滴于处理材料的顶芽或侧芽上。

（4）熏蒸法

将花粉、花序或幼苗置于一密封的潮湿容器内，使药剂产生蒸汽进行熏蒸。

（5）施入法

在培养基或培养液中加入低浓度的诱变剂，通过根部吸收或简单渗透进入植物体内。

4. 影响化学诱变效应的因素

（1）诱变剂浓度和处理时间

通常是浓度越高，处理时生理损伤相对增大，而在低温下用低浓度长时间处理，则处理后植株存活率高，产生的突变频率也高。不同作物、不同品种对化学诱变剂的敏感性不同，因此在诱变处理前，要通过"幼苗生长试验"来确定最佳的浓度。适宜的处理时间，应是使被处理材料完全被诱变剂所浸透，并充分进入生长点细胞，受处理组织完成水合作用的时间。对于种皮渗透性差的某些果树和观赏树木种子，则应适当延长处理时间或进行破壳处理。

处理时间的长短，还应根据各种诱变剂的水解半衰期而定，常用烷化剂的半衰期见表 7-3。对易分解的诱变剂，只能用适当的浓度在短时间内处理。而在诱变剂中添加缓冲液和在低温下进行处理，均可延缓诱变剂的水解时间，使处理时间得以延长。在诱变剂分解 1/4 时更换一次新的溶液，可保持相对稳定的处理效果。

表 7-3　几种烷化剂水解的"半衰期"

诱变剂	半衰期/h		
	20℃	30℃	37℃
甲基磺酸甲酯（MMS）	68	20	9.1
甲基磺酸乙酯（EMS）	93	26	10.4
甲基磺酸丙酯（PMS）	111	37	—
甲基磺酸丁酯（BMS）	105	33	—
甲基磺酸异丙酯（iSO-PMS）	1.8	0.58	0.23
硫酸二乙酯（DES）	3.34	1	—

注：引自曹家树主编，园艺植物育种学，2001。

（2）温度

温度对化学反应的速度影响很大。温度对诱变反应的影响表现在两个方面：一方面，对诱变剂水解速度的影响（表 7-3），在低温下化学物质能保持其一定的稳定性，从而能与被处理材料发生作用；另一方面，温度增高可促进诱变剂在材料体内的反应速度和作用能力。因此，两者结合能提高诱变反应的效率。经过试验获得的比较适宜的处理方式应是：先在 0～10℃低温下把种子浸泡在诱变剂中足够的时间，使诱变剂进入胚细胞，然后把处理的种子转移到新鲜诱变剂溶液内，在 40℃下进行处理以提高诱变剂在种子内的反应速度，从而提高诱变率。

（3）溶液 pH 及缓冲液的使用

烷基磺酸酯和烷基硫酸酯等诱变剂水解后产生强酸，从而导致植物产生生理损伤，降低了 M_1 代植株存活率。也有一些诱变剂在不同的 pH 中其分解产物不同，从而降低了诱变效果。例如亚硝基甲基脲在低 pH 下分解产生亚硝酸，而在碱性条件下则产生重氮甲烷。所以，处理前和处理中都应校正溶液的 pH。使用一定 pH 的磷酸缓冲液，可显著提高诱变剂在溶液中的稳定性，但由于磷酸缓冲液本身对植物也有影响，所以使用浓度一般不超过 0.1mol/L。

5.诱变剂量的选择

不同园艺作物或同一园艺植物的不同品种以及同一品种的不同器官对诱变的适宜剂量都不相同。诱变剂对植物生长的抑制作用与所用剂量成正比，因此可通过诱变剂抑制生长试验确定其适宜剂量。一般认为在各类植物种子处理后，幼苗的生长量比正常的下降 50%～60%，用 EMS 诱变处理的生长量下降 20% 为适宜剂量。表 7-4 列出了部分园艺植物采用的剂量范围，可作为参考。

表 7-4　化学诱变剂在园艺作物上的应用和常用浓度

作物种类	诱变部位	诱变剂种类	浓度	参考文献
番茄	种子	EMS	1%	刘根忠，2017

作物种类	诱变部位	诱变剂种类	浓度	参考文献
葡萄	露白种子	秋水仙素	0.2%	石雪晖,2008
大白菜	种子	EMS	0.4%～0.6%	卢银,2011
	花蕾	EMS	0.1%	卢银,2011
马铃薯	离体茎段	EMS	0.9%～1.0%	杨乾,2011
西瓜	组培苗	NaN$_3$	1.5mmol/L	杨国志,2009
甘蓝型油菜	DH 系种子	EMS	0.6%	汪念,2009
菊花	离体茎段	EMS	0.82%	Latado,2004
苹果	离体叶片	NaN$_3$	0.5mmol/L	张兰,2002
菠萝	愈伤组织	EMS	0.25%～0.75%	黄俊生,1995
刺梨	种子	秋水仙素	0.1%	廖安红,2016
红掌	再生苗	秋水仙素	0.3g/L	祁伟,2016
花叶绿萝	愈伤组织	秋水仙素	0.2%	张兴翠,2004
百合	鳞茎离体再生	秋水仙素	0.05%	郑思乡,2004
唐菖蒲	花瓣离体再生	EMS	7mg/L	陈帅,2014

6.注意事项

（1）安全问题

绝大多数化学诱变剂都有极强烈的毒性，或易燃易爆。如烷化剂中大部分属于致癌物质，氮芥类易造成皮肤溃烂，乙烯亚胺有强烈的腐蚀作用且易燃，亚硝基甲基脲易爆炸等。因此，操作时必须注意安全。避免药剂接触皮肤、误入口内或熏蒸的气体进入呼吸道。同时要妥善处理残液，避免造成污染。

（2）后处理

进入植物体（或器官）内的药剂，待达到预定处理时间后，如不采取适当的排除措施，则还会继续起作用产生"后效应"。此外，过度的处理还会造成更大的生理损伤，使实际突变率降低。产生"后效应"的原因，一方面是由于残留药物的继续作用；另一方面也可能是由于再烷化作用，即烷基从 DNA 的磷酸上改变到其他的分子受体上。后效应时间的长短，取决于诱变剂的理化特性、水解速度以及后处理的条件。

所谓"后处理"主要是使药剂中止处理的措施，最常用的方法是用流水冲洗。冲洗时间长短取决于药剂的类型和处理植物的类型，一般冲洗 10～30min，且最好在低温下进行。水洗后的种子贮于 0～4℃下，使代谢处于休止状态。另外，为更好地中止药物的"后效应"，也可根据药剂的化学特性应用一些化学"清除剂"，这些清除剂在起到中止反应效果的同时，能大大降低诱变剂的毒性，因此在诱变处理结束后需要将诱变材料、使用器具、废弃溶液等用相应的化学药剂进行处理，以减少诱变剂对环境的污染。常用几种诱变剂中止反应的方法可参照表 7-5。

表 7-5　几种诱变剂中止反应的方法

诱变剂	中止反应方法
硫酸二乙酯（DES）	硫代硫酸钠溶液
甲基磺酸乙酯（EMS）	硫代硫酸钠溶液
甲基磺酸甲酯（MMS）	硫代硫酸钠溶液
亚硝酸	硫代硫酸钠溶液

续表

诱变剂	中止反应方法
乙烯亚胺	稀释
羟胺	稀释
秋水仙素	稀释
氮芥	甘氨酸或稀释

注：引自曹家树主编，园艺植物育种学，2001。

四、诱变材料的培育与选择

对利用化学诱变剂获得的材料，突变体的鉴定、诱变材料的培育和育种程序与通过辐射诱变育种基本程序相似，都需进一步选择鉴定，并根据育种目标培育成新品种，本节不再赘述。

五、化学诱变与辐射诱变的区别

不同的诱变方法有不同的诱变特点，辐射诱变的高能射线具有较强的穿透能力，可深入材料内部组织而击中靶分子，诱变表现多为染色体结构的变异。化学诱变穿透性较弱，一般通过渗透进入组织内部，然后与 DNA 等遗传物质发生一系列生化反应，诱发更多的 DNA 点突变。辐射诱变和化学诱变从作用方式、诱变效果和成本费用各方面都有较大差异（表 7-6）。

表 7-6　辐射诱变和化学诱变的特点

特点	辐射诱变	化学诱变
作用方式	射线击中靶分子，不受材料的限制	溶液渗入材料，有组织特异性
遗传机理	高能射线引起染色体结构变异	生化反应引起较多的基因点突变
诱变效果	变异频率低	变异频率高
成本费用	专门设施，投资较大	成本低廉，使用方便

注：引自景士西，园艺植物育种学，2007。

为提高诱变育种的效果，应用不同理化诱变因素的复合处理，已受到诱变育种工作者的重视。在应用物理辐射诱变处理之后，再用化学诱变剂处理，由于射线改变了生物膜的完整性和渗透性，从而促进对化学诱变剂的吸收。物理和化学因素的复合处理，能发挥各自的特异性并起到相互配合的作用。已有许多试验证明适宜的理化诱变剂及其剂量组合，具有明显的累加效应或超累加效应（协合效应），如琚淑明等（2003）利用 ^{60}Co γ 射线和 HNO_2 复合处理辣椒种子，对 M_1 代生理损伤和 M_2 代突变频率比单一处理效果明显；M_1 代在发芽时间、发芽势、根长、成株率、株高性状上的生物学损伤效应表现为累加或协同效应。此外，两种物理或化学因素之间的复合处理，诱变因素与修复抑制剂之间的复合处理，也日益受到关注。如苯甲酰胺、EDTA 等修复抑制剂与诱变因素处理后，明显比单一诱变剂处理表现出更高的突变频率。朴铁夫等（1995）研究了苯甲酰胺和 4NQO（4-硝基-1-氧化物）对蚕豆的细胞学效应，发现 4NQO 处理后再经苯甲酰胺处理，所诱发的蚕豆根尖染色体的畸变率明显高于 4NQO 单独处理及 4NQO 和苯甲酰胺的混合处理，表明苯甲酰胺对 4NQO 造成的 DNA 损伤有明显的抑制修复作用。

第四节　航天和离子注入诱变育种

一、航天诱变育种

航天诱变育种又称空间诱变育种或太空育种，指利用返回式航天器将农作物种子、诱变材料带到高空，在宇宙射线、高真空、微重力和交变磁场等特殊因素中进行辐射处理，再返回地面结合常规育种、分子育种等手段选育新种质、新材料，培育农作物新品种的育种技术。

1.航天育种的发展

国外关于空间环境对植物种子影响的研究报道始于 20 世纪 60 年代初期。此后，美国科学家利用生物卫星、航天飞机和空间站开展了系列生物育种研究，先后育成适合太空站种植的超矮小麦、水稻、豌豆、番茄和青椒等。我国进行空间生命科学试验研究始于 1987 年，是我国第 9 颗返回式卫星搭载的第一批水稻、青椒等作物种子。截至目前，我国利用返回式卫星、高空气球和飞船已进行了 22 次农作物种子空间搭载试验。2006 年我国成功发射了首颗专用航天农作物育种卫星"实践八号"，其中搭载生物材料 152 种 2020 份，全国 138 个研究单位参与了材料返回后的种植试验，初步形成了国家、省、地三级结合的我国农作物航天诱变育种技术研究网络。截至 2017 年，我国已建有 70 余个航天育种试验示范基地，对经过搭载的农作物种子进行选育、种植试验和示范，拥有经过太空搭载的农作物共计九大类 393 个品系，育成并通过国家或省级鉴定的新品种达 100 多个。尤其在辣椒、番茄、西葫芦等园艺作物新品种、新品系选育上尤为突出，其在农业生产中的大规模应用，明显提高了农作物产量，改善了农产品质量，优化了农作物抗性，并为航天工程育种的产业化发展奠定了坚实的物质基础。

2.空间诱变因素

高空环境比较复杂，一般认为，空间辐射和微重力是诱变的主要因素，但超真空、交变磁场、卫星的加速和震动、飞行仓内的温湿度变化及其他未知因素也是引发材料发生突变的原因。主要的诱变因素有以下两种假说。

（1）微重力假说

目前广泛认为微重力是影响植物生长发育和发生遗传变异的重要因素之一。该假说认为在卫星近地面空间条件下，不及地球重力十分之一的微重力是影响生物生长发育的重要因素。在地球重力场中生长的植物具有特殊的重力敏感器官，均具有向重性，而当植物进入空间环境后，植物失去了向地性生长反应，因而导致对重力的感受、转换、传输、反应发生变化，进而影响植物的向性、生理代谢、激素分布、钙含量的分布和细胞结构等。微重力还可能干扰 DNA 的损伤修复系统的正常运行，阻碍或抑制 DNA 的断裂修复。Halstead 等（1994）在对大豆和拟南芥根细胞的研究中发现，在航天搭载的细胞中出现细胞核异常分裂的现象，并且浓缩染色质明显增加，这一现象与细胞有丝分裂减少有关。

（2）太空辐射假说

空间辐射的主要来源有地球磁场捕获高能粒子产生的地磁俘获带辐射（geomagnetically trapped particle radiation，简称 GTPR）、太阳外突发事件产生的银河宇宙辐射（galactic cosmic radiation，简称 GCR）及太阳爆炸产生的太阳粒子辐射（solar particle radiation，简称 SPR）。由于来源不同，粒子的能谱范围也不同，如 GTPR 粒子和 SPR 粒子的能量最高为数百兆电子伏特/核子（MeV/u），GCR 粒子的能量则可高达数千亿电子伏特/核子（GeV/u）。在空间辐射所包括的多种高能带电粒子中，质子的比例最大，其次是电子、氦核及更重的离子等。

空间中的高能粒子和射线，穿透宇宙飞行器外壁，作用于飞行器内的生物，可能引起生物体细胞内 DNA 分子发生断裂、损伤，如碱基变化、碱基脱落、两碱基间氢键的断裂、单键断裂、螺旋内的交联以及 DNA 分子与蛋白质分子的交联等，从而导致生物产生可遗传的变异。染色体畸变是高能重粒子（HZE）辐射的常见现象，植株异常发育率增加，而且 HZE 击中的部位不同，畸变情况也不同，根尖分生组织和下胚轴细胞被击中时，畸变率最高。

3.太空诱变在园艺植物育种中的应用

目前，世界上只有中国、俄罗斯、美国 3 个国家成功进行返回式卫星搭载农作物育种研究，我国自 1987 年开始太空搭载农作物种子，结合地面的进一步选育先后获得黄瓜、辣椒、茄子、番茄、莲子、花菜等多种高产优质的育种材料，培育出许多新品种。如中科院遗传所选育的太空黄瓜 96-1，不仅产量高、口感好、果型大，而且植株健壮。卫星 87-2 青椒果实变大，品质优良，产量比对照增产 30％以上，果实中维生素 C 和可溶性固形物含量分别高于对照品种 20％和 25％。'宇番 1 号'番茄，其果实金黄色，味甜，肉厚，籽少，于 2000 年通过品种审定。新疆的哈密瓜经航空诱变后选出的优良品系表现抗性增强，成熟期提前，单瓜重量增加 19％，可溶性固形物含量增加 7％，可望培育成高产质优抗病的新品种。

花卉植物经过搭载卫星，也选出了优良变异性状的新品种，如一串红获得了花朵大、花期长、分枝多、矮化性状明显的变化；三色堇出现花色变浅、花期更长的变异；万寿菊和醉蝶花期明显增长；原本为纯红色的矮牵牛花出现了花色相间的变异。另外，先后通过太空搭载的大青杨、桑树、白桦、华山松、银杏等 20 多种林木的种子，以及牡丹、月季、紫薇和无患子等 50 多种木本花卉搭载的花卉材料主要是种子、球茎和一些种类花卉的愈伤组织。但对木本花卉和果树的太空诱变缺乏后续的研究，而且育成的品种相对较少，可能的原因是太空诱变在这些作物上作用有限或者其育种周期较长，相关工作还在进行中。

4. 航天育种存在的问题

航天育种研究在我国已经有 30 年的历史，虽然在新品种选育和特异种质资源的创新方面取得了很大成绩，在航天诱变机理研究上也取得一定进展，但仍存在一些问题有待进一步加强和完善。

① 航天诱变机理研究比较薄弱。特别是针对突变体从形态学、细胞学和分子生物学方面开展研究，这有利于进一步解释航天诱变的原理，也能更有效地指导育种实践。

② 加强和完善航天诱变后代处理及选择方法的研究。航天诱变后代的变异特点往往与传统的诱变有差异，需要采取不同的处理及选育方法才能获得较好的育种效果。但由于对诱变后代选择方法仅使用比较传统的表型观察，致使一些好的研究材料和育种材料不容易被发现。

③ 加强航天诱变育种与其它育种技术的结合。航天育种技术本质上还是物理的辐射诱变，突变方向无法控制，应用范围较窄，能达到的育种目标很有限，只有与传统杂交育种技术、生物技术相结合，才能达到更好的育种效果。

二、离子注入诱变育种

离子束注入诱变育种即经高能加速器装置加速后，将具有一定能量（高能、中能、低能）的离子注入生物体的种子、花粉、植物组织器官（根和茎）或幼苗，诱发其遗传物质产生突变，从而筛选出新的突变体，进而通过选择培育成新品种的技术。

1. 离子束的特点

离子束是元素的离子经高能加速器加速后获得的放射线，能够在物质中引起高密度的电离和激发，使 DNA 双链断裂增加，产生严重生物损伤。相同剂量辐照下，与 X、γ 射线相比，离子束具有更高的相对生物学效应获得比自然变异率高 1000 倍以上的突变谱。离子束作用于植物表现出较小的生理损伤，较高的存活率，易于获得更多的突变体。

能量不同的离子束对生物体作用的过程和方式也不相同，在能量较高的情况下，表现为离子束贯穿，在能量较低时，表现为离子束注入，这时便会产生能量动量转移、电荷交换及质量沉积三重效应。刘志芳等研究发现离子注入比离子贯穿对生物体造成更大的损伤，具有更高的突变频率。

2. 离子注入的诱变机理

离子注入后与生物体之间发生一个复杂的作用过程，分为能量沉积、质量沉积、动量传递和电荷交换四个方面。所产生诱变效应分为物理阶段、化学阶段和生物学阶段。

（1）物理阶段

初期阶段是物理阶段，载能离子与靶原子发生碰撞，引起能量转移、原子激发、电荷交换，导致分子的构型发生改变。同时入射离子会引起生物体表面原子或原子团的发射，留下腐蚀的痕迹，产生刻蚀效应。随着注入离子能量、剂量的增加，刻蚀程度加深，形成有利于外源基因进入的微通道。因此，离子束介导的转基因技术为植物育种提供了简单有效的途径。

（2）化学阶段

慢化的原初入射离子以高斯分布形式沉积下来，活化分子的级联碰撞形成的移位原子，和本底离子三者发生化学反应，进行重排和化合，产生新的分子，表现为分子水平的诱变效应。对质粒的研究发现，离子注入可引起 DNA 双链或单链的断裂。在修复过程中 DNA 发生缺失、倒位、错配等变异。此外，注入生物体的荷能离子诱导靶分子发生激发或电离，经过反应产物的不断作用，发生一系列的连锁反应，产生大量的自由基，也是生物大分子发生损伤的主要原因。

（3）生物学阶段

物理阶段和化学阶段不能得到修复的分子损伤，经过生物放大过程，表现出遗传性变异，细胞死亡或突变，能量代谢紊乱，生长发育受到刺激或抑制等，引起生物体性状改变。离子注入细胞水平的诱变效应研究主要集中在染色体水平上。随辐照剂量的增加，微核率、多微核率、染色体总畸变率都呈线性上升。从生物个体水平来看，离子注入后植物发芽率、成苗率、株高、根长及各种抗氧化酶活性都会受到影响。

3.离子注入技术在园艺植物育种中的应用

早在 1970 年，Hirono 等人利用多种重离子对拟南芥种子进行辐照，发现重离子辐照对植物有明显生物学效应。随着加速器等硬件设备的不断发展，国内外越来越多的研究者开展了利用离子束进行诱变育种及新品种选育的相关研究。近年来，在观赏植物上进行的离子注入诱变育种取得了重要成果。离子注入后，得到植株形态改变、花型花色变异，更具观赏性的凤仙花、万寿菊、早小菊、百日草新品种。白莲科学研究所将该技术应用于籽莲的育种并成功培育出的新品种 '京广 1 号' 千粒重为 1060g，产量达 $1350\sim1500kg/hm^2$。吴明珠等于 2001 年用 ^{13}C 重离子处理甜瓜种子，2004 年育出有利用价值的 '短蔓皇后' 稳定单系。日本、泰国和美国等国家也开展了许多离子注入诱变育种的相关研究。泰国清迈大学从 1998 年起就开展了低能离子生物学效应的研究，2001 年利用离子束介导的转基因技术获得了成功。日本科学家 Okamura 等用碳离子辐照经切割的康乃馨离体叶片片段，通过再生培养得到多种花色、花形改变的突变株，其中红色、暗粉色和双色康乃馨等颜色突变品种在日本农林渔业部注册为新品种并用于商业化种植。日本科学家还利用不同剂量的氦离子和碳离子辐照玫瑰腋芽，得到花的大小、形状、颜色等改变的突变体。

4.离子注入诱变技术存在的问题

尽管离子注入诱变技术已经得到国内外科研机构的广泛应用，但是其诱变机理研究尚处于初步阶段，更多的是停留在物理层面，细胞水平和分子水平的机理还有待进一步的研究。离子注入诱变技术在使用中也存在一些问题，如离子注入的离子选择和剂量能量的选择均处于试验阶段，存在很大的不确定性；离子注入的材料含水量要很少，材料体积也不能过大；一般离子注入需要的时间较长，有些生物不易保持其生命力；离子注入的费用较高等。这些问题都对离子注入的应用造成一定限制。因此，需要在今后的研究中进一步积累经验，在设备和方法上不断改进创新，为离子注入技术在园艺植物的诱变育种中的广泛应用创造更好的条件。

第五节　园艺植物诱变育种成功案例

一、厚皮甜瓜辐射诱变育种

我国新疆是厚皮甜瓜的次生起源地之一，栽培历史悠久，品种资源丰富。新疆光照充足，气候干燥，年积温高，日温差较大，适于甜瓜的生长，是全国厚皮甜瓜栽培面积最大的省区。新疆农科院哈密瓜研究中心在甜瓜育种方面有悠久的历史并积累了大量的经验，通过实践证明，辐射诱变与常规育种相结合在甜瓜种质创新和新品种选育过程中的应用成果显著。具体做法是利用各种诱变因素，诱发甜瓜遗传物质发生突变，获得用一般育种方法难以得到的各种变异类型，再与田间常规育种方法相结合，将得到的突变体经过鉴定、淘汰、选择、多代自交，形成具有优良性状的新的原始材料，然后再选配优良杂交组合育成新品种。

1. 歪嘴'含笑'甜瓜的选育

1983 年 4 月哈密瓜研究中心将原来自己选育的甜瓜品种'含笑'的 1 个单瓜种子用^{60}Co γ射线 12.9C/kg 辐照，当代即获得 1 个果形较小（1.5kg）、网纹细密、不裂果、肉质细腻、口感松脆的材料。M_2 代时出现了 3 个歪嘴（顶端是歪的）小型甜瓜（1.7～2kg，原'含笑'单瓜重 3.5kg），果肉浅橘红色，肉厚，种腔小，肉质细酥、清香，品质优，中心可溶性固形物含量高达 17.2%。通过自交并结合商品性状的选择，1985 年 F_3 代的歪嘴变异，肉质细酥，高糖性状已完全固定。1991 年自交到 F_8 代时，与红心脆甜瓜配组合，育成红酥 F_1 甜瓜，至今仍是在新疆吐鲁番盆地露地栽培品质最佳的甜瓜。

2. 耐贮金甜瓜的选育

为了增加新的抗病和耐贮材料，1998 年用^{60}Co γ射线 12.9C/kg 辐照甜瓜'金凤凰'F_1 代种子，连续自交选育了 4 代，各系系性状基本稳定，于 2000 年秋季在三亚对其 F_5 代的 7 个单系 350 株进行了苗期接种白粉病、霜霉病和蔓枯病等病害的抗性鉴定，经选择淘汰后，仅保留抗病植株 16 株。至 2001 年冬在海南决选出 1 个单系，序列号为 98-74-31-12-20-49-5-15，F_7 代。'金甜瓜'自交系的外形与原'金凤凰'相仿，只是果形小一些；单瓜重 1.5～2kg，皮较硬；肉色浅橘，肉质脆稍硬，贮藏后变软，中心可溶性固形物含量 14%～15%；最大特点是可在夏季常温下室内存放 1 个月不变质。2004 年用其所配 7 个组合进行了品种比较试验，其中 1 个晚中熟组合 2-18（R93-1×R金），双亲都经过辐射处理，抗病性最好，田间没有 1 株死亡的情况，单瓜重 3kg 以上，品质优，中心可溶性固形物含量高达 17%，口感好，耐贮性好，改善了晚中熟品种抗病性弱和不耐储运的缺点。

二、菊花的诱变育种

菊花是世界十大切花之一，原产于我国，在我国已有 2000 多年栽培历史。我国菊花种质资源丰富，现有栽培品种 3000 多个。辐射诱变育种作为有效的育种手段在菊花育种中起到越来越重要的作用。如四川省原子核应用研究所应用诱变与杂交育种相结合，选育早花菊花 20 多个品种；河南农业大学采用^{60}Co γ射线辐射与组培相结合育成'金光四射'、'霞光'等 14 个菊花新品种；南京农业大学利用菊花叶柄组培能产生单细胞植株，用^{60}Co γ射线辐照对切花菊进行单细胞突变育种，选育出 11 个新品种。中国农业科学院通过诱变育种培育成 5 个瓜叶菊雄性不育系（蓝色花和玫瑰红花）。

1. 辐射诱变

（1）诱变材料的选取

大量结果表明：盆栽苗、扦插生根苗、枝条、组培苗、单细胞及愈伤组织都可作为辐射材料并获得了较好的效果。

（2）辐照剂量的确定

不同品种的材料对辐射的敏感性不同，要确定不同品种的适宜剂量应以 LD50 为标准。郭安熙等将辐射诱变枝条与组织培养不定芽技术相结合育成'金光四射'、'瑶池雪岸'、'昂首金狮'等六个新品种，并指出枝条的适宜辐射剂量以 20～30Gy 比较合适。李斌麒根据菊花插条辐照后的扦插成活率、发根数及根长，分析了不同品种对辐射的敏感性，将参试的 10 个品种对辐射的敏感性大致分为敏感型、中间型、迟钝型三种类型，为育种者在选择适宜材料和诱变剂量提供科学依据。丁慧清等选取菊花的花瓣、叶片、花托进行组织培养然后，用 ^{60}Co γ 射线辐射处理叶片愈伤组织、花瓣或花托的绿色芽丛或胚状体及幼苗株，发现照射剂量 10krad 以上幼苗受抑制或死亡，30Gy 表现出株高、株型和花的形态变异，辐射敏感性除不同品种间存在差异外，同一品种、不同外植体、不同分化时期敏感性也不同。郭安熙研究认为辐照材料的敏感性依次为愈伤组织＞植株＞根芽＞枝条，辐照愈伤组织的适宜剂量为 8～16Gy，辐照植株、芽和插条为 20～30Gy，辐照愈伤组织的突变频率较高。

（3）组培在突变体选择分离中的作用

在诱变过程中，由于射线作用的随机性，植物体细胞的突变常常出现嵌合现象，传统方法通过连续扦插或摘心刺激不定芽或次生枝的形成，从而使突变表现并得以分离。把组织培养技术引入菊花辐射育种，可加快稳定菊花突变体，经大量育种工作者实践证明辐射育种与组培相结合是一种有效的育种途径。另外，组培材料对辐射更加敏感，而通过组培技术进行突变体的分离，可以大大缩短诱变育种的周期。

2. 化学诱变

陈发棣等（2002）用 0.5g/L 秋水仙素处理菊花种子 48h，获得了四倍体植株及嵌合体。Latado 等（2004）以 0.77％的 EMS 溶液处理菊花品种 'Ingrid' 的未成熟花梗，后通过离体培养再生植株，得到 48 个花色突变体，突变率 5.2％。

3. 航空诱变

东北农业大学曾用自然授粉的小菊种子搭载返回式卫星，在距地 200～300km 的空间飞行近 15d 后返回地面，播种后表现为重瓣性降低、植株变矮、花径变小、开花提早、耐寒性提高，有望获得适于在东北露地栽种的菊花新品种。

三、柑橘的辐射诱变育种

中国农业科学院柑橘研究所从 20 世纪 60 年代起在国内率先开展柑橘辐照诱变育种研究。利用 γ 射线、快中子、高能离子束和 He-Ne 激光辐照的柑橘材料，通过长期的培育和筛选，获得了一批少核无核的柑橘品种，如 '中育 7 号' 和 '中育 8 号' 甜橙、'中育无核雪柑' 等，还获得了大量有利用价值的育种材料。下面详细介绍 '中育无核雪柑' 的育种过程。

'中育无核雪柑' 是通过 ^{60}Co γ 射线辐照育成的甜橙无核良种。1981 年中国农业科学院柑橘研究所的科研人员采集国家果树种质库重庆柑橘圃的雪柑结果树上的枝条作为接穗，用 γ 射线辐照处理，剂量率为 10Gy/h，总剂量为 5Gy 和 6Gy，进行辐照处理并对后代进行高接筛选。经连续 3 年鉴定，获得 3 个少核或无核枝系。将初选的上述枝系再进行高接或与枳砧小苗嫁接，进行品种比较试验。经连续多年性状鉴定，发现 2 号枝系的无核性状稳定，且其它性状优良。1994 年进行区域试验和中试，经多年多点观察，该品系无核、优质、丰产等性状在各区试点和中试点表现稳定。对无核雪柑的花粉育性进行连续 4 年观察，发现其花粉败育率平均高达 93.9％，远高于对照的 23.3％；同时，运用扫描电镜对品比株系的花粉形态进行观测，发现无核雪柑花粉的畸变率平均高达 89.6％，远高于对照的 20.2％。'中育无核雪柑' 平均每果种子 0.7 粒，树势强健，树姿开张，枝条具小刺；丰产稳产，易于栽培管理，同样管理水平下，平均单产比锦橙高 15％～30％；加工果汁品质优良，出汁率高达 58％，橙汁浓橙色，含可溶性固形物 12.8％，每 100mL 果汁含转化糖 10.74g，柠檬酸 0.69g，维生素 C 57.17mg；果大色艳，果皮中等厚，中心柱充实较硬；果实短椭圆形至椭圆形，单果重 194g；果肉柔软多汁，风味较浓；耐贮运。在重庆北碚，一般 4 月中下旬开花，11 月下旬至 12 月上中旬果实成熟。'中育无核雪柑' 保持了雪柑的优点，又改善了雪柑种子多而大的不足，提高了栽培价值。2003 年 3 月，该品种通过了重庆市农作物品种审定委员会经济作物专业委员会初审，2006 年 3 月正式通过品种审定。该品种为普通雪柑的更新换代产品，具有广阔的发展前景。

思考题

1. 名词解释

外照射　内照射　临界剂量　半致死剂量

2. 简述诱变育种的意义和特点。

3. 对试材进行诱变处理时，应如何掌握适宜的剂量？处理剂量过高或过低会造成什么后果？

4. 辐射诱变与化学诱变有哪些异同？

5. 试分析有性繁殖植物用种子和花粉进行辐射诱变育种的育种程序与无性繁殖植物用枝条作辐射诱变处理的育种程序的异同。

第八章 倍性育种

染色体是遗传物质的载体，在自然界中，各个物种细胞中所包含的染色体数目都是一定的，而且体细胞的染色体数目是性细胞的二倍。染色体数目的变化常导致植物形态、解剖、生理生化等多方面遗传特性改变。倍性育种就是指根据育种目标，在研究染色体倍性变异规律的基础上，利用各种园艺植物染色体倍性特点，通过各种途径，获得园艺植物表现优良的倍性群体，并通过鉴定、选择，从中筛选选育植物新品种或者创制新种质的技术方法。倍性育种包括多倍体育种和单倍体育种，在一些特殊情况下也应用一些植物的非整倍体。

第一节 多倍体育种

多倍体（polyploidy）指体细胞核中有 3 个或 3 个以上完整染色体组的生物体。染色体组（chromosome set）是指二倍体生物中能维持配子或配子体正常生长发育所需要的最低限度数目的一套染色体和其上的一组基因，因此也称基因组（genome）。染色体组是各物种所特有的维持其生活机能所必须具备的最基本的一组染色体。染色体组的基本特征是缺少其中某一条染色体的个体将不能正常生长发育，甚至不能存活。不同物种的区别在很大程度上取决于染色体组中染色体数目和性质。而染色体组中的染色体数目即为染色体基数，用 x 表示。一般来说，同一属植物的染色体基数相同。如苹果属的染色体基数为 17；茄属（Solanum）的染色体基数为 12；唐菖蒲属的染色体基数为 15 等。有些属内所有种不仅基数相同而且倍性完全一致，表现为染色体倍性未分化，如核桃属、栗属、桃属、杏属、豌豆属、南瓜属等。还有少数属内种间有不同的染色体基数，如芸薹属中有 $x=8$ 的黑芥、$x=9$ 的甘蓝和 $x=10$ 的白菜等，从而组成三个基数的倍性系列。而锦葵属染色体基数分别 5、6、7、11、13。个别属内种间染色体数极其复杂，如鸢尾属体细胞染色体数 16、18、20、22、24、25、26、28、30、31、34、35、36、37、38、40、42、44、46、48、54、72、108 等，很难确定其染色体基数。

多倍体育种（polyploid breeding）是指利用天然或人工诱导的多倍体材料选育新品种的方法。自 1907 年 A. M. Lutz 发现拉马克月见草中出现的一个突变型 'gigas' 就是二倍体突变成的四倍体；1912 年，Digby 发现报春花属的 '秋园报春' 为四倍体，人们开始认识到多倍体。到 1937 年，Blakeslee 和 Avery 用秋水仙素诱导植物多倍体取得成功，人工诱导多倍体技术日臻成熟。目前，已经在 1000 多种植物中获得了人工多倍体，开创了多倍体育种新途径。

一、多倍体的来源及意义

1. 园艺植物的多倍现象

多倍体植物在自然界中普遍存在，多倍化成为植物进化的重要因素和物种形成的途径之一，从低等植物到高等植物都有多倍体类型。据统计，植物界中多倍体约占一半，被子植物中多倍体约占 2/3，而禾本科的多倍体几乎占 75%。在蕨类植物中多倍体约占 97%（洪德元，1990）。园艺作物中的多倍体现象同样普遍，果树上的多倍体种质资源极为丰富，如经鉴定在苹果属的 40 个种中，有 10 个为多倍体种，10 个有多倍体类型，其中多数为三倍体和四倍体，少数为五倍体

（王同等，2004）。在鉴定过的79个西洋梨品种中，有18个是三倍体（石荫坪等，1986）。枣中有天然的三倍体品种'赞皇大枣'和'苹果枣'，毛叶枣中有天然的四倍体和八倍体。李属经过鉴定的72个种中，15个为多倍体种，6个有多倍体类型（王同坤等，2004）。另外，还有三倍体的香蕉，六倍体、七倍体、八倍体的大果型树莓，八倍体的桑，甚至二十二倍体的黑桑等。花卉上的自然多倍体很多，同一属内常存在一连串不同倍性的种，如在蔷薇属（$x=7$）植物中，月季、玫瑰为二倍体（$2x$），法国蔷薇某些品种为三倍体（$3x$），香水玫瑰为四倍体（$4x$），欧洲野蔷薇为五倍体（$5x$），莫氏蔷薇为六倍体（$6x$），针刺蔷薇为八倍体（$8x$），组成了属内倍性系列。另外，菊花、山茶、水仙、牡丹、凤仙花、杜鹃花和紫矮牵牛花等也有多倍体品种。蔬菜多是种子繁殖的，自然发生的多倍体不如果树和花卉多，但马铃薯和十字花科芸薹属的许多蔬菜作物也是多倍体。常见园艺作物的多倍体资源见表8-1。不少园艺植物的多倍体类型具有营养生长旺盛，生物产量高，果大、花大，果实少籽或无籽，经济价值高，适应性和抗逆性强等优良性状，所以通过多倍体育种所产生的多倍体优良品种，在生产上具有较高的应用价值。

表 8-1　常见园艺作物多倍体种质资源

属名	染色体基数 x	倍数
蔷薇属（*Rosa*）	7	$2x,3x,4x,5x,6x,8x$
菊属（*Chrysanthemum*）	9	$2x,3x,4x,5x,6x,7x,8x,10x$
唐菖蒲属（*Gladioeus*）	15	$2x,3x,4x,5x,6x$
郁金香属（*Tulipa*）	12	$2x,3x,4x,5x$
百合属（*Lilium*）	12	$2x,3x,4x$
茄属（*Solanum*）	12	$2x,3x,4x,5x,6x,7x,8x$
莲属（*Nelumbo*）	8	$2x,4x$
树莓属（*Rubus*）	12	$2x,4x$
草莓属（*Fragaria*）	7	$2x,4x,5x,6x,8x,10x,16x$
苹果属（*Malus*）	17	$2x,3x,4x,5x$
李属（*Prunus*）	8	$2x,3x,4x,6x,8x,22x$
葡萄属（*Vitis*）	19	$2x,3x,4x$
柑橘属（*Citrus*）	9	$2x,3x,4x,5x,16x$
柿树属（*Diospyros*）	15	$2x,3x,4x,6x,8x,9x,12x$

2. 多倍体的种类

根据多倍体染色体组的组成特点，可以分为同源多倍体（autopolyploid）、异源多倍体（allopolyploid）、同源异源多倍体、节段异源多倍体、倍半二倍体等多种类型。育种上常用的是同源多倍体和异源多倍体。

（1）同源多倍体

同源多倍体是体细胞中各染色体组来源于同一物种的多倍体。用大写字母表示染色体组，如A代表一个染色体组，AA是其二倍体，AAA是其同源三倍体，AAAA是其同源四倍体，以此类推。园艺植物中，香蕉是同源三倍体，马铃薯是同源四倍体，甘薯是同源六倍体等。同源多倍体中，最常见的是同源四倍体和同源三倍体。同源多倍体的形成主要有三种途径，一是在减数分裂或有丝分裂过程中，纺锤丝缺陷造成不减数分裂的两个 $2n$ 配子结合产生同源四倍体，如美国育成的金鱼草和麝香百合四倍体就是这种类型；二是受精后的细胞加倍形成同源四倍体；三是有丝分裂时，染色体分裂快于细胞壁发育造成染色体加倍，之后又恢复正常复制。这样形成的往往是偶数的同源多倍体。同源三倍体通常是由于一个 $2n$ 配子和一个正常 n 配子融合而成，可以是由于异常减数分裂形成了 $2n$ 配子，也可以是同源四倍体与二倍体杂交。三倍体无籽西瓜即采用这种方法育成。同源多倍体由于多倍体的染色体组来自同一个物种，细胞内有两个以上的同源染色体，减数分裂时可联会形成多价体，使减数分裂行为出现异常现象，所以同源三倍体会高度不育，同源四倍体部分不育而且子代染色体数出现多样性。因此在自然界出现的频率极低，也多在营养繁殖的植物上。

（2）异源多倍体

体细胞中各染色体组来自不同物、属的多倍体，叫异源多倍体。其染色体组来源于两个或两个以上的物种，如果来源于两个二倍体物种，形成异源四倍体，用符号表示为 AABB，A、B 各代表一个染色体组，因其像二倍体所形成的复合物，故称为"双二倍体"。如芥菜（AABB，$2n=4x=36$）是由芸薹（AA，$2n=2x=20$）和黑芥（BB，$2n=2x=16$）杂交后加倍所形成的异源四倍体，邱园报春（AABB，$2n=4x=36$）是多花报春（AA，$2n=2x=18$）与轮花报春（BB，$2n=2x=18$）的杂交种经染色体加倍后形成的。

自然界的多倍体绝大多数以异源多倍体存在。异源多倍体大多数是异源四倍体和异源六倍体，如普通小麦是异源六倍体（AABBDD）、硬粒小麦是异源四倍体（AABB）。栽培作物中异源多倍体有草莓、甘蔗、菊花等。由于大多数异源多倍体细胞中染色体由两个或两个以上不同物种的染色体所组成，减数分裂时同源染色体能正常联会，不出现多价体，使减数分裂行为正常，高度可育。但有些异源多倍体存在不育的现象，可能是由于基因型的差异。

在异源多倍体中，有些具有高度多倍性的物种，实际上是同源多倍体与异源多倍体的综合物，称为同源异源多倍体（auto-allopolyploid）。如梯牧草（*Phleum pratense*，$6x=42$）的染色体组型是 AAAABB，其 A 组染色体像节节梯牧草（*P. nodosum*），B 组染色体像高山梯牧草（*P. alpinum*），称为同源异源六倍体。

（3）非整倍体（aneuploidy）

整倍性染色体中缺少或增加 1 条或若干条染色体称为非整倍体。如栽培菊花大多为六倍体（$2n=6x=54$），但其染色体数常因品种不同而有很大变化，最少的品种有 47 个染色体（即 $5x+2$），最多的品种曾观察到 71 个染色体（即 $8x-1$），其中不少都是非整倍体，也称为异数多倍体。非整倍体在遗传学研究和育种实践上均有很大的作用。例如 $2n-1$，即失去 1 条染色体，称为单体，此时一些等位基因就可以直接显现出来。单体与正常 $2n$ 杂交时，在后代中就可能出现各种不同的单体，这些单体各有特定的性状。这样的单体系是研究多倍体植物基因定位的基础材料。

3.多倍体的特点

（1）巨型性

多倍体植物最显著的特点是器官的巨型性。即在植物体形和细胞上都表现明显的巨大性，如根、茎、叶、花等部分器官明显变大。这是同源多倍体产生基因剂量效应的结果。随着染色体的加倍，细胞和细胞核变大，组织器官多也随之变大。多倍体植株不一定很高大，但一般是茎秆粗壮，枝叶少，叶片宽厚而色深，花器较大，花瓣较多，花色浓艳。多倍体植株的花形大小常与染色体数目呈明显正相关。如鸢尾属植物、菊属植物的花型大小就与染色体的多倍性密切相关。因此可以按花径大小把天然的多倍体选出来。

此外，多倍体植物的果实增大明显。如四倍体巨峰葡萄平均粒重为 15～20g，而一般品种都在 10g 以下；三倍体陆奥苹果平均单果重 425g，最大达 650g 以上；四倍体酸枣'珠光'单果重可达 7.76g，比二倍体增加 36.53%。

染色体加倍后，形态上增粗增大是有一定限度的，如同源四倍体半支莲的花朵并不比二倍体大；同源四倍体车前的花朵反而比二倍体小；云杉、落叶松等人工四倍体也大多表现出生长缓慢、植株矮小等特点。

多倍体的巨型性，对不同植物、不同倍性、甚至同一植物的不同器官，表现也不尽相同。如四倍体的甜瓜，无论是薄皮甜瓜还是厚皮甜瓜，其果实都比同源二倍体甜瓜小，而其他器官仍旧增大（柴兴容等，1981）。

多倍体形态上的巨型性也表现在气孔和花粉的增大，并且这种增大可用作鉴定多倍体的初步指标。如梨染色体倍性越高，气孔越长。Salouius（1947）测定二倍体梨气孔长度为（34.0±0.37）μm，四倍体为（36.2±0.39）μm，五倍体为（39.7±0.50）μm。但由于一些植物基部叶片与顶端叶片的气孔大小常不相同，同一朵花中不同时期花粉粒的大小也有很大变化。因此，在使用这些指标时，只有在同一时期比较两个个体的同一部位，结果才能可靠。

（2）育性低

同源多倍体大多结实率降低，表现出相当程度的不育性。偶数倍同源多倍体表现为部分不育。而奇数倍同源多倍体则表现高度不育。除无籽西瓜外，中国矮香蕉、蓬蒿菊、梅花、樱花、卷丹等也是三倍体种（品种）。这主要是由于同源多倍体在减数分裂中染色体不能正常配对或分离，从而使形成的生殖细胞大量死亡所致。对于很多瓜果来说，三倍体口感好，产量高，抗性较强，无籽或者少籽方便食用或加工，采用无性繁殖可以在生产中正常应用，因此，许多育种者对此开展了大量的研究，也培育出许多优良品种。

也有少数例外，如风信子三倍体品种（$2n = 3x = 24$）是高度可育的，其每一套染色体有五种形态类型，同样类型的染色体可以互相配对，从而在减数分裂时形成可育的配子，使三倍体风信子高度可育。但其子代会形成一系列的二倍体、三倍体、四倍体以及异数多倍体。

异源多倍体的染色体由两个或两个以上不同物种染色体组成，一般为偶数多倍体，其遗传行为与二倍体相似。在减数分裂过程中，同源染色体能类似二倍体进行正常联会，形成二价体，从而可形成正常的配子，产生可育的花粉和雌配子体，因而表现高度可育。但当异源染色体组之间发生异源联会，甚至形成多价体时，往往出现减数分裂异常，因此造成部分不育。如果异源多倍体为奇数倍数时，一般也表现高度不育。

（3）遗传变异性

因为染色体成组增加而使每个基因位点数多于正常状态的 2 个，所以当任何位点处于杂合状态时，会产生更多种分离方式，使绝大多数的多倍体遗传性都较丰富，分离幅度大，遗传变异的范围较广泛。这一特点对于园艺植物育种工作者来说，常常成为有利因素。比如花卉上，更容易获得多变的花型、花色。另外，由于遗传缓冲的作用，异源多倍体保持杂种优势的时间较二倍体为长，而由近亲繁殖相联系的退化现象，也比相应的二倍体品种出现得少。但是，它们的杂交后代不易获得纯合体，要从同源多倍体物种的杂交后代中筛选到纯合体，就必须比正常二倍体时的群体要大得多，世代也要增多。因此，同源多倍体在无性繁殖并以营养体为产品的植物中育种效果好，可直接用于生产。而在有性繁殖的并以种子为最终产品的植物中，育种难度大，效果较差。

（4）生理生化特性

多倍体常表现出新陈代谢旺盛，酶的活性强，细胞内营养物质如碳水化合物、蛋白质、维生素、生物碱、单宁等物质的合成也常有所增强。例如唐菖蒲在长期自然变异过程中形成了二倍体、三倍体、四倍体和六倍体等多种类型。化学测定其根茎的含油量、所含精油的化学成分、体内草酸钙的含量均与染色体倍数有关，且在多倍体中合成了新的化学物质 β-细辛醚。丹参同源四倍体中隐丹参酮、丹参酮 I A、丹参酮 II A 分别较二倍体高 203.26%、70.48%、53.16%。莴苣四倍体的维生素 C 含量比二倍体高 50%；甜菜四倍体氨基酸含量比二倍体高 9.35%、叶绿素含量高 1.2～2 倍；在西瓜果实成熟时期，四倍体西瓜中番茄红素、瓜氨酸、维生素 C、总糖含量均高于二倍体。这为提高植物有益次生代谢物含量提供了一种育种思路。

与二倍体相比，四倍体往往生长缓慢，开花结果延迟，结果较少，如在柑橘类中，只有里斯本柠檬和帝国葡萄柚四倍体是丰产的。

（5）抗逆性和适应性强

多倍体植物对外界环境条件的适应性较强，抗病力、耐旱力、耐寒力也常常比二倍体强。许多研究表明，植物多倍体的抗逆性比相应的二倍体高。如三倍体和四倍体西瓜对枯萎病有较强的抗性，可连种多茬，耐盐性也比较强。四倍体'寒富'苹果表现出抗病的叶片结构。三倍体葡萄生长势旺，抗病性增强，耐盐碱能力提高。四倍体的萝卜对普通根肿病的抗性比二倍体高。但抗病性和抗逆性的提高并不同步，如四倍体苹果矮化砧木 SH40 对轮纹病菌的抗性比二倍体高，但抗寒性却不如二倍体。

总的来说，多倍体常具有许多突出的优点，既能提高果实品质，又能改变育性，增加抗性。但是，不同植物往往表现不一样，有的多倍体植物生长反而较弱。同时每个物种都有自己最合适的倍性，并非倍性越大，上述优点也越显著。染色体数的上限，异源多倍体比同源多倍体有更大的伸缩性。所以多倍体育种的任务，就是要根据各种植物的特点，培育各种植物最适合的倍性个体，从中选育出最优良的类型。

4. 多倍体产生的基本途径

植物多倍体主要起源于 4 种不同的途径：体细胞染色体加倍（somatic doubling）、未减数配子的融合（union of unreduced gametes）、多精受精（polyspermy）和不同倍数体之间杂交（hybridization between different ploids）。

（1）体细胞染色体加倍

体细胞在有丝分裂过程中受外界环境的影响而发生异常，染色体正常复制、分裂，但细胞不分裂，使细胞染色体数目加倍，从而发育成多倍体的组织和器官。

体细胞染色体加倍可发生在普通薄壁细胞、分生组织细胞、幼胚、合子、茎尖、根尖等分裂旺盛组织或细胞中。Dorsey（1936）和 Randolph（1932）将玉米幼胚置于 40℃ 的高温条件下 24h，子代中产生了 1.8% 的四倍体和 0.8% 的八倍体。*Primula kewensis* 起源于 *Primula floribunda* 与 *Primula verticellata* 杂交所得到的二倍体不育株上一个可育的四倍体枝条，因而是分生组织体细胞加倍的结果（Newton & Petlew，1929）。但是在自然界的自发染色体加倍中都是罕见的。而且由于细胞分裂的不同步性，很难使所有细胞染色体都同步加倍，常常产生混倍体或嵌合体；而合子或幼胚体细胞加倍则产生完全的多倍性孢子体。体细胞染色体加倍是形成多倍体的途径之一，但对不同类群植物中体细胞加倍的自然发生频率、影响因素以及在植物物种形成和进化中的作用还有待于进一步系统地研究。

（2）未减数配子的融合

自然界绝大多数多倍体是通过未减数 2n 配子的融合而产生的（Thompson & Lumaret，1992），这一观点得到了 Ramsey 和 Schemske（1998）的支持，而且在很多植物的减数分裂过程中也观察到染色体偶尔未减数的情况（De Haan，1992）。如水稻、兰科等植物的二倍体花中常产生未减数的花粉粒。经后代分析，苹果，梨（西洋梨和沙梨），葡萄、草莓、醋栗、越橘、树莓、柑橘、菠萝、樱桃、李、杏、桃、香蕉等 14 种果树种类，都有 2n 配子的发生。通过不正常的减数分裂，使染色体数目未减半，形成 2n 配子。2n 配子和 n 配子结合可产生三倍体；2n 雌雄配子结合则形成四倍体。

产生未减数配子的途径有多种，这可能是源自第一次分裂染色体不减数，也可能是由于第二次分裂只有核分裂而不进行细胞分裂，或者是在第一次分裂后即发生胞质分裂，并不再进行第二次分裂，从而导致产生二倍性的配子。不同植物可以通过不同的途径产生未减数的配子（Werner & Peloquin，1991），且不同植物未减数配子的发生频率也有差异。营养繁殖的多年生植物通常具有较高的未减数配子的发生频率，这可能是由于营养繁殖方式的存在，使对有性生殖的选择压力有所松弛，从而为配子或其他无功能配子的产生提供了一个宽松的环境，促进了 2n 配子的形成，并影响到多倍体的发生。自然界未减数配子发生的频率不仅仅受植物本身生物学特性和遗传因素的控制，也受到外界环境因素的影响。剧烈的温度变化、适当的水分养分胁迫、反复创伤都可以促进 $2n$ 配子的产生。如马铃薯的两种适应不同温度环境的基因型产生 $2n$ 配子的频率相差近 2 倍（McHale，1983）。生长在贫瘠土壤上的 *Gilia* 属植物产生未减数配子的能力比生长在肥沃土壤上的植物高约 900 倍（Grant，1952）。

据报道，一部分三倍体苹果品种是通过筛选自然实生变异得到的，如'大珊瑚'、'赤龙'、'绯之衣'、'大绿'、'虾夷衣'等，可能都是通过 $2n$ 配子途径产生的。

这也是自然界很多多倍体分布在高纬度、高海拔地带或其他极端环境中的重要原因，同时也导致多倍体抗性往往强于二倍体。

（3）多精受精

指在受精时两个以上的精子同时进入卵细胞中。这种现象已在兰科植物（Hagerup，1947）和向日葵等很多植物中观察到（Vigfusson，1970）。因此，多精受精无疑也是产生多倍体的一条途径，但 Ramsey 和 Schemske 认为多精受精不是产生多倍体的主要途径。

（4）不同倍数体间杂交

利用不同倍数染色体的植物进行杂交也是获得多倍体的一条简便而有效的途径。Nilsson-Ehle（1938）用三倍体欧洲山杨与二倍体进行杂交，获得了一些三倍体、四倍体和混倍体植株。这是由于三倍体不规则的减数分裂中可以产生少量不同倍性的可育配子而导致的。

5. 人工诱导多倍体的方法

园艺植物中存在不少自然多倍体类型，通过资源调查，可以发现并获得多倍体类型。通过实生选种获得多倍体类型的报道很多，如从苹果 6000 株二倍体实生苗发现有 19 株三倍体，在'元帅'苹果的实生苗中，三倍体的发生率达到 1.5%。柑橘、枳、金柑、三囊等属的实生树中均有四倍体发现，特别是柑橘属中已从甜橙、柠檬、葡萄柚、宽皮柑橘、日本夏橙、香橙、四季成蜜柑，以及一些橘柚的珠心胚实生系中发现四倍体，其最高发生率达 2.5%。此外，在桃的实生苗中也发现过三倍体。通过芽变选种也有可能获得多倍体。伊顿、阿特金斯等 7 个品系就是通过美洲葡萄'康可'芽变选种获得的。

虽然自然界可以产生多倍体，但其频率极低，且类型还不能完全满足人类的要求，在进行植物多倍体育种时必须通过人工手段创造多倍体。基本原理是在细胞分裂时利用物理、化学或生物学的方法增加细胞中的染色体数。采用物理因素、化学药剂及细胞和组织培养等人工诱导技术诱发多倍体，从而大大提高多倍体发生频率，进而培育出植物新品种。

（1）物理因素

物理因素主要有机械创伤（断顶、切伤、摘心等）、温度骤变、电离辐射（X 射线、γ 射线、β 射线和中子）、非电离辐射（紫外线和质子）、离心力等。

① 机械创伤　Marchal 等（1909）采用切断法并利用愈伤组织的再生作用从苔藓获得多倍体。这是高等植物中获得多倍体的第一个成功的例子，这种方法称为"切断-愈伤组织法"。番茄通过反复摘心，从切断部位愈伤组织长出的不定芽产生四倍体；在龙葵与番茄的嫁接中，产生了稳定的四倍体龙葵。

② 温度骤变　采用极端的高温、低温处理，或者温度骤变处理，可以提高未减数分裂配子的产生，从而获得多倍体。Randolph（1932）和 Dorsey 发现将玉米或小麦的幼胚短暂暴露于 40℃ 高温下，就能诱导染色体加倍，在后代中形成 1.8% 四倍或 0.8% 八倍性的幼苗。Mashkina（1990）用高温代替秋水仙素（colchicine）诱导，使杨树 $2n$ 花粉得率提高到 94%，使由此授粉的三倍体得率提高到了 81.7%。王丽艳等（2004）通过用骤变低温（8～10℃）直接处理咖啡花器官，可获得大量 $2n$ 花粉粒。

③ 辐射处理　杨今后等（1984）用 50Gy 的 γ 射线照射刚膨大或休眠的桑树冬芽，获得了四倍体植株；用 ^{60}Co 射线照射处理萌动的杜仲种子可产生多倍体。

物理方法虽然可以获得多倍体，但温度骤变和机械创伤使染色体加倍的频率很低，而射线在使染色体加倍的同时，又能引起基因的突变。剂量小不足以引起突变，剂量过大又会对植物本身造成伤害，甚至引起植物死亡。所以，物理方法诱导多倍体应用较少。

（2）化学药剂

化学诱变具有方便、突变频率高、专一性强等特点，是目前人工诱导植物多倍体最普遍的方法。能诱导多倍体产生的化学药剂有很多，如秋水仙素、有机汞制剂（富民隆）、有机砷制剂、吲哚乙酸、氧化亚氮（笑气）、苯及其衍生物、磺胺剂、二苯胺类除草剂 Oryzalin 和氟乐灵、藜芦碱及其他植物碱、麻醉剂、芫荽脑、生长素、EMS 等 200 多种。

近年来，有研究者提出采用低毒价廉的除草剂富民隆（Fumiren）、二甲戊灵和 Oryzalin 等代替秋水仙素，亦有良好诱发多倍体的效果。Oryzalin 是诱变多倍体的新型诱变剂，正逐渐成为多倍体育种领域的研究热点。Oryzalin 中文名称为胺磺灵、氨磺乐灵，原药为淡黄色结晶固体，易溶于氯仿、石油醚、乙醇、二甲基亚砜等有机溶剂，基本不溶于水。Tuyl（1992）最早以 Oryzalin 为诱变剂成功获得了四倍体百合，之后科技工作者开展了大量研究。利用 Oryzalin 先后在猕猴桃、苹果、西瓜、玫瑰、马铃薯、洋葱、黄瓜、美人梅、椪柑等作物上成功诱导出多倍体。萘啶乙烷（acenophthene）也是一种化学诱变剂，能溶于乙醚、酒精等溶剂中，它是以蒸汽对植物的生长部分起作用。氧化亚氮（N_2O）一般应用于受精或结合子开始分裂期，它在加压条件下能迅速渗入植物组织里，引起细胞有丝分裂，解除压力后，又能从组织中迅速消失。氧化亚氮对细胞以后分裂无残留影响，但使用上不便，迄今未广泛应用。

（3）离体组培诱导法

离体培养诱导多倍体方法具有实验条件容易控制、可以减少或避免形成嵌合体等特点，使该方法越来越受人们的关注，成为多倍体育种常用的手段之一。离体培养材料一般为愈伤组织、胚状体、丛生芽、胚乳、茎尖组织、子房、原生质体、体细胞胚等。有些组织在离体培养的过程中，会发生染色体变异，从而获得多倍体。如马国斌等（2003）利用西瓜和甜瓜未成熟子叶、成熟子叶和真叶作为外植体进行离体培养，可获得高频率的四倍体变异。石刁柏和胡萝卜的组织培养过程很容易产生四倍体。有些组织，其本身更是多倍的，如胚乳培养。胚乳是由 2 个极核和 1 个精核结合后发育而成，是三倍体。利用胚乳组织离体培养可获得三倍体植株。胚乳培养在阳桃、西番莲、枇杷、柿、柑橘、猕猴桃、枸杞、枣、红江橙、柚等多种果树上获得成功，为无核果树品种培育提供了一条新途径。但在愈伤组织继代培养中常产生染色体变异，使再生植株多为非整倍体、混倍体，甚至恢复到二倍体。这是该法目前存在的主要问题。

原生质体融合可以不受植物种、属，甚至科间的限制。将不同来源的种质融合成新的多倍体，是克服植物远缘杂交障碍、创造同源或异源多倍体的又一条途径。目前至少已有 400 多种植物通过原生质体培养得到了再生植株，并已获得多种植物的种间、属间甚至科间原生质体融合的再生植株（Nagata & Takebe，1971；Carlson et al.，1972；Melchers et al.，1978；Kisaka & Kameya，1994；Davey et al.，2005）。1960 年，Cocking 发明了用酶去除植物细胞壁获得原生质体的方法。随后发展出化学融合和电融合技术。园艺植物原生质体融合技术在柑橘中进展最大，已获得大量原生质体融合再生植株（Grosser & Gmitter，2011）。在香蕉（Xiao et al.，2009）、猕猴桃（Xiao，2004）等果树上也获得了少量的种内原生质体融合再生植株。此外，体-配融合也能产生异源三倍体，如果采用单倍性原生质体与二倍性原生质体融合，也能获得三倍体。Teodoro Cardi 等（2004）利用电融合技术将马铃薯和野生种的二倍体原生质体融合，得到的再生植株比亲本更有活性，同时杂种株获得了野生种的耐冷性、密度高、有丝分裂突变率高等特性。

将组织培养技术和化学诱导加倍方法相结合的离体组培诱导法，目前使用更加广泛，除了具有离体培养的优点，还可以获得较高的稳定的诱导频率。该技术将外植体在含有不同浓度秋水仙素的固体培养基中诱导产生多倍体，诱导完成后转入无秋水仙素的培养基中继续培养。或者先培养外植体产生愈伤组织，在诱导再生植株的过程中进行染色体加倍。如马国斌等（2002）利用西瓜和甜瓜的茎尖为外植体进行离体培养，可获得高频率的四倍体变异。Shao 等（2003）使用离体组培诱导法和浸泡法诱导石榴多倍体，离体组培诱导法诱导多倍体的诱导率达 20％，而使用浸泡法没有获得多倍体。雷家军利用该方法成功地获得珍贵野生资源五叶草莓的加倍植株。离体培养时由于药剂浓度低，和单用秋水仙素相比处理时间延长至几天、十几天甚至几十天。王娜等（2005）用混培法诱导酸枣四倍体的时间为 40d。

（4）有性杂交利用

实践证明，多倍体与二倍体、多倍体之间进行杂交，可获得多倍体。如 1936 年日本用 2 个葡萄四倍体品种'石原早生'与'森田尼'杂交，育成了葡萄新品种'巨峰'。周广芳通过对大量苹果二倍体品种实生苗进行染色体鉴定发现，二倍体苹果自然授粉产生三倍体的概率约占 0.3％，产生四倍体的概率约占 0.1％。栽培品种'陆奥'（'金冠'×'印度'）、'北斗'（'富士'×'陆奥'）、'乔纳金'（'金冠'×'红玉'）等都是通过二倍体品种间杂交育成的。Gecadz（1967）报道利用四倍体柠檬和二倍体宜昌橙杂交，获得三倍体杂种。A. Esen 和 R. K. Soost（1973，1977）的研究表明，二倍体与四倍体杂交不容易获得三倍体的原因是由于三倍体的胚发育差，92％以上在早期就退化死亡了。结合胚挽救技术，就可以为三倍体的育种开辟一条新的途径。这在无核葡萄和柑橘类的种质创新上获得了长足的发展，并对其影响因素做了很多研究。

（5）从嵌合体果实中分离多倍体

曾有如此假说：当果实外观出现多倍体特征时，变异所在的扇区相对应的种子也应该出现同类型的倍性变异。根据这一假说，美国佛州大学 K. D. Bowman 和 F. G. Gmitter 等（1990）曾收集橘柚和伏令夏橙等出现嵌合性状的果实，将果皮变粗、隆起部分内的种子或未发育的胚珠取出培养播种；获得了不少四倍体小苗，证明这种嵌合体可作为四倍体材料的来源。

6. 秋水仙素诱导多倍体中的应用

（1）秋水仙素的作用机理

秋水仙素是从百合科植物秋水仙的根、鳞茎和种子中提炼出来的一种剧毒生物碱，分子式为 $C_{22}H_{25}NO_6$。纯秋水仙素是无色或黄色的粉末，熔点 155℃，可溶于冷水、酒精、氯仿、醚和甲醛中，热水中溶解度较小。溶解后需避光保存。它对植物的细胞分裂有特殊的作用，属于抗微管蛋白药剂。其作用机理是能够特异性地与细胞中微管蛋白结合，阻碍处于细胞分裂中期的纺锤丝的合成，阻止染色体向两极移动，形成染色体加倍的核。在一定浓度范围内，秋水仙素对植物生长及染色体的结构无破坏作用，也很少会引起其他不利遗传变异（如改变染色体臂比等）。当处理浓度适当时，对细胞无严重毒害。处理后经过一段时间，细胞仍可恢复常态。

配制秋水仙素水溶液时，可直接将秋水仙素溶于冷水中，也可以少量酒精为溶媒，然后再加冷水。配制时，一般先配成高浓度母液，用时再加蒸馏水稀释至所需浓度。药液适宜盛于有色玻璃瓶内，盖紧盖子，减少与空气的接触，避免阳光直射。

（2）秋水仙素的作用部位

秋水仙素对植物的刺激作用，只发生在细胞分裂时期，而对那些处于静止状态的细胞无效，因此处理的植物组织必须是细胞分裂最活跃、最旺盛的部位，才能使分生组织的染色体加倍。通常处理的部位是萌动的或刚发芽的种子，正在膨大的芽、幼苗、嫩枝生长点及花序的花蕾等部位。

（3）秋水仙素处理浓度及处理时间

处理时所用的秋水仙素浓度是诱导多倍体成败的关键之一，如果所用的浓度太大，就会引起植物的死亡，如果浓度太低，往往效果不明显。秋水仙素的有效浓度为 0.01％～1％，一般以 0.2％～0.4％的水溶液浓度效果较好。处理时间的长短与溶液浓度密切相关，溶液浓度大，处理时间短；溶液浓度小，可以适当延长处理时间。一般认为，高浓度短时间处理效果好于低浓度长时间处理。但一般处理时间不少于 24h，或者相当于细胞分裂的 1～2 周期。秋水仙素浓度大小和处理时间随不同植物和不同组织而异，所以处理时要预先进行试验，找出某种植物或某种组织的最适浓度。通常情况下处理干种子的浓度可以稍高，时间可以稍长；处理幼嫩的组织、器官、幼苗生长点或者萌动的种子浓度可以稍低，并减少处理时间。植物幼根和生长点对秋水仙素比较敏感，可以采用间歇处理的方式。如幼根可以在秋水仙素中浸泡一定时间（如 12h），而后浸入水中，交替进行 3～5d。

温度条件对处理效果也有影响，在 18～25℃范围内，温度较高时处理效果好。当温度低时，可适当加大药剂浓度，延长处理时间。

（4）秋水仙素的处理方法

① 浸渍法　采用秋水仙素水溶液处理种子、枝条、球茎、鳞茎、盆栽小苗的茎端生长点等。一般发芽种子处理数小时至 3d，即 1～2 个细胞周期，处理浓度 0.01%～1.6%。处理后用清水洗净再播种或沙培。Rubuluza（2007）等用 0.05%秋水仙素浸泡 *Colophospermum mopane* 种子 48h 可以获得四倍体幼苗，当秋水仙素浓度大于 0.1%，处理时间大于 48h 时，严重影响幼苗的生长，降低幼苗的成活率。以营养器官为材料繁殖的植物，可以浸渍其幼根或幼嫩的枝条，一般处理 1～2d，处理后用清水彻底冲洗。如球根花卉鳞片可浸于 0.05%～0.1%的秋水仙素水溶液中，1～3h 后进行扦插。这种方法在君子兰、虞美人、金鱼草、香石竹中得到应用，并成功获得同源多倍体。

离体材料如茎尖、根尖、幼叶、顶芽或者已培养的愈伤组织、试管苗等也多采用浸渍法处理，结合组织培养技术或微嫁接技术获得多倍体。

浸渍法是目前处理材料最简便、常用和有效的方法。该法能使药液全面接触外植体，细胞分裂同步程度高，变异稳定，可以减少嵌合体的发生；但对材料伤害较大，药液浓度和处理时间要把握好。

② 点滴法　对较大植株的顶芽、腋芽处理时可采用此法，常用的浓度为 0.1%～0.4%，最高可达 1.0%，每日滴 1 至数次，反复处理数日，使溶液透过表皮渗入组织内部。为了保湿并延长药剂在生长点的停留时间，最好用小片脱脂棉包裹幼芽，再滴加溶液，浸湿棉花。如气候干燥，蒸发过快，中间可加滴蒸馏水，同时尽可能保持室内的湿度，以免很快干燥。此法与种子浸渍法相比，可以避免药液对植株根系的伤害，也比较节省药液。点滴法受气候环境的影响大，最好在人工气候室进行。

③ 羊毛脂法　以精制羊毛脂（淡黄色软膏，熔点 40℃，不溶于水）作基质，将秋水仙素粉末直接加进羊毛脂中搅拌均匀。或者用小研钵将一定量的羊毛脂放入，而后将秋水仙素溶液缓慢加入，充分混合，也可用 0.8%的琼脂溶液加入秋水仙素溶液，混合后凝固。使用时，轻轻将羊毛脂软膏涂抹在生长点或者幼芽上。

④ 毛细管法　将植物的顶芽、腋芽用脱脂棉或脱脂棉纱布包裹后，脱脂棉或纱布的另一端浸在盛有秋水仙素溶液的小瓶中，小瓶置于植株近旁，利用毛细管吸水作用逐渐把芽浸透。此法一般多用于大植株上芽的处理。

⑤ 注射法　用注射器将秋水仙素溶液注入生长点中，以达到诱变效果的方法。此法由于针头易碰触生长点造成芽体死亡而应用较少。杨今后曾用此法获得过桑树的多倍体。

⑥ 复合处理　山川邦夫（1973）将好望角芸薹属中的一些种用秋水仙素处理 11d，再用 X 射线照射，可以把加倍株的出现率从单独用秋水仙素处理时的 30%提高到 60%，并且在取得的多倍体植株中发现有 2 株变成八倍体。这是由于秋水仙素的处理使多倍体混杂于二倍体性细胞群中，二倍体细胞因先开始分裂，所以就被 X 射线淘汰了。这种方法不仅可应用于植物的多倍化，还可用于单倍体的二倍化。

上述主要的几种方法，实际应用时可根据植物的种类、处理部位等，选用合适的方法，也可将不同的方法联合使用。在多倍体诱导过程中，为使药剂渗透扩散到需要诱导的分化细胞部位，可加入一定量的二甲基亚砜（DMSO）、吐温-20、赤霉素、甘油、BA 等作为辅助药剂，以提高染色体加倍效果（QUARIN C，2000）。

利用秋水仙素诱变只能得到偶数的多倍体，且是同源多倍体。表 8-2 列出了常用秋水仙素诱导多倍体的浓度、方法与时间。如要培育奇数多倍体和异源多倍体，还要通过有性过程。如利用不减数配子，可以获得多倍体。张志毅（1993）用 0.2%～0.5% 的秋水仙素溶液处理发育到一定阶段的毛新杨（*P. tomentosa* × *P. bolleana*）雄花序诱导不减数 2n 花粉取得成功，并用这些 2n 花粉人工授粉，最终获得了 6 株三倍体。

表 8-2 秋水仙素诱导多倍体的方法

种类	浓度/(g/L)	时间	处理部位	备注
大蒜	3	7d	茎尖	滴定法，添加 1.5%～4% 的 DMSO
	1	6d	愈伤组织	浸泡法，添加 1.5% 的 DMSO
	0.25～2	10～25h	气生鳞茎	加入固体培养基
甜菜	0.1	3	芽鞘和幼根	
马铃薯	5		种子	把种子置秋水仙碱溶液和 2% 琼脂等量的混合物上发芽，等种子萌发后立即洗净并移植
西瓜	2～4	4d	幼苗	秋水仙碱溶液滴在生长点连续 4d
	0.4	36h	子叶	
甜瓜	0.5	3d	茎尖	浸泡法
大葱	8	48h	种子	浸泡法
白魔芋	2	48h	种子	浸泡法
青花菜	0.2	48h	带芽茎段	浸泡法
番茄	8mmol/L	96h	茎尖	浸泡法
葡萄	0.5～5	6～10d	主枝生长点	每天滴 1 次，药液中加 10% 甘油
	3	3d	带芽茎段	浸泡法
桃	1	5d	刚萌发的侧芽	每隔 2d 滴 1 次
凤梨	0.2～0.4		幼苗生长点	
冬枣	0.5～10	数小时～3d	种子、插条	浸泡法
	0.5	18h	枝条的愈伤组织	点滴法或羊毛脂法
苹果	5	48h	胚	浸泡法
柑橘	0.5	56d	原生质体	混培法
	1	8h	原生质体	浸泡法
椪柑	1	4d	悬浮细胞	浸泡法
樱桃	0.05	5d	叶片	浸泡法
罗田甜柿	3	4d	叶片	浸泡法
猕猴桃	0.5	4h	叶柄	浸泡法
石榴	0.01	30d	带芽茎段	混培法
红掌	0.2	14d	愈伤组织	浸泡法
	3	5h	气生根	浸泡法
文心兰	2	7d	原球茎	浸泡法

种类	浓度/(g/L)	时间	处理部位	备注
墨兰	0.1	3d	根状茎	浸泡法
丛生福禄考	0.05	20d	茎尖	混培法
猩猩木属	1		4～6片叶幼苗	羊毛脂法
金盏花	0.2～1.6	1～14h	4片叶子幼苗	
矮牵牛花	10		幼苗生长点	变成四倍体
百合	6～10	2h	植株生长点	很多变成四倍体
	0.5	24h	丛生芽	浸泡法
石刁柏	1.6		发芽5d幼苗	在真空中处理
凤仙花	5	24	2片子叶幼苗	
三叶草属	1.5～3	8～24	4～15d幼苗	人工光照下每隔3h滴1次,后用清水冲洗
曼陀罗	2～12	16d	浸渍种子	

7. 多倍体的鉴定

准确鉴定多倍体并将其筛选出来,是多倍体育种中的重要环节。多倍体的鉴定方法有直接鉴定法和间接鉴定法。

（1）直接鉴定法

直接鉴定法包括检查根尖细胞、茎尖细胞、幼叶细胞或花粉母细胞的染色体数目,凡染色体数目加倍的个体即为多倍体,这种结果最为可靠。但直接鉴定法需要专门技术人员通过常规的压片法制作临时镜检片,在光学显微镜下鉴定染色体数目;操作环节多,技术复杂,对试验条件和技术人员都有一定要求,当试验材料多时工作量大。最好先根据一些外表特征进行初步的间接鉴定,淘汰形态上明显的非多倍体,在此基础上再进行直接鉴别。

（2）间接鉴定法

① 形态学鉴定　与未处理对照相比,多倍体往往植株粗壮,节间变短;叶片大、增厚、叶色深;花冠明显增大、花色较深;果实大小变化,果皮增厚;育性降低,种子少,种仁不饱满;生长缓慢,发芽率降低。可以根据这些特点初步筛选后进一步检查。

② 气孔观察　观察叶片气孔大小和密度、保卫细胞大小及叶绿体数目等是较为可靠的倍性鉴定的方法。与二倍体相比,多倍体气孔大,密度小,保卫细胞中的叶绿体数目多。据研究,苹果、板栗、菠萝等四倍体的气孔长度都比二倍体增加20％以上。西瓜四倍体的保卫细胞一般长$30～40\mu m$,每平方厘米面积上有130多个气孔;而二倍体西瓜的保卫细胞一般为$20～30\mu m$,每平方厘米面积上有250多个气孔（谭素英,1998）。Compton和Gray用荧光黄处理再生植株叶片,保卫细胞中叶绿体经染色后会发出荧光,用显微镜和UV光观察,就可确定保卫细胞叶绿体数目。四倍体西瓜植株中,平均每对保卫细胞有17.8个叶绿体,二倍体西瓜植株中每对保卫细胞有9.7个叶绿体。Sari等根据保卫细胞的大小、单位面积上的气孔数及保卫细胞中叶绿体的数目,可以有效地区分倍性。蒋道松（2008）认为盾叶薯蓣四倍体保卫细胞中的叶绿体数目约是二倍体的1.74倍。

气孔的数目较气孔的大小易受环境条件的影响而发生变异,因此这一指标只能与植物处在同一发育时期和同外界条件之下时,取相同部位的材料才有实际意义。

③ 花粉粒鉴定　与二倍体相比较,多倍体花粉粒体积大。如柑橘类四倍体花粉粒的体积是二倍体花粉粒的1.25～1.31倍。四倍体大鸭梨的花粉粒比二倍体大1.3倍以上（王强生等,1984）。苹果一般四倍体的花粉比二倍体大一倍或百分之几十（李斌贝,1998）。多倍体花粉粒除

了体积大，形态上也会有所改变。四倍体甜瓜中，除了有三角形花粉粒外，还出现相当比例的四边形花粉粒和少量五边形花粉粒。但是，马国斌认为，花粉粒形态变异不适宜做四倍体甜瓜的标准，此方法有待进一步研究。

另外，多倍体的花粉粒往往生活力低，有些多倍体（如三倍体）甚至完全不孕。例如香蕉这个自然三倍体完全没有种子。对不同品种黄瓜不同倍性的花粉粒进行染色，发现 $4n$ 花粉粒的生活力最少下降 8%，最多的下降 50% 以上。

④ 流式细胞仪分析法　多倍体在 DNA 含量上明显高于二倍体，因此，可采用流式细胞仪（flow cytometer，简称 FCM）分析法迅速测定细胞核内 DNA 的含量和细胞核的大小，从而来分析倍性。其原理是用染色剂对细胞进行染色后测定样品荧光密度，荧光密度与含量成正比，含量柱形图直接反映出不同倍性水平的细胞数。它可定量地测定某一细胞中的 DNA、RNA 或某一特异蛋白的含量，这是大范围试验中鉴定倍性的快速有效的方法，近年来得到越来越广泛的应用，有利于提高育种工作效率。目前已经利用流式细胞仪对玉米、苹果、草莓、猕猴桃、桃、柑橘、马铃薯、樱桃砧木等的多倍体植株进行了鉴定。

⑤ 荧光定量 PCR 鉴定法　实时荧光定量 PCR 是一种在 RNA 水平上鉴定植物倍性水平的方法，以二倍体为参照，分析目标基因的表达在被测植株中相对于参照的改变量。该方法简便、容易操作，高通量，适合单个基因表达变化的研究，且可变因素较少。但并非每一个基因位点的表达都受倍性变化的调控。因此，选择合适的基因位点是应用该技术的关键。

⑥ 分子标记鉴定多倍体　随着分子标记技术的发展，越来越多的分子标记技术已经成功应用于倍性鉴定中，并发展和完善。这些技术主要有 RAPD、RFLP、AFLP 等，不仅可以鉴定倍性，而且对材料是否为嵌合体作出分析。如 Sugawara（1995）利用 RAPD 鉴定了柑橘的嵌合体情况；利用 AFLP 技术对中华猕猴桃（饶静云，2012）、枇杷（边禹，2010）、桑树（王卓伟，2001）等的基因组进行分析。同时，原位杂交技术也为多倍体的鉴定提供了全新途径。基因组原位杂交技术（GISH）、荧光原位杂交（FISH）技术的应用不仅能鉴定细胞的倍性，而且还能鉴定其亲本的来源，为多倍体的分子鉴定提供了更加良好的技术平台。另外，还可通过切片染色法观察梢端组织发生层细胞、观察小孢子母细胞分裂等鉴定多倍体。

二、多倍体育种

1. 多倍体育种的意义与作用

（1）创造新材料甚至新物种

通过诱导同源多倍体，可充分利用多倍体的"巨大性"获得产量高、营养物质更丰富的新品种，结合其抗性强的特点，可以培育多抗优质的新种质。利用同源多倍体分离巨大的特点，将已诱导的同源多倍体材料杂交，可以获得更多遗传变异的类型。如西瓜已获得了四倍体短秧系、四倍体无缺刻叶系、四倍体黄苗系、四倍体无权系、四倍体雄性不育系等种质材料。利用奇数倍同源多倍体，获得无籽的果实，如三倍体西瓜、三倍体葡萄、三倍体柑橘等。

（2）克服远缘杂交不孕性、不实性

为了在育种中能够利用远缘种、属的优良基因改造现有品种，常需要进行远缘杂交，由于亲缘关系远，不孕性是远缘杂交中存在的普遍现象。将亲本之一染色体加倍，则可以克服这个障碍。如以小白菜为母本与甘蓝杂交，不能获得种子，但使甘蓝加倍成同源四倍体，再与白菜正反交，均可获得杂种植株。

远缘杂种 F_1 由于减数分裂时不能正常联会，形成大量单价体，极少能形成正常配子，造成严重不实。如果将其染色体加倍，就可能克服远缘杂种不实的问题。如英国的邱园报春系多花报春与轮花报春的杂交种，后代不孕，染色体为 $2n=18$，几年后在一花枝上结了饱满种子，经染色体检测 $4n=36$，恢复了可孕性，使邱园报春可以连续播种繁育，并且保持其相对稳定的性状。

（3）诱导多倍体做遗传桥梁

由于多倍体相对容易容纳添加或替代其他种属的染色体，忍受染色体的削减，因而可以把野生种中简单遗传的抗病基因转移到栽培种中，起到基因转移的载体作用和基因渐渗的媒介作用。如马铃薯的品种改良中被广泛利用的野生种有 $2x$、$3x$、$4x$、$5x$ 和 $6x$ 等材料，这些野生种与栽培种杂交大都难以成功，但通过一些不同倍性的桥梁种则可实现其与栽培种的杂交。如已利用芥菜型油菜与甘蓝杂交得到的六倍体材料做桥梁将细胞质雄性不育 *tour* 基因成功转入不同芸薹属物种中（Arumugam，1996）。

（4）研究植物进化过程

多倍体可用于重演植物自然进化过程，并用于研究性状遗传行为。采用远缘杂交结合染色体加倍技术，已基本揭示了小麦属 5 个主要物种的进化过程。

（5）创造遗传研究与育种中间材料

通过远缘杂交产生的异源多倍体常表现出后代遗传组成不稳定的特点，使其后代中常由于染色体不正常分离而出现非整倍体。非整倍体在创造新型的种质资源、进行基因的染色体定位、创造异染色体系等方面已经发挥出相当大的作用。

2. 多倍体育种的基本步骤

（1）选用合适的二倍体原始材料

原始材料的选择对多倍体育种至关重要，要注意以下三点。

① 由于多倍体遗传是建立在二倍体的基础上，因此只有综合性状优良的二倍体，才能期望产生优良的多倍体类型。二倍体诱导成的多倍体，基因平衡受到破坏，出现程度不同的不良性状。对原始材料的选育可部分克服这一困难。通常认为，利用营养器官的植物较利用生殖器官的植物对同源多倍体有较好的效果，染色体数少的植物较染色体数多的植物诱导多倍体效果好。

② 要适当扩大选择群体。自花授粉植物诱导时可采用多品系（种）小群体的办法，异花授粉植物诱导时，品种数可减少，但要扩大群体。应在广泛的种、品种和较大的群体内诱导，以得到足够大的群体。诱导获得的多倍体群体要大，才有可能选出优良类型。

③ 要选择种子产量减少但不降低其经济价值的植物。果树染色体多倍化后，常常会使可育性降低，最好选择能单性结实的品种作为诱变材料。多倍体育种适合于以肉质根茎、叶球、鳞茎为食用对象的蔬菜和无核果实，尤其是适用于利用无性繁殖的果树、花卉、薯类及其它园艺植物。

（2）采用合适的诱导方法

针对不同作物的特点，选用有效的诱导方法，高效率地诱导出多倍体。

（3）多倍体的鉴定

先进行间接鉴定，筛选出可能的资源，再进行直接鉴定。

（4）确立适宜的倍性水平

不同植物对倍性水平反应不同，应找到适宜倍性使优良性状得以表现。

（5）育种材料的选择和利用

育种材料经过倍性鉴定，从中得到的多倍体类型并不一定就是优良的新品种，还要按照其变异特点进一步培育，分别利用。具体做法：

① 淘汰没有育种价值的劣变类型；

② 倍性变异后表现优良经济性状的类型，可进入选种周期进行全面鉴定；

③ 对不稳定的嵌合类型，进行分离纯化；

④ 保留不能直接成为品种，但在育种上有价值的材料；

⑤ 保留诱变中间材料，可按原计划继续进行育种。

同源多倍体有结实率低的特性，多倍体后代也存在分离的现象，但很多园艺植物可用无性繁殖，因此，一旦选出优异的多倍体植株就可直接采用无性繁殖加以利用和推广。而对于只能用种子繁殖的一二年生草本植物，要想克服结实率低和后代分离的现象，必须通过严格的选择方法，不断地选优去劣，以逐步克服以上缺点。

多倍体植物在进行有性繁殖时，其母本必须是真正的多倍体，父本的花粉也必须进行鉴定。有自交不亲和性的种类，还必须保留较多的多倍体亲本，否则容易失去其后代。多倍体植物在进行无性繁殖时，必须利用主技，如果利用侧枝时，因有嵌合体的存在，必须经过精密的鉴别才能进行，否则多倍体的系统就难以保持。

此外，多倍体类型需要较多的营养物质和较好的环境条件，栽培时应适当稀植，使其性状得到充分发育，并要注意加强培育管理。

第二节　单倍体育种

一、单倍体的来源及意义

1.单倍体的类型与特点

单倍体（haploid）是指细胞内具有配子染色体数的个体。二倍体植物产生的单倍体，体细胞中仅含有一个染色体组，称为一倍体（monoploid）。由同源多倍体的配子发育而成的单倍体称为同源多元单倍体（homopolyhaploid）。如由同源四倍体（如马铃薯，AAAA）的配子发育而成，则为同源二元单倍体。由异源多倍体植物产生的单倍体，其体细胞中有几个染色体组，称为异源多元单倍体（allopolyhaploid）。如由异源六倍体（如小麦，AABBDD）的配子发育而成，则为异源三元单倍体，即小麦单倍体含 A、B、D 三个染色体组。

单倍体与正常植株相比，具有明显的"小型化"特征，如细胞及器官变小、植株低矮、叶片较薄、气孔变小，保卫细胞内叶绿体减少、单位面积气孔增多。此外，由于单倍体内只有一套染色体组，减数分裂时不能正常联会，一套染色体同时分到一极的概率仅为 $(1/2)^n$，形成可育配子的概率极低，因此单倍体是高度不育的。例如密穗小麦与普通小麦单倍体的花粉有 95%～99% 是败育的，而二倍体或双体仅有 3%～7% 是败育的。

单倍体只有一套染色体，因而每一对等位基因只有一个成员，可以使隐性基因在当代表现。用人工方法使其染色体加倍成双单倍体（double haploid，简称 DH），生长和发育都恢复正常，而在遗传上则是纯合的。这在遗传或育种研究上都具有较高价值。

2.产生单倍体的途径

单倍体既可自然产生，也可人工诱导，但自然界产生的单倍体不足以满足育种的需求，育种上主要采用人工诱导的方法来获得单倍体。人工诱导单倍体的方法主要有以下几种。

（1）花药培养

花药培养（anther culture）是利用细胞的全能性原理，将发育到一定阶段的花药接种到培养基上，改变花粉的发育过程，使其分化成胚状体直接产生再生植株或形成愈伤组织后由愈伤组织再分化成植株的整个培养过程。花药培养所采用的外植体是未成熟的花药，属于植物的雄性器官。因此，花药培养属于器官培养的范畴。我国自 20 世纪 70 年代开始花药培养的研究，随后相继在小麦、黑麦、小冰草、玉米、橡胶、杨树、辣椒、白菜、柑橘等花药培养单倍体获得成功，随后，国内育成大面积种植的烟草、水稻、小麦、茄子、甜椒等花药培养品种。

① 花药培养的程序

a.从供体植株上采取一定发育阶段的花蕾或幼穗。

b.在保湿条件下进行一定时间的低温预处理。

c.取出花药进行表面消毒。

d.将花药接种到培养基上，在适宜的温度条件下培养，有时需要对接种花药进行短时间的预处理再置于适宜的温度条件下培养。

e.待诱导形成的胚状体或愈伤组织发育到适当阶段将其转移到植株再生培养基，使其形成单倍体植株。

f.单倍体植株的染色体加倍。

② 影响花药培养的因素

a.供体植株的基因型。不同基因型的供体植株诱导形成单倍体植株的难易程度存在较大差异。

b.材料的预处理和预培养。Nitsch 等（1973）首次报道，将毛曼陀罗和烟草的幼花蕾置于4℃下处理48h后，取其花药进行培养，会明显促进胚状体的形成。至今，低温预处理效应已在多种作物的花药培养中得到证实。不同作物所需的最适处理温度及时间有所不同。在十字花科作物的花药培养中，培养初期的短期高温（30～35℃）处理能够显著促进胚状体的形成。其它还有一些诸如离心处理、渗透压刺激、碳饥饿处理以及 CO_2 处理等的报道，对某些作物的花药培养具有一定的促进效果。

c.培养基。不同植物种类或作物品种所需的培养基成分有所不同。例如烟草和曼陀罗的花药，即使在仅仅含有 2％蔗糖和 0.8％琼脂的固体培养基上或 2％蔗糖的水溶液中，也可诱导部分花粉启动新的发育途径并形成少量的花粉胚状体。但对于绝大多数植物而言，花药培养需要较为复杂的培养基成分。目前，常用的基本培养基有 MS、Nitsch&Nitsch、Miller 和 B_5 等。除基本培养基的种类以外，在培养基中添加其它成分如植物激素等对花药培养的影响也较大。除烟草、曼陀罗等少数植物外，对于大多数植物种类而言，在培养基中添加适当种类和浓度的植物激素将会促进花粉的脱分化以及单倍体植株的形成。培养基中添加蔗糖的作用是双重的，既可作为碳源又可调节培养基的渗透压。在进行不同植物种类的花药培养时，其适宜的蔗糖浓度有所不同。一般来说，属于二核花粉的植物种类以 2％～4％为宜，对于三核花粉的植物种类，则要求较高的蔗糖浓度，常以 6％～13％为宜。例如在进行十字花科作物的花药培养时，常以添加10％～13％蔗糖浓度的效果较好。在花药培养的不同阶段，适宜的蔗糖浓度也可能有变化，如在油菜品种‘胜利’的花药培养早期，使用含有20％蔗糖的液体培养基有利于花粉的脱分化，而随后在诱导花粉胚状体的发生时，需把蔗糖浓度降为10％，最后为了使花粉胚状体更好地生长以及再生完整植株，必须改用添加琼脂的固体培养基，蔗糖浓度也要进一步降低至3％。在培养基中无机盐的成分以铵盐和铁盐对花药培养的影响较大。朱至清等对水稻花药培养长期研究后指出，适当降低铵盐浓度（7.0mmol/L）有利于花粉脱分化形成愈伤组织。Nitsch 在烟草花药培养中发现，在无铁盐的培养基上，花粉起源的前胚（proembryo）只能发育到球形胚阶段。还有另外一些物质，如活性炭和硝酸银等，它们本身对花药分化没有多大影响，但可能由于活性炭吸附了在培养过程中所产生的有毒物质或平衡植物激素浓度，硝酸银抑制了培养物产生有害物质，从而对花药培养有利。

此外，植株的生长状态、培养方法、药壁因子和接种密度等都有影响。

（2）花粉培养

花粉培养（pollen culture）又叫小孢子培养（microspore culture），是指从花药中分离出未成熟花粉（从四分体至双核期）进行人工培养，使其再生植株的过程。花粉培养属于细胞培养的范畴。几乎所有的十字花科芸薹属蔬菜作物通过花粉培养途径均可诱导获得单倍体植株。该方法不受花药的药隔、药壁、花丝等体细胞的干扰，但培养条件对愈伤组织的诱导率影响很大。而且在分化过程中，细胞染色体很可能发生畸变。因此，对培养条件的控制和监测技术是该方法的关键。

① 花粉的分离

a.机械分离法。常用的有挤压法和磁拌法。

ⅰ. 挤压法。是将灭菌的花序、花蕾或花药放入烧杯中，加入少量分离溶液，然后用平头的玻璃棒或注射器的内管轻轻挤压材料，使花粉从花药中游离到溶液中。将含有花粉的混合液通过一定孔径的不锈钢或尼龙筛网过滤，除去比花粉大的组织碎片，收集花粉悬浮液，用 $500\sim 1000r/min$ 低速离心 $1\sim 5min$ 使花粉沉淀，弃上清液，以除去悬浮在上清液中的小块药壁残渣。再加入分离溶液使花粉重新悬浮，然后再离心弃去上清液，这样反复清洗 $2\sim 3$ 次，最后用培养液清洗 1 次，即可制备成花粉悬浮液用于培养。

ⅱ. 磁拌法。是将灭菌的花药放入含有分离溶液的三角瓶中，然后放入一根磁棒，置于磁力搅拌器上，低速旋转分离花粉至花药呈透明状。为了提高分离速度，在分离液中可加入数颗玻璃珠。以后的花粉清洗纯化与挤压分离法相同。

b. 散落法。将花药接种到液体培养基中，培养 $3\sim 7d$ 后，花药开裂而自然地释放其内部的花粉到培养基中。定期将花药转移到新鲜培养基中，再释放出花粉，继续收集。为了提高分离效果，可置于摇床上进行低速震荡。离心收集花粉后，用血球计数器调整密度后进行培养。此分离方法的优点是对花粉无损伤，而且杂质少，缺点是分离出花粉的数量相对较少。

② 花粉培养的方法

a. 液体浅层培养。液体浅层培养是花粉培养最常用的方法。具体操作是将分离纯化的花粉用血球计数器调整密度至 $10^4\sim 10^5$ 个/mL，通常在直径 6cm 的培养皿中加入 2mL 花粉悬浮培养基，随后用封口膜将培养皿密封后培养。

b. 固体培养基培养。在悬浮花粉的液体培养基中加入含有琼脂而尚未凝固的同样成分的培养基，待培养基凝固后使花粉均匀地分布在培养基中进行培养。

c. 看护培养。在培养的花药上覆盖一张滤纸小圆片，将花粉悬浮液滴在滤纸小圆片上进行培养。

③ 影响花粉培养的因素　供体植株的基因型、低温或高温预处理和预培养、培养基种类和成分等，同样会影响花粉培养再生植株的效果。值得一提的是在花粉培养过程中多使用过滤灭菌的液体培养基，培养基中的无机铵态氮浓度一般比较低，需要增加一些氨基酸（如谷胱氨酸等）。如在进行白菜类等十字花科芸薹属作物的花粉培养时，通常使用 Lichter 等（1981）改良的 NLN培养基。

现已证明多种植物花粉培养的前期预培养对诱导形成单倍体植株相当重要。如在白菜类等十字花科芸薹属作物的花粉培养初期，进行 $1\sim 3d$ 的 $32\sim 33℃$ 预培养是高效诱导形成单倍性胚状体不可或缺的条件。

④ 花粉培养再生植株的倍性及利用　通过花粉培养诱导形成的再生植株与花药培养一样，也同时存在单倍体植株和非单倍体植株。由于花粉培养基本可以排除二倍性花药组织的干扰，诱导形成的再生植株全部来自于花粉，所以，获得的二倍体植株均为加倍单倍体植株，可以直接应用于育种实践。对单倍体植株进行染色体加倍的方法与前述相同。

（3）未受精子房（或胚珠）培养

未受精子房（或胚珠）培养也称离体雌核培养或大孢子发育技术，即将未授粉植物的子房或胚珠进行离体培养，诱导大孢子或雌配子体产生单倍体植株。通过培养未授粉子房或胚珠，已从韭菜、洋葱、西葫芦、黄瓜、甜瓜、南瓜、西瓜、百合、非洲菊等园艺作物中获得了大量的单倍体植株，从而开辟了产生单倍体植株的另一条途径。

影响未授粉子房和胚珠培养的因素有以下几种。

① 供体植株的基因型。不同植物以及同一植物不同品种之间诱导单倍体植株的频率存在明显差异。一般来说，未授粉子房和胚珠的供体植株基因型及其生理状态对诱导植株形成率具有明显影响。

② 取材的时期及预处理。许多研究表明，用于接种时胚囊所处的发育时期对未授粉子房和

胚珠的培养起着关键性作用。研究表明，培养其近成熟或完全成熟的黄瓜、甜菜胚囊较易诱导形成单倍体植株。诱导孤雌生殖往往根据胚囊发育与花粉发育时期的相关性来选择适宜的培养时期。接种前经低温预处理或高温预培养后得到较好的培养效果，如将黄瓜未授粉胚珠在添加0.02% TDZ（thidiazuron）培养基上进行32℃黑暗条件下预培养3~4d，是诱导黄瓜孤雌生殖产生单倍体植株的关键因素之一（Juhász et al.，2002）。将甜菜子房进行4℃预处理，也可提高单倍体植株诱导率（Gürel et al.，2000）。

③ 胚囊发育时期。在大多数情况下，未授粉子房培养以选择接近成熟时期的子房作为外植体比较容易成功。由于胚囊的分离和观察较为麻烦，因此，在实际工作中，胚囊的发育时期通常用开花的其它习性或形态标志来确定，如距离开花的天数，一般是开花前两天，还有花粉与胚囊发育的相关性等。在进行未授粉胚珠培养时，一般来说，与胎座相连的胚珠比单独的胚珠容易培养成功。

④ 培养基。在未授粉胚珠和子房培养中应用较多的基本培养基有White、Nitsch、MS、N6等，其中禾本科作物以N6培养基较常用，其它作物则多用MS培养基。研究表明，添加适宜种类和浓度的外源激素是诱导未授粉胚珠和子房形成单倍体的必要条件。如刁卫平等（2009）对黄瓜子房培养的研究结果表明，在培养基中添加0.04mg/L 2,4-D，使胚状体诱导率达72.7%。孙守如等（2013）认为适宜于南瓜未受精胚珠培养的最佳培养基为MS+1.0mg/L 2,4-D+0.25mg/L NAA+0.5mg/L 6-BA，添加$AgNO_3$对胚状体形成有明显的抑制作用。培养基中的蔗糖浓度对调节孤雌生殖和体细胞的增殖之间的平衡也很重要。

⑤ 在未授粉胚珠的培养中，胎座组织的存在对胚珠的生长发育有重要作用。但其作用机制还不清楚，有人推测胎座组织可能向胚珠提供营养和形态发生有关的物质。

用于未授粉胚珠和子房培养的雌配子体均处于较早的发育阶段（如大孢子母细胞期），对其进行离体培养后，在经过减数分裂和产生游离核的过程中，有的细胞分裂形成细胞团，进而分化形成胚状体（如烟草）；有的大孢子母细胞未经减数分裂，而以正常的发育途径形成大孢子四分体，进而分化形成植株（如百合）。

① 卵细胞起源，这是绝大多数孤雌发育的方式，卵细胞按合子发育方向进行胚胎发育，进而再生植株，如莴苣；

② 助细胞起源，由助细胞发育形成胚状体或愈伤组织，再生植株；

③ 反足细胞起源，由反足细胞形成胚状体或愈伤组织后再生植株；

④ 极核起源。

孤雌生殖或无配子生殖的原胚可以直接发育成植株，但多数情况下是先形成愈伤组织再分化形成小植株。在甜菜中，单倍性胚状体通常提前萌发而畸形，需要通过继代培养才能得到再生植株。在向日葵中，单倍性胚状体直接成苗率很低，需要转移数次才能从愈伤组织再分化形成小植株。

另外，通过未授粉子房或胚珠培养产生的单倍体植株与花药、花粉培养产生的单倍体植株一样，具有器官变小、生活力下降以及开花不育等特性。但由离体雌核发育方法获得的再生植株白化苗比例低、倍性变异小。有研究表明，将花药或花粉与离体雌核共培养时也能显著提高愈伤组织或胚的诱导率。

（4）远缘杂交

利用亲缘关系较远的花粉不易使胚囊母细胞受精，但却能刺激卵细胞单性发育的特点，诱导孤雌生殖或无配子生殖，培育单倍体，或经核内复制形成双倍体（刘洪梅等，2002）。该方法已在烟草属、小麦属、茄属、芸薹属植物成功培育单倍体。用栽培的四倍体马铃薯（$4x=48$）为母本，二倍体富瑞亚薯（$2x=24$）为父本杂交，可产生单倍体。罗鹏等（1981）用甘蓝型油菜为母本，白菜型油菜为父本杂交也获得单倍体。

（5）染色体消失（chronosome elimination）

对大麦、小麦可利用该方法。Kasha 和 Kao（1970）用二倍体普通大麦作母本，二倍体球茎大麦作父本进行杂交，在受精卵开始配子分裂、发育、形成幼胚及极核受精后的胚乳发育过程中，球茎大麦的染色体在有丝分裂过程中逐渐消失，最后形成具有大麦染色体的单倍体。通过这种方法，可获得大量的单倍体植株。这种方法又称为球茎大麦技术（bulbosum techniqne）。

（6）延迟授粉

利用成熟卵细胞容易自行分裂的特点，在去雄后，延迟若干天授粉，可以诱导孤雌生殖。在小麦中延迟授粉天数在8～9d诱导孤雌生殖效果较好（杜连恩等，1985）。

（7）辐射诱导

用射线照射花或父本花粉后，给去雄的母本授粉，以影响其受精，可诱导单性生殖产生单倍体。

（8）异质体（异种、属细胞质-核替代系）

采用远缘杂交和连续回交，可以培育出异质核置换系，即细胞质来自异种属，细胞核为栽培物种的新品系。在核置换系群体中常会自发产生一定比例的单倍体。木原均等（1962）发现，普通小麦的细胞质被尾状山羊草的细胞质代替的一个系，其后代产生单倍体的频率为1.75%。常胁等（1968）试验认为，只有尾状山羊草细胞质的小麦核替代系才能高频率地产生单倍体和双生苗，其中双生苗绝大多数是单倍体/二倍体类型。

（9）化学药剂诱导

有些可引起植物突变的化学药剂（如DES、2,4-D、NAA、6-BA、DMSO、乙烯亚胺）也可以刺激植物进行孤雌生殖，从而获得单倍体。

（10）孪生苗

一粒种子上长出2株苗或多株苗称为双胚苗（双生苗）或多胚苗。裸子植物中普遍存在双胚或多胚现象，而被子植物中则仅有少数几个属如柑橘属中经常出现，其他属则少见。一般双胚种子长出的双生苗中有部分单倍体。

（11）半配合

半配合（semigamy）是通过一种异常型的受精，当精核进入卵细胞后，不发生精核和卵核融合，而各自独立分裂形成嵌合体的单倍体。嵌合体的单倍体加倍，能产生纯合的双二倍体植株。这是20世纪60年代Turcotte等在海岛棉上发现的。这种方法产生的单倍体较花药培养简单易行，且性状表现稳定，但频率低。

3. 单倍体植株的鉴定与染色体加倍

（1）单倍体植株的鉴定

鉴别单倍体的方法主要有形态学观察、细胞学观察、杂交鉴定、流式细胞仪鉴定、分子标记鉴定和荧光定量PCR鉴定法等。较为可靠的方法是进行细胞学鉴定，即检查根尖、茎尖中的染色体数及花粉母细胞中的染色体数目和配对情况。但此法对于一些染色体较小的植物种类则不适用。也可根据单倍体与相应的二倍体正常植株相比，有明显的"小型化"特征，细胞及器官变小、叶片变窄、植株瘦弱、气孔变小、保卫细胞叶绿体变少等特点进行初步鉴定。由于植株的染色体倍性水平与叶片保卫细胞大小、单位面积上的气孔数及保卫细胞中叶绿体的大小和数目通常呈正相关性，这样在幼苗期即可通过叶片气孔保卫细胞叶绿体数目、气孔大小和气孔密度等测定植株的倍性水平。此法快捷、简易、可靠，尤其适合一些染色体较小的种或品种。但是叶绿体计数法无法分辨嵌合体。也可采用杂交鉴定，通过自交或测交鉴定，看后代分离情况确定二倍体植株是来自小孢子还是体细胞。另外，前面鉴定多倍体的方法，如流式细胞仪、分子标记等方法同样可以用在单倍体上。DNA中含有多种等位基因、SSR以及SNP等分子标记等位点，成为以DNA分子为基础的倍性检测的重要标记。利用分子生物学检测不仅可以将单倍体、二倍体植株以及双单倍体植株进行准确区分，在基因型高度杂合材料倍性的鉴定上具有优势，而且仪器和设备简单，易于操作，成为目前应用最广泛的单倍体检测方法（李英，2011）。通过S基因（自交不亲和复等位基因）分子标记也被应用于纯合性鉴定，现已鉴定出13种苹果S等位基因。

玉米上，单倍体技术使用广泛，筛选单倍体的方法也更多，除了上述提到的办法外，还可以利用分子标记技术，如利用孤雌生殖诱导系为材料，并根据籽粒 Navajo 标记和 ABPl 紫色植株显性双标记系统对诱导产生的单倍体进行鉴定。结合分子标记，利用光谱学原理对玉米籽粒胚面的鉴别，如可见光谱、近红外漫透射光谱等，给玉米单倍体籽粒鉴别提供了新的方向。此类方法也为园艺作物的单倍体快速有效鉴定提供了借鉴。

（2）单倍体的加倍

单倍体材料中仅含一套染色体，植物单倍体一般植株弱小且高度不育，不能直接用于遗传育种和生产运用，需经过加倍形成双单倍体。目前单倍体的加倍方式主要有两类：一是自然加倍，二是人工加倍。单倍体在诱导的过程中，会出现自发加倍的现象，但受材料基因型和培养环境的影响，如不同基因型油菜则具有 $10\%\sim40\%$ 的自然加倍率（Henry Y，1998）；而一些大麦品种的自然加倍率则高达 87%（Hoekstra，1993）。单倍体自然加倍的频率较低且稳定性差，不利于大规模育种，仍需要人工加倍。

常用的人工染色体加倍方法有愈伤组织加倍法和秋水仙碱处理加倍法，前者是将单倍体植株的茎、叶和根等器官切成小块后接种到适当的培养基上进行再培养，使其通过愈伤组织、器官分化的途径再生植株。这样，利用单倍性细胞的不稳定性，经过愈伤组织培养阶段，将会获得染色体加倍的植株。适当延长愈伤组织培养时间，有可能提高再生植株染色体加倍的频率，但过分延长愈伤组织培养的时期，将会降低甚至丧失其再生植株的能力。单倍体植株染色体加倍最常用的是秋水仙碱处理加倍法，即用 $0.02\%\sim1\%$ 的秋水仙碱处理单倍体植株或其顶芽、腋芽、花芽和花轴。对于双子叶植物，可将单倍体植株的试管小苗在过滤灭菌的秋水仙碱溶液中浸泡 $24\sim48h$，再用无菌水冲洗后接种到新的培养基上继续进行培养。对于生长在田间的单倍体植株，可用含有秋水仙碱的羊毛脂膏涂抹到单倍体植株的顶芽、腋芽和花芽。经秋水仙碱处理的营养芽约有 25% 可以成为二倍体，花芽约有 50% 变得可以结实。当单倍体植株形成花蕾时，将植株倒立，用秋水仙碱溶液浸泡花轴，也会使部分花蕾变得可以结实。对于禾本科植物单倍体植株的染色体加倍，通常是将含有 $1\%\sim2\%$DMSO 的秋水仙碱浸泡分蘖节。用 $500mg/L$ 秋水仙素处理油菜单倍体小孢子体时，加倍率可达 70%（Chen，1994）。也可在培养基中添加某些激素或者改变激素的配比，可诱导再生植株染色体加倍。如马铃薯普通栽培种的单倍体和双单倍体茎段叶柄和叶片，用两步组织培养法可使体细胞染色体加倍，加倍率达 93.3%（王清等，1996）。

二、单倍体育种

1. 单倍体育种的意义

（1）加速材料纯合，缩短育种年限

在进行常规的杂交育种时，由于杂种二代的性状具有分离性，要想获得相对纯合的自交系亲本，往往需要至少 $4\sim5$ 代的近交分离和人工选择；而植物性细胞培养获得单倍体，再人工加倍处理，只需要一个世代就可以获得纯合的二倍体，克服了后代的分离，大大缩短了育种周期。有些植物多年生木本植物如柑橘以及自交不亲和的植物，单倍体育种将是最为理想的选择。

（2）提高选择的准确性和效率

正确的选择对一个品种（或类型）的形成具有创造性的作用。但由于基因的显隐性，隐性基因的性状往往被显性基因所覆盖，所以基因型与表现型可能不一致，选择时往往很难做到准确。加之为增加选择概率而扩大了群体，使工作量相对增大，常常会出现误选或漏选的情况。而双单倍体植株，其表现型和基因型一致，可以排除上述干扰，使选择的正确性和效率大大提高。

利用单倍体，可以有效提高目标基因的选择效率。单性生殖的植株来源于配子，从配子中选择某一种基因型的概率是 $(1/2)^n$，而从常规杂交 F_2 代群体中，选择某一基因型的概率为 $(1/2)^{2n}$，故单倍体育种的选择效率为常规育种的 2^n 倍。例如，二倍体供体植株基因型为 AaBb，要从后代中选择基因为 AABB 的纯合单株。常规方法：AABB 出现的概率为 1/16，并且不能将 AABb 与 AaBb、AaBB 区分开。单倍体方法：AABB 出现的概率为 1/4。

单倍体育种还可以和诱变育种相结合，提高育种效率。使用辐射处理或化学诱变剂处理植物材料，往往引起的是点突变，而且多数是隐性性状的变异，这种变异在材料由于遗传显隐性的干扰时可能无法选择到，错失许多有用的变异。而从诱变材料的配子中进行选择，由于只有一套基因，性状表现上不存在显性掩盖隐性的问题，诱变的当代就可以进行基因的分析、鉴别和选择。也可以使用花药、花粉作为诱变材料，结合单倍体培养来提高诱变效率。

（3）克服远缘杂种不育性与分离的困难

由于远缘杂交亲本间亲缘关系较远，基因组存在着较大的差异，因而会造成杂种后代不易结实，性状巨大分离。尽管远缘杂种存在不育性，但并不是绝对不育，仍有少数花粉具有生活力，对这些可育性花粉进行人工培养，诱导杂种后代获得单倍体或双单倍体植株，可以有效克服性状分离，从而获得纯合稳定、并具有优良性状的远缘杂种新类型。另外，在远缘杂交种马铃薯、咖啡、甘蔗等四倍体栽培种和野生的二倍体杂交时不易成功，通过单倍体技术变成双单倍体后亲和性可显著提高。

（4）外源基因转化的理想受体

因为单倍体加倍后获得的纯系后代不分离，是理想的转基因受体材料，将基因转入单倍体后，经过人工加倍可以形成纯合的材料，有利于研究基因的功能。以单倍体作为转基因受体有着很多优越性，一是单倍体材料无同源染色体联会配对的影响，转化效率可能会较高，外源基因在基因组中的稳定性也会较好；二是经转化后获得的植株不存在显隐性问题，加倍后即可获得纯合的二倍体转化植株，可以避免转导的外源基因在后代分离中丢失，有利于稳定遗传。用小孢子转化获得纯合转基因植株的方法，在大白菜（刘凡，1998）、烟草（Fnlaioka H，1998）、油菜（Jalme A，1994）和玉米（Stoger E，1995）等少数植物中有过成功的报道。此外，以愈伤组织为受体的报道在水稻上也已实现（蒋苏，2004；陈彩艳，2006）。

（5）研究植物遗传进化的群体

由于单倍体的每个基因都是单拷贝的，每个基因的功能都能表现，并可以排除杂合性等因素的干扰，是研究基因性质和功能的理想材料。由单倍体经染色体加倍产生的双单倍体株系（Doubled-Haploid，简称 DH 群体）具有可保持群体中每种基因型的植株，无遗传变异，不存在遗传漂移，可以重复进行检测，且便于跟踪研究等优点，可以应用于基因相互作用的检测、遗传变异的估计、连锁群的检测、数量性状的分析等方面。在许多植物上应用植物单倍体构建 DH 群体并用于遗传分析，如大麦、小麦、水稻、油菜、甘蓝、大白菜等。此外，当二倍体与单倍体杂交时，可发生畸变类型，这些类型可用于确定连锁群、基因剂量效应等遗传学研究。在分子标记方面，DH 群体被认为是 RFLP、RAPD、AFLP 等分子标记和遗传图谱研究的好材料，可以有效提高基因定位、图谱构建的准确性，并已经在多种作物的分子标记研究中起到了重要作用。由于单倍体基因组组装比较简单，因此采用了单倍体材料进行基因组测序，尤其是应用在多年生植物，如桃、咖啡、梨、苹果和柑橘中。利用雌配子体的培养得到的单倍体，可为上述物种的大规模测序提供 DNA（Dunwell et al.，2010）。

此外，通过研究单倍体植物减数分裂的特征、形成二价染色体的可能性及其数目和形状、单倍体孢母细胞减数分裂时联会情况等，可以对物种之间的亲缘关系和物种进化进行研究。

2.单倍体育种的主要步骤

（1）诱导材料的选择

植物基因型是影响雄核发育的最重要的因素之一，同一物种中的不同基因型对小孢子离体诱导反应差异较大。在选择诱导材料时，应尽量选择表现型优良的个体作为诱导材料，如果该材料诱导率极低，可将其与出胚率高的基因型材料杂交后，再进行诱导。

（2）单倍体材料的获得

获得单倍体有两个主要途径：一个是利用自然界的单倍体变异株，如甘蓝型油菜中发现自然变异的单倍体，染色体加倍后即育成油菜品种 maris maplona，应在育种过程中注意寻找单倍体类型；二是通过人工的方法诱导单倍体，主要是花药培养、小孢子培养、未受精子房培养和大孢子培养。

（3）单倍体材料鉴定

对获得的材料先使用形态学和分子标记、流式细胞仪等方法进行初步筛选，再使用压片技术观察染色体，来鉴定所获材料的倍性。

（4）单倍体材料染色体加倍

经过选择获得的单倍体经秋水仙素及其他方法加倍后，可获得 DH 植株。将 DH 植株小心移栽成活。

（5）二倍体材料的后代选育

对于获得的二倍体材料可按常规育种方法进行性状的系统鉴定，从中选出各类符合育种目标的优良品系作为育种材料。

第三节 园艺植物倍性育种成功案例

一、三倍体无籽西瓜的选育

三倍体无籽西瓜是三倍体水平的杂交一代，具有多倍体和杂交一代的双重优势，适应性和抗逆性强、含糖量高、无籽、耐贮运、产量高，是目前生产上利用同源多倍体面积最大的植物品种之一。无籽西瓜选育成功是近代多倍体育种最辉煌的成就之一。

现将无籽西瓜选育的基本步骤介绍如下。

1. 三倍体无籽西瓜育种基本原理

普通西瓜（*Citrullus. lanatus*）是二倍体植物，其体细胞染色体数是 $2n=22$，配子的染色体数是 $n=11$。四倍体西瓜的体细胞染色体数是 $2n=44$，配子染色体数是 $n=22$。用四倍体西瓜做母本和二倍体西瓜做父本杂交，一个二倍性雌配子和一个单倍性雄配子结合，便产生三倍体西瓜。由于三倍体高度不育，三倍体西瓜果实内便不会产生有胚的种子。但是三倍体西瓜子房和果实的膨大发育，需要由正常可育的花粉为其提供必要的激素。为此栽培三倍体西瓜要以普通二倍体西瓜为其雌花授粉，才能获得无籽果实。四倍体西瓜和二倍体西瓜杂交时，只能用前者作母本，反交不能结出饱满有生活力的种子。因此，要获得三倍体无籽西瓜，首先要选育合适的四倍体母本和二倍体父本。

2. 四倍体诱变亲本的选择

由于三倍体西瓜无籽，不能通过对后代的不断选育来改善和克服某些不良性状，三倍体西瓜的优劣几乎完全取决于对两个亲本的选择和选配。因此选择选配亲本，是三倍体西瓜育种的关键。而作为母本的四倍体亲本又因其多倍性遗传复杂，通过选育改良也很困难。因此对四倍体诱变亲本的选择应给予特别重视，一般要注意以下几点：第一，选用果实品质好、皮薄、含糖量高的；第二，选择坐果率高、种子小、单瓜种子含量多的；第三，选择遗传纯合的二倍体纯系；第四，在不影响三倍体的综合经济性状的前提下，尽可能选用具有某种可作为标志基因的隐性遗传性状的，如浅绿果皮、黄叶脉、全缘叶（板叶）、主蔓不分枝（无杈）等；最后，尽可能多地整合抗病基因。

3. 诱变

传统四倍体西瓜诱变，多用 $0.2\%\sim0.4\%$ 的秋水仙素液体将二倍体普通西瓜的种子浸泡

12~24h；或在每天下午6~7点用0.2%~0.4%的秋水仙素液体滴在其幼苗茎尖生长点上，连续进行4d。这种方法相对容易，但诱变率较低，多在0.1%~1%。也有使用Oryzalin的报道。对容易组培的品种可以采取离体培养茎尖、子叶近胚轴端的方法来获得四倍体，茎尖液体培养时使用0.1%秋水仙素处理24~48h进行诱导（马国斌，2002）。使用固体培养基可将秋水仙素浓度加大到1%，处理6d后转入不含秋水仙素的培养基使其分化成苗（周谟兵，2007）。子叶近胚轴端培养时以400mg/L秋水仙素处理36h和50mg/L Oryzalin处理48h为好，且液体浸泡比固体培养诱导率高（袁建民，2010）。

4.诱变材料的鉴定与筛选

西瓜材料经药剂处理后，起初生长受到很大的抑制。幼苗出现子叶比较肥厚，色泽加深，真叶长出后多半畸形、扭曲、皱缩，甚至会死亡。随着植株逐渐长大，多数会慢慢恢复到正常状态，有些则继续保持变异状态。变异植株茎粗壮、节间短缩、叶片变厚变大、叶色加深、叶面粗糙、叶缘向上翘曲、茎叶上的毛刺变粗硬、花器变大。这样的植株可初步视为已被加倍了的。即可选用同一植株上比较大的雄花和雌花自交。成熟后，再作果实和种子鉴定。已被加倍的果皮变厚，单瓜种子数大大减少，种子变厚变大，尤其是种脐（喙）明显比二倍体种子宽大。除上述形态特征之外，还可以使用流式细胞仪进行倍性初步鉴定，或是使用显微镜观察，四倍体的花粉粒大、发芽孔数目多、叶面气孔保卫细胞大、单位面积内气孔数目减少、保卫细胞中叶绿体数增多、根尖细胞也变大，特别是花粉粒的大小和气孔数目多少，是鉴别是否已诱变成四倍体比较可靠的鉴别指标。对初步筛选的植株进行染色体观察，确定植株已经加倍。

对获得的四倍体，采用常规育种的方法对其生物学性状进行观察，筛选符合要求的四倍体，并进行测交。

5.父本选择

无籽西瓜除了具有同源多倍体的优点，还是杂交产物，具有来自基因组重组带来的优点互补和杂种优势。因此，父本的选育同样重要。首先，父本一般应选用小籽品种，因为父本的这一性状与它的三倍体杂种果实中不发育种子的大小和硬度有关，也同样直接影响到三倍体果实的无籽性。其次，应选用与母本四倍体杂交受精率高的品种，使母本单瓜采种子数不少于150粒，以获得足够的种子并降低制种成本。三是应选用果皮薄的二倍体种质作父本以改善三倍体西瓜果皮的厚度。四是父本要考虑选用与母本标志基因相对应的显性性状的种质，便于用自然授粉法生产三倍体种子时，分辨三倍体和四倍体植株或果实。

6.杂交组合的选配

当拥有一定数量的四倍体和二倍体材料后，即通过测交对组合作出选择，以选出高产、优质、抗病、具有强大杂种优势，且其三倍体种子产量多、发芽率高（80%以上）的优良组合。此外，果肉中无着色秕籽，未发育的白色秕子应少而小且要白而嫩；果皮厚度不超过1~1.2cm；可溶性固形物12%以上，且糖分布梯度小；无异味；无空心，耐贮运；抗病能力强。

7.杂交制种

用四倍体西瓜作母本，二倍体作父本。按照西瓜开花习性，在每天下午将第二天要开放的花蕾套袋，第二天早晨进行人工授粉，同时挂上标记，结出的西瓜种子就是三倍体。

8.生产

三倍体西瓜推广后形成新品种即可进行生产。由于三倍体植株减数过程中，同源染色体的联会紊乱，不能形成正常的生殖细胞，因此在生产中必须用普通西瓜二倍体的成熟花粉刺激三倍体植株花的子房，因其胚珠不能发育成种子，子房发育成无籽西瓜果实。

二、苹果多倍体育种

目前栽培的苹果主要是二倍体品种，三倍体品种主要有'乔纳金'、'陆奥'、'北斗'、'北海道'、'帝王'、'静香'、'洛岛绿'、'艳阳'等，而在'金冠'、'红玉'、'元帅'、'嘎拉'等品种中均出现过四倍体类型，但栽培中应用较少。人工诱导多倍体苹果多以离体叶片、茎尖、腋芽、成熟胚等为外植体，采用秋水仙素处理，获得了'嘎拉'、'富士'、'寒富'、'皇家嘎啦'等的四倍体等新种质资源。

有性杂交培育多倍体主要是指利用 $2n$ 配子或者多倍体亲本杂交来获得多倍体。目前生产应用的三倍体品种多是用这种方法获得的，主要有：'乔纳金'（'金冠'×'红玉'）、'陆奥'（'金帅'×'印度'）、'世界一'（'元帅'×'金帅'）、'北斗'（'富士'×'陆奥'）、'北海道9号'['富士'×'津轻'（'金帅'实生后代）]、'斯派金'（Red Spy×Gold delicious）、'静香'（'金帅'×'印度'）、'茶丹'（'金帅'×Clochard）、'高岭'['红金'（'金帅'×'红冠'）实生]、'新金奖'（'金冠'×PRI）等。这些三倍体品种均含有金冠亲本或种质，T. Harada 等（1993）进行的RAPD 指纹分析结果表明，为'乔纳金'、'陆奥'等三倍体品种提供 $2n$ 配子的是'金冠'。因此，应进一步研究'金冠'苹果产生 $2n$ 配子的机制，并在今后的苹果多倍体育种中合理有效地利用'金冠'这一珍贵种质，以便育成更多的果大质优的三倍体品种。

三、葡萄多倍体育种

葡萄多倍体育种一直以来受到育种家们的重视。多倍体果型大，少籽或无籽。葡萄中最有价值的多倍体当属三倍体和四倍体，四倍体类型较多，如'巨峰'系品种。

四倍体葡萄品种主要是通过有性杂交获得的，如'巨峰'、'伊豆锦'等品种都是通过有性杂交培育而成的。1998年，赵胜建等用四倍体与二倍体杂交培育了极早熟、大果的三倍体无籽葡萄'早红'，潘春云等用三倍体无籽品种×四倍体杂交，经幼胚培养，获得 2 株三倍体植株。此外，通过芽变选种、物理诱变、化学诱变以及实生选种也可获得。Dermen 用秋水仙素处理'Loretto'品种，选出了一个大果型的多倍体变异株。陈俊等（1995）用 0.2%～0.8%秋水仙素处理'瑰宝'的种子，获得了同质四倍体。

秋水仙素处理是诱导葡萄多倍体的有效方法。程序是：利用层积葡萄种子催萌，萌动后 4～6d 用适宜浓度的秋水仙素溶液浸渍处理，温室营养袋播种，生长旺盛期切去茎尖生长点染色体观察，选出多倍体材料栽培于大田，连续多次进行染色体数目鉴定，逐年纯化稳定变异并无性繁殖以及观察生物学特性、经济性状等。需要注意以下几点：

① 倍性嵌合问题。同一株上部分细胞为多倍体，部分细胞为二倍体。'白玫瑰'、'佳丽酿'、'费雷多尼亚'、'康可'等品种都有 2-4-4 型嵌合体芽变。

② 坐果率低问题。由于多倍体植株配子体形成过程中减数分裂不正常，造成部分不育配子，落花落果严重，注意选择坐果率高的类型。

思考题

1. 名词解释

染色体组　倍性育种　多倍体　同源多倍体　异源多倍体　单倍体　双单倍体

2. 在多倍体育种中主要利用多倍体的哪些特点培育品种？

3. 通过哪些途径可以产生植物多倍体？秋水仙素诱导多倍体的机理是什么？人工诱导多倍体的方法有哪些？

4. 多倍体的鉴定方法有哪些？

5. 多倍体的育种程序有哪些？多倍体后代选择应如何进行？

6. 单倍体在植物育种中有何意义？通过哪些途径可以获得单倍体？

第九章
生物技术育种

　　生物技术（biotechnology）是以生命科学为基础，在细胞、亚细胞和分子水平上进行操作，并创造新物种或改良品种的综合性科学技术。通常生物技术包括细胞工程（cell engineering）、基因工程（genetic engineering）、酶工程（enzyme engineering）和发酵工程（fermentation engineering）。此外，有时也将染色体工程（chromosome engineering）、蛋白质工程（protein engineering）、生化工程（biochemical engineering）包括在内。生物技术在作物育种上已取得了突破性的进展。转基因耐贮藏番茄成为我国首例获得国家批准可商品化生产的农业生物基因工程品种。随着基因组研究的迅速发展，分子标记广泛应用于园艺植物育种实践，利用分子标记辅助选择育成了大量新品种。生物技术改良品种具有精准、定向、高效的特点。生物技术是常规技术的重要补充和发展，生物技术与传统杂交育种技术相结合，可显著提高育种选择效率。生物技术在应对我国食物数量和质量安全、减少环境污染、应对气候变化等问题的挑战方面，具有不可替代的作用，是未来农业科技的发展方向。

　　本章将重点介绍细胞工程、基因工程和分子标记辅助育种三种生物技术应用于园艺植物育种方面的相关内容。同时对基因编辑育种进行简要介绍。

第一节　园艺植物细胞工程育种

一、原生质体培养与融合

　　原生质体（protoplast）是去除细胞壁的、由质膜包裹着的具有生活力的植物裸细胞。对于植物细胞来说，原生质体是严格意义上唯一的单细胞，与植物器官、组织或细胞团相比，它可用于细胞水平多方面的研究，如细胞质膜结构与功能的研究，病毒侵染与复制机理的研究，细胞核与细胞质相互关系以及细胞器的结构与功能、植物生长物质的作用、植物代谢等生理问题的研究等。在植物遗传育种等应用方面，由于去除了细胞壁，通过原生质体相互融合获得体细胞杂种（somatic hybrid）成为克服有性杂交障碍的植物育种新方法；将原生质体作为受体，通过导入外源基因使其获得新性状的研究，也受到普遍关注。以下主要介绍利用酶法分离原生质体以及原生质体的培养和融合。

　　1. 原生质体分离

　　用酶法从植物组织中分离原生质体时，首先必须降解细胞之间的果胶质，使细胞单独分开；然后通过降解细胞壁组分的纤维素和半纤维素，使原生质体分离出来。原生质体分离效率的高低主要与植物材料和酶混合液的组成有关。

　　（1）植物材料

　　迄今为止，几乎从植物体各个部位的组织或细胞如根、茎、叶、花、果以及悬浮培养细胞、花粉等均有成功分离获得原生质体的报道。但是，供试材料的特性及其生理状况往往会影响原生质体的产量与活力，甚至培养效果。因此，选择适宜的材料是原生质体分离与培养成功的基础。

　　叶片中的叶肉细胞是分离原生质体的一种经典材料，从叶片中可以分离出大量的、较均匀一致的原生质体。由于叶肉细胞排列疏松，酶的作用很容易到达细胞壁，而且叶肉原生质体有明显的叶绿体存在，为选择杂种细胞提供了天然的标记。用叶片分离原生质体时，一般会认为选取细胞分裂旺盛的生长点附近的嫩叶较为合适，但事实并非如此。许多研究结果表明，选用充分展开的成熟叶片或生理活性稍稍衰退的过熟叶片，有利于原生质体的分离及随后的培养。在叶片取材之前，通常先对供体植株进行适当的干旱处理使其处于轻度的萎蔫状态。也可以对离体叶片的切块先进行质壁分离，而这样可以获得更好的原生质体分离效果。

试管苗的子叶、胚轴具有无菌、不受生长季节影响等特点，酶法分离时操作相对简单，且可以提高实验的重复性，所以，它们也是常用的材料来源之一。一般选用生长旺盛、生理状态一致、刚好完全展开的无菌苗的子叶和胚轴分离原生质体，其培养效果较好。

用培养的愈伤组织或悬浮细胞分离原生质体时，继代培养的时间和培养基的成分等会影响原生质体的数量和质量。一般选用结构疏松并处于对数生长期的细胞分离原生质体的效果较好。另外，培养的愈伤组织或悬浮细胞比较容易发生变异，如果经过多次的继代培养，还会出现再生植株能力减退等现象。

（2）酶混合液

用酶法分离植物原生质体时，必须配制适当的酶混合液（简称酶液），以降解植物细胞之间的果胶质以及植物细胞的细胞壁成分。对于大多数植物材料来说，分离原生质体只需要果胶酶（pectinase）和纤维素酶（cellulase），但有些材料还需要加入半纤维素酶（hemicellulase）或蜗牛酶等。目前，常用的商品化酶制剂主要有以下几种，各具特点，可根据植物材料的性质单独使用或搭配使用。

① 果胶酶 用于降解植物细胞之间的果胶质。常用的有 Pectolyase Y-23、Pectinase 和 Macerozyme R-10，其中 Pectolyase Y-23 的活性较高，使用浓度一般为 $0.1\%\sim0.5\%$。Macerozyme R-10 的活性稍低，使用浓度一般为 $1\%\sim5\%$。

② 纤维素酶 用于降解植物细胞壁中的纤维素。常用的有 Cellulase Onozuka R-10 和 Cellulase Onozuka RS，其中 Cellulase Onozuka RS 的活性较高。

③ 半纤维素酶 用于降解植物细胞壁中的半纤维素。常用的有 Rhozyme HP-150。

④ 崩溃酶（driselase） 一种同时具有纤维素酶、果胶酶、地衣多糖酶（lichenase）和木聚糖酶（xylanase）等活性的酶，适用于从培养细胞分离原生质体。

此外，由中国科学院上海植物生理研究所生产的 EA_3-867 是一种含有纤维素酶、半纤维素酶和果胶酶的粗制混合酶，它的活性也较高。

在配制酶液时，必须加入适量的渗透压稳定剂，这主要是为保持酶液具有一定的渗透压，以代替细胞壁对原生质体所起的保护作用。因为细胞壁一旦去除，裸露的原生质体若处于低渗透压的溶液中，就会立即破裂。甘露醇和山梨醇等糖醇是最常用的渗透压稳定剂，有时也用葡萄糖。糖醇一般用于分离叶肉细胞等材料的原生质体。葡萄糖则常用于分离悬浮细胞的原生质体。渗透压稳定剂的浓度因植物材料不同而异，一般为 $0.3\sim0.7\text{mol/L}$。

另外，在酶液中加入一些无机盐类或其它化合物如氯化钙、磷酸二氢钾、葡聚硫酸钾等可以提高细胞膜的稳定性以及原生质体的活力。酶液的 pH 一般调至 $4.7\sim6.0$。酶液因高温会失活，一般采用 $0.22\sim0.45\mu\text{m}$ 的微孔滤膜过滤灭菌。过滤灭菌后的酶液贮存于低温冰箱中，可保存数月而不丧失活性，化冻后使用。

（3）分离原生质体的操作程序

酶法分离植物原生质体可分为两步分离法和一步分离法。

① 两步分离法 是先用果胶酶溶液处理植物材料，降解细胞间的果胶质使细胞单独分开，形成单细胞，收集单细胞以后再用纤维素酶或添加半纤维素酶溶液降解植物细胞壁，从而分离获得原生质体。

② 一步分离法　是将所需的果胶酶和纤维素酶等混合配成酶液，将植物材料进行一次性处理使其分离原生质体。目前，一步分离法较为常用，但也有报道通过两步分离法所获得的原生质体活性较高。

（4）花粉原生质体的分离

广义的花粉原生质体包括由四分体、花粉粒和花粉管分离的原生质体。它们属于单倍性的原生质体，是进行植物遗传操作的极好材料。在花粉发育的各个时期，由于其外壁成分的不同，分离的方法以及难易程度也有差异。对于花粉发育早期的四分体以及成熟花粉萌发花粉管以后，可以较容易地分离获得原生质体或亚原生质体。因为四分体时期的花粉外壁主要由胼胝质等构成，成熟花粉萌发以后的花粉管壁由果胶质、纤维素和胼胝质组成，这些成分可以分别被胼胝质酶、果胶酶和纤维素酶所降解，因此，对于这两个时期的原生质体分离程序与一般的从植物组织或细胞分离原生质体的方法基本相同。但是，在小孢子至成熟花粉时期，由于花粉外壁主要由孢粉素组成，而迄今为止尚缺乏能够降解孢粉素相应的酶。针对花粉外壁的障碍，Tanaka 等（1987）、周嫦（1988）等利用花粉的水合作用，即在相对较低渗透压（10％～12％甘露醇或5％蔗糖）的纤维素酶和果胶酶溶液中，通过花粉的吸胀作用撑破外壁或花粉的萌发沟，使内壁大面积处于酶的作用之下，从而大量分离出具有生活力的花粉原生质体。

（5）原生质体的活力测定

常用荧光素双醋酸酯（fluorescein diacetate，简称 FDA）染色法。具体操作：将纯化后的原生质体悬浮液 0.5mL 置于 10mL 离心管中，加入 FDA 贮存液（2mg/L FDA 的丙酮溶液，0℃贮存），使其最终浓度为 0.01％，混匀于室温放置 5min 后，用荧光显微镜观察。激发光滤光片可用 QB-24（可透过 300～500nm 的光），压制滤光片可用 JB-8（可透过 500～600nm 的光）。如果原生质体发黄绿色荧光则表示其是有活力的；如果原生质体发红色荧光则表示其是无活力的。由于叶绿素的关系，含叶绿素的原生质体发黄绿色荧光的是有活力的，发红色荧光的是无活力的。以有活力的原生质体数占观察原生质体总数的百分数表示原生质体活力。

2. 原生质体培养

获得有活力的原生质体后，在适宜的条件下，经过培养即可使其再生形成新的细胞壁，随后经持续分裂形成细胞团，进一步增殖形成愈伤组织或分化形成胚状体，最终分化或发育形成完整植株。影响原生质体培养再生植株的因素，除植物基因型和原生质体来源外，主要有培养基、培养方法和培养条件等。

（1）培养基

植物原生质体由于缺失了细胞壁，所以在培养时，除需提供植物细胞培养时所必要的基本培养基成分和外源激素等以外，还必须添加一些能够稳定培养基渗透压以及促进细胞壁再生的成分。常用的基本培养基有 MS 和 B_5 等，但有研究指出，MS 和 B_5 培养基中的铵态氮含量对不少植物原生质体的培养来说浓度太高，适当降低其浓度至原来的二分之一或四分之一以及添加一些氨基酸类物质有利于原生质体的分裂与增殖。由此发展而来的 N_6 培养基被广泛应用于禾谷类植物的原生质体培养。$KM8_p$ 培养基是高国楠等在进行豌豆原生质体低密度培养时所创立的，其中含有多种有机成分，营养丰富，在许多研究中取得了较好的效果。

渗透压稳定剂是原生质体培养基中必须添加的成分，其种类、浓度与分离原生质体时基本相同。在原生质体培养过程中，随着细胞壁的再生形成和细胞的持续分裂，培养基中的渗透压应逐渐降低，否则会影响细胞团的增殖和分化。对于利用糖醇类作为渗透压稳定剂时，更应如此，因为糖醇不易被原生质体吸收；当用糖类作为渗透压稳定剂时，这个问题不那么严重，因为糖易被细胞吸收，培养基中渗透压也会自然降低；相反，如果起始培养基的渗透压较低，则可能存在早期因糖被吸收，而使培养基渗透压降至所需水平以下，造成原生质体破裂等问题。故一些研究者利用糖和糖醇各一半取得较好效果。

（2）培养方法

原生质体培养的方法大致可以分为液体培养、固体培养、固体液体结合培养和饲养层培养四种。对于容易培养的植物原生质体，可以采用简单的固体培养或液体培养；对于较难培养的植物原生质体需要考虑采用固体液体结合培养或饲养层培养。

① 液体培养　主要有液体浅层培养和微滴培养。液体浅层培养是将原生质体以一定密度悬浮在培养液中，用吸管将原生质体悬浮液转移到培养皿中，在其底部形成一薄层，用封口膜密封后进行培养。一般在直径 3cm 的培养皿中加入 1～1.5mL 原生质体悬浮液，或者在直径 6cm 的培养皿中加入 2～3mL 原生质体悬浮液。该方法是原生质体培养中广泛采用的方法之一，其优点是操作简便，对原生质体的损伤较小，易于添加新鲜培养基和转移培养物；缺点是原生质体在培养基中分布不均匀，原生质体之间常常因发生粘连而影响其进一步的生长和发育，并且难以定点追踪单个原生质体的分裂和生长发育。微滴培养是由液体浅层培养发展而来的一种方法。将0.1mL 的原生质体悬浮液用滴管滴于培养皿的底部，一般在直径 6cm 的培养皿中滴入 5～7 滴，密封后进行培养。其优点是可进行较多组合的试验或进行融合体以及单个原生质体的培养；缺点是原生质体容易集中在微滴中央以及微滴容易挥发。可用在微滴上覆盖矿物油的办法解决挥发问题。

② 固体培养　将含有琼脂（约 1.2%）的原生质体培养基融化后，待冷却至 45℃ 左右与原生质体悬浮液等体积迅速混合，同时轻轻摇动，使原生质体均匀分布在培养基中，然后将 5mL 的混合物倒入培养皿（直径 6cm），冷却凝固后封口进行培养。该法的优点是可以定点观察某个原生质体的分裂和生长发育；缺点是操作要求较严格，并且原生质体的生长发育速度往往较慢。

③ 固体液体结合培养　主要有液体浅层-固体平板双层培养和琼脂糖珠培养。

a. 液体浅层-固体平板双层培养时，在培养皿底部先铺一薄层含琼脂或琼脂糖的固体培养基，再将原生质体悬浮液置于固体培养基的上面进行液体浅层培养。该方法的优点是固体培养基中的营养成分可以缓慢地释放到液体培养基中，以补充培养物对营养的消耗。另外，如果在下层固体培养基中添加一定含量的活性炭，可有效地吸附培养物所产生的有害物质，促进原生质体的分裂及细胞团的形成。

b. 琼脂糖珠培养是将原生质体悬浮液与琼脂糖混合制成平板，把平板切成小块，转移到大体积的液体培养基中，在旋转摇床上进行振荡培养。该方法改善了培养物的通气和营养环境，有利于原生质体的分裂及细胞团的形成。

④ 饲养层培养　又称看护培养或滋养培养。该法采用的是与花粉和细胞培养中看护培养相似的原理，利用饲养层的原生质体刺激培养层的原生质体分裂和生长发育，比较适合于原生质体的低密度培养和其它方法较难培养的植物原生质体的培养。饲养层培养又分为分层培养和混合培养。分层培养是先制备固体的饲养细胞层，再在其上加入培养层。饲养细胞层的制备是先用 X 射线照射部分分离的原生质体，照射剂量以能抑制细胞分裂但不破坏细胞的代谢活性为标准。照射后，将原生质体清洗 2～3 次，包埋于琼脂培养基中，然后铺于培养皿的底部构成饲养细胞层。将拟培养的原生质体悬浮液加入到饲养细胞层的上面进行培养。混合培养是将经过 X 射线照射而失去分裂能力的原生质体与拟培养的原生质体相混合，一起包埋于琼脂培养基中进行固体培养。由于不同物种的原生质体之间可能发生互馈现象，所以，饲养层细胞并不一定需要来自同种植物，用不同植物的原生质体制备饲养层有时对拟培养的原生质体更加有利；但是，对于烟草和柑橘原生质体的培养，已有的研究结果表明，以本物种的原生质体制备饲养层比用其它物种制备的饲养层更为有效。

（3）培养条件

影响原生质体的培养条件主要有光照和温度。一般而言，对于叶肉、子叶和下胚轴等有叶绿体的原生质体，在培养初期最好置于弱光或散射光下；由愈伤组织和悬浮细胞分离的原生质体置于黑暗中培养。在诱导分化阶段，则要将培养物置于光照条件下进行培养，光强一般为 1000～3000 lx，光照时数为每天 10～16h。

不同植物的原生质体对培养温度的要求也不同，一般为 25～30℃，但马铃薯为 23～25℃，豌豆叶肉原生质体为 19～21℃，油菜的培养温度开始一周为 30～32℃，然后转到 26～28℃下培养的效果较好。在分化阶段，培养温度一般以 25～26℃为宜。

（4）原生质体的分裂与增殖

植物原生质体在培养的初期，首先是体积的增大，如果是叶肉原生质体，还可观察到叶绿体重排于细胞核的周围，继而形成新的细胞壁。绝大多数的植物原生质体只有完成细胞壁再生以后才能进行细胞分裂，因此，细胞壁的再生是原生质体培养取得成功的第一个关键时期。新壁形成后，在显微镜下可以观察到原来球形的原生质体变成了卵圆形或长圆形，有的还可以看到原生质体"出芽"的现象，这是由于细胞壁合成不均匀，致使在有些细胞壁较薄的地方原生质突出所造成的。

随着新壁的再生，细胞开始分裂。在多数情况下，原生质体培养 2～7d 后出现第 1 次分裂，以后分裂周期缩短，分裂速度加快，在生长良好的情况下，培养 2～3 周后形成肉眼可见的小细胞团。在此期间，每隔 1～2 周应添加新鲜的低渗透压液体培养基，一方面为适应不断增多的细胞对营养的要求，保证由原生质体再生的细胞能持续分裂；另一方面逐渐降低液体培养基中的渗透压，也有利于小细胞团增殖形成愈伤组织。

（5）植株再生

待愈伤组织长至直径 1～2mm 时，将其转移到愈伤组织增殖培养基或分化培养基上进行培养。植株再生有两条途径，一是通过愈伤组织先分化形成不定芽，再使不定芽生根，形成完整植株，如番茄、甘蓝等；另一途径是愈伤组织直接分化形成胚状体，再由胚状体生长形成完整植株，如胡萝卜、柑橘等。

3. 原生质体融合

通常也称体细胞杂交（somatic hybridization），是指将不同种、属甚至科间的植物原生质体通过人工方法诱导融合，然后进行培养，使其再生杂种植株的技术。

（1）原生质体融合的种类

原生质体融合可分为自发融合和诱导融合两种类型。产生自发融合的原因，一般认为是由于原生质体分离之前，细胞之间本来就以胞间连丝连接着，当细胞壁被降解后，胞间连丝收缩，使两个或多个原生质体相互靠近而融合在一起。如果破坏了胞间连丝，那么自发融合的频率是极低的。由于自发融合多发生于同一植物组织的相邻原生质体之间，融合的结果是形成同核体（homokaryon），这对于以植物育种为目的的体细胞杂交而言，是没有多大应用价值的。植物育种者重视的是诱导融合的研究。

（2）诱导融合的方法

一般可分为物理和化学诱导融合。物理方法包括利用显微操作、离心、振动和电刺激以促使原生质体融合。化学方法是用一些化学试剂作为诱导剂，处理原生质体使其发生融合。化学诱导剂主要有各种无机盐［如 $NaNO_3$、KNO_3、$LiCl_2$、$NaCl$、$Ca(NO_3)_2$、$CaCl_2$、$MgCl_2$、$BaCl_2$、$AlCl_3$ 等］以及多聚化合物［如多聚赖氨酸、多聚-L-鸟氨酸、聚乙二醇（PEG）等］。目前常用的方法是利用化学诱导剂 PEG 结合高 pH、高钙离子诱导融合法以及物理的电融合法。

① PEG 结合高 pH、高钙离子诱导融合法　该法由 Kao 等于 1974 年创立。他们在采用 PEG 处理植物原生质体时，发现高浓度、高聚合度的 PEG 溶液对植物原生质体有很强的凝聚作用，并且在利用高 pH、高钙离子溶液洗脱 PEG 分子过程中，观察到高频率的原生质体融合现象。至今，此法已被广泛应用于动植物的体细胞杂交，而且成功的例子也最多。具体步骤如下。

a.用常规方法分别收集、纯化两亲本原生质体。

b. 将已纯化的两亲本原生质体等量混合，通过低速离心使混合的原生质体沉降至离心管的底部，弃去上清液，用清洗液调整原生质体的密度为 4%～5%（原生质体体积/清洗液体积），并使原生质体重新悬浮。

c. 用滴管吸 0.15mL 的混合原生质体悬浮液置于培养皿底部的中央，然后静置 10min，让原生质体自然沉降形成一薄层。

d. 沿着已自然沉降的原生质体滴液周围或相对的 4 个部位，缓慢滴入 0.45mL 的 PEG 溶液 [1g PEG（MW1540）溶于 2mL 含有 0.1mol/L 的葡萄糖、10.5mmol/L $CaCl_2$ · $2H_2O$ 和 0.7mmol/L KH_2PO_4（pH5.5）溶液中]。此时，若用显微镜检查，可以观察到原生质体的剧烈移动，部分原生质体在 PEG 作用下相互黏合在一起，随着 PEG 处理时间的延长，黏合在一起的原生质体数目不断增多，黏合比例也不断增大。一般来说，以 2～3 个原生质体黏合在一起的比例较高时，或者将 PEG 稀释后，在稀释液中观察到有较多的 2～3 个原生质体黏合在一起时，为 PEG 处理的适宜时间。通常为 10～30min。

e. 沿着培养皿的一边缓慢加入 0.5～1mL 的高 pH、高钙离子溶液（成分是 50mmol/L $CaCl_2$、50mmol/L 甘氨酸、300mmol/L 葡萄糖，pH 值调至 10.5）。静置 10min 后，再从培养皿的对面一边缓慢吸出高 pH、高钙离子洗脱液。如此重复 4～5 次，最后一次用原生质体培养液，以彻底洗脱 PEG 溶液。

f. 加入 1～2mL 原生质体液体培养基，并用石蜡膜将培养皿密封，在倒置显微镜下检查，统计融合频率。随后进行培养。利用此法诱导融合频率可以高达 10%～50%，另外，PEG 诱导的融合是没有特异性的，可以诱导任何原生质体之间，甚至植物原生质体和动物原生质体之间的融合。

② 电融合法 其优点在于避免了 PEG、高 pH、高钙离子强加于原生质体的生理非常条件，同时融合的条件更加数据化，便于控制和相互比较。自创立以来，该方法已被广泛使用，如西尾刚（1987）利用此法成功获得了甘蓝与大白菜的体细胞杂种。

电融合法的原理是利用电刺激使细胞膜发生结构变化，从而使紧密接触的原生质体之间发生内含物细胞质（含细胞核）的融合。电融合法主要分为 3 个步骤：第一步诱导原生质体发生电泳动，使原生质体沿着电场的方向排列成串珠状。通常是将原生质体用融合缓冲液（0.25～0.5mol/L 甘露醇，0.1mmol/L $CaCl_2$，0.1mmol/L $MgCl_2$，0.2mmol/L Tris-HCl；pH7.2～7.4）悬浮至 $(2～8) \times 10^4$ 个/mL 密度，再使原生质体悬浮液流入融合板的两极之间，在两极给予交变电流，电压为 40～300V/cm，频率为 0.5～1MHz。第二步在两极给予瞬间的高强度电脉冲，使原生质膜发生可逆性电击穿。一般用的脉冲强度为 500～1000V/cm，脉冲期宽为 20～50μs。通常一次融合处理给予几个脉冲，脉冲间隔为 1～2s。第三步通过细胞质膜穿孔的变化而发生细胞质融合。电融合处理后，将原生质体从融合板中取出并用培养液重新悬浮，然后进行培养。

影响电融合的因素主要有交变电流的强弱、处理时间的长短、电脉冲的大小等，不同的植物种类以及不同的原生质体来源，所要求的电融合条件也有所不同，因此，在进行电融合前需对上述影响因素进行优化。

（3）非对称融合

非对称融合就是在融合前将一方的原生质体进行处理（通常是射线），使其细胞核部分或全部钝化，然后再与另一方的原生质体融合。融合的结果是获得非对称杂种，即两融合亲本对杂种细胞的遗传组成的贡献是不对等的。以亲本对杂种的遗传贡献不对等（称）这一角度出发，非对称融合包括体配融合（gameto-somatic fusion）和供-受体融合（donor-recipient fusion）两种类型。体配融合，即用亲本一方的四分体小孢子原生质体与另一亲本的体细胞原生质体进行融合的过程。融合后的杂种细胞经培养可获得三倍体植株。与有性杂交培育三倍体相比，可省去培育同源或异源四倍体的程序，大大提高了育种效率；另一方面，亲本一方为体细胞，是有丝分裂的产物，没有发生基因分离重组，融合产生的三倍体杂种有希望保持原来亲本的优良性状，而四分体小孢子原生质体是减数分裂的产物，其原生质体之间存在差异，两者融合后为变异杂种的选择提供了可能。邓秀新等（1995）采用该方法将"平户"文旦（柚）四分体小孢子原生质体与"伏令夏"甜橙胚性愈伤组织原生质体进行融合，再生出三倍性胚状体。供-受体融合，即用射线照射亲本之一的原生质体，使其细胞核失活或部分失活，对另一亲本原生质体用代谢抑制剂处理，抑制其细胞质分裂，通过两者的融合所得到的杂合体具有亲本之一的细胞质和另一亲本的细胞核，但染色体的倍性不变。如果亲本之一的细胞核失活的程度不高，将有可能使部分染色体进入杂种细胞，得到只转移1条或少数几条染色体的杂种植株，从而获得转移部分性状的杂种。例如侯喜林等（2001）以不结球白菜核质互作雄性不育系及其保持系为材料，探讨了电融合原生质体的适宜条件，结果成功获得了不结球白菜胞质杂种，为人工创制不结球白菜核质互作雄性不育系开拓了一条新途径。

（4）原生质体融合体的发育及杂种细胞的选择

如上所述，原生质体诱导融合是没有选择性的，经过融合处理后，能使一部分原生质体实现细胞质膜融合，所以，两种异源的原生质体经过诱导融合处理后，得到的是一个由未融合的亲本原生质体、同源亲本原生质体融合的同核体和异源亲本原生质体融合的异核体所组成的混合群体。然而异核体在进一步的核融合过程中，却可能发生各种变化。一般情况下，异核体的核融合是在两亲本同步分裂过程中发生的，所以，异核体的进一步发展就存在两种可能性：一种是双亲细胞核在异核体中迅速实现同步有丝分裂，形成共同纺锤体，全部染色体都排列到赤道板上，通过正常的细胞分裂产生子细胞，在子细胞的细胞核中含有双亲细胞的染色体及其携带的遗传物质，完成真正的核融合；另一种是双亲细胞核的有丝分裂不能同步进行，没有形成共同的纺锤体，导致双亲或亲本之一的部分染色体丢失或出现畸形，造成异核体不能发生真正的核融合，使得异核体不能进行正常的细胞分裂产生子细胞。或者有时即使能够发生有丝分裂，也能够产生子细胞，但所产生的子细胞往往只含有一个亲本的染色体及其携带的遗传物质。因此，异核体真正的核融合才是异源原生质体融合的关键。这也说明通过原生质体融合产生体细胞杂种，并不是随心所欲不受限制的。原生质体亲本之间系统发育关系的远近，对异核体能否完成真正的核融合起到决定性作用。一般来说，亲缘关系越远，就越难发生真正的核融合，也就越难获得体细胞杂种植株。

另一方面，原生质体经诱导融合处理后，一旦形成了异核体或杂种细胞，如果能及时把它们从同时存在未融合的亲本原生质体和同缘亲本原生质体融合的同核体的混合群体中筛选出来，转移到适宜培养条件下进行培养，将会大大提高获得体细胞杂种的可能性。异核体或杂种细胞的选择主要有两种方法：一种是利用物理方法进行选择，例如将叶肉细胞原生质体与悬浮细胞原生质体进行融合时，由于叶肉细胞原生质体中含有叶绿体而悬浮细胞原生质体中缺乏叶绿体，在显微镜下可以明显区分异核体和亲本原生质体。当两种异源原生质体在颜色或形态上无法区别时，Galbraith等（1980）用异硫氰酸荧光素（发绿色荧光）和碱性蕊香荧光素（发红色荧光）分别加入到分离亲本原生质体的酶液中，使两种原生质体带有不同的荧光，经过融合处理后，在荧光显微镜下，可以观察到异核体或杂种细胞发出两种荧光，以区别亲本原生质体；第二种是利用杂种细胞的生长特性或突变体互补进行选择，例如培养基促进异核体生长的选择方法（Carlson *et al.*，1972；Smith *et al.*，1976）、叶绿素缺失互补选择法（Melchers *et al.*，1974）、生化突变体互补选择法（Power *et al.*，1976，1980）和双突变系选择法（Hamill *et al.*，1983）等，以及由上述方法派生出来的近20种方法（Cocking，1986；孙勇如，1989）。这些方法均是研究者在一些特定的实验系统中经过长期的研究摸索出来并被证明是有效的，但在应用上还存在局限性。

（5）体细胞杂种植株的再生及鉴定

获得杂种细胞以后，经过与原生质体相同的培养程序，促进细胞持续分裂，使其逐渐形成小细胞团和愈伤组织，以及诱导愈伤组织分化形成胚状体或不定芽和不定根，最后长成完整的杂种植株。通过体细胞杂交所获得的杂种植株，比通过有性杂交所获得的植株具有更大的变异性。即使是经过上述的异核体或杂种细胞选择的程序，杂种细胞在分裂、分化过程中也会由于存在异种核质间的不协调性，导致再生的杂种植株出现非整倍体、部分遗传基因丢失等变异现象。所以，对体细胞杂种植株的鉴定，其意义不仅在于确认体细胞杂种的杂种性，还可以弄清融合亲本的双方在遗传上对杂种植株的贡献程度。

鉴定体细胞杂种的方法很多，常用的有以下几种方法。

① 形态学鉴定　根据再生植株的表现型特征，如植株的高矮、叶片的形状、花的大小和颜色、花粉的有无等来鉴别体细胞杂种。从已有的报道来看，间的体细胞杂种，其形态特征多居于亲本双方之间；而属间的体细胞杂种，其形态特征的变化较为复杂，更多的是偏于亲本的一方。形态学鉴定方法简单明了，但不适宜作早期鉴定，这对于童期长的木本果树和花卉存在很大的局限性，而且容易受到培养过程中所产生变异的干扰，尤其是对非整倍体，其形态变异不易与体细胞杂种所引起的变异相区别。因此，仅进行形态学鉴定是不够的。

② 细胞学鉴定　根据细胞中染色体的数目、大小、形态与倍性来鉴定体细胞杂种。因为植物细胞内的染色体是相对稳定的。这种方法不但能证明再生植株的杂种性，而且为分析各亲本对杂种遗传物质的贡献程度提供证据，特别适用于亲本双方染色体数目不同的体细胞杂交实验体系。

③ 生化鉴定　利用亲本的某些生物化学特性（如酶、色素、蛋白质等）在杂种中的表达来鉴别体细胞杂种。研究最多且有效的是同工酶法，但这种方法与形态学鉴定相类似，无法避免因培养过程中所产生变异的干扰。

④ DNA检测鉴定　应用DNA重组技术，从分子水平来鉴定体细胞杂种。因为每个物种都有其特定的DNA分子图谱，利用物种特异的分子标记技术，就可以根据特异的图谱鉴定出体细胞杂种。如果与原位杂交技术相结合，还可以将该探针定位在某条染色体上。

二、植物细胞培养及突变体的离体筛选

利用离体培养细胞无性系变异分离筛选一些具有重要经济价值的突变体，已成为植物细胞工程育种的一项重要内容。植物离体培养产生变异的原因可能有两个方面：一是在植株个体的繁殖过程中产生了变异细胞，即体细胞存在异质性，这在无性繁殖植物种类中更为广泛，只是变异细胞在植株整体中被掩盖而在离体培养时得以表现而已；二是在离体培养过程中产生了变异细胞，已有实验表明培养基成分（Torrey，1965）和培养基的物理状态（Singh，1965）会对培养细胞染色体的倍性变异产生影响。

1. 变异体与突变体的区别

在植物组织、细胞培养过程中，常见的体细胞无性系变异种类繁多，概括起来大体可分为三种：一是外部特征变异，如株高、叶形和叶数、花色和花的大小、果实的形状和大小等；二是生理机能变异，如光合能力、腋芽和根的分化能力、花粉稔性和受精能力、对日照长度的反应、对病虫害的抗性、对土壤盐类、土壤干度及湿度的适应性等；三是化学成分的变异，如氨基酸、糖的种类和含量的变化等。值得指出的是在离体培养过程中所表现的上述变异并非全部都能遗传，其中相当一部分变异是因为表观遗传变化（epigenetic change）所引起，因此，在没有足够证据确认一种新的表现型是否受一种变化了的新基因型所控制的情况下，有人把具有这种新的表现型的细胞或个体称为变异体（variant）。

至于植物细胞突变体（mutant），其产生频率较低。据统计，在悬浮培养细胞中，自发突变频率为 $10^{-7} \sim 10^{-5}$，即使是在单倍性的原生质体中也仅为 $10^{-5} \sim 10^{-4}$。Flick（1983）提出突变体应符合三个条件：一是离开选择压力后，虽经长时间培养，突变体应当是稳定的；二是再生

植株后突变体仍能保持其性状的稳定性，虽然在再生植株个体水平有时并不一定能够表现突变的性状，但是这些突变性状通过再生植株的细胞培养所形成的愈伤组织应当能够表现；三是突变的性状能够通过有性生殖传递给后代。

2. 突变的发生

突变可以自发产生（自发突变），也可受诱变剂诱发（诱发突变）。自发产生的突变型与诱发产生的突变型没有本质上的差别，其原因都是由于 DNA 损伤不能正常修复带来的一系列变化所致。按照遗传成分改变的范围大小，有人把突变的种类分为 3 个层次：一是基因组突变，指染色体数目的改变或细胞质基因组的增减；二是染色体突变，指染色体较大范围的结构变化，不止涵盖一个基因，有时甚至达到可用显微镜检查识别的程度；三是基因突变，指一个基因内部的分子结构改变。除基因组突变外，按照 DNA 分子改变的方式，也有人把突变分为四种类型：一是碱基置换突变，由一对碱基的改变而造成的突变；二是移码突变，由一对或少数几对邻接的核苷酸增加或减少，使这一位置以后的一系列密码阅读移位而造成的突变；三是缺失突变，由于较长的 DNA 片段的缺失而导致的突变；四是插入突变，在原来 DNA 分子链中插入一段新的 DNA 分子而导致的突变。

影响植物离体培养自发突变频率的因素主要有植物的基因型和年龄、培养细胞和组织的来源、植物细胞和组织继代培养的时间、培养基的组成成分和培养的环境条件等。

3. 植物细胞突变体的筛选程序

（1）起始材料的选择

起始材料的某些特性，如亲本细胞的再生植株能力和染色体数目等，对能否通过离体筛选获得突变体极为关键。如果所选用的亲本细胞不能再生植株，那么变异细胞很可能不会再生植株。另一方面，由于非整倍体细胞即使再生植株，也将使其遗传和生化分析复杂化，所以，应尽可能避免使用非整倍体作为起始材料。

目前，最常用的起始材料是原生质体和悬浮培养细胞。利用原生质体的有利之处在于它是相对均一的单细胞，容易受到选择压力的筛选以及避免所获得的突变体为嵌合体。不过，至今尚有不少植物种类还没有建立起原生质体再生植株体系。因此，对于有些植物种类，利用悬浮细胞则可以克服原生质体再生植株的困难，通常的方法是将悬浮培养细胞经过孔径为 $200\sim400\mu m$ 的网筛过滤，以除去较大的细胞团，然后进行选择处理。另外，为了获得较高的植株再生率，也有不少利用愈伤组织、幼胚等作为起始材料成功地筛选获得突变体的报道。

（2）突变细胞的选择

① 突变细胞的选择方法　常用的有直接选择法和间接选择法。现已证明，许多物质对于培养的植物细胞是有毒害的，如植物毒素、除草剂、高浓度的重金属离子及盐类等，这类物质均可作为离体筛选突变细胞的选择压力，通过在培养基中添加上述物质，就有可能从大量的培养细胞中直接筛选得到具有各种抗耐性的突变细胞。

对于不能用直接选择法筛选的突变类型，可用间接选择法进行筛选获得所需要的突变细胞。例如，在离体培养细胞中直接选择抗旱性是困难的，但通过选择抗羟基脯氨酸类似物的间接方法，可以获得抗旱突变体。因为抗羟基脯氨酸类似物的突变体可过量合成脯氨酸，而人们已经清楚脯氨酸的过量合成往往是植物适应干旱的反应。

② 结合诱变剂处理筛选突变细胞　在离体培养筛选植物细胞突变体时，使用诱变剂的必要性尚未得到满意的证实。据统计，用与不用诱变剂处理获得的突变体数几乎相等。常用的诱变处理方法可以分为物理诱变和化学诱变。前者如使用紫外线、放射线等，后者包括使用 EMS、5-溴去氧尿嘧啶核苷等多种有机物以及一些简单的无机化合物。利用物理诱变处理的优点是诱变以后无需对细胞进行任何处理便可直接进行培养，缺点是需要有专门的设备。如果采用化学诱变处理，则不需要专门的设备，但经过诱变处理以后，必须对处理过的细胞进行彻底清洗，以便除去

残留的诱变剂，这一过程有可能对培养细胞产生一定的损伤。因此，在具体使用时应根据实际情况而定。

（3）突变细胞及其突变性状的遗传稳定性鉴定

在选择培养基上能够生长的细胞并非全部都是突变细胞，因为有时部分细胞由于没有充分与选择剂接触或没有受到选择压力的筛选而存留下来，还有可能经过选择后获得的是非遗传的变异细胞。鉴别经筛选出来的细胞或植株是否为突变细胞或突变植株时，可以按照 Flick（1983）提出的突变体应符合的三个条件进行验证，即通过将细胞或组织在没有选择压力的培养基上进行继代培养以确定突变细胞或组织；利用所形成的植株开花结实后的发芽种子或者由种子长成的植株为材料，进一步诱导其形成愈伤组织，通过对愈伤组织转移到含有选择剂的培养基上进行培养，以确定突变植株。如果所选择的突变性状是可以在植株个体水平表达的性状如抗病性等，也可以用再生植株个体进行鉴定。

4. 重要农艺性状的突变体离体筛选

（1）抗病突变体的离体筛选

抗病突变体筛选常用的选择压力有两种，即活菌和病菌毒素。利用活菌作为选择压力对筛选系统侵染的抗病毒病突变体是较成功的，其要点是用受系统侵染的外植体先进行诱变处理，再在高浓度细胞分裂素和高光强条件下进行继代培养使细胞脱毒或产生抗性，然后挑选出生长迅速的愈伤组织使其再生植株，最后挑选健康植株进行抗病性鉴定。利用病菌毒素作为选择压力筛选抗病突变体，可以克服用活菌筛选时病菌感染不均等缺点。目前，利用病菌毒素或粗毒素（病菌培养滤液）作为选择压力，在蔬菜作物中已筛选得到多种抗病突变体，其中一部分的遗传稳定性已得到验证。

值得指出的是并非所有的抗病突变体均可通过离体培养细胞进行筛选，当某些病害发生的原因除病菌毒素以外，还存在田间某些其它诱发因素时，仅仅通过培养细胞就较难筛选获得田间表现具有抗病性的突变植株。此外，如果植株在个体水平和细胞水平对某种病菌毒素感受性表现不一致时，也难以通过培养细胞的筛选获得抗病突变植株。

（2）耐盐碱突变体的离体筛选

土壤中由于含有过量的氯化钠或其它盐类等，使地球上可耕地面积有限并有逐年减少的趋势，因此，筛选抗、耐盐碱的细胞突变体已引起各国研究者的关注，并在番茄等多种作物上取得了显著成效。

在培养基中加入一定浓度的氯化钠或其它盐类即可对培养细胞起到直接的筛选效果。也有报道指出，在总盐浓度相同的情况下，单盐（NaCl）对细胞或组织的毒害比海水大，因此，在筛选抗耐盐突变体时，建议应用海水而不是用单盐作为选择压力，这样会更好地代表自然存在的土壤盐溶液状态。

（3）抗除草剂突变体的离体筛选

在大田栽培作物时，使用除草剂已成为不可缺少的栽培措施之一。选育抗除草剂的优良新品种将有助于提高除草剂的使用效果以及阐明除草剂除草的作用机理。通过培养细胞筛选抗除草剂突变体已有成功的报道。

一般来说，利用悬浮培养细胞以及除草剂作为选择压力对筛选抗除草剂突变体是适合的。但是，对于某些作用于光合作用电子传递系统的除草剂，如 Metribugin 等，则是利用无性生殖胚作为选择材料更容易获得抗除草剂突变体。另外，在鉴定再生植株对除草剂抗性时，对于某些除草剂，如百草枯等，可用叶片进行鉴定，具体方法是用打孔器从对照植株和再生植株上切取叶圆片，将其漂浮在不同浓度的除草剂溶液上，并给予连续光照，24～48h 后观察叶圆片，具抗性的叶片将仍然是绿的，敏感的叶片则会失绿或坏死。

（4）耐高/低温突变体的离体筛选

一般情况下，在筛选耐高低温突变体时，应选择在高温或低温条件下生长量基本不变或者淘汰存在温度敏感致死基因的材料。但是，迄今通过离体筛选获得耐高低温突变体的报道仍然极少。

第二节 园艺植物基因工程育种

一、基因工程的概念和原理

基因工程（genetic engineering）又称 DNA 重组技术，是以分子遗传学为理论基础，将不同来源的基因按预先设计的蓝图，在体外构建 DNA 分子，然后导入受体细胞，以改变生物原有的遗传特性、获得新品种、生产新产品。狭义的基因工程指用体外重组 DNA 技术去获得新的重组基因。广义的基因工程则指按人们意愿设计，通过改造基因或基因组而改变生物的特点基因结构，从而产生新的遗传特性。

植物基因工程（plant genetic engineering）是随原核生物基因工程的发展而于 20 世纪 80 年代开始兴起和发展的。它在大肠杆菌或酵母菌作为受体的重组 DNA 技术的基础上，以植物细胞作为受体材料，将重组 DNA 分子导入到植物细胞。植物遗传转化（genetic transformation）系统的突破建立在根癌农杆菌（*Agrobacterium tumefaciens*）Ti 质粒（tumor-inducing plasmid）的利用及其发展与改建上。近年来，源自于对细菌免疫系统的 CRISPR-Cas9 靶向基因编辑技术以其简单的操作、低廉的成本和较高的效率，逐渐成为具有广阔应用前景的基因组定点改造和功能鉴定的方法。

植物基因工程育种是利用基因工程技术应用于植物品种改良，又称转基因育种。它是根据育种目标，从供体生物中分离目的基因，经 DNA 重组、载体构建与遗传转化或直接将目的基因导入受体作物，经过筛选获得稳定表达外源基因的转基因植株（遗传工程体），并经过田间试验与大田选择育成转基因新品种或新种质资源。植物基因工程育种涉及目的基因的分离与改造、转化载体的构建及其转化农杆菌细胞；通过农杆菌介导、基因枪轰击等方法使 DNA 重组体整合进受体细胞或组织以及转化体的筛选、鉴定等遗传转化技术和相配套的组织培养技术；获得携带目的基因的转基因植株；转基因植物的安全性评价；结合转基因育种和常规育种技术育成新品种等内容。

自 1983 年首例转基因植物诞生以来，在越来越多的植物物种中开展了转基因研究与转基因育种。所转移的基因从最初细菌来源的标记基因（如 *NPT II*、*GUS* 等）到现在的许多有益基因（如 *Bt*、*Mi*）。从最初的组成型表达（花椰菜花叶病毒 CaMV35S 启动子）到组织特异性启动子（韧皮部特异表达启动子、果实特异启动子等）或诱导型启动子（激素诱导、逆境诱导等）。转基因技术日臻完善，在转基因操作中通过超量表达、反义抑制、RNA 干扰、基因编辑等多种途径进行基因操作和利用。转基因的目标更加明确，由最初的转基因系统的建立和完善到现在抗病、抗除草剂、抗逆、高产、保鲜和品质的定向改良，甚至还可利用植物作为生物反应器生产特定的药物等。1997 年，华中农业大学培育的耐贮藏转基因番茄是我国首例获准商业化生产的转基因农业生物。

二、基因工程技术

基因工程技术首先要获得目的基因，然后再把目的基因装载到载体上，才能导入到植物。克隆基因有多种方法，比较经典的方法是图位克隆（map based cloning）法，即根据连锁图谱定位基因来克隆植物基因。另外还可以根据一个物种中的已克隆基因序列，设计简并引物，从其他物种中克隆同源基因，称之为同源克隆（homologous cloning）法。

1. 图位克隆技术

包括 4 个技术环节：目的基因的初步定位；精细定位；构建目的基因区域的物理图谱和精细物理图谱直至鉴定出包含目的基因的一个较小的基因组片段；筛选该区段中的候选基因，并通过遗传转化实验证实所获目的基因的功能。初步定位，是利用分子标记技术在一个目标性状的分离群体中把目的基因定位于染色体的一定区域内。常用于定位的分子标记有 SSR、AFLP、SNP、InDel 等。用于定位的分离群体有重组自交系、近等基因系、渐渗系、回交群体、F_2、F_3 家系群体等。精细定位是在初步定位后，对目的基因区域进行高密度分子标记连锁分析。精细定位需要构建更大的分离群体，往往是图位克隆策略中最艰苦和最耗时的限速步骤。利用侧翼分子标记分析和混合样品作图，可以有效地提高精细定位的效率。侧翼分子标记分析是利用初步定位的目的基因两侧的分子标记来鉴定更大分离群体单株以确定标记与目的基因间发生交换的单株，再用这些单株分析两个标记间的所有分子标记以确定与目的基因连锁最紧密的分子标记。混合样品作图是在准确鉴定目的基因的表型的基础上，把大群体中的单株分别混合提取 DNA，并且用目的基因附近的所有分子标记对混合的 DNA 样品池进行分析，根据所有池中包含有交换的 DNA 池的比例来确定与目的基因连锁最紧密的分子标记和目的基因附近所有分子标记的顺序。混合样品作图可以极大地提高分子标记分析效率，减小 DNA 提取的工作量，有利于扩大群体。随着高通量测序技术的普及，基于极端性状个体 DNA 或 RNA 混池进行 BSA-Seq 分析挖掘功能基因的方法体现出巨大的优势和应用前景。

运用图位克隆技术已从番茄中克隆到重要的抗病基因 *Pto*、*Cf-2* 等。叶志彪研究组通过毛粉 802 番茄与 IL2-3 和 IL2-5 基因渐渗系杂交，构建 F_2 群体，在第二条染色体上开发标记，通过图位克隆技术克隆了茸毛形成基因 *Wo*，并表明该基因调控茸毛发生，且基因纯合会导致胚胎败育（Yang *et al.*，2011）。

2. 同源序列法

即根据基因的已知同源序列克隆基因。目前很多植物基因序列已知，当要克隆类似基因时可先从数据库中找到有关基因序列，设计出特异引物；以植物基因组 DNA 或者 cDNA 为模板，采取 PCR 或 RT-PCR（reverse transcribed PCR）的方法来扩增目的基因；扩增的片段经纯化后，连接到合适的载体上，进行序列分析，比较验证而确认目的基因的克隆。这是 PCR 技术诞生后出现的一种快速、简便克隆植物基因的方法。

3. 全基因组关联分析法

基于覆盖全基因组的单核苷酸多态性（SNP）标记和基于连锁不平衡（linkage disequilibrium，简称 LD）的全基因组关联分析法（genome-wide association study，简称 GWAS）是解析作物产量、品质和抗性等重要性状遗传基础的有效新途径。全基因组关联分析是利用基因组变异位点与表型数据之间进行关联分析，得到与表型密切相关的基因组变异位点。近年来，由中国农业科学院、华中农业大学、东北农业大学等单位合作的利用 GWAS 发现了控制番茄粉果果皮颜色基因 *SlMYB12* 的关键变异位点，此位点的变异导致成熟的粉果番茄果皮中不能积累类黄酮，这一发现为培育粉果番茄品种提供了有效的分子育种工具（Lin *et al.*，2014）。通过基因组关联分析，鉴定了控制番茄果实中苹果酸含量的关键基因 *ALMT9*，并明确了其启动子中存在的 InDel 变异决定 *ALMT9* 基因的表达水平（Ye *et al.*，2017）。

三、转基因技术

1. 植物表达载体

将克隆到的基因导入到植物中，通常需要特定的载体介导遗传转化。用作真核细胞遗传转化的载体有一些共性，通常带有"标记"基因，具有多个独特酶切克隆位点，便于 DNA 的分子操作。表达载体（expression vectors）就是在克隆载体基本骨架的基础上增加表达元件（如启动子、终止子、标记基因），使目的基因能够表达的载体。常用的植物表达载体是农杆菌的 Ti 质粒和 Ri 质粒。另外还有病毒表达载体，用于在植物中瞬时表达目的基因。

（1）根癌农杆菌 Ti 质粒载体

农杆菌有 4 个种，其中与植物基因工程有关的主要是根癌农杆菌和发根农杆菌。根癌农杆菌是一种土壤杆菌，在自然条件下能通过伤口感染植物形成冠瘿瘤（crown gall），一旦冠瘿瘤形成，即使去除农杆菌，肿瘤组织仍能独立生长。这种病理现象早在 1907 年就被植物病理学家发现，直到 1974 年 Zeahen 等才从农杆菌中分离出 200kb 的质粒，并发现它与致病性有关（Watsan *et al.*，1975）。1977 年，Chilton 等证明由根癌农杆菌的 Ti 质粒上的一段转移 DNA（transferred-DNA，简称 T-DNA）插入并整合到植物的基因组中引起的。这一发现很快使植物基因工程研究者把它作为转化载体而加以改进和利用。

植物细胞具有全能性，但用野生的 Ti 质粒 T-DNA 插入到植物基因组后，形成的瘤状组织就很难再生成株。1983 年 Motagu 等和 Fraley 等分别将 T-DNA 上的致瘤区段（oncogenicity region）切除，代之以外源基因，证明了外源基因可转入到植物基因组，并从转化的组织再生成完整的植株，至此，第一例转基因植物诞生。同时也证明这些致瘤基因只是为了维持农杆菌的正常生活所必需，对植物既非必需又无益处，因此可以切除掉。

Chilton 等（1982）在植物基因工程研究中取得的另一项突破性进展是将细菌的新霉素磷酸转移酶（*NPTII*）基因转入植物细胞后使植物细胞获得可抗卡那霉素抗性，这一发现使植物基因工程研究者在切除原致瘤基因后，可加入选择标记基因对转化植物细胞加以选择。*NPTII* 基因成为了迄今用得最广泛的选择标记基因。目前用作选择标记的基因已发展了很多，如 *HPT*、*EPSPS*、*bar* 等。

目前，由于双元载体系统易于构建和遗传操作、植物转化效率高等特点而被广泛采用。双元载体系统主要包括两个 Ti 质粒，即微型 Ti 质粒和辅助 Ti 质粒。微型 Ti 质粒就是含有 T-DNA 边界，缺失 *vir* 基因的 Ti 质粒，因而转化的植物不会产生肿瘤。辅助 Ti 质粒含有 Vir 区域。实际上辅助 Ti 质粒是 T-DNA 缺失的突变型 Ti 质粒，其主要作用是提供 *vir* 基因功能，激活处于反式位置上的 T-DNA 转移。最常用的辅助 Ti 质粒是根癌农杆菌 LBA4404 所含有的 pAL4404。双元载体系统的发展是为了简化实验过程，便于实验操作，它充分利用 *vir* 基因对 T-DNA 的反式作用特点，只要把外源基因插入到广谱的大肠杆菌质粒 T-DNA 区域内，而不需修饰 *vir* 质粒（不带 T-DNA）来满足同源重组的要求，因而操作更灵活。较为常用的双元载体系统有 pCAM-BIA 系列载体和 pBI121。

此外，还有利用农杆菌属的发根农杆菌 Ri 质粒 T-DNA 进行植物遗传转化的。Ri 质粒可诱导植物外植体生成毛状根并由其再生成植株，因此，Ri 质粒可以作为植物转化的有效载体，在植物上有所应用。

（2）植物病毒表达载体

以上所述的用转基因的方法将外源基因整合入植物基因组进行稳定表达。此外，外源基因还可以通过植物病毒载体系统进行瞬时表达。与利用转基因表达外源基因相比，植物病毒载体是一类新型的外源基因表达载体。病毒表达载体有许多优点：第一，病毒增殖水平较高，可使伴随的外源基因有高水平表达，相对于基因遗传转化，其表达量可高出 100 多倍；第二，病毒增殖速度快，外源基因在较短的时间内（通常在接种后 1～2 周以内）就可达到最大量的表达；第三，植物病毒基因组小，易于进行遗传修饰，而且大多数病毒可以通过机械接种感染植物，这样易于在商业上大面积操作；第四，植物病毒可以侵染许多单子叶植物，扩大了基因工程的作用范围等；另外，植物病毒主要是利用植物细胞的遗传物质进行繁殖，可以使伴随表达的外源蛋白进行真核生物特有的修饰如翻译后加工和糖基化，这也是大肠杆菌和酵母等表达系统所不能达到的。利用植物病毒构建表达载体，可通过基因取代（gene replacement）、基因插入（gene Insertion）、融合抗原（epitope presentation）、基因互补（gene complementation）及融合/释放策略（fusion/re-lease）等方法。

在基础研究领域，植物病毒载体的出现为研究许多生物学现象提供了强有力的工具，其中包括基因重组，植物病毒的运动、包壳和传播，基因沉默以及鉴定和分析基因的功能等诸多方面，特别是对于后基因组时代大量未知功能基因需要进行功能鉴定的情况，植物病毒载体提供了高效快捷的途径。

在植物基因功能鉴定上，利用病毒诱导的基因沉默（virus induced gene silence，简称 VIGS）是一种快捷的方法。VIGS 是植物体中天然存在的一种抵御外源核酸入侵的防御系统，正常情况下保护植物免受病毒的侵染。植物的这种防御机制可被病毒 RNA 激活，造成转录后基因沉默。如果在病毒载体中插入目标基因片段，侵染寄主植物后，植物会表现出目标基因功能丧失或表达水平下降的表型。利用这种机制就可初步确定基因功能。目前，VIGS 技术已发展成为一种简单、快速、高通量的分析已知序列基因功能的方法。

但是，植物病毒表达载体也存在弊端：①载体稳定性较差；②外源基因大小受到一定限制；③病毒载体的接种方法需要摸索。病毒载体的摩擦接种方法易受环境条件的影响，导致接种效果不够稳定；④安全性问题尚待商榷。

（3）植物基因定点编辑系统

随着蔬菜基因组的解析以及功能基因的发掘，可以通过基因组定点编辑开展蔬菜定向遗传改良。目前使用较多的基因组编辑系统有锌指蛋白核酸酶（zinc-finger nuclease，简称 ZFN）和类转录激活因子效应物核酸酶技术（transcription activator-like effectors nuclease，简称 TALEN）以及最近发展起来的 CRISPR/Cas 系统（Jansen et al.，2002）。CRISPR（clustered regularly interspaced short palindromic repeat sequences）是指成簇的规律间隔短回文重复序列，Cas（CRISPR associated）是指与 CRISPR 相关的蛋白。CRISPR/Cas 系统是应用潜力最大的基因组定点编辑方法。Brooks 等（2014）利用 CRISPR/Cas 系统建构 2 个 sgRNAs（single guide RNA）来敲除番茄 SlAGO7 基因，通过根癌农杆菌法侵染番茄子叶获得转基因突变株，对转基因后代分析显示 CRISPR/Cas 在番茄中诱导的突变能够稳定遗传给后代，但不排除存在脱靶效应。

2.植物遗传转化

（1）遗传转化体系

将目的基因重组 DNA 通过一定途径导入到受体植物基因组，称为遗传转化。有三大关键因素是遗传转化过程必须考虑的，首先要有适宜的基因（包括目的基因、标记基因或报告基因）和合适的选择条件；其次是高效的组织培养体系，植物细胞必需能够有效地再生成株；第三是外源基因导入到植物的途径和方法，要求损伤小、频率高，且外源基因能稳定地整合到基因组并具有正常的时空表达能力。目前植物基因转移方法很多，归结起来有依赖组织培养和不依赖于组织培养两大类。前者主要有农杆菌 Ti（或 Ri）质粒介导法、基因枪轰击法和 PEG 法，后者主要有花粉管通道法、DNA 浸泡法和真空渗入法。任何一种转化体系并不适合所有植物，需要根据特定植物物种或品种需要选择转化体系。

转化受体是指用于接受外源 DNA 的转化材料。良好的植物基因转化受体系统应满足如下条件：

① 高效稳定的再生能力；

② 受体材料要有较高的遗传稳定性；

③ 具有稳定的外植体来源，即用于转化的受体要易于得到而且可以大量供应，如胚和其他器官等；

④ 对筛选剂敏感，即当转化体筛选培养基中筛选剂浓度达到一定值时，能够抑制非转化植株细胞的生长、发育和分化，而转化细胞能正常生长、发育和分化形成完整的植株。

很多蔬菜作物已经逐步建立较为完善的转化体系。不同蔬菜作物的转化体系和效率不尽相同。目前受体材料系统存在的主要问题是再生率低、基因型依赖性强、再生细胞部位与转化部位不一致等。

常用的受体系统有以下几大类型。

① 愈伤组织再生系统　愈伤组织再生系统是指外植体材料经过脱分化培养诱导形成愈伤组织，再通过分化培养获得再生植株的再生系统。愈伤组织受体再生系统具有外植体材料来源广泛，繁殖迅速，易于接受外源基因，并且转化效率高的优点。缺点是转化的外源基因遗传稳定性差，容易出现嵌合体。

② 直接分化再生系统　直接分化再生系统是指外植体材料细胞不经过脱分化形成愈伤组织阶段，而是直接分化出不定芽形成再生植株。此类再生系统的优点是获得再生系统的周期短，操作简单，体细胞变异小，并且能够保持受体材料的遗传稳定性。

③ 原生质体再生系统　由于原生质体具有全能性，能够在适当培养条件下诱导出再生植株，也可以作为受体材料。事实上，原生质体受体系统是应用最早的再生受体系统之一。该系统的优点是能够直接高效、广泛地摄取外源 DNA 或遗传物质，可以获得基因型一致的克隆细胞，所获转基因植株嵌合体少，并适用于多种转化系统；缺点是不易制备、再生困难和变异程度高等。

④ 胚状体再生系统　胚状体是指具有胚胎性质的个体。胚状体作为外源基因转化的受体具有个体数目巨大、同质性好，接受外源基因的能力强，转基因植株嵌合体少，易于培养、再生等优点。不足之处是所需技术含量较高，在包括多数禾本科作物在内的许多植物上不易获得胚状体，使胚状体再生受体系统的应用受到了很大的限制。

⑤ 生殖细胞受体系统　利用植物自身的生殖过程，以生殖细胞如花粉粒、卵细胞等受体细胞进行外源基因转化的系统被称为生殖细胞受体系统。目前主要从两个途径利用生殖细胞进行基因转化：一是利用组织培养技术进行小孢子和卵细胞的单倍体培养、转化受体系统；二是直接利用花粉和卵细胞受精过程进行基因转化，如花粉管导入法、花粉粒浸泡法、子房微针注射法等。

（2）根癌农杆菌介导法

在植物基因工程的发展中，研究最清楚和应用最成功的是农杆菌介导的遗传转化。第一批能表达外源基因的转基因植物是由农杆菌介导转化获得的。目前农杆菌介导的遗传转化是基于Horsech 等（1985）提出的叶盘法（leaf disc）逐步完善的。叶盘法是先将含有外源基因的农杆菌侵染叶片，再将叶盘与农杆菌共培养，再用抗生素施行选择，使带有插入基因的细胞再生成株。将叶盘法稍加改进，就有利用子叶、茎段、下胚轴、块茎、韧皮组织、块茎薄壁组织、细胞或细胞团等作为外植体的方法。目前包括双子叶植物和单子叶植物的许多植物先后建立了农杆菌介导的转化体系。农杆菌转化方法可以将 100kb 以上的大片段导入植物基因组中，有利于作物遗传改良。

通过农杆菌介导的遗传转化，其受体可以是子叶、下胚轴、茎段、愈伤组织或原生质体等，其通过组织培养再生途径获得转基因植株；受体还可以是整个植株，通过真空渗入法或花序浸染法，不需要经过组织培养阶段，直接获得转化植株。在双子叶植物中，以子叶为外植体较为常用。选取健康的无菌苗，切下带有部分叶柄基部的子叶，将带有新鲜伤口的子叶与携带目的基因的农杆菌液进行短期共培养，农杆菌通过伤口感染将外源目的基因导入细胞内并整合到植物基因组中。而真空渗入法适合拟南芥等模式植物，在十字花科蔬菜中也具有潜在的应用价值。将适宜转化的健壮植株倒置浸于装有携带外源目的基因的农杆菌渗入培养基的容器中，经真空处理并创伤，使农杆菌通过伤口感染植株，在农杆菌的介导下，发生遗传转化。这是一种简便、快速、可靠而且不需要经过组织培养阶段即可获得大量转化植株的基因转移方法，具有良好的研究与应用前景。

（3）基因枪轰击法

基因枪技术（particle gun），又称粒子轰击技术（particle bombardment）和高速微粒子发射技术（high-velocity microprojectile），其原理是利用高速飞行的微米或亚微米级惰性粒子（钨或金粉），包被其外的目的基因直接导入受体细胞，并释放出外源 DNA，使 DNA 在受体细胞中整合表达，从而实现对受体细胞的转化。根据动力来源不同，基因枪可大体分为火药式（gun powder）、放电式（electric discharge）和气动式（pneumatic）三种类型。三种基因枪在原理、可控度和入射深度上都有差异。火药式基因枪的粒子速度由火药的数量及速度调节器控制，无法无级调速，可控度较低。放电式基因枪利用电加速器，通过高压放电将钨（金）粉射入受体细胞，它通过调节放电电压来控制粒子的速度和入射深度，能做到无级调速，准确控制包被目的基因的钨（金）粉粒子到达能够再生的细胞层。气动式基因枪的动力系统由氦气、氮气或二氧化碳等驱动。一种方法是把载有目的基因的钨（金）粉悬滴置于一张金属筛网上，利用高压气体的冲击，射入受体细胞。另一种方法是外源目的基因无需事先沉淀在钨（金）粉上，而是使二者混合后雾化，再由高压气体驱动射入受体细胞，这种系统的靶范围可精确控制到 0.15mm 左右，适于组织及胚胎的转化。这种基因枪更安全清洁，通过调节气体压力可有效控制粒子速度，使金属粒子分布更均匀，每枪之间的差异更少，且转化效率高。研究表明，高压放电及高压气体轰击的转化率均高于火药引爆法。

由于基因枪法的操作对象可以是完整的细胞或组织，这就克服了受体材料的限制，且不必制备原生质体，具有相当广泛的应用范围。由于有些单子叶植物的遗传转化受农杆菌寄主限制，因此利用基因枪技术将外源 DNA 导入完整细胞成为单子叶植物遗传转化的主要手段。

（4）花粉管通道法

花粉管通道法（pollen tube pathway）也称子房注射法，是在授粉后向子房注射含目的基因的 DNA 溶液，利用植物在开花、受精过程中形成的花粉管通道，使外源 DNA 进入胚囊，转化受精卵或其前后的细胞（卵、早期胚细胞），进而自然发育成种子。花粉管通道法不仅可以用于外源总 DNA 的导入，也可以用于基因的导入。它是一种直接、简便的转基因方法，不需要组织培养的继代，从而排除了植株再生的障碍。

利用花粉管通道法导入外源基因通常有以下几种方法。

① 微注射法　利用琼脂糖包埋、聚赖氨酸粘连和微吸管吸附等方式将受体细胞固定，然后将供体 DNA 或 RNA 直接注射进入受体细胞。所用受体一般是原生质体或生殖细胞，对于具有较大子房或胚囊的植株则无须进行细胞固定，在田间即可进行活体操作，被称为"子房注射法"或"花粉管通道法"。微注射法的优点是可以进行活体操作，不影响植物体正常的发育进程。田间子房注射操作简便、成本低。但只对子房比较大的植物有效，对于种子很小的植物操作要求精度高，需要显微操作，转化率也相对较低，而且转基因后代容易出现嵌合体。

② 花序侵染法　在授粉前后，将待转基因的菌液滴加在柱头上，或将花序侵染在农杆菌菌液中，通过负压渗透，促使农杆菌向花粉管转移。主要步骤为：在开花早期将花浸入含农杆菌菌液的液体培养基，然后用真空泵抽真空处理再恢复常压，使农杆菌菌液渗入到植物组织内部。真空处理之后植株处于一种极度衰弱的状态，需平放于高湿环境中进行恢复性生长，然后移栽于正常生长条件，收获种子，筛选、检测转基因植株。该法操作简便、转化效率较高（>1%）。在大白菜、油菜等作物中也均有成功应用的报道。

目前花粉管通道法在十字花科应用较为广泛，在基因瞬时表达研究时农杆菌注射法（agroinfiltration）的应用较为成功。

（5）其他遗传转化方法

主要包括化学刺激法和 DNA 浸泡法等。化学刺激法是借助于 PEG、聚乙烯醇（PVA）或多聚-L-鸟苷酸（PLO）等细胞融合剂的作用，这些多聚物和二价阳离子（如 Mg^{2+}、Ca^{2+}、Mn^{2+}）及 DNA 常在原生质体表面形成沉淀颗粒，通过原生质体的内吞作用而被吸收。大多数化学试剂利用是为了保护 DNA，刺激核酸进入原生质体，但是它们常使细胞活性下降，如多胺

（polyamines）、葡聚糖硫酸酯（dextransulfate）、脂质体等。其中以 PEG 的应用最为成功。PEG 能使 DNA 大分子沉淀，刺激细胞内摄吸收，而对原生质体无大损伤。在 DNA 吸收之后，原生质体再以较高密度培养在常规培养基上，一旦细胞壁再生细胞即启动分裂，然后再以较低密度培养在选择培养基上。此法需要原生质体的分离和植株再生，费时费力，后代变异大，且受基因型限制。

四、转基因植株的鉴定技术

1. 转基因植株的鉴定

植物外植体经过农杆菌等介导或 DNA 的直接转化后，尽管经过抗生素筛选压的选择，仍然有一部分再生细胞、组织、器官或植株是没有转化的，称之为逃逸体。转化再生细胞、组织、器官或植株需要经过鉴定，确认外源基因是否导入受体基因组中。目前，应用于转基因植株的鉴定方法可分为从 DNA 水平上鉴定外源基因是否整合至受体基因组，从转录水平上鉴定转基因的表达效率，从翻译水平上鉴定外源蛋白的表达量。

（1）DNA 水平的鉴定

DNA 水平的鉴定主要是检测外源目的基因是否整合进入受体基因组、整合的拷贝数以及整合的位置，常用的检测方法主要有特异性 PCR 检测和 Southern 杂交。特异性 PCR 反应是利用 PCR 技术，以待检测植株的总 DNA 为模板在体外进行扩增，检测扩增产物片段的大小以验证是否和目的基因片段的大小相符，从而判断外源基因是否整合到转化植株之中。特异性 PCR 检测方法具有简单、迅速、费用少的优点，但检测结果有时不可靠，假阳性率高，因此必须与其他方法配合使用。Southern 杂交的原理是依外源目的基因碱基同源性配对进行的，将外源目的基因全部或部分序列制成探针与转化植株的总 DNA 进行杂交，它是从 DNA 水平上对转化体是否整合外源基因以及整合的拷贝数进行鉴定的方法。通过 Southern 杂交可以得知外源基因是否整合到染色体上。但是，整合到染色体上的外源基因能否表达还未知，因此必须对外源基因的表达情况进行转录水平和翻译水平鉴定。

（2）转录水平的鉴定

转录水平鉴定是对外源基因转录形成 mRNA 情况进行检测，常用的方法主要有 Northern 杂交和 RT-PCR 检测。

Northern 杂交可分为 Northern 斑点杂交和印迹杂交两种，其中斑点杂交是检测植物基因转录本稳定表达量的有效方法，其原理是利用标记的 RNA 探针对来源于转化植株的总 RNA 进行杂交，通过检测杂交条带放射性、或其它标记信号的有无和强弱来判断目的基因转录与否以及转录水平的高低。Northern 印迹杂交的基本步骤是先提取植物的总 RNA 或者 mRNA 用变性凝胶电泳分离，不同的 RNA 分子将按分子量大小依次排布在凝胶上，将它们原位转移到固相膜上，在适宜的离子强度及温度下，探针与膜上同源序列杂交，形成 RNA-DNA 杂交双链。通过探针的标记性质可以检测出杂交体，并根据杂交体在膜上的位置可以分析出杂交 RNA 的大小。

RT-PCR 检测是以植物总 RNA 或者 mRNA 为模板进行反转录，再经 PCR 扩增，若扩增条带与目的基因的大小相符，则说明外源基因实现了转录。如同检测外源基因是否整合进入基因组 DNA 时所用的特异性 PCR 方法一样，用 RT-PCR 法检测外源基因转录情况具有简单、迅速的优点，但是对外源基因转录的最后确定，还需与 Northern 杂交的结果相互结合验证。实时荧光定量 PCR（real-time quantitative PCR）是在 RT-PCR 反应过程中，通过引入携带荧光基团的寡核苷酸，可实时监测荧光积累反映出扩增产物的多少，从而体现出基因表达强度。

（3）翻译水平的鉴定

为检测外源基因转录形成的 mRNA 能否翻译，还必须从蛋白质水平进行检测，最主要的方法是 Western 杂交。在 Western 杂交中，先将从转基因植株提取的待测样品溶解于含有去污剂和还原剂的溶液中，经过 SDS 聚丙烯酰胺凝胶电泳后转移到固相支持物上（常用硝酸纤维素滤膜），然后与抗靶蛋白的非标记抗体反应，最后结合上的抗体可用多种二级免疫学试剂（125I 标记的 A 蛋白或抗免疫球蛋白、与辣根过氧化物酶或碱性磷酸酶偶联的 A 蛋白或抗免疫球蛋白）进行检测。在转基因植株中，只要含有目的基因在翻译水平表达的产物均可采用此方法进行检测鉴定。

2. 转基因的表达与遗传

一般来说，将靶基因导入受体基因组中的目的有两个：一是通过转基因来研究靶基因的功能；二是通过转基因赋予植物新的产物或性状。无论是功能研究或者性状改良，都以靶基因有效表达为前提。根据其外源基因表达的时间长短分为瞬间表达（transient expression）和稳定表达（stable expression）。瞬间表达主要是将外源基因导入到原生质体后，研究基因表达的水平和组织特异性，了解启动子、增强子的功能，而不需要等待细胞长期稳定的改变，因此在基因工程基础研究中应用较多。对于以改良植物性状为目的基因工程都需要外源基因导入到植物细胞后稳定整合和表达，并在后代中稳定遗传。

大部分转化植株的外源基因呈现出单基因显性的孟德尔式分离，自交后代表现 3:1 分离，与非转化亲本杂交后代表现 1:1 分离规律；也有少部分表现出作为两个不连锁的显性基因，在自交后代中表现出 15:1 的分离规律；或者呈现两对以上显性基因的分离规律。但是显性个体比例显著低于孟德尔比例的现象也普遍存在，这大多发生在早期世代；极少数转化体还常常发生复杂的转基因分离，例如有的转基因当代自交一代符合 3:1 的分离规律，自交二代却不符合孟德尔规律。转基因无规律分离的可能原因有：外源基因的重排或缺失，外源基因导入诱发的隐性致死突变或转基因纯合致死，含转基因的雄配子致死、非转化体在早代逃避选择等。进一步研究表明，转基因分离方式的多样性与转基因的整合方式和拷贝数有关。

3. 增强转基因的表达策略

理想的转基因植物往往需要外源基因在特定部位和特定时间内高水平表达，产生人们期望的表型性状。然而外源基因在受体植物内往往会出现表达效率低、表达产物不稳定甚至基因失活或沉默等不良现象，导致转基因植物无法实际应用，这可能需要进一步改进优化。

（1）启动子的选用和改造

选择合适的植物启动子在决定基因表达方面起关键作用。目前在植物表达载体中广泛应用的启动子是组成型启动子，如 CaMV35S（大多数双子叶植物转基因使用）、Ubiquitin 和 Actinl 启动子（单子叶植物转基因使用）。在这些组成型表达启动子的控制下，外源基因在转基因植物的所有部位和发育阶段都会表达。然而，外源基因在受体植物内持续、高效的表达不但造成浪费，往往还会引起植物的形态发生改变，影响植物的生长发育。为了使外源基因在植物体内有效发挥作用，同时又可减少对植物的不利影响，可选用组织或器官特异表达启动子，如种子特异性启动子、果实特异性启动子、叶肉细胞特异性启动子、根特异性启动子、损伤诱导特异性启动子、化学诱导特异性启动子、光诱导特异性启动子、热激诱导特异性启动子等，这些特异性启动子的克隆和应用为在植物中特异性地表达外源基因奠定了基础。如通过果实特异启动子驱动 ACC 氧化酶基因反义（anti-sense）基因，可以在果实组织中特异地抑制乙烯形成，延迟果实成熟和衰老。构建复合式启动子是增强外源基因表达的有效途径，如将章鱼碱合成酶基因启动子的转录激活区与甘露碱合成酶基因启动子构成了复合启动子，GUS 表达结果显示改造后的启动子活性比 35S 启动子明显提高。

（2）增强翻译效率

为了增强外源基因的翻译效率，构建载体时一般要对基因进行修饰，主要从三方面考虑。

① 添加 5′-3′-非翻译序列 真核基因的 5′-3′-非翻译序列（UTR）对基因的正常表达是非常必要的，该区段的缺失常会导致 mRNA 的稳定性和翻译水平显著下降。如在烟草花叶病毒（TMV）的 126kDa 蛋白基因翻译起始位点上游，有一个由 68bp 核苷酸组成的 Ω 元件，这一元件

为核糖体提供了新的结合位点，能使 GUS 基因的翻译活性提高数十倍。

② 优化起始密码周边序列　虽然起始密码子在生物界是通用的，然而从不同生物来源的基因各有其特殊的起始密码周边序列。如植物起始密码子周边序列的典型特征是 AACCAUGC，动物起始密码子周边序列为 CACCAUG，原核生物的则与二者差别较大。Kozak（1987）研究发现在真核生物中，起始密码子周边序列为 ACCATGG 时转录和翻译效率最高，特别是-3 位的 A 对翻译效率非常重要。该序列被后人称为 Kozak 序列，并被应用于表达载体的构建中。

③ 对基因编码区加以改造　如果外源基因来自于原核生物，由于表达机制的差异，这些基因在植物体内往往表达水平很低，如来自于苏云金芽孢杆菌的野生型杀虫蛋白基因（Bt）在植物中的表达量非常低，mRNA 稳定性差。美国 Monsanto 公司 Perlak 等人在不改变毒蛋白氨基酸序列的前提下，对杀虫蛋白基因进行了改造，选用植物偏爱的密码子，增加了 GC 含量，去除原序列下影响 mRNA 稳定的元件，结果在转基因植株中 Bt 蛋白的表达量增加了 30～100 倍，抗虫效果显著增强。

（3）消除位置效应

当外源基因被移入受体植物中之后，它在不同的转基因植株中的表达水平往往有很大差异。这主要是由于外源基因在受体植物的基因组内插入位点不同造成的。这就是所谓的"位置效应"。为了消除位置效应，使外源基因都能够整合在植物基因组的转录活跃区，在目前的表达载体构建策略中通常会考虑到核基质结合区（matrix association region，简称 MAR）以及定点整合技术的应用。

（4）构建叶绿体表达载体

叶绿体转化可以克服细胞核转化中经常出现的外源基因表达效率低、位置效应及由于核基因随花粉扩散而带来的生物安全等问题。目前构建的叶绿体表达载体基本上都属于定点整合载体。构建叶绿体表达载体时，一般都在外源基因表达盒的两侧各连接一段叶绿体的 DNA 序列，称为同源重组片段或定位片段。当载体被导入叶绿体后，通过这两个片段与叶绿体基因组上的相同片段发生同源重组，就可能将外源基因整合到叶绿体基因组的特定位点。到目前为止，已在马铃薯等多种植物中相继实现了叶绿体转化。由于叶绿体基因组的高拷贝性，定点整合进叶绿体基因组的外源基因往往会得到高效率表达。

（5）定位信号的应用

上述几种载体优化策略的主要目的是提高外源基因的转录和翻译效率，然而，高水平表达的外源蛋白能否在植物细胞内稳定存在和累积是植物遗传转化中需要考虑的。在某些外源基因连接上适当的定位信号序列，使外源蛋白产生后定向运输到细胞内的特定部位（如叶绿体、内质网、液泡等），则可明显提高外源蛋白的稳定性和累积量。这是因为内质网等特定区域为某些外源蛋白提供了一个相对稳定的内环境，有效防止了外源蛋白的降解。

（6）内含子的应用

内含子可以增强基因表达。内含子增强基因表达的作用最初是由 Callis 等（1987）在转基因玉米中发现的。玉米乙醇脱氢酶基因（Adhl）的第 1 个内含子对外源基因表达有明显增强作用，该基因的其他内含子也有一定的增强作用。Vasil 等（1989）也发现玉米的果糖合成酶基因的第 1 个内含子能使 CAT 表达水平提高 10 倍。水稻肌动蛋白基因的第 3 个内含子也能使报告基因的表达水平提高 2～6 倍。Tanaka 等（1990）研究表明，内含子对基因表达的增强作用主要发生在单子叶植物，在双子叶植物中不明显。

（7）多基因策略

如果把两个或两个以上的能起协同作用的基因同时转入植物，将会获得比单基因转化更为理想的结果。这一策略在培育抗病、抗虫等抗逆性转基因植物方面已得到应用。如根据抗虫基因的抗虫谱及作用机制的不同，可选择两个功能互补的基因进行载体构建，并通过一定方式将两个抗虫基因转入同一植物中；在抗病方面，欧阳波等（2005）构建了包含 β-1,3-葡聚糖酶基因及几丁质酶基因的双价植物表达载体，并将其导入番茄，结果表明转基因植株均产生了明显的抗病性。

常规的遗传转化尚不能将大于 25kb 的外源 DNA 片段导入植物细胞，如果将某些大于 100kb 的大片段 DNA 导入，则可能出现由多基因控制的优良性状或产生广谱的抗虫性、抗病性等，还可以赋予受体细胞一种全新的代谢途径，产生新的生物分子。不仅如此，大片段基因群或基因簇的同步插入还可以在一定程度上克服转基因带来的位置效应，减少基因沉默等不良现象的发生。刘耀光等（2000）开发出了新一代载体系统，即具有克隆大片段 DNA 和借助于农杆菌介导直接将其转化植物的 BIBAC 和 TAC。这两种载体不仅可以加速基因的图位克隆，而且对于实现多基因控制的品种改良也会有潜在的应用价值。

（8）标记基因的利用和剔除

目前常用的筛选标记基因主要有两大类：抗生素抗性酶基因和除草剂抗性酶基因。前者可产生对某种抗生素的抗性，后者可产生对除草剂的抗性。使用最多的抗生素抗性酶基因包括 *NPT Ⅱ* 基因、*HPT* 基因和 *Gent* 基因等。常用的抗除草剂基因包括 *EPSP* 基因（产生 5-烯醇式丙酮酸莽草酸-3-磷酸合酶，抗草甘膦）、*GOX* 基因（产生草甘膦氧化酶、降解草甘膦）、*bar* 基因（产生 PPT 乙酰转移酶，抗双丙氨膦或草胺膦）等。

近年来，转基因植物中筛选标记基因的生物安全性已引起全球关注。人们担心转基因植物的抗除草剂基因转入杂草，会造成某些杂草难以人为控制。为了避免转基因植物所带来的不安全因素，近年来在筛选标记的使用方面已有了一些新的改进。

① 利用生物合成基因作为筛选标记基因，提高安全性。如某些支链氨基酸（赖氨酸、苏氨酸、甲硫氨酸、异亮氨酸）的合成都要经过天冬氨酸合成途径，其中赖氨酸是由天冬氨酸激酶和二羟基吡啶酸合酶催化合成的，两种酶都受赖氨酸的反馈抑制。细菌来源的这两种酶由于对赖氨酸不敏感，因此可作为植物转化的筛选标记，在含赖氨酸的培养基中转基因植株能够存活，而非转基因植株则因死亡而被淘汰。

② 筛选标记的剔除。抗生素抗性基因和除草剂抗性基因虽然有利于转化体的筛选，但它们对植物的生长并非必要。如果能剔除转基因植株的筛选标记基因，将是提高安全性的最好方法。如张余洋等（2006）将标记基因 *NPTII* 和重组酶基因 *Cre* 同时置于 loxP 位点之间，利用 β-雌二醇诱导启动子驱动 *Cre* 重组酶，在转基因番茄当代特异诱导启动子表达，剔除标记基因和重组酶基因，获得了无标记基因的抗虫番茄。除了 Cre/lox 重组系统以外，利用 FLP/FRT 重组系统也可将筛选标记基因去除。另外，将筛选标记基因和目的基因分别构建在不同的载体上，通过共转化，然后从后代的分离群体中挑选，也可获得无筛选标记的转基因植株。

③ 筛选标记基因的失活。为了减少抗性标记基因产物带来的不安全性，还有些研究者采用反义 RNA 基因、核酸裂解酶（ribozymes）基因或采用抗体基因等策略使筛选标记基因或基因产物失活，但这些方法的缺点是没有去除标记基因，仍存在基因传播的可能性。

五、基因工程育种在园艺植物育种中的应用

1. 抗虫品种培育

自 1987 年比利时科学家率先将抗虫毒蛋白基因导入烟草以来，转基因抗虫植物的研究日新月异、硕果累累。目前，已克隆得到的抗虫基因可分为 3 类：第一类是从细菌中分离出来的抗虫基因，主要是苏云金杆菌杀虫结晶蛋白基因（*Bt*）。苏云金杆菌属于革兰氏阳性土壤杆菌，其杀虫的主要活性成分为杀虫晶体蛋白（insecticide crystal protein，以下简称 ICP），ICP 通常以原毒素的形式为主在昆虫幼虫的中肠道内借助于蛋白酶的水解，原毒素转型为多肽分子。活化的毒素可以与敏感昆虫肠上皮细胞表面的特异性受体相互作用，诱导细胞产生一些孔道，扰乱细胞的渗透平衡，并引起细胞肿胀甚至产生裂解，伴随着上述过程幼虫将停止进食，最终导致死亡；第二

类是从植物组织中分离出的抗虫基因，主要为蛋白酶抑制剂基因、淀粉酶抑制剂基因、外源凝集素基因（*Lec*）等，应用最广泛的是豇豆胰蛋白酶抑制剂基因（*CpTI*）；第三类是从动物体内分离的毒素基因，主要有蝎毒素基因和蜘蛛毒素基因等。由于每一种抗虫基因都有其局限性，近年来正在研究或已应用于抗虫基因工程的基因还有胆固醇氧化酶基因、营养杀虫蛋白基因、几丁质酶基因、核糖体失活蛋白基因和异戊烯转移酶基因等。芳樟醇、橙花叔醇等萜类物质可以诱导天敌进行生物防治，在基因工程抗虫育种上展现出了可喜的应用前景。

（1）*Bt* 杀虫晶体蛋白基因

Bt 基因的应用经历了几个阶段，最初都是转化原始的微生物源的 *Bt* 基因。1987 年，美国 Monsanto 公司的 Fischhoff 等人获得了转 *Bt* 基因的番茄，将 *CryIA*（b）导入番茄获得转基因番茄品系‘VF36’，该品系对烟草天蛾的抗性较好，尽管其外源蛋白表达量较低。第二阶段则是 *Bt* 基因应用种类剧增和针对密码子偏好差异的基因修饰阶段，目前转化的 *Bt* 基因基本上都是经过修饰的 *Bt* 基因。李汉霞等（2006）将改造过的 *cryIA*（c）先后导入了番茄、甘蓝、青花菜和普通白菜中，提高了蔬菜对棉铃虫和菜青虫的抗性。第三阶段则注重于解决潜在的害虫对 *Bt* 基因产生抗性的问题，同时继续对 *Bt* 基因进行修饰以适用于特定的作物。包括转双价 *Bt* 基因、与其它类型的基因共同作用、诱导型表达和建立害虫庇护所等各种育种和栽培的综合措施均被提出来。Cao 等（2002）对转单个 *cry1Ac* 或 *cry1C* 基因的花椰菜和将二者杂交得到双价 *Bt* 基因的转基因花椰菜进行比较，发现双价基因对小菜蛾的杀灭效果更为理想。对这两种转基因类型中小菜蛾的抗性发展情况经过 24 代小菜蛾的跟踪调查，发现在表达双价 *Bt* 基因的转基因花椰菜抗性产生要比单价基因明显推迟（Zhao *et al.*，2003）。可见，基因聚合（gene pyramiding）的策略将是解决害虫抗性的一条可行途径。

（2）蛋白酶抑制剂基因

蛋白酶抑制剂（proteinase inhibitor，简称 PI）与昆虫消化道内蛋白酶相互作用，使昆虫产生厌食反应，最终导致昆虫发育异常和死亡。由于消化机制的差异，PI 对人和高等动物无害。PI 目前分为 3 类，即丝氨酸蛋白酶抑制剂、巯基蛋白酶抑制剂和金属蛋白酶抑制剂。由于大多数昆虫所利用的蛋白消化酶为丝氨酸类蛋白消化酶，因此丝氨酸蛋白酶抑制剂与植物抗虫性关系密切。其中，豇豆胰蛋白酶抑制剂（cowpea trypsin inhibitor，简称 CpTI）和马铃薯蛋白酶抑制剂 II（potato proteinase inhibitor II，简称 Pi-II）效果比较理想。方宏筠等（1997）将 *CpTI* 基因转入甘蓝，转基因植株对目标害虫表现明显抗性。

（3）植物凝集素基因

植物凝集素能凝集细胞及其它细胞的结合碳水化合物的蛋白质，它是一种植物保护蛋白，不同凝集素具有不同的防御功能，如抗病毒、细菌、真菌和昆虫等。其抗虫机理为：外源凝集素在昆虫消化道中与肠道围食膜上的糖蛋白专一性结合，影响昆虫对营养的吸收，从而达到杀虫目的。如雪花莲凝集素（*Galanthus nivalis* agglutinin，简称 GNA）对蚜虫、叶蝉等同翅目昆虫具有较强的毒杀作用。郭文俊等（1998）将 *GNA* 导入莴苣，转基因莴苣具有抗蚜虫能力。吴昌银等（2000）通过导入 *GNA*，获得了对蚜虫具有一定抗性的转基因番茄。由于蚜虫是传播病毒病的一个重要媒介，因此，抗蚜虫的转基因植物将对病毒病的防治具有积极效果。

如何解决抗性问题将成为抗虫基因工程的发展能否继续迈向成功的关键。抗虫植物基因工程任何依赖单一抗性因子的行为都是极其危险的，在高选择压下，昆虫可以产生抗性使转基因植物失去抗虫性。以下是几种控制昆虫抗性产生的策略。

①"高剂量/逃避所"系统。即将转基因植物和非转基因植物混种于同一大田中，转基因植物中高剂量的毒素足以杀死大部分敏感害虫，同时部分害虫仍可以在非转基因植物上繁殖，通过敏感害虫和抗性害虫的交配稀释了昆虫的抗性基因。

②构建双价或多价抗虫基因。

③ 寻找和筛选广谱性的抗虫基因。

④ 提高外源基因表达活性。此外，还可利用特异性和诱导型启动子，把抗虫基因控制在植物的特定部位而高效表达，或者在植物受到害虫攻击时，抗虫基因在损伤部位瞬间高效表达，从而有效地防治害虫。这样在一定程度上也可减缓对昆虫的选择压力，减弱昆虫抗性的形成。

2. 抗病品种培育

应用基因工程技术提高植物抗病能力是十分有效的。蔬菜病害包括真菌、细菌和病毒 3 大类型，国内外围绕这 3 种病害进行了广泛的研究，在抗病转基因方面取得了瞩目的成绩。

（1）抗病毒基因工程

蔬菜抗病毒转基因研究途径多样，包括：

① 利用病毒外壳蛋白基因，其抗病毒效应被称为病毒外壳蛋白介导的抗性（coat protein-mediated resistance，简称 CP-MR）或病毒外壳蛋白介导的保护作用（coat protein-mediated protection，简称 CP-MP）；

② 利用病毒复制酶基因介导抗性，其机理可能是病毒的复制受到干扰，病毒复制酶基因所介导的抗性要高于衣壳蛋白（coat protein，简称 CP）基因介导的抗性；

③ 利用来自病毒的核酶（ribozymes）基因，它可高度特异性地催化切割 RNA；

④ 利用核糖体失活蛋白（ribosome-inactivating protein，简称 RIP）基因，RIP 广泛存在于高等植物中，它能特异抑制病毒的蛋白质生物合成；

⑤ 利用植物抗病毒基因，如番茄的抗 TMV 基因已经克隆。

植物真核翻译起始因子 eIF4e 被认为是参与病毒复制的寄主因子，通过调控 eIF4e 可以改变寄主植物对病毒（马铃薯 Y 病毒属）的抗性。此外还可以利用毒蛋白基因、反义 RNA 技术、干扰素基因、病毒卫星 RNA（Sat RNA）的 RNA 干扰技术（RNA interference，简称 RNAi）等。RNAi 和最近发展的 miRNA 技术被认为是一种介导病毒抗性极富前景的最新技术。

Powell 等（1989）首次将烟草花叶病毒（TMV）衣壳蛋白基因转入烟草和番茄，培育出能稳定遗传的抗病毒植株。其 CP 表达量为叶片总蛋白量的 0.02%～0.05%，大田试验保护效果显著。Nelson 等将 TMV 的 CP 基因转化番茄品种 'VF36'，获得的转基因番茄中 CP 含量占叶片可提取蛋白量的 0.05%，大田试验中接种 TMV 后呈系统感染的植株不到 5%，而对照达 99%。转基因植株还对番茄花叶病毒（ToMV）有一定的抗性。杨荣昌等人（1985）用农杆菌介导法获得了 42 株转 CMV-CP 基因植株。通过对转基因番茄 R_1～R_4 代苗期人工接种 CMV 鉴定，表现出对该病毒有一定抗性，发病率和病情指数明显降低。Nilgun（1987）将苜蓿花叶病毒外壳蛋白（AMV-CP）基因导入番茄，其转基因植株接种 AMV 后发病推迟，病情减轻，叶片中 CP 含量占叶片可提取蛋白总量的 0.1%～0.8%，并对 TMV 也有一定抗性，表现了遗传工程的交叉保护作用。在马铃薯的抗病毒研究方面，通过向马铃薯基因组中导入复制酶基因（Braun et al.，1992）、病毒外壳蛋白基因等，获得了抗 PVX、PVY 等病毒的转基因材料。朱常香等（2001）将芜菁花叶病毒的 CP 基因（TuMVCP）导入到大白菜中，转基因植物具有明显的抗病毒侵染能力。张晓辉等（2011）通过设计两个人工 miRNA，分别识别 CMV 病毒 2a/2b 基因编码区重叠部位和病毒 RNA 基因组的 3'非翻译区的保守区域，并转化番茄感病品种。表达人工 miRNA 的转基因番茄表现出高效的 CMV 抗性，并且在接种非目标病毒 TMV 和 TYLCV 后仍然保持对 CMV 病毒的稳定抗性，表明人工 miR-NA 能够耐受非目标病毒的干扰。

（2）抗真菌基因工程

目前用于抗真菌转基因研究的基因包括几丁质酶基因、β-1,3-葡聚糖酶基因、植物抗毒素基因、植物抗病基因、活性氧类物质合成的基因等，其中几丁质酶基因研究最多。几丁质酶基因和 β-1,3-葡聚糖酶基因作用机制相似，一方面其蛋白产物直接降解真菌菌丝细胞壁的成分几丁质（聚乙酰氨基葡萄糖）和葡聚糖，另一方面在降解中出现的寡糖可作为激发因子诱导植物的抗病反应。几丁质酶可以分为不同的类别，如根据作用方式可分为内切酶和外切酶，根据几丁质酶氨基酸序列结构特征可分为六类（Meins et al.，1994）。欧阳波等（2005）将烟草渗调蛋白（osmotin）基因 AP24 和菜豆几丁质酶基因双价基因导入番茄，提高转基因番茄对番茄枯萎病菌（Fusarium oxysporum f. sp. lycopersici）的抗性。

抗虫、抗除草剂和改善品质的农作物转基因品种已经走进市场。然而，迄今仍然没有抗真菌病害的农作物转基因品种进入商业化阶段。虽然如此，研究人员仍然作了大量研究，仅就番茄而言，在番茄的抗真菌研究中，Tabaeizadeh 等（1999）将智利番茄几丁质酶基因 pcht28 转入到普通番茄中，转基因番茄对黄萎病的抗性显著提高。二苯乙烯被认为是一种植物抗毒素，对真菌和细菌均有抑制作用，超量表达葡萄二苯乙烯合成酶（stilbene synthase，简称 STS）基因能够提高番茄对晚疫病的抗性。Jongedijk 等（1995）在转基因番茄中协同表达烟草几丁质酶和葡聚糖酶，结果表明番茄对枯萎病的抗性显著提高。

（3）抗细菌基因工程

蔬菜抗细菌基因工程策略包括利用抗菌肽基因、溶菌酶基因、植物防御素基因、植物保卫素合成酶基因、抗病基因以及病原菌的有关基因等。植物抗细菌转基因研究得较多的是抗菌肽基因。20 世纪 70 年代中期，人们发现天蚕在各种理化或生物抗菌肽因子刺激下，在其血淋巴中可诱导产生抗菌肽（cecropins），它具有很强的杀菌或抑菌能力，而且抗谱广，对一些人畜病原菌和番茄与马铃薯青枯病、番茄溃疡病、马铃薯环腐病、花椰菜软腐病等植物病原菌均有抗菌活性。抗菌肽的基本作用机制是它的特殊结构可以在病原细菌的质膜上形成巨大的离子通道，从而破坏细胞内外渗透压平衡，细胞内容物尤其是 K^+ 大量渗出，导致细胞死亡。贾士荣等（1998）和田长恩等（2000）分别将抗菌肽基因导入到马铃薯和番茄中，获得对青枯病抗性提高的材料。李乃坚等（2000）则将来自天蚕抗菌肽 B 基因和柞蚕抗菌肽 D 基因构建成双价基因，导入到辣椒栽培种中，获得青枯病抗性提高的转基因辣椒植株。

3. 抗除草剂品种培育

1987 年，从矮牵牛花中克隆出在芳香族氨基酸生物合成中起关键作用的 EPSP（5-enol-pyrevylshikimate-3-phosphate synthase）合酶的基因，通过 CaMV35S 启动子转入油菜细胞的叶绿体，使转基因油菜叶绿体中 EPSP 合酶的活性大大提高，从而有效地抵抗对 EPSP 合酶起抑制作用的高效广谱除草剂草甘膦的毒杀作用。通过把降解除草剂的蛋白质编码基因导入宿主植物，从而保证寄主植物免受其害的方法，已引起重视，并在番茄、马铃薯中获得转基因抗磷酸麦黄酮类除草剂的品种等。

培育植物抗除草剂的基因工程主要策略有以下三个。

① 通过植物细胞靶酶的超量表达，降低除草剂的毒性。来自矮牵牛花中的 EPSP 酶，在 CaMV35S 启动子驱动下，转基因烟草对草甘膦（glyphosate）和草丁膦（glufosinate）具有抗性。

② 改变除草剂靶物的敏感性，包括光合作用抑制剂和氨基酸生物合成抑制的靶物。将细菌突变的 AvoA（编码 EPSP 酶）转入烟草和番茄后，提高了对草甘膦的抗性。抑制谷氨酸合成酶（Gs）活性，使转基因烟草对除草剂草甘膦具有解毒作用，抗性提高了 10 倍。从细菌、酵母和植物中已分离出乙酰乳酸合成酶（ALS 酶）的突变基因。

③ 导入编码降解除草剂的解毒酶基因。目前主要是从细菌中获得的解毒酶基因，包括 bxn（编码 Nitrilase）、bar（或 pat）和 2,4-D 单加氧酶基因（DPAM）等，分别转移到辣椒、烟草和番茄中，增加植物对除草剂的降解作用，提高植物对除草剂的抗性。此外，除草剂还是一种抗性标记基因，可作为基础研究在植物育种中应用。

4. 抗逆品种培育

（1）耐盐基因工程

迄今，基因工程中利用到的提高蔬菜耐盐性的基因包括渗透调节剂合成基因、膜转运蛋白基因、调控蛋白基因和清除有毒物质基因等。通过基因工程手段，能使细胞内积累甜菜碱、山梨醇、甘露醇、海藻糖等相容性溶质，不同程度地提高转基因植物的耐盐性。脯氨酸合成酶基因 $P5CS$ 在胡萝卜（Han $et\ al.$，2003）中的表达使植物的耐盐能力得到明显提高。耐盐植物调节离子的吸收和区隔化主要通过处于细胞质膜和液泡膜上的各种离子泵来完成。$HAL1$ 基因最早是从啤酒酵母中克隆获得的，$HAL1$ 基因提高酵母的耐盐性是通过增加细胞内 K^+ 含量，降低细胞内 Na^+ 含量，从而调节酵母细胞的 K^+/Na^+ 比例。Bordas 等（1997）将 $HAL1$ 基因导入甜瓜，提高了甜瓜转基因植株在组培条件下的耐盐性。Gisbert 和张荃等先后将来源于酵母的 $HAL1$ 基因转入番茄中，转基因植株表现出较好的耐盐性。Arillaga 等（1998）将酵母的 $HAL2$ 基因转入番茄中，获得转基因植株的子代耐盐水平比对照组要高。将 Na^+/H^+ 反向转运蛋白基因 $AtNHX1$ 导入番茄及芥菜中并超量表达，获得的转基因植株同样能在 200mmol/L NaCl 处理下生长、开花和结果。近年来，虽已分离克隆出许多耐盐基因，但真正特异的耐盐基因及调控途径还没有被发现，彻底弄清盐胁迫机制仍然是一件较困难的事情。这可能因为现有的基因只是与耐盐有关的关联基因，它们不直接调控植物的耐盐性，只是盐胁迫下的诱导产物，而且现有基因都是在盐胁迫下激活进行表达的，可能一些对耐盐有重要作用的基因不一定在盐胁迫时表达，从而未被分离。植物的耐盐性是多种抗盐生理性状的综合表现，由位于不同染色体上的多个基因控制，因此培育转基因植物可能需要同时转移多个基因。

（2）耐旱基因工程

抗旱研究工作最早以酵母、细菌为模式生物，研究了生物的抗旱机理，克隆了一些抗旱基因，并在植物上得以验证。最近抗旱工作的研究重点转向了高等植物。

① 渗透保护物质（osmoporotectant）生物合成的基因　许多植物在水分胁迫条件下会积累小分子相溶性溶质或渗压剂。通过基因工程的手段，已成功克隆出一批能有效地提高植物的渗透调节能力、增强植物的抗逆性基因。这类基因可分为三类：a. 氨基酸合成的关键基因；b. 季铵类化合物（如甜菜碱和胆碱等）合成的基因；c. 编码糖醇类及偶极含氮类化合物生物合成的基因。

② 编码与水分胁迫相关的功能蛋白的关键基因　植物体可以通过调控水孔蛋白等膜蛋白以加强细胞与环境的信息交流和物质交换，通过调控胚胎发育晚期丰富蛋白（late embryogenesis abundant protein，简称 LEA）等逆境诱导蛋白提高细胞渗透吸水能力，从而增强抗旱和耐盐能力。水孔蛋白、H^+-ATPase 和 Na^+/H^+ 反向运输蛋白在调节细胞水势和胞内盐离子分布中起信号传导作用。

③ 与信号传递和基因表达相关的调控基因　各种研究表明，蛋白激酶在信号传递过程中起重要作用，至今已研究的与植物干旱、高盐应答有关的植物蛋白激酶主要有：与感受发育和环境胁迫信号有关的受体蛋白激酶（receptor protein kinase，简称 RPK），与植物对干旱、高盐、低温、激素（乙烯、脱落酸、赤霉素和生物素）等反应的信号传递有关的促分裂原活化蛋白激酶（mitogen activated protein kinase，简称 MAPK），通过增加某些特定蛋白的合成使植物对外界胁迫做出反应的核糖体蛋白激酶（ribosomal protein kinase），主要参与植物生长、细胞周期、染色体正常结构与维持多种生命活动相关基因表达的转录调控蛋白激酶（transcription regulation protein kinase，简称 TRPK），以及钙依赖而钙调素不依赖的蛋白激酶（calcium calmodul independent protein kinase，简称 CDPK）等。目前，抗逆相关的转录因子的研究也日益受到重视，它们可以控制一系列的下游胁迫反应，从而启动信号传导中的级联反应，使细胞产生相应的抗逆性。至今，已克隆出了大量的与植物抗旱、耐盐相关的转录因子。

④ 与细胞排毒、抗氧化防御能力相关的酶基因　现在已知的编码这些酶的关键基因包括编码抗坏血酸过氧化物酶（ascorbate peroxide，简称 APX）等。

⑤ mircoRNA 调控途径　mircoRNA 是在调控基因表达中发挥重要作用。通过调控 mircoRNA 或人工构造 mircoRNA 可以改良植株的抗性。张晓辉等（2010）通过转基因研究，证实番茄

miR169 通过调控番茄叶片气孔的开闭来调控番茄植株的抗旱性。

（3）抗寒基因工程

植物抗寒基因工程主要在鱼类 AFP 途径、脂肪酸去饱和代谢关键酶基因途径、SOD 途径、脯氨酸（Pro）基因途径、糖类代谢基因途径等五个方面取得成果。另外转录因子介导的抗寒基因工程也显示出较好的效果。

① AFP 基因途径　果蔬在低温贮藏期间，会形成冰晶，一旦温度变动会导致冰晶大小的变化和冰晶的重新分布。在再结晶时，会在小冰晶的基础上形成大的冰晶，这对植物的组织与细胞造成更大的伤害。Hightower 等（1991）通过 *AFP* 基因表达来改变冰晶的大小和结构，从而改变冷冻和冻融植物组织的特性。他们利用农杆菌把比目鱼体内表达 AFP 的 *Cafa*3 基因导入到番茄，发现转基因番茄不但能稳定转录 AFP 的 mRNA，还产生一种新的蛋白质，这种转基因番茄的组织提取液在冰冻条件下能有效阻止冰晶增长。

② 脂肪酸去饱和代谢关键酶基因途径　膜脂的去饱和化是由一组去饱和酶催化进行的，而饱和脂肪酸和不饱和脂肪酸比例是决定细胞膜对低温敏感程度的关键因素之一。Murata 等（1992）分别以冷敏感植物南瓜和抗冷植物拟南芥为材料，得到甘油-3-磷酸酰基转移酶基因。甘油-3-磷酸酰基转移酶在叶绿体的 3-磷酸甘油酰化过程中，优先选择不饱和的 $C_{18:1}$ 接在甘油骨架 C-1 位上，负责 C-1 位上的酯化。在抗冷和不抗冷植物中，其甘油-3-磷酸酰基转移酶的区别在于能否对底物（脂肪酸酰基受体蛋白）的脂肪酸饱和度作选择。

③ SOD 途径　冷敏感植物的细胞膜系统在低温下（特别是同时有强光）的损伤，与自由基和活性氧引起的膜脂过氧化和蛋白质被破坏有关。自由基指的是超氧阴离子、羟基自由基，活性氧是指单线态分子氧、过氧化氢和脂氧化物。植物细胞存在复杂的抗过氧或保护系统以保自身的正常代谢，其中 SOD 是超氧自由基的主要清除物质。将烟草的 Mn-SOD cDNA 导入到苜蓿中，转基因植物的 SOD 活性增强，转基因植物不仅对冻害的抗性增强，而且对除草剂的抗性也增加，其后代的冻害胁迫后生长比对照快得多，表明 Mn-SOD 抑制无氧自由基产生，从而提高抗寒能力。

④ Pro 基因途径　游离 Pro 能促进蛋白质的水合作用，在低温下参与细胞膜和蛋白质稳定状态的维持、物质运输和渗透调节等。将 Pro 降解途径的关键酶基因的反义链转入拟南芥，得到了耐寒性增强的株系，直接证明了 Pro 在植物耐寒性发育中的作用。

⑤ 糖类代谢基因途径　糖类与植物抗寒性关系密切。越冬植物无论是草本或木本植物，在低温锻炼过程中都可以观察到细胞内可溶性糖含量增加。这可能是由于：a. 糖作为渗透因子，其积累可以增加细胞的保水能力，增加组织中的非结冰水；b. 作为冰冻保护剂保护对冰冻敏感的蛋白质。抗寒性强的植物一般积累较多的可溶性糖来减轻寒害，保护植物细胞及其内膜系统。将 *otsA* 和 *otsB* 基因（分别编码大肠杆菌的海藻糖-6-磷酸合酶和海藻糖-6-磷酸酯酶）导入马铃薯中，获得大量廉价的海藻糖的同时，增强了植物的抗旱性和抗寒性。

⑥ 转录因子调控途径　相对于保护性蛋白介导的抗寒性基因工程，通过调控转录因子提高植物的抗寒性显示出更有效的前景。在番茄中超量表达转录因子 *CBF*1 可以显著提高番茄耐低温能力。转基因株系在 0℃下处理 7d，存活率达 75％，而非转基因对照全部死亡。转 *ABRC*1-*CBF*1 基因番茄不仅在 0℃成活率显著提高，而且还对干旱和盐胁迫的耐性同时提高，这也显示出转录因子的调控途径对不同逆境的高效性。

值得注意的是，在所有组成型表达抗逆基因（如 $35S::CBF$）的植物中，由于过强表达外源基因消耗大量的能量，这些转基因植物在正常环境下都会出现生长被延滞的现象。另外，在无逆境胁迫的时候，外源基因表达也是不需要的。所以，诱导性启动子研究就显得十分必要。Kasuga 等（1999）用冷诱导基因 *RD*29A 的启动子替代 CaMV35S 启动子，不仅大大缓解了这种生长延滞现象，而且使得植物的抗逆性得到进一步的提高。

近年来，植物抗逆基因工程的研究受到越来越广泛的关注和重视。然而，抗逆是一个极其复杂的生理过程，受多基因控制。植物在逆境下会产生复杂的生物化学和生理学上的响应，而引起这些响应的分子机制至今尚未完全阐明。基因组学的兴起对植物抗逆机制研究及其基因工程的发展起到了革命性的作用。大规模基因组或 cDNA 序列测定势必可以发现大量抗逆基因，功能基因组学方法将全面阐明植物抗逆蛋白的多样性，通过比较基因组学可把模式植物的抗逆信息推广到基因组复杂的植物上去。植物抗逆机制的研究和其相关基因工程的进展具有更广阔的前景。

5. 高产优质品种培育

（1）提高光合作用

光合作用过程中，CO_2 固定反应中的第一个酶为 1,5-二磷酸核酮糖羧化酶（rubisco），该酶对 CO_2 的亲和力较低，对 O_2 亲和力较高，还催化光呼吸反应。因此，该酶固定 CO_2 效率低下。增施 CO_2 提高作物产量的技术已用于蔬菜生产。但是提高作物本身的 rubisco 对 CO_2 的亲和力更为直接有效。现已经克隆到许多种参与光合作用的基因，并分析了光对基因表达的调节作用。植物基因工程技术可以促进 rubisco 酶对 CO_2 亲和性，降低光呼吸这一竞争反应。rubisco 酶由 8 个大亚基（rbcL）和 8 个小亚基（rbcS）组成，rbcL 由叶绿体基因编码，rbcS 由核基因编码。将不同植物的 rubisco 导入到植物细胞形成杂合亚基酶分子或诱导点突变，修饰酶活性，增加对 CO_2 亲和力，降低对 O_2 的亲和力，使基因在叶片中高效表达来提高光合生产率。

（2）营养元素高效利用

植物吸收氮的多少和氮利用效率高低对产量有重要影响。结合转基因技术和生理生化分析，人们对植物生长发育过程中氮吸收、同化和再利用的分子控制机理的认识愈来愈深入。谷氨酰胺合成酶（GS）、谷氨酸合酶（GOGA T）、谷氨酸脱氢酶（GDH）是参与高等植物氮同化代谢的主要酶。胞质 GS 在大豆根中超表达，总 GS 活性增加 10%～30%，总氨基酸含量明显提高，但植株生长和形态没有变化。将大豆胞质 GS 在豆科植物根瘤中表达，植株茎和根的生物量提高 2 倍。其他矿质营养元素的高效利用相关基因克隆与利用已经相继开展。

（3）创建雄性不育材料

在杂种优势利用中，通过雄性不育系配制杂交种是一种有效途径。目前，采用植物基因工程实现油菜等作物的三系配套。在大多数蔬菜上只需两系即可，操作起来更简单一些。Martine 等（1993）将花药绒毡层细胞中特异表达的 TA29 基因的启动子与核糖核酸酶（RNase）barnase 基因构建在一起，使 RNase 特异地在绒毡层细胞中表达，而导致花粉败育（即不育系）。将核糖核酸酶抑制基因（*bastar*）也置于绒毡层特异表达的启动子控制之下导入植物，形成恢复系。在与雄性不育系杂交时，*bastar* 与 *barnase* 基因的转录物形成复合体，抑制了 RNase 的活性，F_1 花粉可育。保持系是将雄性不育基因与抗除草剂基因 *bar* 连接在一起，转化植物而成。在授粉结实后，幼苗期用除草剂来选择雄性不育幼苗。另一种创造雄性不育的途径是用编码 β-1,3-葡聚糖水解酶（β-1,3-glucanase）基因转化植物，也获得转基因雄性不育材料。因为在转基因植株中，由于 β-1,3-葡聚糖壁过早地消失，产生不正常的小孢子所致。

（4）维生素基因工程

近年来，一些维生素在植物中的合成途径已经阐明，合成代谢关键酶基因也已克隆，这为利用基因工程的方法来改良植物中维生素的含量奠定基础。

① 维生素 A。β-胡萝卜素是维生素 A 的主要前体，植物类胡萝卜素合成的基因工程以提高作物中 β-胡萝卜素的含量为主要研究目标。Rosati 等（2000）将从番茄自身克隆到的 β-番茄红素环化酶导入番茄植株，结果果实中 β-胡萝卜素含量增加 318 倍，但类胡萝卜素总量基本不变。

② 维生素 E。维生素 E 是一种脂溶性的维生素，是生育酚不同异构体的总称。自然界中存在 4 种生育酚，即 α-、β-、γ-和 δ-生育酚。人类和动物所需的维生素 E 都来自于植物，因此提高植物维生素 E 含量基因工程的研究具有十分重要的意义。对于人体健康而言，α-生育酚的生物活

性最高。γ-生育酚甲基转移酶（γ-TMT）在种子中的专一性过量表达并没有提高生育酚的总量，而是改变了种子中生育酚的组成，转基因植株中 α-生育酚含量的提高是由于野生型中 γ-生育酚转换所致，使维生素 E 的活性提高了 8～9 倍。

③ 维生素 C。人类缺乏维生素 C 合成最后步骤的 1 个酶，并且人体中不能贮存维生素 C，所以必须从日常饮食特别是植物中获得该维生素。华中农业大学番茄课题组等（2010，2012，2014）克隆了番茄抗坏血酸代谢中 13 个关键酶基因（如 GDP-D-甘露糖焦磷酸化酶、抗坏血酸过氧化物酶和抗坏血酸氧化酶）以及调控该途径的转录因子（AOBP、HDZIP24），并通过超量表达合成途径中的关键基因，或对氧化代谢途径中的关键基因进行 RNAi 抑制，有效调控番茄果实和叶片中维生素 C 含量，转基因番茄叶片和果实中维生素 C 提高 22%～57%，同时表现出比对照更好的抗逆性。

（5）色泽和风味品质基因工程

Penarrubia 等（1992）从非洲锡兰莓中提取了一种特殊甜蛋白 Monellin，比蔗糖甜 100000 倍。这种蛋白质在自然条件下以二聚体形式存在，极易变性，变性后甜味消失。Penarrubia 根据其氨基酸顺序、空间构象构建了具有同样生物效能但很稳定的甜蛋白基因，置于结构基因和控制成熟的特异性启动子 E8 之间，经农杆菌转入番茄。结果证明只有果实成熟度在 50% 以上的果实中才可检测到 Monellin 的 mRNA，而在不成熟果实、番茄叶片和未转基因果实中检测不到。外源乙烯的施用会增强 *Monellin* 基因的表达。只有 Monellin 含量占番茄果实蛋白质含量的 1%，其增加甜味的作用才明显。Bird 等（1992）在研究与番茄成熟相关的基因时构建了 cDNA pTOM5 反义基因载体，对表达反义 RNA 的转基因植株分析表明，类胡萝卜素的生物合成被抑制 97% 以上，番茄红素的合成量也很低，仅为正常植株的 2%。转基因植株的花冠为淡黄色，果实为黄色，说明该反义基因抑制了类胡萝卜素合成。目前调控果实色泽的代谢途径集中在类胡萝卜素合成途径，通过调控该途径的关键结构酶基因和上游调控因子（转录因子）可以有效改变果实色泽品质。

（6）蛋白质和氨基酸

在马铃薯块茎中，蛋白质含量较低（2%），且氨基酸组成不平衡，必需氨基酸（EAA）缺乏。Jaynes 等（1985）首先设计出人工合成编码必需氨基酸（HEAAE）的一段 DNA（292bp）导入到马铃薯之后，必需氨基酸含量达 80%，而后根据人体正常代谢必需氨基酸的需要比例，设计出又一种新的 DNA 序列（HEAAE II），在转基因烟草中表达量比对照约高 150%。

（7）淀粉含量和结构改良

植物淀粉合成涉及 3 个限速酶：ADP 葡萄糖焦磷酸化酶（ADP-glucose pyrophosphoryase，ADPG-PPase）、淀粉合成酶（starch synthase，简称 SS）和淀粉分支酶（starch branching enzyme，简称 SBE），其中 ADPG-PPase 是淀粉合成中第一个酶，它催化 1-磷酸葡萄糖和 ATP 生成 ADP-葡萄糖（ADPG），后者将作为淀粉合成酶的底物参与淀粉的合成。利用基因工程改造淀粉的目标有二：一是提高淀粉的质量，利用反义基因技术改变马铃薯直链淀粉和支链淀粉的比例已获成功；二是提高淀粉的含量。在淀粉合成中 ADPG-PPase 是一关键酶。将来自大肠杆菌的 ADP-葡萄糖焦磷酸化酶基因导入到马铃薯中，块茎的淀粉和干物质含量平均提高 24%。相反，若导入该酶反义基因，则淀粉含量下降到只有对照的 2%，而蔗糖和葡萄糖含量分别上升到干物质含量的 30% 和 8%。类似的，将环状糊精糖基转移酶基因导入马铃薯后环状糊精仅占干物质含量的 0.001%～0.01%。在马铃薯葡聚糖磷酸化酶反义转化植株中，淀粉的表达受抑制。张兴国（2001）将 ADP-葡萄糖焦磷酸化酶反义基因转入魔芋，通过限制淀粉的合成量来改良魔芋的品质。

（8）延长蔬菜货架期

目前主要通过两种途径来延长新鲜蔬菜贮存期：一是通过抑制多聚半乳糖醛酸酶（PG）的

活性来抑制细胞壁果胶的降解，使果实抗软化；另一种是通过抑制乙烯的生成，提高果实耐受"成熟过度"的能力。

Paul 等（1991）将氨基环丙烷羧酸（ACC）合成酶的一个 cDNA 反义系统导入番茄，转基因植株乙烯合成严重受阻。在表达反义 RNA 的纯合植株的果实中，乙烯合成被抑制达 99.5%。这种果实在空气中放置不能正常成熟，不出现呼吸跃变高峰，番茄红素积累也受抑制，果实不变软。只有通过外源乙烯或丙烯处理，果实才能成熟变软，表现出正常果实的颜色和风味。叶志彪等（1996）将反义 ACO 基因导入番茄，抑制果实中乙烯的活性，获得迟熟转基因番茄材料，再结合杂种优势育种，培育成一代杂种'华番 1 号'。该品种在常温下可贮藏 45d 左右，且品质好，1997 年通过农业部基因工程安全委员会审批，1998 通过品种审定，成为中国第 1 个获得农业部批准上市的转基因植物品种。果实细胞壁降解与 PG、果胶甲酯酶（PE）活性有关，通过 PG 和 PE 的克隆及反义遗传转化所获得的番茄转基因植株，果实 PG 酶和 PE 酶活性受到显著抑制，从而延迟果实的成熟。美国 Calgen 公司将 PG 反义基因导入番茄，育成 Flavr Savr 转基因品种上市。

6. 转基因蔬菜生产疫苗

利用转基因蔬菜生产疫苗和药物是一个富有前景的方向，当前的研究主要集中在马铃薯等少数蔬菜种类。王跃驹（1997）将乙型肝炎病毒的表面抗原基因导入马铃薯和番茄，成功地获得了转基因抗乙肝马铃薯和转基因抗乙肝番茄，将该转基因马铃薯饲喂给小白鼠，使小白鼠获得了对乙型肝炎的免疫能力。经过更深入的研究，相信在不久的将来，口服一定量的该转基因马铃薯或番茄后，人体即可通过免疫反应获得乙肝病毒的抗体。

第三节　园艺植物分子标记辅助育种

一、主要分子标记类型

20 世纪 80 年代以来，分子遗传学及分子生物学的发展和完善促进了 DNA 分子标记技术的产生，最初进行的 DNA 指纹分析是在分子杂交的基础上进行的。20 世纪 90 年代以后，聚合酶链式反应（polymerase chain reaction，简称 PCR）技术的广泛应用使得 DNA 多态性可以通过体外扩增的方法快速和高效地检测到。至今已经开发的分子标记技术高达 60 多种。根据 DNA 分子标记多态性的检测手段不同，将分子标记分为 4 大类：

① 基于 DNA-DNA 分子杂交的分子标记技术；

② 完全基于 PCR 的分子标记技术；

③ PCR 与限制性酶切技术相结合的 DNA 分子标记技术；

④ 单核苷酸多态性基础上的 DNA 分子标记技术，它是由 DNA 序列中单个或连续几个碱基的变异或者插入缺失而引起的遗传多态性。

1. 基于分子杂交的分子标记

基于分子杂交的分子标记主要是利用 DNA 探针，通过分子杂交程序检测多态性的一类标记。最早研发的 RFLP 属于典型的基于分子杂交的标记类型。RFLP 标记的理论基础是：在生物的长期进化过程中，科、属、种、品种之间的同源 DNA 序列上的某一限制性内切酶识别位点上，由于核苷酸插入、缺失、突变、倒位和易位等突变和重组现象的出现，或者某些染色体结构的改变，都会造成该识别位点上发生遗传变异，从而导致此位点不能被限制性内切酶识别或者产生新的酶切位点。这种限制性酶切位点的增加或减少使得利用限制性内切酶来切割不同材料 DNA 时所得到的片段大小发生改变，经过电泳分离可以直观地观察到这种限制性片段的多态性。通过比较 DNA 限制性片段的长度多态性，可以揭示科、属、种、品种间遗传差异及相关性。RFLP 标记的基本步骤是：将不同来源的 DNA 材料用已知的限制性内切酶酶切消化后，可以产生大小不等的多态性 DNA 片段，经电泳分离后用特异性放射标记探针与之进行 Southern 杂交，通过同位素显色技术或放射性自显影来揭示 DNA 分子的多态性。

RFLP 标记具有数量丰富、稳定可靠、重复性好、共显性等优点，是第一个用于构建遗传连锁图谱的 DNA 分子标记。然而，进行 RFLP 分析需要大量 DNA，而且 RFLP 操作程序烦琐、费用昂贵、周期长，操作过程中还需要使用放射性同位素，这些因素都使得其普遍应用受到限制。蔬菜作物中开展分子标记研究较早的有番茄和甘蓝，均有 RFLP 标记密度较高的遗传图谱，但其它蔬菜很少有较多 RFLP 标记的遗传图谱。

2.随机性 PCR 标记

随机性标记指利用通用引物进行扩增获得的 PCR 标记。由于使用引物不具有种属特异性和在一个 PCR 反应中同时获得多个多态性的特点，具有简单、高效和廉价的特点。这类标记包括 RAPD、AFLP 和序列相关扩增多态性（sequence related amplified polymorphism，简称 SRAP）等标记。但是由于随机性 PCR 标记缺乏标记的序列信息，在许多应用中受到明显的限制。比如，利用一个群体获得的标记无法与另外一个群体的标记进行比较，也无法利用随机性标记对不同遗传图谱进行整合。

（1）RAPD 标记

RAPD 标记的基本原理是利用 1 个或 1 对人工合成的随机引物（一般为 8～10bp）经 PCR 反应对不同材料的基因组 DNA 进行随机扩增，然后经凝胶电泳检测 PCR 扩增产物的多态性，PCR 扩增产物的多态性反映了相对应基因组区域的 DNA 多态性。RAPD 具有对 DNA 数量和质量要求不高、操作简单、成本较低、不受物种特异性和基因组结构的限制等优点。但是，RAPD 标记也存在很多不足之处：一般表现为显性遗传，无法直接区分后代群体中的显性纯合体和杂合体；扩增结果的稳定性和重复性较差；单个引物提供的信息量有限，需要很多引物配合使用；存在共迁移问题，无法有效区分长度相同但序列不同的 DNA 扩增产物片段。将 RAPD 标记转化为特异序列扩增区域（sequence characteristic amplified region，简称 SCAR）标记的有效解决方案，通过转化，有效增加了 RAPD 标记的稳定性和所提供信息量。在园艺作物中，RAPD 是国内应用较早的分子标记，被广泛应用于园艺作物遗传多样性分析、纯度鉴定、重要性状的遗传定位等方面。

（2）SRAP 标记

SRAP 又叫基于序列扩增多态性，是基于 PCR 扩增反应的一种分子标记技术（Li and Quiros，2001；Ferriol et al.，2003）。SRAP 标记的正向引物包含 17 个碱基，从 5′端开始，前 10 个碱基是一段无特异性的填充序列，随后紧接着是 CCGG 和 3 个选择性碱基，能对外显子区域进行特异性扩增；反向引物包含 18 个碱基，从 5′端开始，前 10 个碱基是一段无特异性的填充序列，随后紧接着是 AATT 和 3 个选择性碱基，能对内含子和启动子区域进行特异性扩增（Li 和 Quiros，2001）。SRAP 标记类似 RAPD，操作简便，但 SRAP 标记使用引物长度为 17～18bp，同时使用较高的退火温度，因此比 RAPD 具有更高的稳定性和重复性。

（3）AFLP 标记

AFLP 又叫选择性限制片段扩增。该标记的基本原理是利用一种具有稀有酶切位点的限制性内切酶和一种具有丰富酶切位点的限制性内切酶将基因组 DNA 进行双酶切，酶切后得到大小不等的带有黏性末端的 DNA 片段，之后在酶切片段的两端分别连接上双链的人工接头（artificial adapter），再通过 PCR 反应对限制性片段进行有选择地扩增，最后通过聚丙烯酰胺凝胶电泳对不同长度的 PCR 扩增片段进行分离检测。AFLP 的引物设计非常巧妙而且引物可以灵活搭配，因此可以产生相当大的标记数目，已经被广泛应用于遗传连锁作图、遗传多样性分析和 DNA 指纹图谱鉴定等领域。但是 AFLP 标记还存在很多不足：大多数为显性标记类型，只有少部分为共显性类型；费用昂贵；对 DNA 质量和内切酶质量要求相对较高；技术难度大，对操作人员的技能和实验条件要求高等。

3. 特异性 PCR 标记

特异性 PCR 标记指利用特异的 PCR 引物进行扩增，检测特定位点的多态性的分子标记。这类标记主要包括 SSR、SCAR 和酶切扩增多态性序列（cleaved amplified polymorphic sequences，简称 CAPS）等标记。其中 SCAR 和 CAPS 标记可以通过随机性标记测序，利用序列信息设计引物进行转化。如果利用这些序列进行 PCR 扩增，产物在电泳中直接表现出多态性就是 SCAR 标记。如果产物没有多态性，但通过酶切之后表现出多态性就是 CAPS 标记。SCAR 和 CAPS 只能针对特定的少数位点进行开发。SSR 是可以大规模应用的特异性 PCR 标记。SSR 标记又叫微卫星 DNA（microsatellite DNA）、简单串联重复序列（short tandem repeat polymorphism，简称 STRP）、短串联重复序列（short tandem repeat，简称 STR），是 Moore 等人于 1991 年发现的。真核生物基因组中内含子、编码区及染色体上的任一区域内都存在着由 1～6 个碱基对组成的串联重复序列，即 SSR 序列，如（GA）n、（AT）n、（GGC）n 等重复。SSR 标记的基本原理是：基因组中 SSR 重复单位的重复次数在不同等位基因间存在很大的差异，重复单位的拷贝数决定重复序列的长度，从而形成 SSR 标记的多态性；而每个 SSR 重复序列两侧一般是高度保守的单拷贝序列，据此可设计特异性双向引物进行 PCR 扩增，利用电泳分析其长度多态性，即为 SSR 标记。SSR 标记等位基因变异的来源，是由于在 DNA 复制过程中向前滑动所引起的重复序列数目的变化或在有丝分裂、减数分裂期染色体不对等交换引起的，而不仅仅是由于单个核苷酸碱基的插入、缺失或者突变引起的，因此 SSR 标记表现出高度的多态性。SSR 标记具有如下特点：共显性遗传，可以鉴定分离群体中的杂合子和纯合子，有助于遗传作图分析；标记数量丰富，近似均匀地分布在整个基因组中，有利于高密度遗传图谱的构建和数量性状位点（quantitative trait locus，简称 QTL）定位；带型简单，保证了标记条带记录的一致性、客观性和准确性；基于 PCR 技术的标记检测方式，对 DNA 需求量少，对质量要求也不高，甚至部分降解的样品也可进行分析，技术难度和实验成本都比较低；每个 SSR 位点有多种多态形式。然而，SSR 标记的引物具有物种特异性，特定物种新的 SSR 引物的设计必须依赖对基因组的克隆、测序，所以开发新的 SSR 标记前期投入较高、工作量大、难度大。

4. 基于测序的分子标记

插入/缺失长度多态性（insertion-deletion length polymorphism，简称 InDel）和 SNP 等标记的开发需要借助大规模的测序，目前，白菜、甘蓝、萝卜、黄瓜、番茄、马铃薯和茄子等主要蔬菜作物的基因组测序均已完成，还有更多的蔬菜作物的基因组测序正在进行中。

（1）SNP 标记

SNP 标记是一种新型分子标记，指由核苷酸水平上的变异而引起的等位基因间的 DNA 序列多态性，是目前为止在基因组水平上分布最广泛、数量最多并且标记密度最高的一种分子标记类型。SNP 多态性包括单碱基的插入、缺失和单个核苷酸碱基的转换、颠换等，且碱基的替换常常发生在嘌呤碱基（A/G）和嘧啶碱基（C/T）之间。拟南芥基因组项目（The *Arabidopsis* Genome Initiative，2000）对拟南芥 *Columbia* 和 *Landsberg* 两个生态型材料的基因组序列比对分析发现，两材料间 SNP 多态位点有 25274 个，SNP 的平均分布距离为 3.3kb。虽然从理论上讲，在同一个碱基等位点上存在 4 种可能的核苷酸类型，但是通常 SNP 具有双等位基因多态性（二态性）。SNP 这种二态性的特征使得其无须像检测 InDel 和 SSR 标记那样分析多态性片段的长度，有利于使用自动化的检测技术。尽管 SNP 只有两种等位基因型，单一的 SNP 所提供的信息量不及现在常用的分子标记类型，但 SNP 的高频率多态性和稳定性弥补了信息量上的不足。而且对 SNP 标记的检测可以借助 DNA 芯片技术和高分辨率熔解曲线分析（High Resolution Melting，简称 HRM）技术等实现检测的自动化和高通量。SNP 标记的检测成本和技术相对较高，使得 SNP 标记的大规模开发和检测仍有所限制。

（2）InDel 标记

InDel 标记是指在等位基因位点上一定数量的核苷酸插入或缺失一段相对短的核苷酸序列而产生的长度多态性变异（Jander et al.，2002）。InDel 突变多发生在内含子和 DNA 的折叠区等非编码区内，在外显子等编码区中存在相对较少，是因为在外显子中核苷酸的插入和缺失常会改变读框的结构而使它们受到选择的作用。InDel 标记在植物基因组中分布非常广泛。InDel 的多态性频率仅次于 SNP 的多态性频率，在植物基因组遗传变异中所占比例较大。对拟南芥中遗传变异的研究表明，InDels 在所有基因组遗传变异中所占比例为 34%（Jander et al.，2002）。Park 等（2010）通过对白菜类作物 8 个品种的 1398 个序列标签位点（sequence-tagged sites，简称 STSs）进行重测序，在白菜基因组中开发和确认了 6753 个 InDel 变异位点。

在一般情况下，InDel 标记可以在插入/缺失多态性位点的两侧保守序列分别设计引物进行该区域的 PCR 扩增，通过电泳分辨片段的长短来检测 InDel 标记。相对 SNP 标记来说，通过比较 PCR 扩增产物的长度差异能较容易地发现 InDel 标记，而且对技术要求低、具有很高的针对性和稳定性，所以大规模 InDel 标记的开发和检测已成为可能。

（3）酶切测序标记

酶切测序标记指利用 DNA 内切酶与高通量测序相结合的一类标记技术，主要包括两种标记：一种是酶切序列标签技术 ReST（restriction sequence tag）标记技术，有些提供标记服务的公司也将这种技术称为 SLAF 技术（sequence length amplified fragment）；另外一种是酶切序列关联 DNA 标记（restriction site associated DNA，简称 RAD）。两种技术都使用内切酶酶切与高通量测序产生标记。

ReST 技术的基本原理是将样品 DNA 通过酶切连接接头，扩增。然后通过 Solexa 测序测定扩增产物两末端序列。每一个序列代表一个酶切位置，称为一个酶切序列标签。由于不同材料酶切位置存在差异，同一酶切位置标签序列也可能有差别，这样就形成了大量多态性的酶切标签，每个这样的标签就是一个多态性分子标记。该技术已经在白菜、甘蓝等蔬菜作物中得到了初步应用。酶切标签标记技术有两个显著优势：①直接获得标记序列信息，对于已知基因组序列的生物，可直接利用序列信息定位标记，对于基因组序列未知的生物，也有利于结合其他生物的序列信息，利用不同近缘种之间保守的共线性关系对目标基因的定位。②获得数量巨大的标签，用 Solexa 测序一个通道，能够获得将近 500 万个序列标签。与普通标记不同，该方法不仅显示标记是否存在，同时还得到标记的数量数据。因此，通过统计学分析，既可以分辨两个样品之间同一个标签数量的差异，也可分辨同一个样品不同标签数量的微小差异。

RAD 标记也是一种结合内切酶酶切与高通量测序产生的标记。与 ReST 不同，该方法不使用 DNA 扩增，而是酶切一端与 Solexa 测序引物直接连接，另一端随机打断后与 Solexa 测序引物连接，获得一个用于 Solexa 测序的测序文库，测序后得到酶切位点及临近区域的序列信息，分析这些序列差异获得多态性标记。在茄子上通过 RAD 开发超出 10000 个 SNP 位点，1600 个多态性位点和 18000 个假定的 SSR 位点（Barchi et al.，2011）。

酶切测序标记具有通量高、标记密度高等优点，特别适于永久性群体作图，而且在基因组测序过程中用于对序列进行染色体锚定效率非常高。但目前高通量测序在国内主要还是由专业公司来提供服务，相对来说成本较高（表 9-1）。

表 9-1　几种常用分子标记方法比较

项目	RFLP	AFLP	RAPD	SSR	SNP	InDel	CAPS
遗传特性	共显性	显性/共显	显性	显性	显性/共显性	共显性	共显性
多态性水平	低	高	中等	高	高	高	高
可检测座位数	1～4	100～200	1～10	几十～100	1	1	1
检测基础	分子杂交	专一 PCR	随机 PCR	专一 PCR	专一 PCR	专一 PCR	专一 PCR

续表

项目	RFLP	AFLP	RAPD	SSR	SNP	InDel	CAPS
检测基因组部位	单/低拷贝区	整个基因组	整个基因组	重复序列区	整个基因组	整个基因组	整个基因组
使用技术难度	难	易	易	易	易	易	易
DNA质量要求	高	低	低	低	高	高	高
DNA用量	$5\sim10\mu g$	<50ng	<50ng	50ng	<50ng	<50ng	<50ng
探针	DNA短片段	专一性引物	随机引物	专一性引物	专一性引物	专一性引物	专一性引物、酶切
费用	中等	高	低	高	高	高	高

二、分子标记图谱构建

遗传连锁图谱（genetic linkage map）是指以染色体的重组交换为基础，以染色体的重组交换率为相对长度单位"厘摩"（centimorgan，简称cM），采用遗传学方法将各种分子标记标定在染色体上构建的线状连锁图谱。构建一张高密度的遗传图谱有利于分子标记辅助选择育种、QTL定位、功能基因克隆和功能基因组学研究的顺利开展。

1. 原理

构建遗传连锁图谱的理论基础是染色体的交换和重组理论。一般来说，同一染色体上的基因在遗传的过程中更倾向于维系在一起，表现为基因间的连锁现象。随着细胞进行减数分裂，非同源染色单体上的基因间相互独立、进行自由组合，同源染色体上的基因发生交换和重组。假定等位基因的分离是随机的，那么两个基因发生重组的频率取决于二者之间的相对距离，发生重组的频率随两基因间距离的增加而增大。因此基因间的遗传图距可以用基因间的重组率来表示，它通常由基因在染色体交换过程中发生分离的频率（cM）来表示，1cM表示在每次减数分裂过程中基因的重组频率为1%。这样，通过重组频率的计算可确定基因在染色体上的排列顺序和相对距离。

构建遗传连锁图一般是通过两点测验和多点测验的方法来计算重组值。其中，两点测验法是最简单、最常用的一种连锁分析法，即是指对两个基因位点间的连锁关系进行检测。依据两个连锁位点间不同基因型出现的频率对重组值进行估算，同时采用最大似然估计法对重组率进行估计。两点测验在分子遗传连锁图谱的构建过程中主要是用于连锁群的划分和确认标记间连锁关系存在与否。多点测验是指对多个基因位点间进行联合分析，根据它们的共分离信息来确定多个基因位点的分布位置和排列顺序。在事先不知道各基因位点分布在哪条染色体上的情况时，可先利用两点测验法将基因位点分配在不同的连锁群中，之后再对每一条染色体上的基因位点进行多点测验的连锁分析。

2. 方法

（1）作图亲本的选择

作图群体的亲本选择会直接影响到所构建连锁图谱的难易程度和应用范围，分离群体中性状差异越多，也即说遗传连锁图谱上分子标记所包含性状越多，那么该图谱的参考价值也就越大。作图亲本的选配一般需要考虑以下几方面。

① 针对有性繁殖作物，如白菜、甘蓝、番茄、辣椒、黄瓜等蔬菜作物，尽可能选用高度纯合的植物材料作为作图群体的亲本。自交材料一般要求至少8代以上，白菜、甘蓝等能够进行小孢子培养的作物和黄瓜等能进行大孢子培养的作物，应尽可能使用DH材料，这样可以保证后代标记分离具有一致的规律。

② 选择尽可能遗传上差异大的材料做亲本。首先，亲本差异大有利于筛选多态性标记，减少作图的标记筛选难度；其次，遗传上差异大的亲本，表现出较大的分离，易于检测更多的主效位点。

③ 要考虑到杂交后代的可育性。利用远缘杂交配制分离群体，如使用野生番茄与栽培番茄杂交构建群体时，经常出现因为亲本间差异过大导致不育发生，降低杂种后代的结实率，无法获得正常分离的遗传群体。这时通常需要进行与栽培番茄回交提高后代育性，构建回交分离群体。

④ 无性繁殖同时也能够有性繁殖的蔬菜作物，如马铃薯等，其亲本本身高度杂合，可以直接通过自交获得 F_2，或者两个不同的材料杂交获得 F_1 作为分离群体。

（2）作图群体的选择

不同的作图群体类型直接影响着遗传连锁图谱的作图效率。用来构建遗传图谱的分离群体类型应当根据作图的目的、图谱分辨率的要求和群体创建的难易程度共同决定。多数蔬菜作物根据群体的遗传稳定性可将分离群体分成暂时性分离群体和永久性分离群体两种类型。

暂时性分离群体包括 F_2 群体、Fn 群体和回交群体等。该类型群体的分离单位是单个个体，自交或近交后其遗传组成就会发生相应的变化，而无法达到永久使用的目的。暂时性分离群体是最简单的作图群体，群体构建比较简单，缺点是只能利用一代、难以设置重复。

永久性分离群体包括重组自交系（recombinant inbred line，简称 RIL）群体、回交自交系（backcross inbred line，简称 BIL）群体、近等基因系（near isogenic line，简称 NIL）、渐渗系（introgression line，简称 IL）群体和双单倍体群体等。该类型群体的分离单位是株系，同一株系内的个体间基因型是相同纯合并且自交不分离的，不同株系之间则存在着基因型的差异，可以永久使用。永久性分离群体可通过自交或近交的方式繁殖后代，群体的遗传组成不会发生改变，便于进行不同时间、不同地点的重复试验，使得对遗传图谱进行加密饱和变得更加便利。

番茄、豆类蔬菜等严格自花授粉蔬菜作物通常构建 RILs 分离群体，十字花科蔬菜易于小孢子培养，通常使用 DH 群体。无性繁殖的马铃薯等与有性繁殖的蔬菜作物不同，其自交或杂交后代可以直接通过无性繁殖长期留种，均可视为永久性群体，但长期无性繁殖需要考虑繁殖过程中的退化现象。

渐渗系又称为染色体片段渐渗系（chromosome segment introgression lines，简称 CSILs），可分为多片段渐渗系（multiple segment introgression lines）和单片段渐渗系（single segment introgression lines，简称 SSILs）两种。只含一个渐入片段的渐渗系即 SSILs，是理想的渐渗系。染色体单片段渐渗系是指利用杂交、回交、自交和分子标记辅助选择相结合的方法，筛选出的在受体遗传背景上只含有 1 个供体片段的染色体单片段渐渗系。每个渐渗系含有 1 个供体染色体纯合片段，整个一套渐渗系在轮回亲本遗传背景中覆盖了整个供体亲本基因组，也就是在一个受体亲本的遗传背景中建立另一个供体亲本的"基因文库"。渐渗系在番茄中使用非常广泛。

作图群体的大小直接影响遗传连锁图谱的分辨率和精确度，作图群体越大，图谱精度越高，相应的工作量和实验成本也会增加，因此确定合适的群体大小是非常必要的。可根据作图目的确定作图群体的大小，以基因组序列分析或基因分离分析为目的进行遗传图谱的构建需要较大的分离群体，以保证遗传图谱的精确性和可靠性。在实际操作中，构建连锁框架图可从大的分离群体中随机选择一个小群体进行连锁分析，当对某个连锁区域进行精细研究时，再有针对性地扩大作图群体。另外，作图群体的大小还取决于分离群体的类型。一般来说，为了达到构建分辨率相当的连锁图谱，所需群体的大小顺序为 F_2 群体＞RIL 群体＞BC1 群体和 DH 群体。大多数已发表蔬菜作物遗传图谱使用 100～200 个左右的单株或株系。

（3）标记类型的选择

理想的分子标记类型应具备以下标准：①具有丰富的多态性；②表现为共显性，能直接鉴别出纯合子和杂合子，信息量大；③操作简单、易于进行多态性检测；④分布广泛、均匀，遍及整个基因组；⑤开发成本和使用成本低廉；⑥具有良好重复性。

具体选用何种标记还要根据标记的特点、实验条件、作图群体的特性及实验的目的等具体情况来决定。

（4）作图软件

构建分子标记遗传连锁图谱需要对大量分子标记之间的连锁关系进行统计分析。

随着分子标记数和作图群体数的增加，统计计算的工作量呈指数形式增长。因此，需要借助计算机软件进行标记数据的分析和处理。常见的遗传连锁图谱作图软件有 MAPMAKER、Join-Map 和 CARTHAGEN 等。基于 DOS 界面的 MAPMAKER 3.0 和基于 Windows 界面的 JoinMap 4.0 是当前比较流行的分子标记分析软件。可应用于多种类型的实验群体进行遗传作图，其中 JoinMap 还可以同时处理多个群体的标记数据进行整合作图。

三、主要园艺作物分子标记与遗传图谱信息资源

许多主要的园艺作物高质量的分子标记遗传图谱已经发表，为了促进图谱信息的应用和不同实验室数据的比较，很多基因组学与遗传学的门户网站收集整理了各类蔬菜作物重要的图谱。许多被收集的图谱被广泛作为相应作物的参照图谱，对有关研究具有重要的参考价值。这些网站还开发了展示工具，方便了访问者浏览与分析这些图谱，获取标记相关信息。

1. BRAD 数据库

BRAD 是 Brassicadb 的简称，是一个由中国农业科学院蔬菜花卉研究所建立和维护的综合性的芸薹属基因组数据库（http：//brassicadb.org）。除了一般性的基因组数据之外，还包含大量芸薹属基因组分子标记的数据，包括遗传图谱、SSR 标记、InDel 标记等。

2. SOL 数据库

SOL（http：//solgenomics.net）是一个茄科作物的综合性权威数据库。该数据库不仅提供了大量茄科作物基因组数据，而且包括多个茄科蔬菜作物的重要遗传图谱。其中包括 24 个番茄、2 个马铃薯、2 个茄子和 4 个辣椒的遗传图谱。

3. 葫芦科基因组数据库

葫芦科基因组数据库 CGD（cucurbit genomics database，简称 CGD）是 International Cucurbit Genomics Initiative（ICuGI）建立和维护的综合性瓜类作物数据库（http：//www.icugi.org）。该数据库提供甜瓜、黄瓜、西瓜、西葫芦和南瓜的基因组数据，其中甜瓜、黄瓜和西瓜的数据最完整。在分子标记方面，CGD 提供了大量利用 EST 开发的甜瓜、黄瓜和西瓜 SNP 和 SSR 标记，同时提供了多个遗传图谱信息。

四、分子标记在基因与性状定位方面的应用

1. 质量性状 BSA 标记筛选

BSA（bulked segregant analysis，分离体分组混合分析法或混合分组分析法，又称集团分析法）是美国 Michelmore 实验室于 1991 年开发的一种简单快速的标记任意特定基因或基因组区域的方法。该方法最早应用于生菜霜霉病抗性基因的标记。其原理是利用单个杂交的分离群体，根据目标性状或者基因组区域混合成不同的混合池，每个池包含性状或者基因组区段完全相同的单株。这样的混合池受选择的目标性状或者基因组区域遗传上是相近的，而其它区域是完全杂合的。然后利用各种标记方法对不同的混合池进行筛选，在不同混合池间表现差异的标记则与目标性状基因或者目标染色体区域连锁。在实践过程中，一般选择 10～20 个单株制备混合池。BSA 技术特别适于简单遗传的质量性状的标记筛选。由于该方法简单易行，不依赖序列信息，在很多园艺植物没有基因组序列的情况下，获得非常广泛的应用。

2. 数量性状分子标记筛选

（1）单一标记法

单一标记法就是通过方差分析、回归分析，比较不同标记的基因型及数量性状均值的差异。如果两者存在显著差异，则说明控制该数量性状的 QTL 与标记之间有连锁关系。由于单一标记

法不需要整个基因组完整的遗传连锁图谱，因此早期进行的 QTL 定位研究多采用该种方法。缺点：①不能确定标记与 1 个 QTL 还是几个 QTL 连锁；②无法十分准确地估计 QTL 可能存在的位置；③检测效率较低，检测需要的个体数较多；④由于遗传效应与重组率混合在一起，致使 QTL 的遗传效应被低估。

（2）区间作图法

由于单标记方法在分析数量性状 QTL 时存在的诸多问题，Lander 和 Botstein（1989）提出了正态混合分布的最大似然函数和简单回归模型，结合基因组完整的分子标记遗传连锁图谱，计算基因组上的任一相邻标记之间的任一位置上存在和不存在 QTL 的函数比值的对数（LOD 值）。根据整个基因组上各位点处的 LOD 值可以描绘出 QTL 在染色体上是否存在的图谱。当检测到的 LOD 值超出某一分析的临界值时，QTL 可能存在的位置可用 LOD 支持区间表示。随后 Paterson 等将区间作图分析法逐渐由 BC 群体扩展到 F_2 群体中，检测表现为显性的 QTL。

（3）复合区间作图法

为了解决区间作图法所存在的缺点，1993 年，Rodolphe 和 Lefort 提出了一种新型的检测方法，是一种利用整个基因组的标记来进行全局检测的多标记模型。在该模型中，染色体上不同类型效应的参数可以相互独立地分解，单个标记相关联的效应估算只与其相邻标记的同类型效应相关联。在提出利用区间作图法针对一条染色体进行检测的同时，在整个模型中仍利用其它染色体上标记的信息，这样可以减少误差。但是该模型不能提供 QTL 数目、效应和位置的确切估算值，使定位结果的精度和效率都降低。复合区间作图法（composite interval mapping，简称 CIM）是对染色体上的某一特定标记区间进行检测分析时，将与其它 QTL 连锁的标记信息同时整合在模型中，从而控制背景遗传效应。该方法是假定不存在基因型与环境的互作和上位性效应，用与区间作图相类似的方法获得各参数的最大似然估计值，计算其似然比，绘制各染色体的图谱，根据似然比统计量的显著性，获得 QTL 可能位置存在的标记区间。

（4）QTL 定位的混合线性模型方法

1998 年，朱军等提出利用随机效应的预测方法获得基因型效应及基因型与环境互作效应的预测值，然后再用区间作图等分析方法进行遗传主效应及基因型与环境互作效应的 QTL 定位分析，并给出了发育性状的 QTL 定位分析方法。同年，朱军及 Zhu 和 Weir 又提出了环境互作效应、加性效应与显性效应的混合线性模型的复合区间作图分析方法，以及可以分析包括上位性的各项遗传效应及其与环境互作效应的 QTL 检测方法。该方法把群体均值、目标 QTL 的各项遗传效应作为固定效应，而把环境效应、环境互作效应、分子标记效应等作为随机效应，将效应估计和定位分析结合起来，进行多因素下的联合 QTL 定位分析，提高了作图的精确度和效率。与基于多元回归分析的复合区间作图方法相比，用混合线性模型方法进行 QTL 定位，不但可以避免所选的标记对 QTL 效应分析结果的影响，而且还可以分析 QTL 与环境的互作关系，具备较高的灵活性和较强的模型扩展性。

（5）全基因组关联分析

全基因组关联分析（GWAS）是最早在人类与疾病相关位点筛选中建立起来的一种研究方法。关联分析（association analysis），又称连锁不平衡作图（linkage disequilibrium mapping，LD mapping）或关联作图（association mapping），是一种鉴定某一群体内目标性状与遗传标记或候选基因关系的分析方法（Flint et al.，2003）。连锁不平衡指的是一个群体内不同座位等位基因之间的非随机关联，包括两个标记间或两个基因（或 QTL）间或一个基因（或 QTL）与一个标记座位间的非随机关联（Gupta et al.，2005）。实际上全基因组关联分析或者全基因组遗传不平衡分析基于紧密连锁的变异，在遗传过程中不易被遗传重组打断，能够在自然遗传过程中保留的原理，利用自然状态下存在的变异群体，通过全基因组范围内序列变异筛选，确定与目标性状显著关联的序列变异。进行全基因组关联分析的关键是要有全基因组高密度遗传变异的信息和较大的自然变异群体。随着主要蔬菜作物测序的完成和 SNP 检测技术的发展，全基因组关联分析技术在蔬菜作物中的应用越来越广泛。

不同作物的遗传特性具有显著差异，遗传关联的特性也显著不同。有些蔬菜作物以异花授粉为主，如十字花科蔬菜作物、瓜类作物，而有些作物以自花授粉为主，如茄科的番茄和茄子、豆类蔬菜等。常异花授粉作物，由于不同基因之间频繁发生差异片段之间的重组，一般关联的片段较短。如白菜连锁不平衡值（LD）只有 10kb 左右。而自花授粉作物，差异片段之间的重组概率显著下降，关联的片段会比较长，如番茄连锁不平衡值可以超过 100kb。连锁不平衡弱的作物，需要较高密度的标记才能检测到连锁。相反，连锁不平衡强的作物，需要较低密度的标记才能检测到连锁。在白菜中，由于其 LD 值小于 10kb，意味着要想很好地通过关联分析找到连锁标记，就必须有一个标记密度小于 10kb 的遗传图。而番茄则要求标记密度小于 100kb。

五、分子标记技术在种质资源研究中的应用

1.遗传多样性的结构分析

2000 年，Pritchard 等提出一种基于模型的分类方法，并开发了 Structure 程序。结构分析是一种基于模型的运算方法，以基因型数据为基础，推测群体结构并且将个体分配到群体中。假设存在一个模型，含有 K 个群体，每一个群体都由每个位点的等位基因频率所表征。样品中的个体按照一定的概率被分配到群体当中，如果它们的基因型推测为混合模型，则一个单株可能参与到两个或者更多的群体。该模型并没有假设特异的突变过程，可以被应用于大多数的遗传标记中，但是这些标记不能是紧密连锁的。结构分析可以应用到很多方面，如群体结构的确定、个体的分配、杂交区域研究、确定迁徙或混合个体等。虽然结构分析和 ME 聚类树分析采用的运算方法不同，但是得到的结果较一致，结构分析在聚类树分析的基础上更能体现出个体间存在的血统关系，在体现遗传背景方面具有不可忽视的优势。

2.品种分子身份证

分子身份证，是将 DNA 指纹数字化，是一种直观地对品种进行检索的技术。该技术在 DNA 指纹图谱的基础上，对 DNA 指纹图谱分析、指纹图像信息的识别和提取、信息化数据的分析处理进行规范，尽可能涉及作物全基因组的引物选择，筛选最少引物代表最多种质的原则，并将分析技术标准化，以正确反映或标识种质的多样性和特异性。

每一个多态性条带的有无分别用 1 和 0 二进制代码表示，统计各引物在单份种质中形成的原始二进制代码的组合数，并固定各引物及其条带类型的顺序，相应赋值并转换成十进制代码。用最少的数字串确定每一个品种唯一的有序编号。利用条形码生成器将数字转换成条形码，即得到每份种质唯一的身份证。

3.核心种质构建

核心种质（core collection）是 1984 年澳大利亚科学家 Frankel 为了对庞大的种质资源进行高效、准确地挖掘优异的新基因资源，提高育种学家对优异种质资源的利用率提出的概念。1989 年他与 Brown 对这一概念进一步做了补充和完善。所谓核心种质，是指用最小的种质资源样品量、最大程度地代表种质资源的遗传多样性。国际植物遗传资源委员会认为，核心种质库是以冗余程度最小的资源群体，最大范围地代表该种及其野生近缘种的地理分布、形态特征、基因型与基因的遗传多样性。可作为优先研究的样品集，核心种质的构建能提高种质资源的利用率。核心种质有以下四个特点。

① 代表性　核心种质并不是全部原始资源的简单压缩，是在最大程度上包括了现在种质资源中的遗传组成和生态类型多样性的资源群体。

② 异质性　核心种质不仅是减少入选的原始群体数量，而且要在最大限度上避免生态类型和遗传的重复，即彼此之间的生态和遗传的相似程度要尽可能地小。

③ 实用性 核心种质与原始的种质资源相比，规模急剧缩小，核心种质资源得到优先鉴定、筛选和利用，可使育种家筛选所需性状的工作量减少，提高了育种效率。

④ 动态性 核心种质是动态的，并非一成不变的。随着研究的进一步开展，在保留种质中新发现的一些优良性状种质或稀有种质，要转到核心种质当中去，核心种质需要进行调整，从中去除重复的材料，转至保留种质之中。

分子标记由于其准确性，不易受基因与环境互作的影响，被广泛应用于核心种质的研究中。吕婧等使用 23 个 SSR 分子标记对 3342 份来自世界各地的遗传资源材料分析，构建了包括 115 份材料的黄瓜核心种质，这份核心种质包含了 77% 的原始种质的 SSR 等位变异。

六、分子标记辅助选择与育种

利用与控制目标性状基因紧密连锁的连锁标记或目标基因自身的功能标记，通过检测分子标记，可检测到目的基因的存在与否，达到选择目标性状的目的，辅助育种材料的筛选，加速育种选择效率，这就是分子标记辅助选择与育种。分子标记选择育种包括前景选择和背景选择，前景选择是针对目标基因的连锁标记和功能标记进行选择，前景选择的可靠性取决于标记与目标基因之间的连锁程度，标记与目标基因连锁越紧密，则标记辅助育种的准确率越高，而背景选择主要指利用连锁标记或功能标记之外的基因组标记，加快遗传背景的恢复等。如在回交育种中，可以通过前景选择加快目标基因向轮回亲本中的导入，通过背景选择加快轮回亲本遗传背景的恢复。

分子选择育种经历了 2 个阶段，第 1 个阶段为分子标记辅助选择（molecular marker assisted selection，简称 MAS），第 2 个阶段为全基因组选择（genomic selection，简称 GS）。分子标记辅助育种，采用与目标基因紧密连锁的分子标记，筛选具有特定基因型的个体，并结合常规育种方法选育优良品种，此方法建立在 QTL 作图和基因定位的研究基础和数据之上。分子标记辅助选择通常是依据一个基因或少数基因进行选择。分子标记辅助选择包括分子标记辅助回交选择、分子标记辅助基因聚合、分子标记辅助 F_2 代筛选。分子标记辅助回交选择是对所有需要改良性状或重要性状基因进行选择，并将每一代中获得的优良单株，与轮回亲本杂交。经过多代连续回交与分子辅助选择，最终获得具备理想基因型的植株。分子标记辅助基因聚合，是通过含有不同优良性状基因的多个亲本之间杂交，在多亲杂交后代中针对多个优良性状基因进行选择，将多个性状聚合到少数后代单株上。另外，在 F_2 代分离材料中可以通过分子标记辅助选择快速选出具有目标基因的单株，缩减纯化所需世代。全基因组选择是在全基因组水平上进行分子选择育种的方法。全基因组策略包括对收集的种质资源的全基因组测序，分析重要、优异（或低劣）性状单倍型、重要基因区段、功能基因的分子标记开发等。全基因组选择通常是针对基因组多个位点开展选择，既可以针对功能标记也可以针对连锁标记。华中农业大学针对番茄 50 余个产量、抗性和品质相关基因，建立高通量的基因组选择技术体系，加快从群体中优良番茄单株基因型的选择。

第四节 园艺植物基因编辑育种

通过基因组编辑技术特异性改造目标基因及其序列，从而达到改良目标性状和培育新品种的方法，称为基因组编辑育种。基因组编辑可以实现基因的敲除、敲入、置换、结构变异等修饰。目前主要的基因组编辑技术有三种，即锌指核酸酶（zinc finger nuclease，简称 ZFN）技术、类转录激活因子效应物核酸酶（transcription activator-like effector nuclease，简称 TALEN）技术和成簇规律间隔的短回文重复序列及其相关系统（clustered regularly interspaced short palindromic repeats /CRISPR associated 9，简称 CRISPR/Cas9 system）。它们都可以通过核酸内切酶的活性特异性切割基因组的特定位点，产生 DNA 双链的断裂（double-strand breaks，简称 DSBs）。在植物体中，这种断裂在 DNA 修复的过程中产生错配而引起 DNA 变异。目前基因组编辑常见的方法是实现基因组特定区域的结构变异和敲除，且这种变异是不定向的。

ZFN 是最先用于基因编辑技术的特异性人工核酸酶。ZFN 是人工设计且具有锌指结构的蛋白，由锌指蛋白（ZFP）构成的特异性 DNA 结合域和特异性核酸内切酶 *Fok*I 构成。ZFN 的 N 末端为锌指蛋白 DNA 结合域，可识别特定的 DNA 序列；其 C 末端为 *Fok*I 切割结构域。*Fok*I 与锌指结构域相连，*Fok*I 形成二聚体时才具备酶切活性，ZFP 在 *Fok*I 的指导下识别靶基因位点将 DNA 双链切开，诱导细胞的修复机制对损伤 DNA 进行自主修复。

TALEN 是由转录激活因子样效应物（transcription activator-like effector，简称 TALE）替代 ZF 作为 DNA 结合域，与 *Fok*I 切割域组成的基因编辑技术。与 ZFN 相似，由 TALEN 蛋白 DNA 结合域和 *Fok*I 两部分发挥作用，前者负责目标序列的特异性识别，后者进行靶位点的切割。

CRISPR-Cas 系统发现于细菌自身免疫系统的过程中，主要存在细菌和古生菌中。CRISPR 系统由 3 部分构成：CRISPR 基因座、前导序列以及一类基因家族 *Cas* 基因。CRISPR 基因座由一些正向重复序列和非重复间隔序列两部分间隔排列组成。*Cas* 基因是 CRISPR 位点附近的一类家族基因，主要承担核酸酶切割作用。1 个 *Cas* 基因簇往往包含 4～10 个保守基因，它表达出的 Cas 蛋白在免疫系统过程中发挥重要作用。前导序列由 300～500bp 碱基组成，位于 CRISPR 的 5′端，与第 1 个重复序列直接相连，是相对保守的 AT 富集区。CRISPR-Cas 系统工作的核心在于人工设计的 sgRNA。

通过 TALEN 技术定向突变马铃薯 *Vinv*（vacuolar invertase）基因，改进马铃薯的冷藏性及加工品质。利用 CRISPR 技术删除双孢菇（*Agaricus bisporus*）中编码导致褐变的多酚氧化酶 *PPO* 基因家族，PPO 酶的活性降低 30%，使双孢菇延缓褐变或抗褐变（Waltz *et al*.，2016）。通过 CRISPR 系统，对调控番茄果实成熟基因 *RIN* 进行编辑，延长保质期（Ito *et al*.，2015）。SlACS2 是番茄乙烯合成的限速酶，对番茄 SlACS2 进行修饰，从而抑制乙烯的过量表达，可避免番茄过熟（白云凤等，2017）。利用 CRISPR/Cas9 技术对番茄 *MYB12* 基因进行敲除，从而将红果番茄改变为粉果番茄，并且改变了果实中 200 多种代谢物（Zhu *et al*.，2018）。利用 CRISPR/Cas9 基因组编辑技术对 *S-RNase* 基因进行了定点突变，获得了自交亲和的二倍体马铃薯，并通过自交获得了不含有 Cas9 元件但是自交亲和的马铃薯新材料（Ye *et al*.，2018）。此外，CRISPR-Cas9 系统也被广泛应用于西瓜、黄瓜等植物中。由于其定点精准地对基因组进行操作，在后代分离后将外源的 DNA 分离出去，获得无外源 DNA 序列的基因变异个体，是一种生物安全性高的生物育种技术手段。

第五节　园艺植物生物技术育种成功案例

一、马铃薯细胞工程育种

马铃薯由于长期无性繁殖导致病毒积累，进而发生品种退化。利用现代生物技术，在组织培养条件下生产脱毒马铃薯种薯，称为试管薯（microtuber）。试管薯体积小（直径 2～10mm）、重量轻、无病原、贮藏和运输方便、不受季节限制，能够取代常规的种薯，直接用于商品马铃薯生产。离体条件诱导马铃薯试管薯分 2 个阶段：试管苗培养和试管薯诱导。试管苗的健壮程度直接影响试管薯是否优质高产。在培育健壮的试管苗的基础上，如何诱导结薯又是其中的重要环节。不同品种间马铃薯试管苗诱导结薯的能力有较大差异，在诱导条件相同的情况下，早熟品种试管薯结薯能力强于晚熟品种。马铃薯试管薯适合在液态 MS 培养基上诱导。不添加任何植物生长调节剂的 MS 培养基均能诱导形成试管薯。培养基中加入激素（香豆素、6-BA、缩节胺、B9）更有利于试管薯的诱导。蔗糖浓度适宜才能诱导结薯。李婉琳等认为培养 80d 的组培苗，在蔗糖浓度为 10% 的 MS 液体培养基上能较快结薯，且单株结薯数多、结薯速率快。可以用白糖替蔗糖，较适合的白糖浓度为5%～6%。接种密度以250mL广口瓶接种10～15个外植体较适宜，此密度下5mm以上的试管薯较多。苗龄越大，试管薯结薯越快。试管薯的诱导应以少量的散射光照射为宜，尽量避免全黑暗。

马铃薯试管薯生产与脱毒种薯快繁技术以马铃薯试管薯为基础，在温、网室高倍扩繁微型薯，选择自然隔离条件好的地区田间扩繁，形成了适合于山区特点四年制脱毒种薯生产体系，已

在我国湖北、贵州、重庆、江西、福建等地大面积推广应用。马铃薯试管薯产业化技术通过提高试管薯的生产率，使单位培养面积的年试管薯生产能力达到20万粒/平方米左右，可供3.33hm² 大田生产用种薯。通过解决试管薯生产成本高、品种间生产率不一致等试管薯批量生产中的关键问题，同时完善试管薯休眠调控、种植方式、田间管理等栽培配套技术措施，可使其适合于不同地区、不同季节、不同用途的商品薯生产。试管薯大规模工厂化优质高效繁殖技术将有效地推进马铃薯脱毒种薯微型化繁育推广体系的进程（图9-1）。

图9-1 组织培养生产马铃薯脱毒试管薯

二、番茄基因工程育种

通过基因工程可以延长番茄货架期：一是通过抑制PG的活性来抑制细胞壁果胶的降解，使果实抗软化；另一种是通过抑制乙烯的生成，提高果实耐受"成熟过度"的能力。在国外，1991年Paul等人将ACC合成酶的一个cDNA反义系统导入番茄，转基因植株乙烯合成严重受阻。在表达反义RNA的纯合植株的果实中乙烯合成被抑制达99.5%，这种果实在空气中放置不能正常成熟，不出现呼吸跃变高峰，番茄红素积累也受抑制，果实不变软。贮藏在室温下的反义转基因番茄比对照果实有更长的货架期，成为全球首例通过获准进行商品化生产的转基因食品。

叶志彪等通过基因工程的方法将乙烯形成酶（EFE）反义基因导入番茄，得到了耐贮藏的转基因番茄系统D2，再结合杂种优势育种方法用常规品种'A53'与其杂交配组育成杂种一代，即'华番1号'。多年品种比较试验表明：'华番1号'与当地主栽品种'早丰'产量相当，但耐贮藏性明显优于'早丰'，且品质佳，适应性强。该品种在常温（13～30℃）下可贮藏45d左右，且品质好，1997年通过农业部基因工程安全委员会审批，1998通过品种审定，成为我国第一个获得农业部批准上市的转基因植物品种（图9-2）。

三、番茄分子标记辅助育种

1.选育过程

对国外品种'齐达利'F$_2$代分离群体中，结合综合性状和分子标记辅助选择番茄黄化曲叶病毒（tomato yellow leaf curl virus，简称TYLCV）的抗性进行单株选择，直至在F$_7$～F$_8$代中去除杂株，进行自交系混合留种。每代进行抗TYLCV的分子标记 Ty-1 检测。Ty-1 标记为CAPS标记，第一轮扩增产物没有差异多态性，经过第二轮限制性内切酶酶切，可以产生多态性酶切片段。如图9-3所示，番茄抗性TYLCV材料和非抗性材料经PCR都可扩出398bp大小的片段。

图9-2 转基因番茄品种'华番1号'

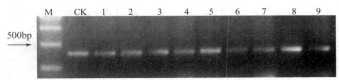

M：DNA分子量大小标准，CK：阴性对照(中蔬6号)，1～9：齐达利自交后代分离株系

图 9-3　*Ty-1* 基因特异引物对不同番茄品系基因组的 PCR 检测

对 PCR 产物再进行酶切和电泳，结果如图 9-4 所示。可见抗性番茄株系材料的 PCR 产物酶切为 303bp 和 95bp 的 2 个片段，非抗性材料酶切产物仅有 398bp 大小的片段，杂合材料酶切产物为 398bp、303bp 和 95bp 的 3 个片段。

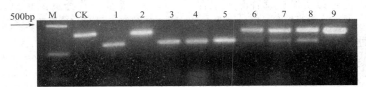

M：DNA分子量大小标准，CK：阴性对照(中蔬6号)，1～9：齐达利自交后代分离株系

图 9-4　*Ty-1* 标记 PCR 产物经 TaqⅠ酶酶切电泳结果

经过连续 8 代的选择，筛选出了含有抗番茄黄化曲叶病毒病 *Ty-1* 纯合显性基因，在田间表现高抗番茄黄化曲叶病毒病的自交系"70F2-1-2-2-6-混-混"。华中农业大学用'东农 709'的自交后代经过高世代单株选择获得的"东农 709F2-3-6-2-2-5"作母本，"(齐达利 F2)70F2-2-1-2-2-6-混-混"作父本，配制的杂交组合成的杂交番茄品种。2013 年通过湖北省品种审定委员会审定，品种审定编号为鄂审菜 2013005，定名为'华番 11 号'。

2.品种特性及栽培要点

属中晚熟品种，无限生长型。植株半直立，生长势较强。羽状裂叶，叶色深绿。第一花序着生在主茎第 7～8 节，花序间隔节位 2～3 节。果皮大红色，果实扁圆形，果形指数 0.8 左右，果面光滑，无绿果肩，果棱较明显，少数成熟果有果肩开裂现象，单果重 250g 左右。对番茄黄化曲叶病毒病、枯萎病的抗（耐）性较强。适于湖北省种植。

栽培要点：①适时播种，合理密植。春季大棚栽培于 11 月～翌年 2 月播种，2 月中下旬～3 月中下旬定植；秋季栽培于 7 月上中旬播种，8 月中下旬定植。深沟高畦栽培，每 $667m^2$ 定植 2000 株左右。②科学肥水管理。施足底肥，苗期适当控制氮肥用量，以防徒长；坐果后及时增施磷、钾肥。后期适当控制肥水，防止裂果。③整枝搭架。单杆整枝，摘除全部侧枝，及时抹芽，后期适当摘除老叶、病叶；开花期用保果灵等保花保果，一般每株留 4 穗果、每穗留 3～4 个果。④注意防治病虫害，适时采收。

思考题

1.试述不同生物技术育种途径的原理及其相互联系。

2.试述转基因作物育种的程序。

3.目前常用的转基因方法有哪些？

4.分子标记辅助选择育种如何实施？

5.基因编辑育种有哪些方法？

6.生物技术在园艺植物育种中的应用有哪些方面？

第十章
新品种审定保护与推广繁育

　　植物新品种是经过一系列的方法和技术手段育成的。为了保护种植者的利益，必须经过审定或者登记后方可进行推广；同时植物新品种属于知识产权的范畴，国家出台了一系列相关的法律对品种权进行保护，这是为了保护育种者的权益不受侵害。然而，优秀的品种只有经过推广，进入市场，才能为广大农业生产者带来经济效益，实现品种优势。在品种繁育过程中，要防止品种劣变退化，及时为种植消费者提供品种纯正、质量合格、数量足够的种子。

第一节　品种审定与登记

一、品种审定与登记的概念和意义

　　品种审定（cultivar registration）是品种审定委员会对新育成或新引种的品种进行区域试验和生产试验的鉴定，按规定程序进行审查，决定该品种能否进行推广并确定推广范围的过程。品种登记是指对新选育或新引进的品种在育成者自愿申请的基础上，履行必要的登记备案程序，经作物品种审定委员会审议合格后登记在案的一种新的品种管理形式。

　　目前，我国对主要农作物和主要林木实行品种审定制度，对列入非主要农作物目录的品种实行在推广前进行登记的办法加以管理。

　　实行品种审定和登记制度，有利于保护和利用农作物种质资源，有利于新品种管理。品种审定的依据是品种试验，品种试验包括区域试验和生产试验，对品种的丰产性、抗逆性、适应性等经过权威部门的进一步验证，同时总结出相应品种的配套栽培技术，加速育种成果的转化和利用。通过区域试验和生产试验，可以较好地了解品种的形态、生理以及经济性状，以便确定其适宜的栽培地区、市场价值和推广的范围；可以因地制宜地推广良种，充分发挥新品种的生产效能，实现品种应用的区域化，促进种业科技进步和种植效益的提高。

二、品种审定制度

1. 法律条款

　　2016 年 1 月 1 日起实施的《中华人民共和国种子法》第十五条规定：国家对主要农作物和主要林木实行品种审定制度。主要农作物品种和主要林木品种在推广前应当通过国家级或者省级审定。由省、自治区、直辖市人民政府林业主管部门确定的主要林木品种实行省级审定。第二十二条规定：国家对部分非主要农作物实行品种登记制度，登记目录由国务院农业主管部门制定和调整。

　　主要农作物包括稻、小麦、玉米、棉花、大豆，该五种之外的其他农作物为非主要农作物。主要林木由国务院林业主管部门确定并公布；省、自治区、直辖市人民政府林业主管部门可以在国务院林业主管部门确定的主要林木之外确定其他八种以下的主要林木。应当审定的农作物品种未经审定的，不得发布广告、推广、销售。应当审定的林木品种未经审定通过的，不得作为良种推广、销售，但生产确需使用的，应当经林木品种审定委员会认定。

应当登记的农作物品种未经登记的，不得发布广告、推广，不得以登记品种的名义销售。为了贯彻落实种子法，农业部于2017年5月1日起实施的《非主要农作物登记办法》，目的就是为了规范非主要农作物品种管理，能够科学、公正、及时地登记非主要农作物品种。园艺植物属于非主要农作物，对要求登记的品种根据相应程序登记后即可进行推广，这体现了我国种子管理制度由侧重事前许可转变为重视事后监管的明显变化。

2.审定登记机构及其工作内容

我国主要农作物品种和主要林木品种实行国家和省级两级审定制度，申请者可以直接申请省级审定或国家级审定。国家农作物品种审定委员会和林木品种审定委员会分别由国务院农业、林业行政主管部门设立，负责国家级品种审定工作；省级农业、林业行政主管部门则分别设立省级农作物品种和林木品种审定委员会。在具有生态多样性的地区、省、自治区、直辖市，人民政府农业林业行政主管部门可以委托设区的市、自治州承担适宜于在特定生态区域内推广应用的主要农作物品种和主要林木品种的审定。品种审定委员会一般由科研、教学、生产、推广、管理、使用等方面的专业人员组成，并设立办公室负责品种审定委员会的日常工作。

品种审定机构的主要任务是：领导和组织品种的区域试验和生产试验；对主要农作物报审品种进行全面审查，并作出能否推广和在什么范围内推广的决定；对申请非主要农作物新品种登记的品种进行审核，作出是否予以登记的决议；根据年度品种审定委员会的评审结果，发布通过主要农作物新品种审定的品种目录和非主要农作物新品种通过登记的品种目录；对通过审定和登记的新品种，作出良种繁育和新品种推广的指导性意见。

3.品种审定的申请和受理

（1）申请审定和登记品种具备的条件

品种审定需要具备以下条件：①人工选育或发现并经过改良；②具备特异性、一致性、稳定性；③具有符合《农业植物品种命名规定》的名称；④与现有品种（已审定通过或本级品种审定委员会已受理的其他品种）有明显区别；⑤形态特征和生物学特性一致；⑥遗传性状稳定；⑦已完成同一生态类型区2个生产周期以上、多点的品种比较试验。其中，申请国家级品种审定的，稻、小麦、玉米品种比较试验每年不少于20个点，棉花、大豆品种每年不少于10个点，或具备省级品种审定试验结果报告；申请省级品种审定的，品种比较试验每年不少于5个点。

品种登记需具备三个条件：①人工选育或发现并经过改良；②具备特异性、一致性、稳定性；③具有符合《农业植物品种命名规定》的名称。

（2）申请和受理主体

申请品种审定的单位和个人，可以直接向国家农作物品种审定委员会或省级农作物品种审定委员会提出申请。申请者可以单独申请国家级审定或省级审定，也可以同时申请国家级审定和省级审定，还可以同时向几个省、自治区、直辖市申请审定。

农业部主管全国非主要农作物品种登记工作，制定、调整非主要农作物登记目录和品种登记指南，建立全国非主要农作物品种登记信息平台。省级人民政府农业主管部门负责品种登记的具体实施和监督管理，受理品种登记申请，对申请者提交的申请文件进行书面审查。品种登记申请实行属地管理。一个品种只需要在一个省份申请登记。

（3）申报材料

申报非主要农作物品种登记需提交以下材料：①申请表，包括作物种类和品种名称，申请者名称、地址、邮政编码、联系人、电话号码、传真、国籍，品种选育的单位或者个人（以下简称育种者）等内容；②品种选育报告，包括亲本组合以及杂交种的亲本血缘关系、选育方法、世代和特性描述；品种（含杂交种亲本）特征特性描述；标准图片；建议的试验区域和栽培要点；品种主要缺陷及应当注意的问题；③特异性、一致性、稳定性测试报告；④种子、植株及果实等实物彩色照片；⑤品种权人的书面同意材料；⑥品种和申请材料合法性、真实性承诺书。

（4）品种试验

品种审定委员会组织申请品种进行区域试验和生产试验。区域试验在同一生态类型不少于两个生产周期，生产试验不少于一个生产周期。具体试验办法由品种审定委员会制定并发布。生产试验在区域试验完成后，在同一生态类型区，按照当地主要生产方式，在接近大田生产条件下对品种的丰产性、稳产性、适应性、抗逆性等进一步验证。第一个生产周期综合性状突出的品种，生产试验可与第二个生产周期的区域试验同步进行，对表现不良的品种可在中期予以淘汰。

要登记的非主要农作物品种的适应性、抗性鉴定以及特异性、一致性、稳定性测试，申请者可以自行开展，也可以委托其他机构开展。省级人民政府农业主管部门自受理品种登记申请之日起 20 个工作日内，对申请者提交的申请材料进行书面审查，符合要求的，将审查意见报农业部，并通知申请者提交种子样品；不符合要求的，书面通知申请者并说明理由。

（5）审定与公告

对于完成品种试验的品种，由申请者提出申报材料，由专业委员会进行初审，初审通过的品种，由专业委员会提交主任委员会审核，审核同意的，通过审定。审定通过的品种，由审定委员会编号、颁发证书，同级农业行政主管部门公告。审定公告在相应媒体发布。公告公布的品种名称为该品种的通用名称。

品种登记由省级人民政府农业主管部门负责并具体实施和监督管理，受理品种登记申请，对申请者提交的申请文件进行书面审查。农业部自收到省级人民政府农业主管部门的审查意见之日起二十个工作日内进行复核。对符合规定并按规定提交种子样品的，予以登记，颁发登记证书；不予登记的，书面通知申请者并说明理由。

第二节　植物新品种保护

一、植物新品种保护的意义

植物新品种保护（plant variety protection）是授予植物新品种培育者利用其品种所专有的权利，包括专利权、版权、商标权和工业设计权等内容在内的知识产权的一种形式。植物新品种保护是国际间公认的对植物品种进行管理的重要内容之一，目的是保护育种者对其发明的独占权。众所周知，改良品种对于促进作物提高产量，改进品质和增强抗逆性，降低生产成本以及保护生态环境等具有极其重要的意义。然而，培育植物新品种需要大量的投入，包括技术、劳动、资金、物质条件以及较长的时间成本，而且，随着农业水平的提高以及市场对目标农产品的要求的不断提升，育成一个新品种需要的技术越来越复杂，相应投资越来越高，培育新品种的费用相应地也在成倍增长。

保护新品种对于保护育种者的权益、鼓励育种者的积极性具有重要意义。园艺植物育种是一项需时较长和投入资金较多的项目，只有通过植物新品种保护，育种者才可以获得应得的利益。这样育种者不仅可以收回自己投入的育种资金，还可以将这部分资金再投入到新的植物品种培育中，同时还可以吸引社会资金用于育种事业。通过制定与颁布实施新品种保护条例，不仅是对育种者辛勤劳动的尊重和权益的保护，也是使国家的有关经济法规与国际接轨的措施之一。通过实施品种保护制度，使育种成果信息迅速向社会公开，便于科技人员把握国内外的育种技术信息，确定育种目标，避免资源浪费，有利于创新资源的有效配置。通过植物新品种的保护，从法律制度上将公平竞争机制引入种子领域，整合资源，优化组合，加快适销对路新品种的培育和推广，促进农业科技成果的产业化发展。

植物新品种保护有利于种子繁殖经营部门在相应的法律制度保护下进行正常种子繁殖经营活动。一旦出现低劣品种滥繁或假冒种子销售，用户、种子繁育经营部门和育种者均可以从维护自身利益出发而诉诸法律。植物新品种保护还有利于促进国际间品种交流合作。

二、植物新品种产权的特征

1. 植物新品种产权的性质

知识产权在我国又称"智力成果权"，指公民、法人、非法人单位对自己在科学技术和文学艺术等领域创造的智力成果依法享有的专利权利。植物新品种是育种人创造的智力成果，它同样具有知识产权的性质，表现在：第一，与著作权、专利权一样，植物新品种产权的标志不是有形财产，而是储存在有形财产之上的各种权利，如经销权、繁殖权等，显然它们属于无形财产；第二，植物新品种产权都有特定的载体，那就是植物体、植物繁殖材料（即种子）等有形实体，它们是植物新品种产权赖以存在的物质基础；第三，育种者对自己脑力劳动所创造的智力成果并不是当然地存在着产权，只有通过法律程序加以确认和规定，才得以生产和存在。植物新品种产权的知识产权性质说明了在有关品种产权界定及操作上应该充分参照知识产权制度的做法，首先在立法上加以确认。

2. 植物新品种产权内容的特殊性

笼统地谈产权，一般包括所有权及其派生的使用权、收益权和处分权等权属关系。然而对植物新品种产权来说，它们又各自包含着特定的内容。其中，起统率作用的是品种权，它是由法律规定的对植物品种拥有的排他性独占权。根据植物品种的生物学和农艺学性质，可由品种权派生出以下权利：①繁育权，指以商品性目的利用植物新品种生产繁殖材料的权利；②经销权，指将植物及其种子进行包装后投入市场进行销售的权利；③种植权，指将从市场购买或者自行繁育的种子进行种植以便收获植物产品的权利；④引种权，指扩大植物新品种种植范围或者改变种植区域的权利；⑤育种权，指在原有品种基础上进行改良育种或者以该品种为材料进行遗传育种以期产生另一新品种的权利。以上权利都是由品种产权派生而出，在品种权所有人许可及法律规定下由不同的主体行使，它们共同构成了植物新品种产权的具体内容，受法律体系和市场制度的共同制约和调节。

3. 植物新品种产权运作的不确定性

与其他产权类型相比，植物新品种产权在确定、保护、约束和利益等方面受到来自自然和社会诸多因素的影响，具有明显的不确定性。表现在：①由于植物生理生态复杂多样，受区域性自然因素的影响，在确定植物新品种以及授予品种权的时候容易出现偏差，客观上要求鉴定机构和授权部门具有很强的专业性和权威性；②由于植物新品种生产经营的环节较多，涉及的产权主体复杂，品种侵权方式和渠道五花八门，给产权保护带来了困难；③由于植物品种的质量常常因外界条件不同而产生差异，而区别这种差异又存在着许多技术上的难度，这样可能造成少数主体滥用权力，以次充好，品质混杂等损害用户利益的情况的发生；④由于农业生产受自然灾害的影响较大，植物产品的需求弹性相对较小，以至于存在较大的自然风险和市场风险，这将很大程度地影响到植物新品种产权利益的实现。以上情况说明，植物新品种产权在运作上尚存在许多不确定性，在制定政策、机构设置和日常管理工作等方面应予以充分考虑。

三、国际植物新品种保护

1. 国际植物新品种保护联盟

1961 年 11 月 2 日由比利时、法国、联邦德国、意大利和荷兰共同在巴黎签署了《国际植物新品种保护公约》，1968 年 8 月 10 日生效。其后分别于 1972 年、1978 年和 1991 年三次进行修改。根据这一公约建立了国际植物新品种保护联盟（International Union for the Protection of New Varieties of Plants，简称 UPOV）的政府间机构，总部设在日内瓦。UPOV 是一个政府间组织，其主要活动是促进国际（UPOV 成员国之间）协调与合作，同时也帮助某些国家制定植物新品种保护法规。该联盟对植物新品种保护的基本概念及申请保护品种的条例作出了统一规定，各成员国在国内相应的法规中必须采纳。这为世界范围内开展植物新品种保护创造了有利条件。截至2017年10月13日，UPOV成员国（组织）已达到75个，其中，只有比利时1个国家受1972年补充公约文本修正的1961年公约文本的约束；有中国、新西兰、葡萄牙、挪威等17个国家受1978年公约文本的约束；还有非洲产权组织、欧盟、捷克、丹麦、爱沙尼亚、芬兰、法国、格鲁吉亚、德国、匈牙利、冰岛、爱尔兰、以色列、日本、约旦、肯尼亚、吉尔吉斯斯坦、荷兰、瑞士、英国、美国等57个国家（组织）受1991年公约文本的约束。

1999年4月23日我国正式加入了《国际植物新品种保护公约》（《UPOV公约》1978年文本），成为国际植物新品种保护联盟第39个成员国；1997年，《中华人民共和国植物新品种保护条例》正式启动实施，开始受理来自国内外的品种权申请，从而使我国的植物新品种权保护走上了法制轨道。

2. 国际申请保护植物新品种的条件

国际植物新品种保护联盟提出，申请保护的植物新品种，必须具备下列条件。①特异性：是指一个植物品种有一个以上性状明显区别于已知品种。②一致性：是指一个植物品种的特性除可预期的自然变异外，群体内个体间相关的特征或者特性表现一致。③稳定性：是指一个植物品种经过反复繁殖后或者在特定繁殖周期结束时，其主要性状保持不变。以上3个条件统称为植物新品种的DUS三性，属于对植物新品种的本质规定。此外，新品种还需要具备商业上新颖性以及具有一个适当的名称。

四、中国的植物新品种保护

1. 植物新品种保护的法律条款

《中华人民共和国植物新品种保护条例》（以下简称《条例》）于1997年3月20日国务院第213号令发布，1997年10月1日起施行，并分别在2013年和2014年经过两次修正和完善。《条例》共八章四十六条，内容包括总则、品种权的内容和归属、授予品种权的条件、品种权的申请和受理、品种权的审查与批准，期限、终止和无效，以及罚则和附则，使我国的植物新品种保护工作走向国际化、系统化、秩序化、规范化道路。

2007年9月19日，农业部第5号令发布并施行《中华人民共和国植物新品种保护条例实施细则（农业部分）》，并分别在2011年和2014年经过两次修订。对于品种权的内容归属、授予品种权的条件、申请受理、审查批准、文件递交、送达和期限、费用和公报等具体内容和操作细则进行明确的规定，保障《条例》的科学实施。

2. 育种者的权利

申请品种权的单位或者个人权统称为品种申请人；获得品种权的单位或个人统称品种权人。品种权人对其授权品种，享有排他的独占性。任何单位或者个人未经品种权人许可，不得为商业目的生产或销售该授权品种的繁殖材料，不得以商业目的将该授权品种的繁殖材料重复使用于生产另一品种的繁殖材料，另有规定的除外。

一个植物新品种只能授予一项品种权，植物新品种的申请权和品种权可以依法转让。

3. 授予品种权的条件

申请品种权的植物新品种应当属于国家植物品种保护名录中列举的植物的属或者种，并同时具备以下特点。①新颖性。指申请品种权的植物新品种在申请日前该品种繁殖材料未被销售或符合其他许可条件。②特异性。指申请品种权的植物新品种应当明显区别于在递交申请以前已知的植物品种。③一致性。指申请品种权的植物新品种经过繁殖，除可预见的变异外，其相关的特征或特性一致。④稳定性。指申请品种权的植物新品种经过反复繁殖后或者在特定繁殖周期结束时，其相关的特征或者特性保持不变。⑤适当的名称。具有适当的名称并与相同或者相近的植物属或者种中已知品种的名称相区别，该名称经注册登记后即为该植物新品种的通用名称。

4.品种权的申请和审批

国务院农业、林业行政部门按照职责分工共同负责植物新品种权申请的受理和审查，并对符合条例规定的植物新品种授予植物新品种权。申请品种权可以直接或者委托农业办公室指定的代理机构向农业办公室提出申请。委托代理机构申请的，应当同时提交委托书，明确委托权限。申请品种权时，应提交申请文件，申请文件包括请求书、说明书及该品种照片。审批机构在收到申请文件及相关费用后，对品种权内容进行初步审查，初审合格后予以公告并对品种权申请书的特异性、一致性和稳定性进行实质审查，对符合规定的品种权申请，由审查机关作出授予品种权的决定，颁发品种权证书，予以登记和公告。对不符合规定的申请品种，审批机关予以驳回，并通知申请人。审批机构设立植物新品种复审委员会，申请人对于驳回的品种权申请不服的，可以在有效期内请求复审，对复审决定不服的，可在有效期内向人民法院提起诉讼。

品种权被授予后，在自初步审查合格公告之日起至被授予品种权之日止的期间，对未经申请人许可，以商业目的生产或者销售该授权品种的繁殖材料的单位或个人，品种权人享有追偿的权利。

5.品种权的期限、终止和无效

品种权保护期限，自授权之日起，藤本植物、林木、果树和观赏树木为 20 年，其他植物 15 年。有下列情形之一的，品种权在其保护期限届满前终止：①品种权人以书面声明放弃品种权的；②品种权人未按规定缴纳年费的；③品种权人未按审批机关的要求提供检测所需的该授权品种的繁殖材料的；④经检测该授权品种不再符合被授予品种权时的特征和特性的。

自审批机关公告授予品种权之日起，植物新品种复审委员会可以依据职权或者依据任何单位或者个人的书面请求，对不符合有关规定的，宣告品种权无效或更名。

6.品种权纠纷的调处

属于权属纠纷的，可以向人民法院提起诉讼。属于侵权纠纷的，可以请求省级以上的人民政府农业、林业行政部门进行处理，也可以直接向人民法院提起诉讼。属于假冒授权品种的由县级以上人民政府农业、林业行政部门查处，对查处不服的，可以向人民法院起诉。

第三节　品种的示范推广

一、品种示范推广的意义

植物新品种的示范推广是由育种到生产并最终产生经济效益必不可少的中间环节，是良种产业化工程的重要内容。种子是农业科技的载体，良种在农业生产和发展中所承载的基础性和先导性作用，是其他农业技术无法替代的。育种者育出的优良品种，只有通过在生产上大面积的推广，才能产生出符合市场需求的农产品，从而产生更好的社会效益和经济效益。即便是具有各项优良特征的优秀的品种，如果没有有效的示范推广，就不能使其在生产上大面积种植，在当今品种更新如此之快的竞争之下，该品种就失去了其该有的价值。从这个意义上来讲，示范推广是育种中重要的后续工作，是连接品种引进、品种选育与生产应用之间的重要纽带，是发挥良种基础载体作用的重要环节，是农业科技体系建设的重要组成。因此，要足够重视品种的推广工作，而品种的示范则是加快品种推广的一种重要方式。

1.加快品种推广速度

科研推广部门引进选育的优良品种，如果不被广大的生产者所接受和利用，就无法发挥其品种的优异特性，而品种的示范推广，就是通过多种渠道、多种途径，扩大优新品种的影响力，突出品种的创新特点，提高生产者对优新品种的认知度，从而提高品种利用率，扩大种植面积，促进农民增收增效。

2. 促进农业产业结构的优化调整

农产品的商品属性，决定了它的市场需求是一个动态的不断变化的需求。农产品结构必须紧扣并适应市场的需求，才能取得理想的生产效益。通过新品种示范推广，从众多品种中筛选优新品种，扩大种植利用，并影响和带动农业产业结构的合理化调整，使农业生产的品种布局及时适应市场经济的不断变化，适应产业化发展的布局与规划，适应全球经济一体化发展的需求，推动农业结构战略性调整的深入发展。

3. 强调因地制宜，良种良法的配套

有了优良品种的种子，如果在种植过程中没有依其种性采取相应配套的栽培措施，就会影响和抑制该品种增产增效潜力的发挥。通过品种示范推广，总结高产高效配套措施，及时介绍并帮助农民了解和掌握，保证了品种利用的科学准确，提高品种推广的速度和效益。

4. 推动了科技成果的转化利用

新品种是农业资源利用与科技创新方法的最终结晶，一个育成并通过审定的新品种，包含了育种工作者对市场分析、资源筛选、育种方法创新、配套技术研究等多项科技成果的创造和整合利用，通过品种的示范推广，使这些科技成果更快地为农林生产和农村经济发展服务，提高产量，改良品质，改善农业生态环境，促进农业的可持续发展。

二、品种示范推广的原则

农业是一个效益较低的弱质产业，其产品生产周期长，且生产过程易受气候、自然环境及人为栽培措施的影响和制约。每一个新育成的品种，既要有其普遍的优良共性，更要有其对特定环境条件的适应性，这是品种示范推广中必须重视的问题。

1. 坚持依法推广原则

2016 年 1 月 1 日开始施行的《中华人民共和国种子法》第十五条明确规定："主要农作物品种和主要林木品种在推广应用前应当通过国家级或者省级审定"。第二十三条规定："应当审定的农作物品种未经审定通过的，不得发布广告，不得经营、推广"，"应当登记的农作物品种未经登记的，不得发布广告、推广，不得以登记品种的名义销售"。

根据这一法律规定，在品种推广过程中，首先应该了解国家及地方有关政策，了解品种试验审定和登记的信息，以及相邻省份品种的引种推广管理的法规政策，了解品种审定的法定范围，确保品种示范推广的合法性。

2. 坚持"引种→示范→推广"的科学原则

新品种"引种→示范→推广"的引种程序，是根据农业生产中对品种稳定性、重演性要求，经多年科学总结得出的。通过科学有序的引种，保证品种对特定环境条件的适应性，减少新品种应用风险。特别是当前随着市场经济的不断发展，农民为追求种植效益而产生了抢新猎奇的心态以及种子部门追求短期效益驱动，目前生产上重品种的加速推广而轻引种的倾向日趋严重，既不利引种栽培指导，又给新品种应用增加风险，极易造成损失，挫伤农民应用新品种的积极性。

3. 坚持"因地制宜、良种良法"的原则

新品种的推广必须是建立在科学引种、示范、推广的基础上，充分了解该新品种在当地的特征特性及种植的配套栽培技术措施，及时宣传、贯彻到农民和用户，防止因栽培管理失误影响品种种性发挥，甚至影响到种子推广部门的信誉，影响品种推广事业的发展。

三、品种示范推广的措施

品种示范推广的目的是通过各种科学有效的途径，使优良品种为广大农业生产者所认知、接受，在充分了解品种特征特性的基础上，采用合理的配套栽培方法，提高优良品种的利用率，实

现农业生产的高产高效。

1.建立品种展示示范基地

种子及品种是具有生命特征的农业资料，品种的优良特性必须在通过田间的生长过程中不断显现。因此，建立示范展示基地是促进和加快品种推广的重要手段。通过品种展示，形象直观地展示品种的丰产性、抗逆性和适应性，突出品种的优质专用特点，强调良种良法的配套，直接为农业部门和种子企业推介新品种，成为引导农民选择自己所喜欢的新品种的桥梁和纽带。

品种展示基地的选择，首先应该符合品种所适应的生态环境要求，品种特征符合当地产业结构调整的方向和目标。其次，基地应具有良好的生产条件和较高的生产水平，能够保证品种特征特性的充分表达。再次，应选择同类作物种植面积大、影响面广的地区，以保证示范展示的带动作用。品种展示基地的面积可根据不同地区不同作物要求而定，但必须保证每个品种有足够的数量去表现其特性，原则上不能低于品种审定时的生产试验面积。

品种展示基地在作物生长的关键季节，应组织有关部门领导、专家以及种子管理部门科研、生产、经营等有关单位、个人进行考察观摩，现场评议和推介，使农业管理部门和农技人员真实了解到新品种在当地的生长表现和特征特性，为农民择优选择新品种提供指导。

2.加强宣传和培训

农业推广部门和品种育成单位应采取举办培训班、请专家讲课、组织参观学习等多种形式，广泛开展新品种的宣传，积极引导农民应用优质高产新品种，掌握品种特征特性和栽培技术，充分发挥品种增产潜力。同时在宣传培训过程中，一定要注意根据品种种性做好因种栽培的宣传和指导，指出其不足与注意事项，并把这些技术内容写进品种介绍中去，让种植户能够全面了解掌握该品种的相关技术，扬长避短，实现高产高效，让新品种尽快发挥其应有的作用。

3.积极争取政策扶持和服务

品种的示范推广应积极争取政府农业行政管理部门的支持。一是政策扶持，结合农业结构调整，争取政府在新品种推广中，采用免费供种和良种补贴的办法，调动农民运用良种调整农业结构的积极性。二是服务扶持，政府推广及种子管理部门在充分考察和了解新品种的基础上结合当地产业规划的区域布局，建立品种推介制度，定期发布优良品种信息，提出品种更换意见，公布主推品种，引导农民利用新品种。三是营销服务，通过加强媒体宣传，增设供种网点，种子让利销售、送货下乡、科技咨询等形式，方便农民购种用种，促进品种推广。

4.加快交叉试验，提高品种推广速度

为了确保新品种利用的安全性，不失时机地加快推广速度，种子部门及农业推广部门在信息上要全面掌握发展动态，然后根据本区域特点"联姻"适宜的育种单位和育种人，结成共同的联合体，优先获得品种定名前苗头品系的观察试种权，超前进行比较试验，筛选出适宜本地种植的高产、高效、抗逆的最佳品种（系），并在进行不同年度间重复比较的同时对其进行传统型与探索型的丰产种植示范，以便迅速研究出优质高效配套技术，获得缩短引进时间和首效利润的双重好处。

5.科研育种单位与种子企业联合

国内大多数种子企业不具有种子自行研发的能力，其主要业务是种子销售，从长远来看，很难与国外种子巨头抗衡。我国种子科研机构研发资金相对充足，专业人员集中、研发能力更强，但是科研单位在种子的营销和推广方面又存在精力不足、营销推广人才缺乏的局面，而从事商业种子销售的公司则具有这方面的优势，如果将两者联合起来，充分发挥出各自的专业优势，势必对我国种业的发展起到一定的促进作用。

四、种业企业在品种推广中的主体作用

市场经济的快速发展，使种子生产销售由过去统一供种的计划经济体系逐步向着以种子企业为主体、以市场为导向的市场经济体系。种子企业已成为新品种选育、繁殖及推广的主体力量。

因此，种子企业一个成功的营销策划，本身就是一个品种示范推广的完整体系。

1. 注重品种信息搜集、及时组织适销对路品种的生产

随着农民对新品种认识的不断提高，接受能力不断增强，适销对路的优良品种常常会出现区域性的供不应求的状况。这就要求企业工作人员要充分了解信息，掌握情况，与种子科研单位、同行经常保持联系，不失时机抓住新品种推广的良好机遇，根据当地优越的自然条件，及时组织生产，满足用户需要。

2. 加强质量管理，注重产品包装

质量是企业的生命，从种子的生产到加工各个环节，要始终严把质量关，尤其是生产环节的质量关。企业内部要制定切实可行的质量管理制度，完善质量管理体系，确保产品质量。同时要注重种子的包装质量。质量好的种子包装袋要有利于保证种子质量，使种子在销售过程中发芽率不会很快下降。要注意根据各地的栽培方式和消费习惯，设计制作包装材料，并突出企业品牌特征，反映品种特色，便于用户记得住并重复购买。

3. 端正服务态度，加强售后服务

服务态度是沟通种子企业与农民及客户之间感情的万能钥匙。服务态度端正，服务方式完善，能巩固老客户，不断发展新客户，促进良种销售，使企业进入一个滚动的良性循环轨道。加强售后服务，注意良种良法的同步推荐，及时开展走访活动，收集和研究反馈信息，开设服务热线，及时掌握和解决产品使用过程中的表现，了解不足，帮助用户排难解疑，使种子企业良好信誉和形象深深扎根于群众之中，进而有效地提高种子企业的社会经济效益。

4. 实施品牌经营，加强广告宣传

好的品种，配以好的商标，才能稳定用户记忆，从而实现重复购买。确立经营特色，把企业现有的资源加以利用，在某一领域形成优势。实现规模经营，凸现品牌效应。对优良品种要加强广告宣传，选好广告诉求点，对拳头品种进行整合营销，突出用户对产品认同与该品种实际反映出的最大优势的结合点。电视广告要突出真实，自然地表现品种的特征、特性及品牌的真实情况，让农民踏实放心。还要注意将多种媒体按照共同的广告诉求进行有机组合，根据适当的频率发布传播。同时，将种子的包装、价格、营销策略等因素进行有机组合，与广告的诉求相辅相成，从而最大限度地提高营销效能。

第四节　良种繁育

良种繁育是迅速扩大优良品种种子的数量和提高种子的质量以满足生产需要的过程。它是决定一个新育成或新引进的优良品种能否尽快得以推广应用的关键。良种的繁育以向生产提供足够数量和高质量的良种种子为目的，以迅速扩大良种种子的繁殖，防止品种混杂、退化和保持优良种性为主要内容。良种繁育是链接育种和农业生产的桥梁和纽带，是使育种成果转化为生产力的重要措施。如果没有良种繁育，已在生产上推广的优良品种会很快发生混杂退化，造成良种不良，失去增产作用。

一、品种的混杂退化及对策

1. 品种混杂退化的表现

品种混杂退化是指一个新选育或新引进的品种，经一定时间的生产繁殖后，种性发生不良变异，逐渐丧失其优良性状，而导致种性发生不符合种植要求的变化，在生产上表现为生活力降低、适应性和抗性减弱、产量下降、品质变次、整齐度下降等变化。从严格的狭义上来理解，品种退化是其指种性在遗传上的劣变不纯所引发的品种典型性及优良性状的丧失现象；而从广义上说，在多年生的果木花草中也包括由于病虫严重感染、栽培条件不适应、繁殖材料不当、苗木质量不高以及机械混杂等引起的生产价值下降的现象。

混杂、退化虽属两个不同概念，但彼此间却有着内在的联系和共同的表现。混杂导致退化，退化促使更严重的混杂。

（1）品种混杂

品种混杂主要指品种纯度降低，即具有本品种典型性状的个体在一批种子（包括营养繁殖器官）所长成的植株群体中所占的百分率降低。这种混杂有物理上与其他品种的混合，也有制种过程中花粉漂移导致的生物上的混杂。无论是哪种形式的混杂，最终都导致了品种纯度的降低。这必然造成产量和质量下降，而且混杂的程度越严重，纯度越低，损失越大。

（2）品种退化

退化主要是指品种植株的生活力降低，适应性和抗性减弱，经济性状变劣等。具体来讲，生活力降低是指与上代比较或与同一品种的其他来源种子相比较，品种在株高、叶重、株重等方面的生长量或生长速度降低。生活力衰退除了与种性退化和环境条件不良等因素有关外，还可能与种子的品质不良有关。种子品质方面主要指种子的发芽率、发芽势、净度、活力等。适应性和抗性减弱是指品种对不良环境条件和病虫害的抵抗力降低，在生产中的表现就是对不良环境适应性差，发病率增高，病情加重，植株生长发育不良等，最终导致产量和质量下降等。经济性状变劣主要指的是产量下降、品质变次等。

2. 防止品种退化的对策

品种因混杂退化而发生劣变的现象，是园艺植物种子生产中长期存在的问题。为了延长优良品种的使用周期，使优良品种在生产中能较长时间地发挥作用，必须针对引起种性劣变的因素，采取行之有效的防范措施。

（1）选择与淘汰

良种繁育的主要任务是保持品种的特性，有计划地对良种进行更新、更换，以满足生产上对良种的需要。要完成这个任务，选择和淘汰是不可缺少的手段。

① 制定正确的选择标准和选择方法　在园艺植物良种繁育的过程中，受各种条件的影响，除了会发生生物学混杂、机械混杂外，还会发生自然突变，以及易感病害等异常情况，如果长期不注意进行严格的选择和淘汰，就会使品种的种性发生改变。所以在良种繁育中要不断地进行选择淘汰，去杂去劣，把不符合品种典型性的植株淘汰掉。因此，要以品种典型性状为选择标准，在品种的每一代，以及同一世代的各个生育时期内进行严格定向的选择。

一般对原种要按同一标准进行单株或单果选，用大株采种法生产原种。对于生产用种可进行片选，严格去杂去劣和淘汰病株。蔬菜植物中采用小株留种时，播种材料必须是高纯度的原种。小株留种生产的种子只能用于生产用种，而不能作为继续留种的播种材料。

② 原种繁殖群体的科学安排　繁殖原种的群体不能过小，否则会造成遗传漂变和近亲繁殖，一般要求采种群体至少50株，并避免都来自同一亲系。在选留的种株间要求在主要的经济性状，尤其是商品器官上保持一致，在此前提下，可以适当允许在一些次要的性状上有些许差异。这种安排方式，可以在不影响群体主要性状的情况下，丰富遗传的多态性，增强群体对环境的适应能力，提高良种的品质，延长品种的使用年限。

③ 选择合理的采种条件　我国地域辽阔，应充分考虑优良品种繁殖对环境条件的要求，利用丰富的自然条件，将良种繁殖安排在合适的区域。例如，马铃薯可以利用中国不同纬度、不同海拔高度的地区气候特点，采用高寒地留种，能有效防止病毒的侵染，保持原有种性。另外，栽培的技术和措施应有利于保持和加强种性，使其生长环境适宜，配套最佳的栽培管理措施，使良种的经济形状完全充分地表现出来，以便进行选择和淘汰。

（2）隔离

① 机械隔离　机械隔离主要用于繁殖少量的原种种子或原始材料的保存。其方法主要是在

植株开花期采用花序套袋、网罩隔离或温室隔离等，以防止昆虫传粉。采用隔离采种时首先要解决好辅助授粉问题。套袋隔离一般只能人工完成，在进行人工辅助授粉的时候，应当防止授粉工具携带其他品种或变种的花粉而引起串粉，并在授粉前用70％的酒精对授粉工具和双手进行消毒处理。网室和温室内则利用投放熊蜂、蜜蜂或苍蝇等虫媒辅助授粉。

② 空间隔离　将易发生相互杂交的不同留种材料隔开适当距离栽植，就是空间隔离。该方法相对于设施隔离的成本低。主要用于大面积大量留种，只需将容易发生天然混杂的变种、品种、类型之间相互隔开适当的距离进行留种即可，是繁殖生产用种的主要繁种方式。

将容易发生自然杂交的品种、变种之间相互隔开适当距离进行留种，但究竟应当隔开多远才恰当，主要应考虑影响自然杂交的因素如作物的授粉习性、昆虫活动状况、自然气候条件等，杂交发生后对产品经济价值的影响，以及所繁品种群体的大小。一般来讲，制种级别高、花粉量大、花粉易散播、授粉昆虫种类复杂且活动数量范围大、空间空旷、种子生产田面积大和异花授粉的蔬菜种类、作物之间亲缘关系近等因素，空间隔离的距离相应要远一些。如甘蓝类的各个变种之间，大白菜、小白菜、油菜之间。如根芥与不同亚种或变种间极易杂交，杂交后的杂种几乎完全丧失经济价值，所以根芥与各种芥菜变种间在开阔地的隔离距离应为2000m左右，在有屏障的地方也要隔离1000m以上。萝卜、胡萝卜等异花授粉蔬菜各种品种间也极易杂交，杂交后虽未完全丧失经济价值，但失去了品种的典型性和一致性，给生产和销售也带来了不利的影响，这类蔬菜在开阔地的隔离距离为1000m以上，有屏障时也要在600m以上。对于天然杂交率低的作物如菜豆、豌豆，隔离距离10～20m即可。为保证隔离距离，在繁种时要特别注意加强繁种品种的地区分布管理，在一定的范围内要统一组织，同一品种相对集中，使不同的品种间保证有安全的隔离距离。

③ 时间隔离　时间隔离是采用分期播种、分期定植、春化和光照等处理措施，使可以发生生物学混杂的品种、变种、亚种等开花期相互错开，从而避免天然杂交。其中，不跨年度的时间隔离，要求作物对温度、光周期不敏感，否则在不同季节生产的种子其品质会出现差异，影响种子的生产及产品的商品性。但是，多数园艺植物均是在春夏季开花，花期较长，仅采用一年内分期播种定植，仍然存在品种间始花和终花期的交错重叠，不能够完全错开。只能采用不同品种分年种植留种的方法，但这只适用于种子本身具有较长储存期或者具备相应的种子储藏条件的植物种类。

（3）规范操作流程

防止机械混杂以种子为繁殖材料的园艺植物，从种子播种、定植、补苗、收获、脱粒、晾晒、清选以及之后种子包装、运输、消毒的全过程制定严格的操作规范，合理安排种子田的轮作，避免重茬，施用的农肥要充分腐熟，避免肥料中混有其他种子。种子收获时由专人对场所、用具在使用前先进行清理，保证不能留有之前处理过的种子。对于以营养器官作为繁殖材料的作物，从材料的采集、包装、调运到苗木的繁殖、出圃、假植、运输都要严格控制，防止混杂。

（4）利用植株性状鉴定

除了上述的方法外，还可以利用植株的特殊性状对是否发生混杂进行鉴定和判断。辣椒黄绿苗为隐性遗传的性状，且具有该性状的植株可以正常生长发育。带有黄绿苗遗传标志性状的亲本，在良种繁育时，利用其黄绿色隐性性状稳定遗传，可有效避免生物学混杂的干扰，在苗期将绿色杂株一次除尽，可加速育种进程2～3年，并可完全确保原种纯度提高，使原种生产成本大大降低。在确保父本纯度的前提下，可有效提高杂种一代的纯度和质量。利用辣椒的这一性状，可有效提高种株的纯度，缩短育种年限，加速良种繁育的进程。此外，在自然界里，由于各种自然因素，个别植株会发生突变产生雄性不育。目前，在胡萝卜、番茄、辣椒、甘蓝等园艺植物自然群体中出现了雄性不育株，对这些作物进行繁种时，如果对这一性状加以利用，可以省去人工去雄，简化制种手续。特别是对于十字花科、百合科等园艺植物，以及人工去雄十分困难的作物，利用价值更加巨大；同时于也可以有效地防止生物学混杂，提高杂种一代的质量，有效地防止假杂种，降低了制种成本。

（5）分子标记技术

分子标记在园艺植物上的利用，不只局限于辅助育种方面，在鉴别种子纯度、防止品种退化上也发挥着重要的作用。植物的性状是受基因控制的，利用与控制性状的基因紧密连锁的分子标记，对种株进行基因分析，可以避开环境、栽培等外在因素的影响，在植株商品器官的优良性状还没有表现的时候，就可以从 DNA 的表现形式上选取具有人们所希望得到的优良性状的植株，并对混杂的植株进行淘汰。分子标记在育种和繁种中的利用，大大地加速了良种的选育速度，提高了种子的纯度，避免了混杂对种株的影响。目前，已经有多种分子标记技术运用于种子的繁育工作中，如利用 CAPS 标记对番茄植株是否含有抗根结线虫基因进行分析；利用 SSR 法对甘蓝型油菜种子纯度进行鉴定。

二、种子生产许可制度

2016 年 1 月 1 日起施行的《中华人民共和国种子法》第五章第三十一条规定，从事主要农作物杂交种子及其亲本种子、林木良种种子的生产经营以及实行选育生产经营相结合，符合国务院农业、林业主管部门规定条件的种子企业的种子生产经营许可证，由生产经营者所在地县级人民政府农业、林业主管部门审核，省、自治区、直辖市人民政府农业、林业主管部门核发。其他种子的生产经营许可证，由生产经营者所在地县级以上地方人民政府农业、林业主管部门核发。

申请领取种子生产许可证的单位和个人，应具备下列条件：①具有与种子生产经营相适应的生产经营设施、设备及专业技术人员；②具有繁殖种子的隔离和培育条件；③具有无检疫性有害生物的种子生产地点或者县级以上人民政府林业主管部门确定的采种林。申请领取具有植物新品种权的种子生产经营许可证的，应当征得植物新品种权所有人的书面同意。

种子生产经营许可证应当载明生产经营者名称、地址、法定代表人、生产种子的品种、地点和种子经营的范围、有效期限、有效区域等事项。种子生产应当执行种子生产技术规程和种子检验、检疫规程。

只从事非主要农作物种子和非主要林木种子生产的，不需要办理种子生产经营许可证。根据此条规定，大部分园艺植物的种子生产不需要办理种子生产经营许可证。

三、良种繁育基地的建设

种子是一个商品性很强的生产资料，它的种类品种繁多，采种技术复杂，对生态环境条件要求各异。因此，在自然条件优越的地区建立特约种子生产基地，才能保证种子质量。

种子基地的规模，可根据良种推广计划和种子公司对种子的收购量和基地自由量来确定。为了保证大田用种，在计划种子基地面积时，要注意到留有余地，宁多勿少。也可建部分计划外基地，与基地订好合同，与基地互惠互利，共担风险。

种子基地的形式一般可分为原种基地和良种基地。原种基地常由国家或政府原种场、良种场和种子公司建立，承担新品种比较试验和选优提纯、生产原种的任务。良种基地的任务是生产良种，供应大田生产。种子基地确定之后，一定要加强领导，健全组织，实行合同管理，明确双方职责。种子部门对基地要做到"五统四分"，即统一规划、统一种源、统一技术操作规程、统一质量标准、统一价格；分户管理、分户检验、分户交种、分户结算。

四、种子生产的程序

良种繁育的程序，是指根据品种繁殖阶段的先后和种子世代的高低而从事种子生产的次序和方式等。正规的种子生产程序应该是由原原种生产原种，再由原种生产生产用种。根据良种繁育程序对 3 种不同类别的种子实行分级繁殖，是提高种子质量的重要保证。

1.原原种生产

原原种是由育种者直接生产和控制的质量最高的繁殖用种，又称超级原种。它是经过试验鉴定的新品种（或其亲本材料）的原始种子，故也称"育种者的原种"。原原种具有该品种最高的遗传纯度和最好的种子品质，因而其生产过程必须在育种者本身的控制下，以进行最有效的选择，使原品种纯度得到最好的保持。原原种生产必须在绝对隔离的条件下进行，并注意控制在一定的世代以内，以达到最好的保纯效果。因此，较宜采用一次繁殖、多年贮存使用的方法。

2.原种生产

原种是由原原种繁殖得到的，质量仅次于原原种的繁殖用种。原种的繁殖应由各级原种场和授权的原种基地负责，其生产方法及注意事项与原原种的基本相同。原种的生产规模较原原种大，但比生产用种小。质量标准要求性状典型一致，生长势、抗逆性和生产力与原品种不降或略有提高。种子饱满一致，无杂草及霉烂种子，无检疫对象。

3.生产用种生产

生产用种是由原种种子繁殖获得的直接用于生产上栽培种植的种子。生产用种的生产应由专门的单位或农户负责承担，其质量标准略低于原种，但仍必须符合规定的良种种子质量标准。在采种上生产用种的要求与原种有所不同。例如，为了鉴定品种的抗病性，原种生产一般在病害流行的地区进行，有时还要人工接种病原；但生产用种的繁殖则一般要求在无病区进行，并辅之以良好的肥水管理条件，以获得较高的种子产量和播种品质。

五、种子生产的技术

1.种子生产田的建立

要科学地建立种子生产田，首先必须将其设在光照、温度、降雨量等生态条件较适宜的地区。其次是在选定的生态区内选择适宜的采种地。具体要求：种子生产地以地势较高、平整而便于排灌、隔离条件较好的地方为宜；种子生产田的土壤结构与肥力应尽可能与作物种株生长发育的要求一致，并应考虑到种性的特殊要求；留种地不应有相同类型的作物或者近缘的各种类型的作物为前作，以免造成机械混杂和进一步的生物学混杂，并可防止病害的传染流行；大规模的种子生产要特别警惕对土传病虫害的监测和防治，以防造成生产上病虫害大面积流行的毁灭性灾害。

2.种株的栽培管理

（1）种子处理

培育种株用的种子在播种前，常需要经过适当的处理来防治种传病害，打破休眠，促进发芽等。种子处理的方式主要有化学处理、温度处理、辐射处理、干燥处理及浸泡处理等类型。通过不同处理以消除或减轻各类种传病害的危害，对于种株栽培用的种子有着特别重要的意义。种传病害种类很多，如菜豆、辣椒的炭疽病、叶斑病、细菌性斑点病；黄瓜的细菌性角斑病、枯萎病、炭疽病；番茄的早疫病；芹菜的早疫病和晚疫病；十字花科作物的黑胫病和黑腐病等。

（2）选择适宜的播种期

留种栽培和大田生产的播种期常常不尽相同。由于留种栽培的目的在于收获种子，故播种期的确定主要在于保证种株的发育和开花结子能在最适季节。例如，南方的菜用莴苣栽培周年均可播种，种株栽培则以寒露和霜降之间播种为宜。播种过早，抽薹开花常遇春季低温，种子发育不良；播种过迟，则开花结实又常逢高温多雨季节使受精结实受到不良的影响。又如北方的大白菜种子田播种要比生产田晚播几天至几十天，以掌握在收获时能形成叶球为准。种子田晚播旨在避免因播种过早而造成种株的生活力和抵抗力减弱，从而减轻病害，提高种株的耐贮性。

（3）去杂去劣

种子生产中，及时地对种株实行去杂去劣，对于保证种子质量极其重要。根据性状出现的先后，分别在营养生长期、开花期及成熟期进行去杂去劣。对于以营养器官为商品的作物来说，营养生长期的去杂去劣对种子遗传纯度的保持具有决定性的作用；在利用雄性不育系配制一代杂种时，开花期是除去不育系中可育株的唯一有效时期；成熟期的去杂去劣对成熟期这一性状本身的保持具有独一无二的作用。

（4）辅助授粉

种株栽培中，由于严格隔离而需要辅助授粉，以保证种子的产量和质量。用纸袋隔离，通常只能进行人工辅助授粉。用纱罩、网室、温室或大棚隔离生产原种种子时，除进行人工辅助授粉外，还可释放昆虫以协助授粉。国外有研究表明，在纱罩内利用大苍蝇辅助授粉的效果比人工或蜜蜂授粉更佳。在生产用种的大面积生产时，在空间隔离区内释放蜜蜂辅助授粉则是极其有效的手段。蜜蜂是唯一从事社会性采花活动的昆虫，故在自然环境下利用其辅助授粉效果极好。利用时常以巢箱为单位，根据工蜂量及花量的多少和栽培面积等确定巢箱数的增减。

（5）施肥与灌溉

在种株栽培中要注意控制氮肥，增施磷、钾肥以促使植株发育健壮，并促进坐果与结实。作物开花后可追施 $1 \sim 2$ 次壮花肥、壮果肥，以提高产量和质量。种子生产中灌溉不宜过勤。种株定植成活后，不是过分干旱便不需灌水，在果荚发育时期应注意保证不受干旱，以使种子发育充实饱满。

3. 采种方法

（1）定型品种采种法

定型品种，即由选种或杂种重组等育种手段选育获得遗传性相对稳定的系统。由于定型品种的种子可以代代相传，故其采种方法比较简单，即只需根据品种的需要进行隔离和针对品种的典型性进行严格的株选，在种株上直接采种即可。对以营养器官为产品的二年生作物的定型品种，根据其种株栽培或移植或直播的技术措施的不同，又可分别采用大株采种、中株采种及小株采种3 种方式。

① 大株（成株）采种法 即按正常生产季节播种，待产品器官成熟时经选择确定种株（即大株），再移植于留种地栽培采种或窖藏至翌年春定植采种的方法。如结球甘蓝在结球后、根菜类蔬菜在采收期根据品种的典型性选留种株，然后将入选株（或其根头）移栽到留种地生产种子等。此法的优点是能针对作物各个不同的生长发育阶段进行多次选择，能有效地保持原品种的优良种性并使之继续得到改良；生产的种子遗传纯度高，不易退化。缺点是较费时、费工，种株产品的商业价值也得不到利用，种子生产的成本较高。由此可见，大株采种法适于原原种、原种的生产。

② 中株（半成株）采种法 即比大株采种的晚些播种，待产品器官已表现出品种特性尚未成熟时即进行株选确定种株（即中株），也称"半成株"，再移植于留种地栽培采种的方法。此法也可根据品种的经济性状进行不同程度的选择，但不及大株采种法的选择全面和严格，因而保持种性的效果略差于大株采种。然而中株采种占地时间比大株采种的短，密度可高于大株，病害也相对较少，所以种子产量较高，成本较低，此法多用于原种及生产用种的生产，但不宜用作原原种的生产。

③ 小株采种法 即将种子直接播在留种地区，可以不经过产品器官的形成阶段而在小秧（即小株）上直接采种的方法。这种方法可比大株采种法晚播 $50 \sim 90d$，因而占地时间最短，比较经济。如白菜、萝卜等即使在第二年开春后播种，仍能与上年播种的大株采种法同期收到种子。但小株采种未经严格的选择，种子质量不及大株采种及中株采种的种子。因此，小株采种必须用种性纯正的大株采种生产的原种种子作种源；而且小株采种法生活区的种子作为生产用种也只能用一次（一代），不能再用其繁殖种子，否则，便会很快造成种性的丧失与退化。

（2）杂种品种制种法

杂种品种，即经过亲本的纯化、选择、选配、配合力测定等一系列试验而选育的优良杂交组合，亦称 F_1 杂种。杂种品种群体内各个体的基因型是高度杂合的，因而不能代代相传，只能连年制种。杂交制种实际上包括两方面的工作：一是亲本的繁殖与保纯；二是一代杂种种子的生产。亲本繁殖除雄性不育系需有保持系配套外，其他均与定型品种采种法基本相同，只是隔离要求更加严格。一代杂种种子生产的原则是杂种种子的杂交率要尽可能的高，制种成本要尽可能的低。生产一代杂种的方法见本书第六章有关内容。

六、种子的加工贮藏

种子加工，即对采收的种子进行清选、分级、干燥、消毒、脱毛或包衣等处理，是提高和保证种子质量的主要措施。种子贮藏是为了能较长时间地保持种子具有旺盛的生活力，延长种子的使用年限，保证种子具有较高的品种品质，以满足生产对种子数量和质量的需求。

1.种子清选分级

（1）大小分离

根据种子大小在固定作业的种子精选机上，利用各级规格的分级筛（圆孔筛、长孔筛的窝眼滚筒），通过旋转运动或平行垂直振动，把种子与夹杂物分离开，或将长短和大小不同的本品种种子进行分级。也可用人工筛选，利用筛孔的大小、形状、分层过筛将夹杂物清除。

（2）风扬分离

利用鼓风机或空气吸力使轻的种子与重的种子分离，使种子与重量较轻的果荚、碎屑灰尘等分离。

（3）密度分离

根据种子和夹杂物在密度上的不同来进行分离。如洋葱、番茄、黄瓜等用流水选种，根据种子密度的不同，来收集籽粒重、个儿大的种子，清除较轻的夹杂物。

（4）色泽分离

根据种子色泽的不同，利用光电管装置来将杂色种子分离出来。将要分离的种子通过一段照射的光亮区域，在那里每粒种子的反射光与事先在背景上选择好的标准光色进行比较。当种子的反射光不同于标准光色时，即产生信号，这样的种子就从混合群体被排斥落入另一个管道。目前主要用于豆科大粒种子的分离。

（5）磁力分离

磁力分离是利用种皮的质地等表面特性来进行分离。如豆类种子表面光滑，其他种子及夹杂物的表面粗糙一些，豆类种子如种皮有破损或开裂等，当通过一个混合室或喷一点水，再撒一些细铁粉，凡表面粗糙的种子或其他夹杂物及破损种子就容易粘上铁屑，光滑的种子就粘不上，然后经过一个磁鼓，凡粘有铁屑的夹杂物便被吸去，而与清洁的种子分离开来。

（6）静电分离

主要是根据种子及夹杂物电学性质的不同，从传送带上经过一个电场时，由于种子及夹杂物等的导电性能或保持表面电荷能力的不同，使它们保持或失去电荷，从而产生吸引或排斥现象，遂使种子和夹杂物分离。

2.种子贮藏

（1）种子贮藏的意义

种子收获后一般都不会立即播种，需要放置一段时间，同时为了预防自然灾害等意外损失、种子企业的丰欠调剂等，都还要储备一部分种子。种子是有生命的活生物体，贮藏保存过程中除了要严防混杂外，更要注意尽力保持种子的生活力。综合考虑影响种子寿命的各个内外因素，创造出各种因素最佳配合的贮藏方法，即"理想"的贮藏条件。

（2）影响种子贮藏寿命的因素

① 水分　水分是影响种子寿命的重要因素，它包括种子本身含水量和贮藏环境的相对湿度

两个方面。种子含水量通常用种子含有的水分占种子总重量的百分率来表示。种子含水量愈高，呼吸作用愈强，贮藏物质的水解作用愈快，消耗的物质愈多，种子生活力丧失速度愈快。相对湿度是指在一定温度条件下，一定体积的空气中实际含有的水蒸气量与这全过程空气在该温度时最大限度的水蒸气量（饱和水蒸气量）之比，用百分率表示。种子含水量通常都是和周围环境的相对湿度达到平衡。空气相对湿度低，种子含水量也低，随着相对湿度升高，种子含水量也逐渐升高，直至出现游离水。此时的种子含水量约为"临界水分"，种子一旦出现游离水，水解酶和呼吸酶的活动便异常旺盛起来，从而迅速引起种子生活力的丧失和种子的变质。

② 温度　温度是影响种子贮藏寿命的第二重要环境因素。种子处于低温状态下呼吸微弱，代谢缓慢，能量消耗极少，细胞内部的衰老变化也降到最低程度，从而能保持种子生活力不衰而延长种子的寿命。相反，种子处于高温状态下，尤其是在种子含水量较高时，呼吸作用强烈，营养物质大量消耗，导致种子寿命缩短。温度和种子含水量对种子贮藏寿命常会发生相互增强的补偿效应。种子含水量是随着空气相对湿度和温度的变化而变化，空气湿度又随着温度变化而变化。在一般空气条件下，保持相对湿度20％或更低一些，对绝大多数种子都能延长寿命。

③ 气体　贮藏的种子如果长期不通风、不翻动，往往在籽粒之间积聚大量的二氧化碳，氧气不足，产生一些氧化不充分的有毒物质，这些物质毒害种胚，导致种子迅速死亡。因此，含水量高的种子，要特别注意贮藏环境的通风换气，并且绝对不能密封贮藏。反之，含水量低的种子，由于呼吸作用非常微弱，对氧气消耗慢，即使在密封条件贮藏，也能保持种子的寿命。另一方面种子贮藏在通风良好即氧气充足的条件下，温度愈高，呼吸作用愈旺盛，生活力下降愈快。因此，生产上为了有效地较长时间地保持种子生活力，除了创造干燥、低温的环境条件外，经常进行合理的密封和通风换气是非常必要的。

④ 光照　日照长短和光质对种子不但在种株的形成、发育方面有影响，并在种子采收后的晾晒过程中，光对种子的寿命也有影响。例如，种子在采收后长时间地置于强烈阳光下曝晒，往往会降低种子的生活力，缩短种子寿命。这是因为强烈的日光能杀死种子胚部细胞的缘故。因此，采收后的种子，在晾晒时需要勤翻动，或在通风弱光下晾晒风干。

⑤ 微生物与仓库害虫　真菌、细菌以及各种仓库害虫的活动，大大增强了种子的呼吸作用，加强了种子的生理代谢过程，消耗了种子维持生命和生存的贮藏营养物质。另外，被微生物和仓库害虫侵害的种子，其被危害的组织的呼吸强度比健全的组织的呼吸强度大得多，在贮藏物质被消耗的同时，又放出更多的热量和水分，从而又进一步促进了微生物和仓库害虫的活动和繁衍，如此的恶性循环，直接或间接地加速了种子的死亡。因此，在种子入库前，必须进行贮藏容器、贮藏环境和种子的彻底消毒，这也是延长种子寿命的重要技术措施之一。

⑥ 种子的内在因素　不同种类的种子由于遗传基因的不同，本身的寿命呈现出明显的差异。同一种内的不同栽培品种间也有差异，在计划贮藏时就必须考虑到。另外，种子个体发育的生理状态、种子成熟时的环境条件、种子的成熟度、种子的籽粒大小及完整性、种子的种皮结构特征等，种子内部构成中的化学成分等都会影响种子的贮藏寿命。

（3）种子贮藏方法

① 普通贮藏法　适合于贮藏大批量的生产用种。将干燥种子贮存于常温仓库内，种子的温度、湿度、种子含水量的变化随着库内的温、湿度而变化。库内温、湿度的调控主要依靠通风通气设施及门窗关闭加以控制。贮藏效果一般以1～2年为好，3年以上生活力明显下降。

② 低温、干燥、真空贮藏　适合于科研单位使用。采用专门设备，人工控制温度、湿度及通气条件，达到低温、干燥、真空的效果，抑制代谢，延长种子寿命。常用的干燥器有密封玻璃瓶、铝箔袋、干燥铁罐等，真空有真空罐，低温有低温冷库、除湿冷库、超低温贮藏等。另一方面，种子进仓前应清楚地了解品种名称、种子等级、种子含水量，是否有检疫性病害等情况。不同品种、不同年份、不同级别的种子应分开贮藏，在包装容器内均应注明品种名称、等级、含水

量、数量、生产单位、生产年月等必备指标。

3. 种子检验

种子检验的目的是确定其在农业生产上的利用价值，促进农作物增产。要检验评定种子的品质，必须弄清种子质量和种子检验的含义。

（1）种子质量的含义

种子质量是由种子不同的特性综合表现出来的一种性质。农业生产上要求具有优良品种的品种特性和优良的种子特性，包括品种质量和播种质量两个方面。

① 品种质量 在种子检验上，种子的纯度是主要指标，它反映了品种的真实性和一致性。真实性也称典型性，是指被检验的种子的典型性状是否与该品种标准相同。一致性是指被检验的种子的特性表现出的一致性的程度，即个体与个体之间的形态特征、生理特性、经济性状方面的一致程度。真实性和一致性的程度高，说明种子纯度好。纯度是种子检验中的必检项目，只有纯度达到标准规定的种子，才能用于农业生产。

② 播种质量 主要指该批种子在净、饱、壮、健、干、强等方面的品质。

a. 净是指种子经过精选加工成为商品种子后，清洁干净的程度。种子净度在国标农作物种子质量标准中是强制性检验指标，是必检项目。净度达标的种子才是合格的种子。

b. 饱是指种子充实饱满的程度。种子充实饱满，未受其他伤害，即能表现出发芽，高发芽率在国标农作物种子质量检验中是强制性检验指标，为必检项目。生产上使用的种子发芽率必须符合国家标准的要求。

c. 壮是指种子具有旺盛的活力。种子健壮才能苗齐苗壮，成苗率高。

d. 健是指种子未受任何不良因素的损伤，也没有受到病虫害的感染。

e. 干是指种子干燥的程度。水分指标是种子强制检验项目，只有水分含量合格的种子才能判定为合格种子。水分含量达标的种子才能安全地贮藏和运输，保证其发芽率不受影响。

f. 强是指种子强健、抗逆性强、增产潜力大的特性。活力强的种子，可以早播，出苗迅速、整齐，成苗率高。

（2）种子检验的主要内容和方法

① 田间检验 田间检验（field inspection）以品种纯度为主。品种纯度是组成种子质量的一个重要成分，对蔬菜来说，品种纯度高，就能充分发挥品种的遗传潜力，得到高产优质的蔬菜产品，同时也便于采取相应的一致的栽培管理措施。一般在检验品种纯度之前，首先要进行品种真实性的鉴定。如果品种真实性有问题，则品种纯度检验也就毫无意义了。种子真实性是指该种子所属品种、种或属与所附文件的记载是否相同，是否名副其实。真实性确定后，再进一步检验品种纯度，同时检验杂草、异作物混杂程度、病虫感染率、生育情况等。

田间检验应在品种典型性表现最明显的时期进行，一般在苗期、花期、成熟期进行。田间检验前，检验人员必须掌握被检验品种的特征特性，同时了解种子来源、种子世代、上代纯度、种植面积、前作等情况。检验时要均匀取样，蔬菜作物一般在 $0.33hm^2$ 以下取 5 个点，$0.4\sim1hm^2$ 取 $9\sim14$ 个点，$1hm^2$ 以上每增加 $0.67hm^2$ 增加 1 个点，每个点最低 $80\sim100$ 株。在取样点上逐株鉴定，将本品种、异品种、异作物、杂草、感染病虫株数分别记载，然后计算百分率。田间品种纯度用本品种数占供检总株数的百分率表示。异作物、杂草、病虫害感染等项也用百分率表示。

② 室内检验

a. 扦样和分样。扦样（sampling）是做好种子检验工作的首要环节。因为种子检验的结果是从一批种子中抽取有代表性的样品检验后得出的，扦样正确与否，直接影响检验结果的正确性。扦样前必须了解种子的来源以及运输、保管基本情况。凡属同一生产单位的同一品种同一年度、同一季度收获和质量基本一致的种子，作为一批种子。对每一批种子进行扦样时，首先要求其各部分间的种子类型和品质基本上均匀一致，否则要适当整理加工后才能扦样。扦样的部位要分布均匀，各扦样点所扦取的样品数量要基本一致。将一个检验单位所抽各点的小样充分混合，即得原始样品。再用分样器从原始样品中分取两份平均样品。平均样品的最低数量因作物种类而不同。如番茄15g，辣椒、黄瓜、茄子为150g，豌豆、菜豆为1000g等。平均样品一份供检验净度（包括千粒重、纯度、发芽率）用，可装入布袋或纸袋内；一份供检验水分、病虫害并作为保留样品用，应立即放入密闭的容器内。平均样品连同扦样证明书在24h内送检。

b. 种子净度检验。种子净度是指样品中去掉杂质和废种子后，留下的本作物好种子占抽样样品总质量的百分率。用分样器由平均样品中分取定量试样两份，各种蔬菜净度分析试样的最低质量也不尽相同。每份试样过筛处理后，按好种子、废种子、有生命杂质和无生命杂质的鉴别标准进行分类、分别称重。

$$种子净度 = \left(\frac{种子总质量 - 杂质质量}{种子总质量} \right) \times 100\%。$$

检验净度时，两份试样各成分分析结果之间没有超过允许的差距，把两份试样平均数作为该品种的净度。

c. 种子发芽试验。种子发芽试验（germination test）包括发芽率（germination percentage）和发芽势（germination energy）。发芽势是指发芽初期在规定日期（2～8d）内的正常发芽种子粒数占供检种子粒数的百分率。发芽率是指发芽终期在规定日期（6～14d）内的全部正常发芽种子粒数占供检种子粒数的百分率。发芽势表示该种子发芽的快慢和整齐度，发芽率表示有生活力种子的数量。发芽试验方法（标准发芽法）：从净度检验后的好种子中随机取试样4份，其中，大粒种子每份50粒，中、小粒种子每份100粒。用滤纸、毛巾或纱布吸足水分后，沥去多余的水分。将供试种子整齐地排列在发芽床上，放入规定温度的消毒发芽箱或恒温箱内发芽，不同蔬菜作物可以用10℃、25℃、30℃几种恒温，或每昼夜保持20℃下16h、30℃下8h的变温。有的作物种子发芽需要光照，如芥菜、芹菜、茄子、胡萝卜等，有的黑暗、光照均可。相对湿度一般保持90%左右。以4次重复的平均数表示，计算至整数，4次结果与平均数之间允许有一定差距。4份结果中如有2份超过允许的差距，应重新检测。

d. 种子水分检验。种子水分（seed moisture）是指种子中所含水分质量占种子总质量的百分率。标准检验法为105℃下8h一次烘干法，在装于密闭容器内的那份平均样品中取试样约20g，豆类种子要磨碎，瓜类种子要连皮剪成几段，如此处理后立即装入磨口瓶混匀。取出试样两份，放入预先烘至恒重的铝盒内，在感量1/1000天平上称取4.5～5g，摊平盖严待烘箱预热至115℃左右时，打开盒盖，将样品盒放入箱内，在5～10min内，将温度调节到105℃，开始计算时间，在105℃±2℃下，烘干8h后，冷却至室温称重，由烘干后减少的质量计算水分，计算公式：

$$水分(\%) = \frac{(试样烘前质量 - 试样烘干后质量)}{试样烘前质量} \times 100\%。$$

两份试样结果允许误差不超过0.2%，否则重做。

e. 种子千粒重的检验。种子千粒重是指国家标准规定水分的1000粒种子的质量，以克（g）为单位。检验方法为将净度检验后的好种子均匀混合，随机取两份试样。大粒种子数500粒，中、小粒种子数1000粒，然后称重。检验结果用两份试样的平均数表示。两份试样允许差距为5%。测得种子千粒重后，可根据实测千粒重和实测水分，按规定的水分折合成规定水分的千粒重。计算方法：

$$千粒重(按规定水分折合)(g) = \frac{实测千粒重 \times (1 - 实测水分)}{(1 - 规定水分)}。$$

f. 种子病虫害检验。种子病虫害检验可采用肉眼、过筛、剖粒、染色、密度、病菌洗涤、萌芽检验及分离培养等方法来检验。至少应在检验种子净度时，仔细观察被列为检疫对象的病虫害及杂草种子，必要时应按照检疫操作规程进行检疫。如发现种子带有检疫对象的病虫害和杂草种子，不得向外调运。

由于大多园艺作物很难从种子外部特征上区分品种纯度，因此，品种纯度检验必须在田间进行。但菜豆等少数蔬菜可在室内依据其种子的色泽、花纹等来鉴定品种纯度。

田间和室内检验的全部项目结束后，进行综合评定，按照种子分级标准作出正确的检验结论。符合标准的，划分等级，填写种子检验证书。不够标准的，填写种子检验结果单，并根据检验结果提出处理意见。

4.种子的标签和包装

《中华人民共和国种子法》第四十三条规定，种子的生产、加工、包装、检验、贮藏等质量管理办法和标准，由国务院农业、林业行政主管部门制定。2001年2月26日农业部发布农作物种子标签管理办法和农作物商品种子加工包装规定。在中华人民共和国境内销售（经营）的农作物种子应当附有标签，标签应当标注作物种类、种子类别、品种名称、产地、种子经营许可证编号、质量指标、检疫证明编号、净含量、生产年月、生产商名称、生产商地址及联系方式。

有性繁殖作物的籽粒、果实，包括颖果、荚果、蒴果、核果等；马铃薯微型脱毒种苗等应当加工、包装后销售。无性繁殖的器官和组织，包括根（块根）、茎（块茎、鳞茎、环茎、根茎）、枝、叶、细胞等；苗和苗木，包括蔬菜苗、果树苗木、茶树苗木、桑树苗木、花卉苗木等；其他不宜包装的种子等可以不经加工、包装进行销售。

第五节　园艺植物新品种推广成功案例

在《农业技术推广法》中，将农技推广定义为：农业技术推广是指通过试验、示范、培训、指导以及咨询服务等，把应用于种植业、林业、畜牧业、渔业的科技成果和实用技术普及应用于农业生产的产前、产中、产后全过程的活动。近年来，随着市场化的加大，农作物新品种的推广步伐显著加快，推广农作物新品种，促进农民增收，更有利于解决农业、农村、农民问题。对于园艺产品，品种更新的速度更快，如何将科研成果及时地进行转化和推广，解决科研工作者后顾之忧，有效的农技推广是农业科技发挥作用的重要保障，是传统农业向现代农业转变的必备技术供给条件。随着我国种业市场化和国际化进程不断加快，种业市场竞争不断加剧，品种资源不断丰富，技术不断完善，行业资源整合速度也在日益加快，种子行业小、散、弱的格局正在逐步被打破，需要以公益性服务与经营性服务这种一主多元的新型农技推广体系（图10-1）。

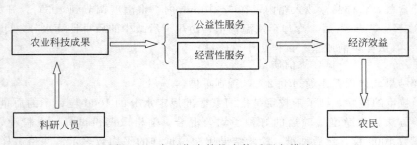

图 10-1　多元化农技推广体系服务模式

在农技推广体系建立后，我国的农业经营模式也在不断变化，多种经营形式、生产经营主体的认知能力、农业技术的多样化等，都增加了农技推广的难度，因此，农技推广模式在进行不断的调整。以花卉为例，目前，一些科研单位集新品种培育、扩繁、推广于一体，在农业科技成果转化上取得了显著成效。南方省份利用其有利气候条件，大力发展花卉产业，注重新品种的开发与利用。广东省农业科学院花卉研究所、广州花卉研究中心、江苏省盐城市大丰区盆栽花卉研究所根据市场导向，以科研团队为依托，重视新品种选育。广东省农业科学院花卉研究所在广州白云区建立了生产基地，并在广州芳村花卉博览园常年设有产品流通门市，每年年宵期间还会在广州的其他花市设窗口经营年宵花。该所重视品种知识产权保护，通过广东省农作物品种审定的'红珍珠'和'红霞'2个蝴蝶兰新品种，已大量推广。

江苏省盐城市大丰区盆栽花卉研究所给自己的定位是花卉新品种尤其是盆栽花卉选育和种苗生产，只做高端产品。研发集中在瓜叶菊、蒲包花、花毛茛等30多种盆花，其中瓜叶菊'温馨'、'雅致'、'春潮'和蒲包花'大团圆'、'数来宝'已获得省级鉴定，后期又繁育成功瓜叶菊'福娃'、'浓情'和蒲包花'前奏'等。该所重视研发平台基础设施建设，目前拥有育种基地3.3hm²，种子、种苗生产基地4.4hm²，保护地有83个塑料大棚、6个日光温室、3个连栋大棚，除了在适销季节供应种子、种苗、种球外，也供应部分成品花。同时，重视对产品的宣传，他们实施走出去战略，主动寻找机会做大做强产业。他们积极参加国内大型花卉展会，并在专业媒体上宣传介绍，及时向客户更新或宣传自己的新产品。经过多年积淀，该所的客户圈已越来越广，在金秋季节，紧抓市场需求，经常举办菊花育种成果展，让客户及时了解自己的成果。

对于成功的科研团队，目标明确，在研发与推广方面，已经形成育、繁、推一体化。各机构育种部、种苗部、生产部等，分工明确，但又是一个有机的整体。针对此种模式，胡平等认为要把新品种的选育推广作为一项经济活动来看待，要用建立现代企业制度的思路来办事，事关品牌和效益的质量、宣传、包装、服务等建设一样都不能疏忽。

另外，由于我国农业科研方面起步较晚，保密性意识有待提高，知识产权制度不够健全，育种者在成果推广时屡屡吃亏，这在一定程度上影响了育种工作者成果转化的积极性。2007年4月发布的《关于调整植物新品种保护收费标准》公告规定，从2007年9月起，植物新品种保护费大幅度降低，极大地减轻了品种保护所付出的资金负担。品种保护的大环境得到改善，将进一步为科研成果走向市场起到推动作用。对于其它非主要农作物，《非主要农作物品种登记办法》已经由农业部2017年第4次常务会议审议通过，自2017年5月1日起施行，登记之后充分保护育种者权利。

青花菜，又称西兰花、绿菜花、茎椰菜、意大利芥蓝等，原产于意大利，种植历史已有两千余年。我国西兰花育种工作起步较晚，如浙江省20世纪80年代开始引进试种，到目前为止，只有40多年种植历史，其中台州临海是该蔬菜的主要种植地，种植面积约占全省的50%，是全国最大的冬春西兰花生产中心和重要的国际西兰花生产基地，被称为"中国西兰花之乡"，但是生产中使用的品种主要为从日本进口品种，我国青花菜近年的选育工作进步较快，但在越冬茬品种选育上跟国外育种公司还有很大差距。当前国内西兰花市场主栽区均不是主要消费市场，以输出为主，因此以订单为主，对品种的质量要求较高。

台州在西兰花上做到了以市场为导向，产业发展进入良性循环。在市场方面，台州的区域优势明显。浙江西兰花主要集中在临海、三门、路桥、温岭和黄岩等县市区，常年种植面积在1万公顷以上，分布在宁波的慈溪、宁海、象山等沿海地区。其中临海的种植面积占全国的25%，主要是鲜销或加工利用。国内其他西兰花基地，以山东为例，重视冷链系统，库存在20d左右，降温时间长，可能会出现价格波动。但是，台州临海非常适合越冬茬西兰花生产，由于地域优势，其行业组织非常健全，截至2017年，临海市西兰花龙头企业、合作社、营销大户、种植大户170多个会员成立了临海市西兰花产业协会和临海市西兰花技术协会。协会在西兰花推广中发挥推手的作用，做好西兰花产供销方面的衔接，促使产业发展呈现良好态势，这就给台州的西兰花育种创造了难得的成长空间。

在西兰花新品种选育上，国内育种单位起步晚，中国农业科学院、北京市农林科学院、上海市农业科学院、浙江省农业科学院、台州市农业科学院等50余家单位，近几年来也通过审定了一些品种。浙江育种单位已选育出'浙青95'（浙江省农科院）、'台绿1号'（台州市农科院）、'台绿3号'（台州市农科院）等品种，'台绿1号'更是浙江省通过审定的首个自主选育的中晚熟西兰花品种，2014年被浙江省农业厅推介为主导品种，但是国内品种适应性差、区域性强，因此栽种大部分品种仍是日本品种（日本时田公司的'绿雄90'和日本坂田公司的'耐寒优秀'、'炎秀'、'喜鹊'等）。

在新品种推广过程中，加强新品种的示范推广工作，充分发挥国产品种优势，国产西兰花台绿系列表现突出。在浙江台州、甘肃兰州、河北张家口、云南昆明等地开展试种示范，与当地种子管理农技推广部门、有关种业公司及合作社合作，多层次、多形式召开了台绿系列西兰花品种现场观摩会，共同推广新品种。目前台绿系列西兰花在浙江、云南、甘肃、四川、河南、江苏等地西兰花主产区已有较大面积种植，累计推广面积达到3333hm^2，一定程度上打破了国外进口品种对我国西兰花品种的垄断。

综上，无论是花卉产品开发或蔬菜产品的销售，各育种单位在以市场为导向，在政府宏观政策的指导下，各部门或企业根据区域化差异制定相应的发展规划，发挥科研院所在新型农技推广服务体系建设中的引领地位和作用，建立了与产品效益相关的一系列服务措施，有效地克服了潜在的市场风险，提升了农产品的科技竞争力，提高了农业科技的利用率和科技成果转化的效率。

 思考题

1.什么是品种审定？主要农作物与非主要农作物审定与登记的区别有哪些？

2.品种审定（登记）与品种保护有什么区别？

3.我国园艺植物育种的优势有哪些？请列出5个全球种子巨头公司的名称，并叙述各有哪些优势品种？

4.品种推广的意义是什么？

5.2015年修订版《中华人民共和国种子法》与2013年修正版的最大变化有哪些？

参考文献

[1] 包满珠.园林植物育种学 [M].北京：中国农业出版社，2004.

[2] 蔡后銮.园艺植物育种学 [M].上海：上海交通大学出版社，2002.

[3] 曹家树，申书兴.园艺植物育种学 [M].北京：中国农业大学出版社，2001.

[4] 曹依静，赵红亮，孙昂，等.苹果品种 '秦阳' 在河南商丘地区的引种表现及栽培技术 [J].中国南方果树，2017 （2）：172-174.

[5] 陈大成，胡桂兵，林明宝.园艺植物育种学 [M].广州：华南理工大学出版社，2001.

[6] 陈发棣，蒋甲福，房伟民.秋水仙素诱导菊花脑多倍体的研究 [J].上海农业学报，2002，18 （1）：46-50.

[7] 陈火英，柳李旺，任丽.现代植物育种学 [M].上海：科学技术出版社，2017.

[8] 陈俊愉.中国梅花 [M].海口：海南出版社，1996.

[9] 陈帅.EMS 处理唐菖蒲无性系变异的研究 [D].哈尔滨：东北农业大学，2014.

[10] 陈细清，樊燕，关亚丽.离体条件下诱导植物多倍体的研究进展 [J].海南师范大学学报（自然科学版），2014，27 （4）：420-422.

[11] 程金水，刘青林.园林植物遗传与育种学（第 2 版）[M].北京：中国林业出版社，2010.

[12] 储昭胜.浅析蔬菜品种的推广与销售 [J].长江蔬菜，2017，（7）：61-63.

[13] 戴思兰.园林植物育种学 [M].北京：中国林业出版社，2007.

[14] 戴思兰.中国栽培菊花起源的研究 [D].北京：北京林业大学，1994.

[15] 邓秀新.园艺植物生物技术 [M].北京：高等教育出版社，2005.

[16] 丁晖，徐海根，强胜，等.中国生物入侵的现状与趋势 [J].生态与农村环境学报，2011，27 （3）：35-41.

[17] 丁世民，蒋桂欣，丁长年，等.灌木玉兰引种适应性研究 [J].黑龙江农业科学，2014 （12）：99-102.

[18] 丁玉军，于新刚.红肉苹果品种引种及习性介绍 [J].中国果菜，2016 （6）：47-48.

[19] Dobzhansky T.谈家桢，等译.遗传学与物种起源 [M].北京：科学出版社，1982.

[20] 额木和，哈斯其其格，温素英，等.草坪草种（品种）的筛选及利用 [J].草原与草坪，2000 （3）：12-14.

[21] 方淑桂，陈文辉，曾小玲，等.结球甘蓝游离小孢子培养及植株再生 [J].园艺学报，2006，33 （1）：158-160.

[22] 方智远.国外蔬菜育种及良种产业化动态 [J].农产品市场周刊，2005 （23）：30-33.

[23] 方智远.中国蔬菜育种学 [M].北京：中国农业出版社，2017.

[24] 冯永利.苹果辐射育种研究 [J].核农学通报，1993，14 （2）：51-55.

[25] 高科，齐连玉，阎秀梅.长白山野生花卉引种试验初报 [J].吉林林业科技，1992 （4）：56-59.

[26] 耿建峰，原玉香，张晓伟，等.利用游离小孢子培养育成早熟大白菜新品种 '豫新 5 号' [J].园艺学报，2003，30 （2）：249-256.

[27] 耿生连，王占林，王海，等.高原野生花卉金露梅和银露梅的育苗方法 [J].青海农林科技，1999 （3）：60-61.

[28] 龚亚菊，戴剑虹，周邵翠，等.元谋早熟耐抽薹黄皮洋葱引种观察试验 [J].上海蔬菜，2013 （4）：12-13.

[29] 龚亚明.菜用甜豌豆品种 '浙豌 1 号' 选育及其推广应用 [D].杭州：浙江大学，2006.

[30] 巩振辉.植物育种学 [M].北京：中国农业出版社，2007.

[31] 顾宏辉，虞慧芳，许映君，等.青花菜新品种 '海绿' [J].园艺学报，2014，41 （2）：391-392.

[32] 过国南，王立荣.韩国的果树生产和育种进展 [J].落叶果树，2005 （1）：56-58.

[33] 韩毅科，杜胜利，张桂华，等.利用抗微管除草剂胺磺灵诱导黄瓜四倍体 [J].华北农学报，2006，21 （4）：27-30.

[34] 韩振海.园艺作物种质资源学 [M].北京：中国农业大学出版社，2009.

[35] 何建，冯焱，陈克玲，等.除草剂胺磺灵（Oryzalin）诱导椪柑四倍体的研究 [J].西南农业学报，2011，24 （5）：1753-1756.

[36] 贺昌蓉，傅高忠，谢合平，等.'湘柑 1 号' 柑橘新品种在湖北夷陵引种表现及栽培技术要点 [J].中国园艺文摘，2017，（1）：191-192.

[37] 胡小荣，陶梅，周红立.番茄种植资源遗传多样性研究进展 [J].现代农业科技，2008 （5）：6-8.

[38] 胡新颖，雷家军，杨永刚.郁金香引种栽培研究 [J].安徽农业科学，2006，34 （18）：4568-4570.

[39] 胡延吉.植物育种学 [M].北京：高等教育出版社，2003.

[40] 黄金华，董彦琪，刘喜存，等.葫芦科蔬菜单倍体育种技术研究进展——花粉辐射和离体胚挽救技术 [J].中国瓜菜，2016，29 （6）：1-4.

[41] 黄俊生，孔德窨，黄峰.EMS 诱变菠萝愈伤组织选择抗性突变体的研究 [J].热带作物学报，1995，16 （12）：1-6.

[42] 黄权军，张志毅，康向阳.四种抗微管物质诱导毛新杨 2n 花粉粒的研究 [J].北京林业大学学报，2002，24 （1）：

　　　　12-15.

[43] 江东，孙珍珠，王婷，等.杂柑'甘平'在重庆北碚的引种表现及栽培技术 [J].中国南方果树，2017（2）：32-33，36.

[44] 金陵科技学院.园艺作物遗传育种 [M].北京：中国农业科学技术出版社，2005.

[45] 景士西.园艺植物育种学总论（第二版）[M].北京：中国农业出版社，2007.

[46] 景士西.园艺植物育种学总论 [M].北京：中国农业出版社，2000.

[47] 琚淑明，巩振辉，李大伟.γ 射线与 HNO_2 复合处理对辣椒 M_1 代的诱变效应 [J].西北农林科技大学学报（自然科学版），2003，31（5）：47-50.

[48] 琚淑明.$^{60}Co\gamma$ 射线与 HNO_2 复合处理辣椒诱变效应的研究 [D].杨凌：西北农林科技大学，2003.

[49] 李际红，崔群香.园艺植物育种学 [M].上海：上海交通大学出版社，2008.

[50] 李加旺，孙忠魁，杨森，等.$^{60}Co\gamma$ 射线在黄瓜诱变育种中的应用初报 [J].中国蔬菜，1997（2）：22-24.

[51] 李守亚，管兰华，王健.黄海之滨引种红花玉兰试验初报 [J].现代园艺，2014（8）：9-10.

[52] 李锡香.中国蔬菜种质资源的保护和研究利用现状与展望 [J].中国种业，1998（4）：43-46.

[53] 李霞霞，张钦弟，朱珣之.近十年入侵植物紫茎泽兰研究进展 [J].草业科学，2017，32（2）：283-292.

[54] 李永平，沈立，何道根.浙江西兰花产业现状及国产品种在推广过程中存在的问题和对策 [J].浙江农业科学，2017，58（7）：1175-1177.

[55] 李志英，宋林亭，蒋亲贤.$^{60}Co\gamma$ 射线诱发梨的短枝型变异的探讨 [J].核农学报，1988，2（4）：193-199.

[56] 利容千.中国蔬菜植物核型研究 [M].武汉：武汉大学出版社，1989.

[57] 连勇，刘富中，冯东昕，等.应用原生质体融合技术获得茄子种间体细胞杂种 [J].园艺学报，2004，31（1）：39-42.

[58] 梁宁，刘孟军，赵智慧.果树种质资源的保存、评价与利用研究进展 [C].中国园艺学会第五届全国干果生产、科研进展学术研讨会论文集2007：57-62.

[59] 廖安红.^{60}Co-γ 射线及化学诱变剂对刺梨诱变效应的研究 [D].贵阳：贵州大学，2016.

[60] 刘冰江.离体雌核发育诱导洋葱单倍体与分子标记开发 [D].泰安：山东农业大学，2016.

[61] 刘根忠，王云飞，孟祥飞，等.EMS诱变的'里格尔 87-5'番茄 M_2 群体突变体表型及其抗坏血酸研究 [J].园艺学报，2017，44（1）：120-130.

[62] 刘欢，高素萍，姜福星，等.二甲戊灵与秋水仙素离体诱导虎眼万年青多倍体发生的比较研究 [J].核农学报，2014，28（11）：1985-1992.

[63] 刘录详，郭会君，赵林姝，等.我国作物航天育种 20 年的基本成就与展望 [J].核农学报，2007，21（6）：589-592.

[64] 刘生龙.干旱沙区野生观赏花卉的引种栽培 [J].中国沙漠，1994，14（3）：73-75.

[65] 刘小莉，刘飞虎.花卉育种技术研究进展（综述）[J].亚热带植物科学，2003，32（2）：64-68，76.

[66] 刘颖颖，刘世琦，薛小艳，等.大蒜未受精子房离体诱导单倍体的研究 [J].园艺学报，2013，40（6）：1178-1184.

[67] 刘忠松，罗赫荣，等.现代植物育种学 [M].北京：科学出版社，2010.

[68] 卢新雄.种质库——人类的诺亚方舟 [J].百科知识，2008，（9）：4-7.

[69] 卢银.EMS诱发大白菜变异的研究 [D].保定：河北农业大学，2011.

[70] 吕家龙.美国的蔬菜和其他作物种质资源工作综译 [J].农业科技译丛，1996（1）：16-18.

[71] 马建岗.基因工程学原理 [M].西安：西安交通大学出版社，2001.

[72] 孟玉平，曹秋芬，杨承建，等.体细胞诱变新品种晋巴梨的选育 [J].山西果树，2007（4）：3-5.

[73] 聂小霞，康晓珊，陆婷.郁金香引种栽培试验 [J].新疆农业大学学报，2014，37（6）：441-446.

[74] 聂小霞.伊犁郁金香生物学特性研究及栽培郁金香引种试验 [D].乌鲁木齐：新疆农业大学，2015.

[75] 彭程，张路路，叶超，等.低浓度秋水仙素离体诱导甜叶菊多倍体技术体系的建立 [J].热带作物学报，2014，35（4）：673-677.

[76] 祁伟.红掌离体化学诱变技术的研究 [D].苏州：苏州大学，2016.

[77] 秦改花，赵建荣.果树离体诱变育种研究进展 [J].中国林副特产，2005（6）：54-56.

[78] 屈连伟.荷兰郁金香产业发展历史及瓦赫宁根大学郁金香育种研究现状 [J].北方园艺，2013（24）：185-190.

[79] 任国慧，俞明亮，冷翔鹏，等.我国国家果树种质资源研究现状及展望——基于中美两国国家果树种质资源圃的比较 [J].中国南方果树，2013，42（1）：114-118.

[80] 沈德绪.果树育种学（第二版）[M].北京：中国农业出版社，2013.

[81] 沈火林.园艺植物育种学 [M].北京：中央广播电视大学出版社，2011.

[82] 沈荫椿.西班牙和美国的超微型月季花 [J].花木盆景（花卉园艺），1996（1）：14.

[83] 石庆华，刘平，刘孟军.果树倍性育种研究进展 [J].园艺学报，2012，39（9）：1639-1654.

[84] 石雪晖，徐小万，杨国顺，等.秋水仙素对刺葡萄植株形态的影响 [J].湖南农业大学学报，2008，34（6）：652-655.

[85] 史小玲，顾建中，杜云安.3个黑西红柿品种在常德的栽培试验初报 [J].湖北农业科学，2011，50（19）：4001-4003.

[86] 孙清荣，孙洪雁，祝恩元，等.γ射线照射梨试管苗诱导产生多倍体变异 [J].园艺学报，2009，36（2）：257-260.

[87] 孙守如，章鹏，胡建斌，等.南瓜未受精胚珠的离体培养及植株再生 [J].植物学报，2013，48（1）：79-86.

[88] 陶巧静，臧丽丽，刘蓉，等.^{137}Cs-γ 辐射对葡萄种子发芽和幼苗生长及叶绿素荧光特性的影响 [J].核农学报，2015，29（4）：761-768.

[89] 陶韬，刘青林.离体诱导 '美人' 梅多倍体初报 [J].北京林业大学学报，2007，29（1）：26-29.

[90] 万赛罗.以色列番茄新品种 F-044 和 F-409 引种栽培研究 [J].北方园艺，2010（5）：8-10.

[91] 汪念. 甘蓝型油菜 EMS 突变体库的构建及 TILLING、Eco-TILLING 技术的应用研究 [D]. 武汉：华中农业大学，2009.

[92] 汪晓峰，郑光华，杨世杰，等.超干贮藏种子质膜流动性 [J].科学通报，1999，44（7）：733-738.

[93] 王凤才.果树种质资源研究——回顾与展望 [J].落叶果树，1989（1）：1-4.

[94] 王关林，方宏筠. 植物基因工程（第二版）[M].北京：科学出版社，2002.

[95] 王力荣. 我国果树种质资源科技基础性工作 30 年回顾与发展建议 [J].植物遗传资源学报，2012，13（3）：343-349.

[96] 王小佳.蔬菜育种学总论（第三版）[M].北京：中国农业出版社，2011.

[97] 王长林.香蕉新品系选育及生产试验 [D].海口：华南热带农业大学，2007.

[98] 王忠华，俞超，陶灵智，等.葡萄成熟种子辐射生物学效应研究初报 [J].核农学报，2012，26（5）：746-749.

[99] 吴明珠，伊鸿平，冯炯鑫，等.新疆厚皮甜瓜辐射诱变育种的探讨 [J].中国西瓜甜瓜，2005（1）：1-3.

[100] 吴乃虎. 基因工程原理 [M]. 北京：高等教育出版社，1989.

[101] 吴潇，齐开杰，殷豪，等.诱变技术在落叶果树育种中的应用 [J].园艺学报，2016，43（9）：1633-1652.

[102] 西南农业大学.蔬菜育种学 [M].北京：农业出版社，1996.

[103] 萧凤回，郭巧生.药用植物育种学 [M].北京：中国林业出版社，2008.

[104] 谢孝福.植物引种学 [M].北京：科学出版社，1994.

[105] 徐跃进，胡春根.园艺植物育种学 [M].北京：高等教育出版社，2015.

[106] 晏儒来.菠菜新品种——华菠一号的选育 [M].长江蔬菜，1994，（2）：44.

[107] 杨春雪，龚玉磊.浅谈园林植物引种失败的原因 [J].北方园艺，2008，（2）：166-167.

[108] 杨国志，张明方，顾掌根，等.NaN_3 处理条件下西瓜直接再生试验体系研究 [J].长江蔬菜，2009（6）：11-14.

[109] 杨鹏鸣，周俊国.园林植物遗传与育种学 [M].郑州：郑州大学出版社，2010.

[110] 杨乾，张峰，王蒂，等. EMS诱变筛选马铃薯茎段离体耐盐变异体 [J].核农学报，2011，25（4）：673-678.

[111] 杨晓红.园林植物遗传与育种学 [M].北京：气象出版社，2004.

[112] 杨玉晶，安传富.长日型洋葱品种引种试验 [J].现代化农业，2011（10）：28-29.

[113] 叶盛荣，周训芳. 国际植物新品种保护的趋势及我国的对策 [J]. 湘潭大学学报（哲学社会科学版），2010，34（3）：40-43.

[114] 叶伟其.无核椪柑品种选育及栽培技术研究 [D].杭州：浙江大学，2009.

[115] 叶志彪，李汉霞，周国林.番茄多聚半乳糖酸酶反义 cDNA 克隆的遗传转化与转基因植株再生 [J].园艺学报，1994，3l（3）：305-306.

[116] 义鸣放.世界花卉产业现状及发展趋势 [J].世界林业研究，1997，（5）：41-48.

[117] 于丽艳，王志和，周波，等.不同人工诱变方法影响苹果离体叶片再生的研究 [J].山东林业科技，2015（3）：4-6.

[118] 于丽艳.苹果组织培养变异的人工诱发和选择 [D].泰安：山东农业大学，2005.

[119] 袁建民，詹园凤，郑锋，等.Oryzalin 离体诱导小果型西瓜四倍体及倍性鉴定研究 [J].热带农业科学，2012（1）：36-41，45.

[120] 臧得奎，赵兰勇，杨美玲，等.山东省野生花卉资源的分布与开发利用 [J].山东林业科技，1999（1）：34-38.

[121] 张兰，孙建设，刘国荣.NaN_3 在苹果砧木组培苗诱变耐盐筛选中的应用 [J].西北农业大学学报.2002，28（5）：108-110.

[122] 张立阳，张凤兰，王美，等.大白菜永久高密度分子遗传图谱的构建 [J].园艺学报，2005，32（2）：249-255.

[123] 张敏.无锈金冠——岳金 [J].落叶果树，1991（3）：57.

[124] 张庆费.园林植物引种与推广存在问题探讨 [J].园林，2011，（11）：46-49.

[125] 张锡庆，吴红芝，周涤，等.新型除草剂 ORYZALIN 的浓度和处理时间对诱导彩色马蹄莲多倍体的影响 [J].云南农业大学学报，2008，23（6）：806-810.

[126] 张小艾，张新全.西南区野生狗牙根形态多样性研究 [J].草原与草坪，2006，26（3）：35-38.

[127] 张小军.梨极早熟突变体的 AFLP 分析 [D].杨凌：西北农林科技大学，2009.

[128] 张晓芬，王晓武，娄平，等.利用大白菜 DH 群体构建 AFLP 遗传连锁图谱 [J].园艺学报，2005，32（3）：443-437.

[129] 张兴翠.花叶绿萝的多倍体诱导及快速繁殖 [J].西南农业大学学报（自然科学版），2004，26（1）：58-60.

[130] 张玉娇，杨峰，赵林，等.金帅和嘎拉苹果[60]Co-γ 辐射诱变效应的初步研究 [J].江西农业学报，2012，24（5）：76-77.

[131] 张振超，张蜀宁，张伟.四倍体不结球白菜的诱导及染色体倍性鉴定 [J].西北植物学报，2007，27（1）：28-32.

[132] 赵守边，王燕频，刘小祥，等.梅花新品种的选育 [J].北京林业大学学报，1995，17（A1）：152-154.

[133] 赵亚民.二色补血草栽培技术 [J].河北林果研究，2000，15（1）：79-80.

[134] 郑思乡，章海龙，黄志渊，等.东方百合多倍体诱导及种球繁育的研究 [J].西南农业大学学报，2004，26（3）：260-263.

[135] 中国农业百科全书编辑部.中国农业百科全书（果树卷）[M].北京：中国农业出版社，1993.

[136] 中国农业科学院蔬菜花卉研究所.中国蔬菜栽培学 [M].北京：中国农业出版社，1992.

[137] 中国农业科学院蔬菜花卉研究所.中国蔬菜资源品种目录 [M].北京：万国学术出版社，1992.

[138] 周光宇，陈善葆，黄骏麒.农业分子育种研究进展 [M].北京：中国农业科技出版社，1993.

[139] 周慧文，冯斗，严华兵.秋水仙素离体诱导多倍体研究进展 [J].核农学报，2015，29（7）：1307-1315.

[140] 朱慧芬，张长芹，龚洵.植物引种驯化研究概述 [J].广西植物，2003（1）：52-60.

[141] 朱仲龙.北京引种红花玉兰的限制因子与越冬防寒技术研究 [D].北京：北京林业大学，2012.

[142] Bal U，Abak K. Induction of symmetrical nucleus division and multicellular structures from the isolated microspores of *Lycopersicon esculentum* Mill [J]. Biotechnology & Biotechnological Equipment，2005，19（1）：35-42.

[143] Barandalla L，Ritter E，De Galarreta J I R. Oryzalin treatment of potato diploids yields tetraploid and chimeric plants from which euploids could be derived by callus induction [J]. Potato Research，2006，49（2）：143-154.

[144] Breto M P，Ruiz C，Pina J A，*et al*. The diversification of *Citrus clementina* Hort. ex Tan.，a vegetatively propagated crop species [J]. Molecular Phylogenetics and Evolution，2001，21（2）：285-293.

[145] Halsteadw T，Dutcherfr. Plant in space [J]. Annul Rev Plant Physiol，1987，（38）：317-366.

[146] Kermani M J，Sarasan V，Roberts A V，*et al*. Oryzalin induced chromosome doubling in Rosa and its effect on plant morphology and pollen viability [J]. Theoretical and Applied Genetics，2003，107（7）：1195-1200.

[147] Kiszczak W，Kowalska U，Kapu cińska A，*et al*. Effect of low temperature on in vitro androgenesis of carrot (*Daucus carota* L.）[J]. In Vitro Cellular & Developmental Biology Plant，2015，51（2）：135-142.

[148] Kobayashi S，Gotoyamamoto N，Hirochika H. Retrotransposon-induced mutations in grape skin color [J]. Science，2004，304（5673）：982.

[149] Kostina L，Anikeeva I，*et al*. The influence of space flight factors on viability and mutability of plants [J]. Adv Space Res，1984，4（10）：65-70.

[150] Labra M，Imazio S，Grassi F，et al. Vine-1 retrotransposon-based sequence-specific amplified polymorphism for *Vitis vinifera* L. genotyping [J]. Plant Breeding，2004，123（2）：180-185.

[151] Latado，Adames R R. In vitro mutation of chrysanthemum with EMS in immature floral pedicels [J]. Plant Cell Tissue & Organ Culture，2004，77（1）：103-106.

[152] Li Ying，Whitesides J F，Rhodes B B. In vitro generation of tetraploid watermelon with two dini troanilines andcollchicine [J]. Cucurbit Genetics Coop Rpt，1999，（22）：34-40.

[153] Liu W，Chen X S，Liu G J，*et al*. Interspecific hybridization of Prunus persica with P. armeniaca and P. salicina using embryo rescue [J]. Plant Cell Tiss Organ Cult，2007，（88）：289-299.

[154] Liu Y G，Slfirano Y，Fukanki H，*et al*. Complementation of mutants with large genomic DNA fragments by a transformantion—competent artificial chromosome vector accelerates positional cloning [J]. Proc Natl Acad Sci USA，1999，96：6535-6540

[155] Sattler M C，Carvalho C R，Clarindo W R. The polyploidy and its key role in plant breeding [J]. Planta，2016，243：281-296.

[156] Menda N，Semel Y，Peled D，*et al. In silico* screening of a saturated mutation library of tomato [J]. The Plant Journal，2004，38（5）：861-872.

[157] Pintos B，Manzanera J A，Bueno M A. Antimitotic agents increase the production of doubled haploid embryos from cork oak anther culture [J]. Journal of plant physiology，2007，164（12）：1595-1604.

[158] Yao J，Dong Y，Morris B A. Parthenocarpic apple fruit production conferred by transposon insertion mutations in a MADS-box transcription factor [J]. Proc. Natl. Acad. Sci. USA，2001，98（3）：1306-1311.